Lehr- und Handbücher der Betriebswirtschaftslehre

Herausgegeben von
Universitätsprofessor Dr. habil. Hans Corsten

Bisher erschienene Werke:

Betsch · Groh · Schmidt, Gründungs- und Wachstumsfinanzierung innovativer Unternehmen

Bieg · Kußmaul, Externes Rechnungswesen, 3. Auflage

Bronner, Planung und Entscheidung, 3. Auflage

Bronner · Appel · Wiemann, Empirische Personal- und Organisationsforschung

Corsten (Hrg.), Lexikon der Betriebswirtschaftslehre, 4. Auflage

Corsten, Projektmanagement

Corsten, Unternehmungsnetzwerke

Corsten, Dienstleistungsmanagement, 4. Auflage

Corsten, Produktionswirtschaft, 10. Auflage

Corsten, Übungsbuch zur Produktionswirtschaft, 2. Auflage

Corsten, Einführung in das Electronic Business

Corsten · Gössinger, Einführung in das Supply Chain Management

Corsten · Reiß (Hrg.) mit *Becker · Grob · Kußmaul · Kutschker Mattmüller · Meyer · Ossadnik · Reese · Schröder · Troßmann Zelewski*, Betriebswirtschaftslehre, 3. Auflage

Corsten · Reiß (Hrg.), Übungsbuch zur Betriebswirtschaftslehre

Friedl, Kostenrechnung

Hildebrand, Informationsmanagement, 2. Auflage

Jokisch · Mayer, Grundlagen finanzwirtschaftlicher Entscheidungen

Klandt, Gründungsmanagement, 2. Auflage

Kußmaul, Betriebswirtschaftliche Steuerlehre, 4. Auflage

Kußmaul, Betriebswirtschaftslehre für Existenzgründer, 5. Auflage

Loitlsberger, Grundkonzepte der Betriebswirtschaftslehre

Matschke · Hering, Kommunale Finanzierung

Matschke · Olbrich, Internationale und Außenhandelsfinanzierung

Nebl, Produktionswirtschaft, 5. Auflage

Nebl, Übungsaufgaben zur Produktionswirtschaft

Nebl · Prüß, Anlagenwirtschaft

Nolte, Organisation – Ressourcenorientierte Unternehmensgestaltung

Ossadnik, Controlling, 3. Auflage

Ossadnik, Controlling – Aufgaben und Lösungshinweise

Palupski, Marketing kommunaler Verwaltungen

Ringlstetter, Organisation von Unternehmen und Unternehmensverbindungen

Schiemenz · Schönert, Entscheidung und Produktion, 3. Auflage

Schneider · Buzacott · Rücker, Operative Produktionsplanung und -steuerung

Schulte, Kostenmanagement

Stölzle, Industrial Relationships

Wehling, Fallstudien zu Personal und Unternehmensführung

Controlling

Aufgaben und Lösungshinweise

Von
Prof. Dr. Wolfgang Ossadnik
Universität Osnabrück

R. Oldenbourg Verlag München Wien

Bibliografische Information Der Deutschen Bibliothek

Die Deutsche Bibliothek verzeichnet diese Publikation in der Deutschen
Nationalbibliografie; detaillierte bibliografische Daten sind im Internet
über <http://dnb.ddb.de> abrufbar.

© 2006 Oldenbourg Wissenschaftsverlag GmbH
Rosenheimer Straße 145, D-81671 München
Telefon: (089) 45051-0
www.oldenbourg.de

Gedruckt auf säure- und chlorfreiem Papier
Gesamtherstellung: Druckhaus „Thomas Müntzer" GmbH, Bad Langensalza

ISBN   3-486-57946-0
ISBN 978-3-486-57946-8

Vorwort

Als theoretisch anspruchsvolle und zugleich praxisnahe betriebswirtschaftliche Konzeption muss sich Controlling bei der Lösung vielfältiger konkreter Aufgabenstellungen beweisen und bewähren. Die Kompetenz zur Lösung solcher Aufgabenstellungen lässt sich durch ausschließliche Lektüre von Lehrbüchern nicht hinreichend erwerben. Es bedarf vielmehr ergänzender Übung, um für bestimmte Problemtypen des Controllings adäquate Lösungsmethoden selektieren und sicher anwenden zu können.

Das vorliegende Übungsbuch soll in diesem Sinne eine Hilfestellung für den Aufbau einschlägiger Problemlösungskompetenz bieten. Ausgerichtet auf einen inhaltlichen Grundkanon der Controllinglehre widmet es sich verschiedenen Problemfeldern, die in meinem im gleichen Verlag erschienenen Lehrbuch „Controlling" behandelt werden. Unter Anlehnung an den Aufbau dieses Lehrbuchs werden Aufgaben aus den Bereichen „Entwicklung, Konzeption und Organisation des Controllings", „Operatives Controlling", „Strategisches Controlling" sowie „Controlling aus der Sicht der Neuen Institutionenökonomik" vorgestellt und durch Lösungshinweise ergänzt. Die zu behandelnden Probleme stellen nicht nur relevante Paradigmatisierungen der Controllinglehre dar, sondern sie liefern auch ein Terrain, um die Bewältigung praxistypischer Aufgabenstellungen des Controllings zu üben. Die Struktur und der Inhalt dieses Übungsmaterials haben sich in meinen Lehrveranstaltungen an der Universität Osnabrück bewährt. Vor diesem Hintergrund wünsche ich allen Leserinnen und Lesern, die dieses Buch für Aus- oder Weiterbildungszwecke nutzen, Freude und Erfolg bei der Bearbeitung der Aufgabenstellungen.

Für ihre Mitwirkung bei der Fertigstellung dieses Buchs danke ich meinen Mitarbeitern. Frau Dipl.-Kffr. Meyer, Herr Dipl.-Kfm. Barklage und Herr Dipl.-Kfm. Steins haben mich – teils bei der Entwicklung der Konzeption und der Zusammenstellung der Aufgaben, teils bei der Ausformulierung der Lösungshinweise – mit Engagement und Umsicht unterstützt. Herr Dipl.-Kfm. Kleymann, Herr Dipl.-Kfm. Leistert, Herr Dipl.-Kfm. Wilmsmann, Herr Abheiden und Herr Lange haben Korrekturarbeiten durchgeführt.

Herrn Dipl.-Vw. Weigert vom Oldenbourg Verlag bin ich für die gute Zusammenarbeit verbunden. Herrn Prof. Dr. Hans Corsten danke ich für die konstruktive Begleitung des Projekts und die Aufnahme des Buchs in die Reihe „Lehr- und Handbücher der Betriebswirtschaftslehre".

Osnabrück   Wolfgang Ossadnik

Inhaltsverzeichnis

Vorwort V

Inhaltsverzeichnis VII

Abkürzungsverzeichnis XIII

Abbildungsverzeichnis XVII

Tabellenverzeichnis XIX

Symbolverzeichnis XXV

Teil I: Aufgaben 1

I   Entwicklung, Konzeption und Organisation des Controllings 3

1   Semantische, konzeptionelle und funktionale Grundlagen des Controllings 3

    Aufgabe 1   (Controllingkonzeptionen) 3

    Aufgabe 2   (Koordinationsfunktion des Controllings) 3

2   Strategisches versus operatives Controlling 3

    Aufgabe 3   (Strategisches versus operatives Controlling) 3

    Aufgabe 4   (Investitionstheoretische Abschreibung) 3

3   Controlling als Organisationsproblem 4

    Aufgabe 5   (Organisation des Controllings) 4

II Operatives Controlling 5

1   Kurzfristiger kalkulatorischer Erfolg als Steuerungsgröße des operativen Controllings 5

    Aufgabe 6   (Abgrenzung von Grundbegriffen der Unternehmensrechnung I) 5

    Aufgabe 7   (Abgrenzung von Grundbegriffen der Unternehmensrechnung II) 5

    Aufgabe 8   (Teilbereiche der Kostenrechnung) 6

    Aufgabe 9   (Kostenstellenrechnung/Verfahren der Sekundärkostenrechnung) 6

    Aufgabe 10 (Kostenträgerrechnung) 7

Aufgabe 11   (Funktionen der Kostenrechnung) 8

Aufgabe 12   (Kostenrechnungskonzeptionen/Gemeinkostenbereich) 8

Aufgabe 13   (Planung und Kontrolle entscheidungsrelevanter Kosten I) 8

Aufgabe 14   (Planung und Kontrolle entscheidungsrelevanter Kosten II) 9

Aufgabe 15   (Prozesskostenrechnung I) 9

Aufgabe 16   (Prozesskostenrechnung II) 11

Aufgabe 17   (Kostenmanagement/Target Costing) 11

Aufgabe 18   (Target Costing) 11

Aufgabe 19   (Kostenkontrolle/Abweichungsanalyse I) 13

Aufgabe 20   (Kostenkontrolle/Abweichungsanalyse II) 13

Aufgabe 21   (Kostenkontrolle/Abweichungsanalyse III) 14

Aufgabe 22   (Kostenkontrolle/Abweichungsanalyse IV) 15

Aufgabe 23   (Erlöskontrolle/Abweichungsanalysen I) 16

Aufgabe 24   (Erlöskontrolle/Abweichungsanalysen II) 16

Aufgabe 25   (Deckungsbeitragsrechnung I) 17

Aufgabe 26   (Deckungsbeitragsrechnung II) 18

2   Einsatzmöglichkeiten kurzfristiger Erfolgsrechnung 20

Aufgabe 27   (Programmplanung I) 20

Aufgabe 28   (Programmplanung II) 20

Aufgabe 29   (Programm-/Ablaufplanung) 21

Aufgabe 30   (Programmplanung/Sensitivitätsanalyse) 22

Aufgabe 31   (Preisuntergrenzen I) 24

Aufgabe 32   (Preisuntergrenzen II) 25

Aufgabe 33   (Preisuntergrenzen III) 25

Aufgabe 34   (Preisuntergrenzen IV) 26

Aufgabe 35   (Produktionsprogrammplanung/Preisuntergrenzen I) 27

Aufgabe 36   (Produktionsprogrammplanung/Preisuntergrenzen II) 28

Aufgabe 37   (Preisobergrenzen I) 29

Aufgabe 38   (Preisobergrenzen II) 30

3   Koordination dezentraler Einheiten 31

Aufgabe 39   (Budgetierung) 31

Aufgabe 40   (Verrechnungspreise bei symmetrischer Informations-
              verteilung) 31

Aufgabe 41 (Verrechnungspreise I) 32

Aufgabe 42 (Verrechnungspreise II) 32

III Strategisches Controlling 35

1 „Erfolgspotential" als Steuerungsgröße 35

Aufgabe 43 (Strategische Kontrolle) 35

Aufgabe 44 (Akquisition versus Fusion) 35

2 Instrumente des strategischen Controllings 36

Aufgabe 45 (Investitionsrechnungsverfahren I) 36

Aufgabe 46 (Investitionsrechnungsverfahren II) 36

Aufgabe 47 (Investitionsrechnungsverfahren III) 37

Aufgabe 48 (Investitionsrechnungsverfahren IV) 38

Aufgabe 49 (Produktlebenszyklus/Bass-Modell I) 38

Aufgabe 50 (Produktlebenszyklus/Bass-Modell II) 39

Aufgabe 51 (Produktlebenszyklus/Bass-Modell III) 40

Aufgabe 52 (Ökonomische Wirkungshypothesen/BCG-Portfolio) 41

Aufgabe 53 (Portfolio-Analyse I) 41

Aufgabe 54 (Portfolio-Analyse II) 44

Aufgabe 55 (Balanced Scorecard) 45

Aufgabe 56 (Analytischer Hierarchie Prozess I) 45

Aufgabe 57 (Analytischer Hierarchie Prozess II) 46

Aufgabe 58 (Analytischer Hierarchie Prozess III) 46

Aufgabe 59 (Fuzzy-Set-Theorie) 48

IV Controlling aus der Sicht der Neuen Institutionenökonomik 49

Aufgabe 60 (Grundlagen der Neuen Institutionenökonomik) 49

Aufgabe 61 (Grundlagen der Prinzipal-Agenten-Theorie I) 49

Aufgabe 62 (Grundlagen der Prinzipal-Agenten-Theorie II) 50

Aufgabe 63 (Anreizsysteme I) 51

Aufgabe 64 (Anreizsysteme II) 51

Aufgabe 65 (Anreizsysteme III) 52

Aufgabe 66 (Anreizsysteme IV) 52

Aufgabe 67 (Investitionsbudgetierung I) 53

Aufgabe 68 (Investitionsbudgetierung II) 53

Aufgabe 69   (Verrechnungspreise aus agencytheoretischer Sicht) 55

Aufgabe 70   (Anreizorientierte Lenkung) 56

Teil II: Lösungshinweise 59

I   Entwicklung, Konzeption und Organisation des Controllings 61

1   Semantische, konzeptionelle und funktionale Grundlagen des
      Controllings 61

      Aufgabe 1 (Lösungshinweis) 61

      Aufgabe 2 (Lösungshinweis) 70

3   Strategisches versus operatives Controlling 72

      Aufgabe 3 (Lösungshinweis) 72

      Aufgabe 4 (Lösungshinweis) 73

4   Controlling als Organisationsproblem 77

      Aufgabe 5 (Lösungshinweis) 77

II   Operatives Controlling 79

1   Kurzfristiger kalkulatorischer Erfolg als Steuerungsgröße des
      operativen Controllings 79

      Aufgabe 6 (Lösungshinweis) 79

      Aufgabe 7 (Lösungshinweis) 82

      Aufgabe 8 (Lösungshinweis) 84

      Aufgabe 9 (Lösungshinweis) 86

      Aufgabe 10 (Lösungshinweis) 90

      Aufgabe 11 (Lösungshinweis) 94

      Aufgabe 12 (Lösungshinweis) 95

      Aufgabe 13 (Lösungshinweis) 101

      Aufgabe 14 (Lösungshinweis) 105

      Aufgabe 15 (Lösungshinweis) 110

      Aufgabe 16 (Lösungshinweis) 114

      Aufgabe 17 (Lösungshinweis) 115

      Aufgabe 18 (Lösungshinweis) 120

      Aufgabe 19 (Lösungshinweis) 123

      Aufgabe 20 (Lösungshinweis) 129

Aufgabe 21 (Lösungshinweis) 132

Aufgabe 22 (Lösungshinweis) 137

Aufgabe 23 (Lösungshinweis) 139

Aufgabe 24 (Lösungshinweis) 141

Aufgabe 25 (Lösungshinweis) 142

Aufgabe 26 (Lösungshinweis) 143

2   Einsatzmöglichkeiten kurzfristiger Erfolgsrechnungen 146

Aufgabe 27 (Lösungshinweis) 146

Aufgabe 28 (Lösungshinweis) 148

Aufgabe 29 (Lösungshinweis) 153

Aufgabe 30 (Lösungshinweis) 156

Aufgabe 31 (Lösungshinweis) 162

Aufgabe 32 (Lösungshinweis) 163

Aufgabe 33 (Lösungshinweis) 164

Aufgabe 34 (Lösungshinweis) 166

Aufgabe 35 (Lösungshinweis) 168

Aufgabe 36 (Lösungshinweis) 171

Aufgabe 37 (Lösungshinweis) 177

Aufgabe 38 (Lösungshinweis) 178

3   Koordination dezentraler Einheiten 179

Aufgabe 39 (Lösungshinweis) 179

Aufgabe 40 (Lösungshinweis) 180

Aufgabe 41 (Lösungshinweis) 184

Aufgabe 42 (Lösungshinweis) 185

III Strategisches Controlling 187

1   „Erfolgspotential" als Steuerungsgröße 187

Aufgabe 43 (Lösungshinweis) 187

Aufgabe 44 (Lösungshinweis) 189

2   Instrumente des strategischen Controllings 192

Aufgabe 45 (Lösungshinweis) 192

Aufgabe 46 (Lösungshinweis) 196

Aufgabe 47 (Lösungshinweis) 198

Aufgabe 48 (Lösungshinweis) 200

Aufgabe 49 (Lösungshinweis) 202

Aufgabe 50 (Lösungshinweis) 205

Aufgabe 51 (Lösungshinweis) 206

Aufgabe 52 (Lösungshinweis) 207

Aufgabe 53 (Lösungshinweis) 213

Aufgabe 54 (Lösungshinweis) 218

Aufgabe 55 (Lösungshinweis) 220

Aufgabe 56 (Lösungshinweis) 222

Aufgabe 57 (Lösungshinweis) 223

Aufgabe 58 (Lösungshinweis) 226

Aufgabe 59 (Lösungshinweis) 228

IV Controlling aus der Sicht der Neuen Institutionenökonomik 233

Aufgabe 60 (Lösungshinweis) 233

Aufgabe 61 (Lösungshinweis) 235

Aufgabe 62 (Lösungshinweis) 240

Aufgabe 63 (Lösungshinweis) 244

Aufgabe 64 (Lösungshinweis) 245

Aufgabe 65 (Lösungshinweis) 249

Aufgabe 66 (Lösungshinweis) 253

Aufgabe 67 (Lösungshinweis) 255

Aufgabe 68 (Lösungshinweis) 259

Aufgabe 69 (Lösungshinweis) 264

Aufgabe 70 (Lösungshinweis) 267

Literaturverzeichnis 271

Abkürzungsverzeichnis

ABC	Activity Based Costing
AC	Allowable costs
AER	American Economic Review
AfA	Absetzung für Abnutzung
AHP	Analytischer Hierarchie Prozess
Aufl.	Auflage
BCG	Boston Consulting Group
BJoE	Bell Journal of Economics
BP	Branchenpreis
BSC	Balanced Scorecard
bspw.	beispielsweise
bzgl.	bezüglich
bzw.	beziehungsweise
CMR	California Management Review
const.	konstant
d. h.	das heißt
DB	Deckungsbeitrag
DBR	Deckungsbeitragsrechnung
DBW	Die Betriebswirtschaft
DC	Drifting costs
DU	Die Unternehmung
EAR	The European Accounting Review
ed.	editon
EDV	Elektronische Datenverarbeitung
et al.	et alii
etc.	et cetera
evtl.	eventuell
F&E	Forschung und Entwicklung
f.	folgende [Seite bzw. Spalte]
FGK	Fertigungsgemeinkosten
GE	Geldeinheit(en)
ggf.	gegebenenfalls
GK	Gemeinkosten
GmbH	Gesellschaft mit beschränkter Haftung
GPKR	Grenzplankostenrechnung
HBR	Harvard Business Review
HP	Hauptprozess
Hrsg.	Herausgeber
HWB	Handwörterbuch der Betriebswirtschaft
HWU	Handwörterbuch Unternehmensrechnung und Controlling
i. d. R.	in der Regel
i. e. S.	im engeren Sinne
i. S.	im Sinne
i. V. m.	in Verbindung mit
i. w. S.	im weiteren Sinne

IV-System	Informationsverarbeitungssystem
JoFE	Journal of Financial Economics
JoPE	Journal of Political Economy
kalk.	kalkulatorisch
kg	Kilogramm
KPE	Keine Produktionseinstellung
krp	Kostenrechnungspraxis
KW	Kostenwirkung
LE	Leistungseinheit(en)
Lfd. Nr.	laufende Nummer
lmi	leistungsmengeninduziert
lmn	leistungsmengenneutral
m. a. W.	mit anderen Worten
MA	Marktanteil
MADM	Multi Attribute Decision Making
max	Maximum/maximiere
MCM	Mathematical Computing Modelling
ME	Mengeneinheit(en)
MGK	Materialgemeinkosten
min	Minimum/minimiere
Mio.	Million(en)
MJ	Mannjahr(e)
MP	Marktpreis
MS	Management Science
MV	Marktvolumen
m. w. N.	mit weiteren Nachweisen
Nr.	Nummer
o. a.	oben angeführt(e)
o. g.	oben genannt(e)
o. V.	ohne Verfasser
OFA	Objective, Forecast, Actual
PE	Produktionseinstellung
PKR	Plankostenrechnung
PK-System	Planungs- und Kontrollsystem
POG	Preisobergrenze
PUG	Preisuntergrenze
ROI	Return on Investment
RP	Relativer Preis
S.	Seite(n)
SEKV	Sondereinzelkosten des Vertriebs
SGF	Strategisches Geschäftsfeld
sog.	so genannt(e)
Sp.	Spalte(n)
Std.	Stunde(n)
TN	Teilnutzen
TP	Teilprozess
TPK	Teilprozesskosten
u.	und

u. a.	unter anderem
u. U.	unter Umständen
usw.	und so weiter
VADM	Verkaufsaußendienstmitarbeiter
vgl.	vergleiche
VKSt	Vorkostenstelle
VP	Verrechnungspreis
vs.	versus
Vw- und VtGK	Verwaltungs- und Vertriebsgemeinkosten
WISU	Das Wirtschaftsstudium
z. B.	zum Beispiel
ZE	Zeiteinheit(en)
ZF	Zielfunktion
ZfB	Zeitschrift für Betriebswirtschaft
ZfbF	Zeitschrift für betriebswirtschaftliche Forschung
ZP	Zeitschrift für Planung
ZVEI	Zentralverband der elektrotechnischen Industrie

Abbildungsverzeichnis

Teil I (Aufgaben)

Abbildung A-1: Ausgangsdaten Kostenabweichungsanalyse 15

Abbildung A-2: Ist-Portfolio strategischer Geschäftsfelder 42

Abbildung A-3: Marktattraktivitäts-Wettbewerbsstärken-Portfolio 44

Teil II (Lösungshinweise)

Abbildung L-1: Abgrenzung von Rechnungsgrößen 80

Abbildung L-2: Kurzfristige Erfolgsrechnungssysteme 82

Abbildung L-3: Hierarchisches Prozessmodell der Prozesskostenrechnung 97

Abbildung L-4: Schema der mehrfach gestuften Deckungsbeitragsrechnung 99

Abbildung L-5: Abweichungen in der flexiblen Plankostenrechnung auf
Vollkostenbasis I 105

Abbildung L-6: Abweichungen in der flexiblen Plankostenrechnung auf
Vollkostenbasis II 107

Abbildung L-7: Verbrauchsabweichung in der Grenzplankostenrechnung 109

Abbildung L-8: Abweichungen in der starren Plankostenrechnung 110

Abbildung L-9: Anforderungskriterien an strategische Rechnungssysteme
i. e. S. 114

Abbildung L-10: Vorgehensweise des target costing 117

Abbildung L-11: Alternative Methode Soll-Ist-Ansatz (Istbezugsbasis) 124

Abbildung L-12: Alternative Methode Ist-Soll-Ansatz (Planbezugsbasis) 125

Abbildung L-13: Kumulative Methode (Zuschlag auf die Mengenabweichung – Fall I) 126

Abbildung L-14: Kumulative Methode (Zuschlag auf die Preisabweichung
– Fall II) 126

Abbildung L-15: Grafische Lösung des Planungsproblems 157

Abbildung L-16: Grafische Darstellung des Optimierungsproblems 169

Abbildung L-17: Interne und externe (Liefer-)Beziehungen der Bereiche A
und B 184

Abbildung L-18: Strategischer Kontrollprozess 187

Abbildung L-19: Kapitalangebots- und Kapitalnachfragefunktion 201

Abbildung L-20: Kostensenkungspotential der Erfahrungskurve bei linearer
Skalierung 208

XVIII   Abbildungsverzeichnis

Abbildung L-21:   Marktwachstums-Marktanteils-Matrix (Soll-Portfolio) 211
Abbildung L-22:   Portfolio der Extra-AG 215
Abbildung L-23:   Portfolio der Hankel AG 219
Abbildung L-24:   Zugehörigkeitsfunktionen 230

Tabellenverzeichnis

Teil I: Aufgaben

Tabelle A-1:   Projektdaten 4

Tabelle A-2:   Unvollständiges Tableau zur Entwicklung der Abschreibungen 4

Tabelle A-3:   Primäre Kosten der Kostenstellen 6

Tabelle A-4:   Leistungsbeziehungen zwischen den Kostenstellen 6

Tabelle A-5:   Betriebsabrechnungsbogen 7

Tabelle A-6:   Teilprozesse des Bereichs Unternehmenslogistik 10

Tabelle A-7:   Schema für die Ermittlung der Teilprozesskosten und Teilprozesskostensätze 10

Tabelle A-8:   Hauptprozesse der Beschaffungs- und Produktionslogistik 11

Tabelle A-9:   Funktionen und Merkmalsausprägungen der Taschenlampenmodelle 12

Tabelle A-10:   Teilnutzenwerte und Kostenwirkungen der Taschenlampenmodelle 12

Tabelle A-11:   Drifting costs und Nutzenanteile je Komponente 13

Tabelle A-12:   Grundschema für Teilabweichungsausweis 16

Tabelle A-13:   Schema für quaderspezifischen Teilabweichungsausweis 16

Tabelle A-14:   Markt- und Absatzdaten 17

Tabelle A-15:   Produktdaten 17

Tabelle A-16:   Produkt- und Produktgruppenfixkosten 18

Tabelle A-17:   Absatzdaten 18

Tabelle A-18:   Produktspezifische Vertriebseinzelkosten 18

Tabelle A-19:   Zusätzliche Kosteninformationen 19

Tabelle A-20:   Produktspezifische Daten 20

Tabelle A-21:   Bearbeitungszeiten 20

Tabelle A-22:   Plandaten für die Erzeugnisgruppe A 21

Tabelle A-23:   Plandaten für die Erzeugnisgruppe B 21

Tabelle A-24:   Produktspezifische Kapazitätsbeanspruchungen 22

Tabelle A-25:   Schema für Ausgangstableau 22

Tabelle A-26:   Kapazitätsbeanspruchungen zusätzlich möglicher Produktionsverfahren 22

Tabelle A-27:   Planungsrelevante Daten 23

Tabelle A-28:   Endtableau (mit unvollständiger Lösung) 23

Tabelle A-29:   Produktspezifische Daten 24

Tabelle A-30:   Plandaten bei einem Engpass 25

Tabelle A-31:   Plandaten des Zusatzauftrags 26

Tabelle A-32:   Endtableau 27

Tabelle A-33:   Problemrelevante Informationen 28

Tabelle A-34:   Produktspezifische Planungsdaten 29

Tabelle A-35:   Absatzrelevante Plandaten 30

Tabelle A-36:   Projektbezogene Zahlungskonsequenzen 36

Tabelle A-37:   Investitionsbezogene Zahlungsüberschüsse vor Steuern 37

Tabelle A-38:   Zahlungskonsequenzen von Investitionsprojekten 37

Tabelle A-39:   Investitionsbezogene Zahlungsreihe 38

Tabelle A-40:   Bass-Parameter 40

Tabelle A-41:   Marktattraktivität 43

Tabelle A-42:   Wettbewerbsstärke 43

Tabelle A-43:   Volumina der Geschäftsfelder 43

Tabelle A-44:   Strategisch relevante Einzelfaktoren und ihre Bewertung 45

Tabelle A-45:   Tagesproduktionsmengen und Stückkosten 48

Tabelle A-46:   Wahrscheinlichkeitsverteilung der Ergebnisse 50

Tabelle A-47:   Tableau OFA-System 52

Teil II: Lösungshinweise

Tabelle L-1:   Vervollständigtes Tableau 77

Tabelle L-2:   Verflechtungsstrukturen der drei Vorkostenstellen 88

Tabelle L-3:   Prämissen der Plankostenrechnungssysteme 102

Tabelle L-4:   Teilprozesskosten und Teilprozesskostensätze der Kosten-
                stelle I 111

Tabelle L-5:   Teilprozesskosten und Teilprozesskostensätze der Kosten-
                stelle II 111

Tabelle L-6:   Teilprozesskosten und Teilprozesskostensätze der Kosten-
                stelle III 111

Tabelle L-7:   Kosten und Kostensätze der Hauptprozesse der Beschaf-
                fungs- und Produktionslogistik 112

Tabelle L-8:   Zielkostenindizes der einzelnen Komponenten 122

Tabellenverzeichnis XXI

Tabelle L-9: Absolute Kostenanteile der Komponenten auf Basis der drifting costs und der allowable costs i. e. S. ... 123

Tabelle L-10: Differenziert-kumulative Methode – Vorgehen ... 129

Tabelle L-11: Differenziert-kumulative Methode auf Minimumbasis – Vorgehen ... 131

Tabelle L-12: Bestimmung der Gesamtabweichung (Soll-Ist-Vergleich) ... 132

Tabelle L-13: Kostenwirkungen der Teilabweichungen ... 138

Tabelle L-14: Numerischer Ausweis der Teilabweichungen ... 138

Tabelle L-15: Berechnung der Stückdeckungsbeiträge ... 142

Tabelle L-16: Einfach gestufte Deckungsbeitragsrechnung ... 142

Tabelle L-17: Mehrstufige Deckungsbeitragsrechnung (I) ... 143

Tabelle L-18: Mehrstufige Deckungsbeitragsrechnung (II) ... 144

Tabelle L-21: Ermittlung des Gewinns bei maximaler Absatzmenge ... 146

Tabelle L-22: Inputbezogene Opportunitätskosten ... 147

Tabelle L-23: Inputbezogene Opportunitätskostenkosten und Produktionsreihenfolge ... 148

Tabelle L-24: Inputbezogene Opportunitätskosten ... 149

Tabelle L-25: Ausgangstableau ... 150

Tabelle L-26: Tableau nach der ersten Iteration ... 151

Tabelle L-27: Tableau nach der zweiten Iteration ... 152

Tabelle L-28: Endtableau ... 152

Tabelle L-29: Opportunitätsverluste ... 153

Tabelle L-30: Ausgangstableau ... 154

Tabelle L-31: Tableau nach der ersten Iteration ... 154

Tabelle L-32: Lösung des primalen Produktionsprogrammplanungsproblems ... 154

Tabelle L-33: Ausgangstableau ... 155

Tabelle L-34: Tableau nach der ersten Iteration ... 155

Tabelle L-35: Tableau nach der zweiten Iteration ... 155

Tabelle L-36: Lösung des Produktionsprogramm- und -ablaufplanungsproblems ... 156

Tabelle L-37: Ausgangstableau ... 157

Tabelle L-38: Vervollständigtes Endtableau ... 159

Tabelle L-39: Opportunitätskosten einer Herstellung des Produkts D ... 162

Tabelle L-40:   Bestimmung der Rangordnung der engpassbezogenen
                  Deckungsbeiträge 164

Tabelle L-41:   Optimales Produktionsprogramm 165

Tabelle L-42:   Ausgangstableau 169

Tabelle L-43:   Tableau nach der ersten Iteration (Möglichkeit 1) 170

Tabelle L-44:   Endtableau (Möglichkeit 1) 170

Tabelle L-45:   Tableau nach der ersten Iteration (Möglichkeit 2) 170

Tabelle L-46:   Endtableau (Möglichkeit 2) 170

Tabelle L-47:   Anfangstableau 172

Tabelle L-48:   Tableau nach der ersten Iteration 172

Tabelle L-49:   Tableau nach der zweiten Iteration 173

Tabelle L-50:   Endtableau 173

Tabelle L-51:   Anfangstableau 175

Tabelle L-52:   Tableau nach der ersten Iteration 175

Tabelle L-53:   Tableau nach der zweiten Iteration 175

Tabelle L-54:   Endtableau 175

Tabelle L-55:   Ermittlung der Preisobergrenze 178

Tabelle L-56:   Bestimmung des Kapitalwerts des Investitionsprojekts
                  nach Steuern 197

Tabelle L-57:   Ermittlung projektspezifischer Zahlungssalden 198

Tabelle L-58:   Bestimmung projektspezifischer Kapitalwerte 198

Tabelle L-59:   Kapitalnachfrage 200

Tabelle L-60:   Kapitalangebot 201

Tabelle L-61:   Entwicklung der Erstannehmerzahl 205

Tabelle L-62:   Zuwachs der Erstannehmer 205

Tabelle L-63:   Erfolgsmäßige Auswirkungen einer Produkteinführung 206

Tabelle L-64:   Absatz-, Periodenerfolgs- und Gesamterfolgsentwicklung
                  bei Erschließung des Marktsegments 207

Tabelle L-65:   Einflussfaktoren der Marktattraktivität 215

Tabelle L-66:   Einflussfaktoren der Wettbewerbsstärke 216

Tabelle L-67:   Potentialgetriebene Wettbewerbsvorteile 216

Tabelle L-68:   Paarvergleichsmatrix zum Unterziel „Atmosphäre" 227

Tabelle L-69:   Paarvergleichsmatrix zum Unterziel „Essen" 227

Tabelle L-70:   Paarvergleichsmatrix zum Unterziel „Preis" 227

Tabelle L-71:　Paarvergleichsmatrix zum Szenario „Gute Laune".............227

Tabelle L-72:　Paarvergleichsmatrix zum Szenario „Schlechte Laune".........227

Tabelle L-73:　Paarvergleichsmatrix der Szenarien.............................228

Tabelle L-74:　Erfüllung von Anforderungskriterien durch alternative Anreizsysteme...248

Tabelle L-75:　Mit OFA-Werten vervollständigte Tabelle............................251

Tabelle L-76:　Prognose- und verbrauchsunabhängige Entlohnung...............254

Tabelle L-77:　Kriterienspezifischer Vergleich des Profit Sharing und des Groves-Mechanismus...258

Symbolverzeichnis

A	Tatsächlich erzieltes Ergebnis des VADM (Actual)
AZ_0	Anschaffungsauszahlung
AZ_t	Auszahlung in der Periode t
a^I	Ist-Produktionskoeffizient
a^S	Soll-Produktionskoeffizient
a_t	Abschreibungsbetrag in Periode t
B_0	Grundbonus
B(T)	Kumulierte Anzahl der Erstannehmer bis zum Zeitpunkt T
$B(t, y_t, Y_t)$	Betriebs- und Instandhaltungsauszahlung in Periode t in Abhängigkeit von der Beschäftigung y_t sowie der kumulierten Beschäftigung Y_t in Periode t
BP	Branchenpreis
BP^I	Ist-Branchenpreis
BP^S	Soll-Branchenpreis
b_j	Beanspruchung des Engpasses durch eine Einheit des Produkts j
b_{ji}	Inanspruchnahme der Kapazität j durch eine Einheit des Produkts i
C_0	Kapitalwert einer Zahlungsreihe; Barwert einer Zahlung in t = 0
C_t	Wert der Betriebsmittel in Periode t
C_T	Endwert einer Zahlungsreihe im Zeitpunkt T
D	(Gesamt-)Deckungsbeitrag
D_G	Gesamtabschreibungsbetrag einer Periode
D_t	Zahlungsüberschuss in Periode t
DI	Durchschnittswert des Inkonsistenzindexes
d_j	Stückdeckungsbeitrag eines Produkts j
d_H	Hoher Stückdeckungsbeitrag
d_N	Niedriger Stückdeckungsbeitrag
E^I, E^{II}, E^{III}	Effizienzstufen des agencytheoretischen Verrechnungspreisgrundmodells
$E[\cdot]$	Erwartungswert
EK_t	Entnahme für Konsumzwecke im Zeitpunkt t
$E[U_P]^{FB}$	Erwarteter Nutzen des Prinzipals aus der first best-Lösung

$E[U_A]^{SB}$	Erwarteter Nutzen des Agenten aus der second best-Lösung
$E[U_P]^{SB}$	Erwarteter Nutzen des Prinzipals aus der second best-Lösung
EZ_t	Einzahlung im Zeitpunkt t
e^{-it}	Abzinsungsfaktor in Periode t bei stetiger Verzinsung zum Kalkulationszinsatz i
e_j	Anstrengungsniveau des Agenten j
F	Ergebnisprognose des VADM (Forecast)
$\overline{F}_j$	Grundfixum des Agenten j
$\underline{F}_j$	Ergebnis- und meldeunabhängiges Grundfixum des Agenten j
$\tilde{F}_j$	Ergebnisunabhängiges angepasstes Fixum des Agenten j
G	(I x I)-Paarvergleichsmatrix mit $G = \|g_{ij}\|$
G_t	Erfolg, Gewinn in Periode t
g_{ij}	(Ordinal skaliertes) Paarvergleichsurteil in Bezug auf die Objekte j und j
H	(I x I)-Paarvergleichsmatrix mit $H = \|h_{ij}\|$
h_{ij}	(Ordinal skaliertes) Paarvergleichsurteil in Bezug auf die Objekte i und j
IK	Inkonsistenzindex
IKM	Inkonsistenzmaß
i	Kalkulationszinssatz, ggf. kontinuierliche Verzinsungsenergie
i_F	Fremdkapitalzinssatz
i_H	Habenzinssatz
i_{nS}	Kalkulationszinssatz nach Steuern
K^I	Istkosten
K^P	Plankosten
K^S	Sollkosten
K^P_{ver}	Verrechnete Plankosten
KF^P	Fixe Gesamtplankosten
KV^P	Variable Gesamtplankosten
K_i	Gesamtkosten der Vorkostenstelle i
k^e_j	Stückkosten für die erste produzierte Einheit eines Produkts j

k_A	Stückkosten der Abnehmerdivision
k_H	Hohe Grenzkosten
k_L	Stückkosten der Lieferdivision
k_N	Niedrige Grenzkosten
k_n	Stückkosten der n-ten produzierten Einheit eines Produkts
kv_j	Variable Kosten einer Einheit des Produkts j
$\dfrac{K^P}{x^P}$	Plankostenverrechnungssatz
$L(\cdot)$	Lagrange-Funktion
L_T	Liquidationserlös
$l(\hat{\pi}_j)$	Streng monoton steigende, strikt konvexe Funktion in Abhängigkeit vom prognostizierten Gewinn der Division j
M_j	Gesamtleistung der Vorkostenstelle j
MA	Marktanteil
MA^I	Ist-Marktanteil
MA^S	Ursprüngliche Marktanteilsschätzungen
MV	Marktvolumen
MV^I	Ist-Marktvolumen
MV^S	Soll-Marktvolumen
m_{ij}	Leistungsabgabe der Vorkostenstelle i an die Vorkostenstelle j
n	Anzahl Vorkostenstellen, Divisionen, Perioden
O	Ergebnisvorgabe der Unternehmensleitung (Objective)
$P(\cdot)$	Wahrscheinlichkeit
PK_j	Primäre Gemeinkosten der Vorkostenstelle j
POG_k	Preisobergrenze für den variablen Faktor k
PUG_j	Preisuntergrenze des Produkts j
PUG_z	Preisuntergrenze des Zusatzauftrags z
p	Preis, Einstandspreis, Beschaffungspreis
p_k^{alt}	Alter Preis des Einsatzfaktors k
p_j^h	Stück-Herstellkosten der noch nicht abgesetzten Produkte j
p^I	Ist-Preis des Einsatzfaktors
p^S	Soll-Preis des Einsatzfaktors

p_A	Preis der Produkte der Abnehmerdivision
p_L	Preis der Produkte der Lieferdivision
p_j	Absatzpreis des Produkts j
p_m	Stück-Einstandspreis der Faktorart m
q_i	Verrechnungspreis (Kostenpreis) für jede Leistungseinheit der Vorkostenstelle i
q_j	Verrechnungspreis (Kostenpreis) für jede Leistungseinheit der Vorkostenstelle j
$R(T)$	Restwert in der Periode T
RP	Relativer Preis
RP^I	Tatsächlicher relativer Preis
RP^S	Geschätzter relativer Preis
r	Interner Zinsfuß einer Investition; Rentabilität
$\bar{r}$	Verbrauchsvorgabe
$\hat{r}$	Verbrauchsprognose
$r(\cdot)$	Arrow-Pratt-Maß
r_m	Verbrauchsmenge der Faktorart m
r_{max}	Maximaler Verbrauch
S_i	Tochtergesellschaft i
SÄ	Sicherheitsäquivalent
s	Steuersatz
$s^{ErtragSt}$	Ertragsteuersatz
s^{GewStE}	Gewerbeertragssteuersatz
s^{KSt}	Körperschaftsteuersatz
s_k	Schlupfvariable der Nebenbedingung k
$s_j(\cdot)$	Entlohnungsfunktion des Agenten j
$sgn(\cdot)$	Signum-Funktion
T	Letzte Periode, Ersatzzeitpunkt, betrachtete Periode
TPK_i	Kosten des Teilprozesses i
t	Periode, Zeitpunkt
t_i	Opportunitätsverlust des Produkts i
$U(p)$	Umsatzfunktion
U_j^{min}	Mindest- bzw. Reservationsnutzen des Agenten j
$U_A(\cdot)$	Nutzenfunktion des Agenten

$U'(p)$	Grenzumsatzfunktion
$U_p(\cdot)$	Nutzenfunktion des Prinzipals
u	Nutzen
V	Variator
w_j^*	Opportunitätskostensatz des Faktors j der optimalen Lösung des Produktionsplanungsproblems
w_{Aj}	Inputbezogene Opportunitätskosten der Abteilung A in Bezug auf eine Einheit der Engpassbelastung j
X	Menge der möglichen Ergebnisse/Outputs
$\tilde{X}$	Unscharfe Menge
x	Variable Beschäftigung, Herstellungsmenge, Absatzmenge
x_j^{Abs}	Absatzmenge des Produkts j
x_j^{alt}	Herstellungmenge des Produkts j in der alten optimalen Lösung
x_j^h	Herstellungsmenge des Produkts j
x^I	Bezugsgröße bei Istbeschäftigung
x_n^{kum}	Kumulierte Herstellungsmenge bis zum n-ten Stück
x_j^{neu}	Herstellungsmengeenge von Produkt j in der neuen optimalen Lösung
x^P	Bezugsgröße bei Planbeschäftigung
x_j^P	Planabsatzmenge des j-ten Produkts
x^S	Soll-Menge
x_i	Herstellungsmenge des Produkts i
x_j	Output des Agenten j
x_z	Menge des Zusatzauftrags
Y_t	Kumulierte Beschäftigung; Entnahme für Konsumzwecke im Zeitpunkt t
$\bar{y}$	Konstante Periodenbeschäftigung
y_t	Beschäftigung in Periode t
Z	Zusatzauftrag
Z_t	Zahlung zum Zeitpunkt t
$Z\ddot{U}_t$	Zahlungsüberschuss in Periode t

$\overline{\Lambda}$	Gesamtkapital
Λ_j^*	Division j entsprechend der Optimallösung zugeteiltes Kapital
Λ_j	Division j anhand des Berichtes zugewiesenes Kapital
Π	Erwarteter Gewinn bzw. Erfolg
$\alpha_j, \beta_j, \gamma_j$	Entlohnungskoeffizienten des Agenten j
ε_x	Kostenelastizität, die das Verhältnis zwischen der relativen Veränderung der Stückkosten und der relativen Veränderung der kumulierten Produktionsmenge angibt
ζ	Gesamtzahl potentieller Annehmer
η_i	Opportunitätskostensatz bzw. Optimalopportunitätskosten des Produkts i
θ_j	Normalverteilte Zufallsgröße des Profit-Centers P_j
ι	Individuelle Umwandlungsrate im Bass-Modell, die nicht auf sozialem Druck beruht
λ, μ	Lagrange-Multiplikatoren
$\mu_{\tilde{A}}(x)$	Zugehörigkeitsfunktion der unscharfen Menge $\tilde{A}$
$\mu_{\tilde{B}}(x)$	Zugehörigkeitsfunktion der unscharfen Menge $\tilde{B}$
ν_H	Hoher Umsatz des Agenten
ν_L	Niedriger Umsatz des Agenten
π_i	Realisiertes Ergebnis der Division i
$\pi_j(\cdot)$	Gewinnfunktion des Profit-Centers P_j
$\pi_j(\Lambda_j^*)$	Aufgrund des zugeteilten Kapitals realisierter Bereichsgewinn der Division j
$\hat{\pi}_j$	Gewinnprognose für Division j
$\overline{\pi}_j$	Spezifische Gewinnvorgabe für Division j
$\hat{\pi}_i(\Lambda_i)$	Prognosefunktion der Division i über deren zukünftigen Gewinn anhand ihrer Kapitalzuteilung
ρ	Wirkung eines jeden tatsächlichen Annehmers auf jeden verbleibenden potentiellen Annehmer
φ	Wahrheitsgemäßer (Produktivitäts-)Parameter des Managers 1
$\hat{\varphi}$	Prognostizierter (Produktivitäts-)Parameter des Managers 1
$\hat{\varphi}^*$	Prognostizierter entlohnungsmaximierender (Produktivitäts-)Parameter des Managers 1
ψ	Wahrheitsgemäßer (Produktivitäts-)Parameter des Managers 2
$\hat{\psi}$	Prognostizierter (Produktivitäts-)Parameter des Managers 2

$\hat{\psi}^*$	Prognostizierter entlohnungsmaximierender (Produktivitäts-)Parameter des Managers 2
ω_j	Spezifischer Beteiligungsparameter des Managers j in Bezug auf die Bemessungsgrundlage
Δ_i	Abweichung $i \in \{1, 2\}$ in der starren Plankostenrechnung
ΔB	Beschäftigungsabweichung
ΔE	Gesamte Erlösabweichung
ΔEB	Echte Beschäftigungsabweichung
ΔG	Gesamtabweichung
$\Delta \tilde{K}$	Summe der ausgewiesenen Kostenabweichungen
ΔK_p	Preisabweichung
ΔK_x	Mengenabweichung
ΔV	Verbrauchsabweichung
Δa	Abweichung zwischen Ist- und Soll-Produktivitätskoeffizient (Verbrauchsabweichung)
Δp	Abweichung zwischen Ist- und Sollpreis (Preisabweichung)
Δx	Abweichung zwischen Ist- und Soll-Absatz- bzw. Herstellungsmenge (Beschäftigungsabweichung)

Teil I:

Aufgaben

I   Entwicklung, Konzeption und Organisation des Controllings

1   Semantische, konzeptionelle und funktionale Grundlagen des Controllings

Aufgabe 1   (Controllingkonzeptionen)

a) Erläutern Sie unterschiedliche Konzeptionen zur inhaltlichen Fundierung des Controllings. Welche Anforderungen sind an solche Konzeptionen zu stellen? Beurteilen Sie die von Ihnen erörterten Controlling-Konzeptionen im Hinblick auf diese Anforderungen.

b) Controller sind zurzeit in der Praxis sehr gefragt. Welche Fähigkeiten und Eigenschaften sollte ein Controller Ihres Erachtens besitzen, um in der Praxis erfolgreich sein zu können?

Aufgabe 2   (Koordinationsfunktion des Controllings)

Stellen Sie Interdependenzen und das Problem ihrer Zerschneidung in dezentralisierten Unternehmen dar. Erörtern Sie vor diesem Hintergrund die Aufgabenstellungen der Koordinationsfunktion des Controllings in solchen Unternehmen.

2   Strategisches versus operatives Controlling

Aufgabe 3   (Strategisches versus operatives Controlling)

Grenzen Sie strategisches und operatives Controlling anhand wesentlicher Merkmale voneinander ab.

Aufgabe 4   (Investitionstheoretische Abschreibung)

Für die Neuanschaffung einer Anlage sollen für die relevanten Perioden investitionstheoretisch fundierte Abschreibungen bestimmt werden. Die für dieses Projekt vorliegenden Informationen ergeben sich aus Tabelle A-1.

Welche Annahmen werden für die Bestimmung der Anlagenabschreibungen getroffen? Berechnen Sie den Kapitalwert der gesamten Investitionskette, wobei der optimale Ersatzzeitpunkt bei T = 4,81383 liegt. Berechnen Sie die Abschreibung in den Perioden 1, 2 und 3 und ergänzen Sie dann die grau schattierten Felder in Tabelle A-2. Geben Sie stets die ersten 3 Nachkommastellen Ihrer Berechnungen an und erläutern Sie Ihr Vorgehen.

Anschaffungsauszahlung	$AZ_0 = 100$
Restwert	$R(T) = 100e^{-10T}$
Instandhaltungszahlung	$B(t, y_t, Y_t) = 2Y_t$
Verzinsungsenergie	$i = 10\%$
Planbeschäftigung	$y_t = 5$

Tabelle A-1:   Projektdaten

Zeitpunkt (t)	Wert der Betriebsmittel (C_t)	Abschreibung (a_t)
0		0
1	418,312	
2		
3	467,384	
4	479,817	
4,83183		12,433

Tabelle A-2:   Unvollständiges Tableau zur Entwicklung der Abschreibungen

3 Controlling als Organisationsproblem

Aufgabe 5   (Organisation des Controllings)

Sie sind als Assistent des Vorstandsvorsitzenden eines noch jungen Unternehmens eingestellt worden. Das Unternehmen ist bestrebt, ein systematisches Controlling organisatorisch zu verankern. Sie sollen die Möglichkeiten aufzeigen, Controlling streng zentral sowie streng dezentral zu organisieren. Gehen Sie in Ihrer Stellungnahme auch auf die Vor- und Nachteile der einzelnen organisatorischen Alternativen ein.

II   Operatives Controlling

1   Kurzfristiger kalkulatorischer Erfolg als Steuerungsgröße des operativen Controllings

Aufgabe 6   (Abgrenzung von Grundbegriffen der Unternehmensrechnung I)

a) Grenzen Sie die Begriffe Auszahlung, Ausgabe, Aufwand und Kosten voneinander ab.

b) Geben Sie in Fortführung der Teilaufgabe a) einen Überblick über kurzfristige Erfolgsrechnungssysteme und definieren Sie dabei den Periodenerfolg.

Aufgabe 7   (Abgrenzung von Grundbegriffen der Unternehmensrechnung II)

Graf Dragon von Transsymphonien soll einen Universitätsabschluss erreichen und später den elterlichen Betrieb übernehmen, in dem der Vampirartikel hergestellt und abgesetzt werden. Nach begonnenem (und mittlerweile abgebrochenem) Ingenieurstudium hat sich *Dragon* der Betriebswirtschaftslehre zugewandt. Zusammen mit einigen anderen Kommilitonen bereitet er sich auf eine in Kürze anstehende Klausur im Fach Controlling vor. Im Anschluss an eine Arbeitssitzung treffen sich *Dragon* und seine Freunde in einer beliebten Studentenkneipe zu einer Nachbereitungssitzung, bei der man sich ausgiebig dem Löschen des inzwischen groß gewordenen Durstes hingibt. Bevor man dann zu später Stunde auseinander geht, versucht der Kreis, die Lernergebnisse der vorangegangenen Sitzungen zusammenzutragen. Als Tischnachbar vernehmen Sie folgende Aussagen:

a) „Einnahmen sind die Einnahmen von Erlösen aus selbst erstellten Erzeugnissen."

b) „Leistungen sind der Wert aller erstellten Güter und Dienstleistungen."

c) „Aufwendungen sind betriebliche Kosten und außerbetriebliche Aufwendungen bzw. Ausgaben und mindern das Betriebsergebnis."

d) „Die kurzfristige Erfolgsrechnung erfasst nicht die fixen Kosten, da diese kurzfristig nicht veränderbar sind."

e) „Aufwendungen sind erfolgsmindernde Beträge, die in der Gewinn- und Verlustrechnung erfasst werden und sich nicht auf die Leistungserstellung beziehen."

f) „Kosten sind Aufwendungen, die – ungeachtet der Tatsache, ob produziert wird oder nicht – in jedem Fall anfallen. Mietzahlungen sind daher Kosten. Kosten sind i. d. R. fix."

g) „Neutraler Aufwand und kalkulatorische Kosten stimmen überein."

h) „Zweckertrag und Grundleistung sind identisch."

i) „Es handelt sich bei Auszahlungen um den Abfluss liquider Mittel, die einen außerordentlichen Aufwand darstellen."

j) „Wird der wertmäßige Kostenbegriff verwendet, ist eine Bewertung des Güterverzehrs erforderlich. Die Höhe der Kosten orientiert sich dann immer an historischen oder planmäßigen Anschaffungspreisen."

k) „Ausgaben sind die Minderungen an liquiden Mitteln."

Als Besucher der Studentenkneipe interessieren Sie sich für diese Äußerungen am Nachbartisch. Haben Sie sich doch ebenfalls mit den dahinter stehenden Zusammenhängen der Unternehmensrechnung im Rahmen Ihres Studiums befasst. Zeigen Sie etwaige inhaltliche Mängel der von den Mitgliedern von *Dragons* Arbeitsgemeinschaft getroffenen Aussagen auf und begründen Sie Ihre Meinung.

Aufgabe 8   (Teilbereiche der Kostenrechnung)

a) Erläutern Sie die Aufgaben einer Kostenartenrechnung.

b) Nennen Sie die Aufgaben einer Kostenstellenrechnung. Erläutern Sie vier Prinzipien der Kostenstellenbildung. Geben Sie jeweils ein Beispiel.

Aufgabe 9   (Kostenstellenrechnung/Verfahren der Sekundärkostenrechnung)

Das Zweigwerk eines Herstellers von Schlagbohrgeräten ist in 3 Vorkosten- und 2 Endkostenstellen gegliedert. Die Vorkostenstellen Wasser (V_1), Strom (V_2) und Reparatur (V_3) versorgen sich sowohl untereinander als auch die Endkostenstellen Fertigung (F) und Material (M) mit betrieblichen Leistungen. Für diese soll eine innerbetriebliche Leistungsverrechnung durchgeführt werden. Die primären Gemeinkosten sowie die im Einzelnen abgegebenen und empfangenen Leistungen sind Tabelle A-3 und Tabelle A-4 zu entnehmen.

Kostenstellen	V_1	V_2	V_3	F	M
Primäre Gemeinkosten (GE)	22.500	30.000	48.000	156.000	144.000

Tabelle A-3:   Primäre Kosten der Kostenstellen

von \ an	V_1	V_2	V_3	F	M
V_1 (m³)	0	150	375	1.500	3.375
V_2 (kWh)	75	75	0	300	750
V_3 (h)	1.500	2.250	750	9.000	12.000

Tabelle A-4:   Leistungsbeziehungen zwischen den Kostenstellen

a) Beschreiben Sie *kurz* die Verfahren der Sekundärkostenrechnung in der Kostenstellenrechnung. Begründen Sie, welches Verfahren Sie bei gegebenen Leistungsverflechtungen anwenden würden.

b) Wonach richtet sich beim Stufenleiterverfahren (Treppenumlageverfahren) die Reihenfolge der Verrechnung der Kostenstellen aus? Inwieweit kann die Anwendung dieses Verfahrens zu Ungenauigkeiten führen? Bestimmen Sie die Reihenfolge der Verrechnung für die o. g. Problemstellung. Erläutern Sie Ihre Vorgehensweise. (*Hinweis:* Eine Verrechnung selbst ist nicht erforderlich!)

c) Bestimmen Sie die innerbetrieblichen Verrechnungssätze der Vorkostenstellen mit Hilfe des Kostenstellenausgleichsverfahrens (auf Basis einer linearen Gleichungssystematik). Stellen Sie Ihren Ausführungen eine Deklaration der von Ihnen verwendeten Variablen voran. Erläutern Sie Ihre Vorgehensweise formal und verbal. Wie können Sie Ihre Ergebnisse auf Richtigkeit kontrollieren? (*Hinweis:* Runden Sie bei den Berechnungen und der Ergebnisermittlung auf 4 Nachkommastellen!)

Aufgabe 10   (Kostenträgerrechnung)

a) Die *BigPott GmbH* ist ein mittelständisches Unternehmen, das Kochtöpfe für den europäischen Absatzmarkt herstellt. Zur Kalkulation ihrer Absatzpreise bedient sich die Geschäftsleitung im Rahmen der Kostenträgerrechnung der Zuschlagskalkulation. Bestimmen Sie anhand des in Tabelle A-5 aufgeführten Betriebsabrechnungsbogens dieses Unternehmens Zuschlagssätze nach dem Verfahren der summarischen Zuschlagskalkulation, der elektiven Zuschlagskalkulation ohne Rückgriff auf die Kostenstellenrechnung und der elektiven Zuschlagskalkulation mit Rückgriff auf die Kostenstellenrechnung.

Kostenstellen ╲ ╲ ╲ Kostenarten	Material-hilfsstelle	Fertigungsstellen		Verwal-tungs-hilfsstelle	Vertriebs hilfsstelle
		Haupt-stelle A	Haupt-stelle B		
Einzelkosten [GE] Fertigungsmaterial [GE]	3000				
Fertigungslohn [GE]		500	700		
Sondereinzelkosten der Fertigung [GE]		25	20		
Summe der Gemeinkosten [GE]	600	230	350	200	400

Tabelle A-5:   Betriebsabrechnungsbogen

b) Die *BigPott GmbH* erhält einen Auftrag, für den sie folgende Kosten pro Mengeneinheit (ME) erwartet:

Materialkosten/ME   400 GE

Fertigungslöhne/ME   100 GE

Sondereinzelkosten der Fertigung/ME   15 GE

Bestimmen Sie mit Hilfe der von Ihnen ermittelten Zuschlagssätze aus der Teilaufgabe a) die Selbstkosten pro Mengeneinheit nach

b1) der summarischen Zuschlagskalkulation jeweils auf Basis der möglichen Zuschlagsgrundlagen;

b2) der elektiven Zuschlagskalkulation ohne Rückgriff auf die Kostenstellenrechnung;

b3) der elektiven Zuschlagskalkulation mit Rückgriff auf die Kostenstellenrechnung, wobei sich die Fertigungslöhne auf die Fertigungsstelle A (75 GE) und die Fertigungsstelle B (25 GE) aufteilen. Die Sondereinzelkosten der Fertigung sind der Fertigungsstelle A zuzuordnen.

c) Nach Abschluss Ihres Studiums der Wirtschaftswissenschaften beginnen Sie Ihre berufliche Laufbahn als Juniorcontroller bei der *BigPott GmbH* und berichten direkt der Geschäftsleitung. Aufgrund Ihrer kostenrechnerischen Kenntnisse wissen Sie, dass eine Zuschlagskalkulation in der Kostenträgerrechnung nicht problemfrei ist. Sie wollen aber nicht „mit der Tür ins Haus fallen" und überlegen erst einmal für sich, welche Verfahren der Kostenträgerrechnung zur Kalkulation der hergestellten Produkte anwendbar sind. Stellen Sie die in Betracht kommenden Verfahren dar und beurteilen Sie diese im Hinblick auf die Erfüllung von Kostenzurechnungs- bzw. -zuordnungsprinzipien.

Aufgabe 11 (Funktionen der Kostenrechnung)

Die Kostenrechnung erfüllt u. a. die Funktionen der *Entscheidungsunterstützung* und der *Verhaltenssteuerung*. Grenzen Sie beide Funktionen voneinander ab.

Aufgabe 12 (Kostenrechnungskonzeptionen/Gemeinkostenbereich)

Stellen Sie Kostenrechnungskonzeptionen dar, die sich auf die Analyse des Gemeinkostenbereichs konzentrieren.

Aufgabe 13 (Planung und Kontrolle entscheidungsrelevanter Kosten I)

Einem Automobilhersteller liegen für die Kostenstelle *Cockpitmontage* folgende Plandaten vor:

Als Vorgabezeit für die Montage werden 0,5 Std. je Cockpit veranschlagt. Pro Quartal sollen 120.000 Autos produziert werden. Die geplanten Gemeinkosten, bezogen auf die Größe „Arbeitsstunde", belaufen sich pro Quartal auf 2.500.000 GE bei einem zugrunde gelegten Variator von 6.

a) Beschreiben Sie die Systeme der Plankostenrechnung. Gehen Sie dabei auf die Prämissen der einzelnen Systeme und Unterschiede zwischen diesen ein. Zeigen Sie Vor- und Nachteile der starren Plankostenrechnung und der flexiblen Plankostenrechnung auf Vollkostenbasis auf. Erklären Sie den Begriff „Variator" und diskutieren Sie dessen Anwendung.

b) Führen Sie mit Hilfe der o. g. Daten eine flexible Plankostenrechnung auf Vollkostenbasis durch. Zeigen Sie die Abweichungen rechnerisch und grafisch mit entsprechenden Bezeichnungen auf (*Hinweis:* Verwenden Sie die Skalierung 250.000 GE ≙ 1 cm und 10.000 Std. ≙ 2 cm). Gehen Sie davon aus, dass nach der ersten Planperiode folgende Ist-Daten ermittelt wurden:

- Produktionsmenge Autos: 100.000 Stück,
- Arbeitsstunden: 55.000 Std.,
- Gemeinkosten: 3.000.000 GE.

Erläutern Sie die jeweiligen Abweichungen und diskutieren Sie diese unter dem Aspekt der Verantwortlichkeit.

Aufgabe 14   (Planung und Kontrolle entscheidungsrelevanter Kosten II)

In einer Fertigungskostenstelle stehen vier Maschinen, die von jeweils einem Werker bedient werden. Die tägliche Arbeitszeit beträgt 8 Std., die betrachtete Planperiode umfasst zwölf Wochen mit jeweils fünf Arbeitstagen. Die gesamten Plankosten pro Woche belaufen sich auf 100.000 GE bei einem zugrunde gelegten Variator von 5,5. Aufgrund von Nachfrageänderungen wurde die Produktion für drei Wochen stillgelegt. Die Istkosten betragen nach Ablauf der betrachteten Periode 1.000.000 GE.

a) Gehen Sie davon aus, dass das Unternehmen mit einer *flexiblen Plankostenrechnung auf Vollkostenbasis* arbeitet. Bestimmen Sie die Sollkosten unter Verwendung des Variators. Ermitteln Sie ferner relevante Abweichungen und erläutern Sie deren Bedeutung. Unterstützen Sie Ihre Rechnungen durch eine Grafik. (*Hinweis:* Verwenden Sie die Skalierung 100.000 GE ≙ 1 cm und 200 Std. ≙ 1 cm)

b) Gehen Sie nun davon aus, dass das Unternehmen mit einer *Grenzplankostenrechnung* arbeitet. Bestimmen Sie für die gegebene Datensituation ebenfalls relevante Abweichungen und vergleichen Sie Ihre Ergebnisse mit denjenigen aus Teilaufgabe a). Gehen Sie bei Ihren Berechnungen davon aus, dass der Anteil der variablen Kosten an den Gesamtkosten unverändert bleibt. Unterstützen Sie Ihre Rechnungen durch eine Grafik. (*Hinweis:* Verwenden Sie die Skalierung 100.000 GE ≙ 1 cm und 100 Std. ≙ 1 cm)

c) Welche Abweichungen würden in der gegebenen Datensituation bei Anwendung einer *starren Plankostenrechnung* auftreten? Bestimmen Sie diese und vergleichen Sie Ihre Ergebnisse wiederum mit denen aus Teilaufgabe a). Unterstützen Sie Ihre Rechnungen auch hier durch eine Grafik. (*Hinweis:* Verwenden Sie die Skalierung 100.000 GE ≙ 1 cm und 200 Std. ≙ 1 cm)

Aufgabe 15   (Prozesskostenrechnung I)

Die *Sauber AG* produziert Waschmittel u. a. für die Verwendung in Privathaushalten. Dieses Unternehmen kalkuliert bislang die Logistikkosten seiner Produkte *Puroblank*, *Schneeweiß*, *Superblanko* und *Masterblanko* mit Hilfe einer Zuschlagskalkulation. Um eine bessere Beachtung des Verursachungsprinzips zu erreichen, sollen Sie als Mitarbeiter der Controllingabteilung eine alternative Kalkulation mit Hilfe der Prozesskostenrechnung durchführen. Im Rahmen einer umfassenden Tätigkeitsanalyse identifizieren Sie für drei Kostenstellen eines Teilbereichs der Unternehmenslogistik die aus Tabelle A-6 ersichtlichen Teilprozesse (TP).

Kosten-stelle	Kosten-stellen-kosten	Lfd. Nr. Teilprozess (TP)	Gegenstand des Teilprozesses	Bezugsgröße	Prozess-menge	Kapazi-tät (in MJ)
Wareneingang (I)	90.000	TP_1	Prüfung von Begleitpapieren	Lieferscheine (Anzahl)	15.000	3,1
		TP_2	Warenannahme	Ladungsträger (Anzahl)	8.000	2,5
		TP_3	Abteilung leiten	-	-	0,4
Qualitätsprüfung (II)	80.000	TP_4	Physische Qualitätskontrolle	Geprüfte Produkte	19.000	1,7
		TP_5	Chemische Qualitätskontrolle	Geprüfte Produkte	15.000	2,1
		TP_6	Messinstrumente justieren	-	-	0,2
Lager (III)	150.000	TP_7	Waren einlagern	Ladungsträger (Anzahl)	40.000	4,5
		TP_8	Waren kommissionieren	Ladungsträger (Anzahl)	13.000	1,8
		TP_9	Waren auslagern	Ladungsträger (Anzahl)	32.000	5,7
Legende: MJ Mannjahre						

Tabelle A-6:   Teilprozesse des Bereichs Unternehmenslogistik

a) Ermitteln Sie die Teilprozesskostensätze für jede Kostenstelle. Weisen Sie separat die Teilprozesskosten und die Teilprozesskostensätze sowohl leistungsmengenneutral (lmn) und leistungsmengeninduziert (lmi) als auch zusammenfassend aus.

Kostenstelle: _____

Lfd. Nr. TP	TP-Kosten (lmi)	TP-Kostensatz (lmi)	TP-Kosten (lmn)	TP-Kostensatz (lmn)	Gesamt-TP-Kosten (lmi + lmn)	Gesamt-TP-Kostensatz (lmi + lmn)

Tabelle A-7:   Schema für die Ermittlung der Teilprozesskosten und Teilprozesskostensätze

Orientieren Sie sich dabei am Schema der Tabelle A-7, die Sie später dem Vorstand des Waschmittelherstellers präsentieren sollen. (Hinweis: Die notwendige Zuordnung der Prozesskosten zu den entsprechenden Teilprozessen soll mit Hilfe des Verteilungsschlüssels „Arbeitsaufwand (Kapazität) in Mannjahren (MJ)" je Teilprozess erfolgen. Die leistungsmengenneutralen

Prozesskosten sollen Sie proportional zu den leistungsmengeninduzierten Prozesskosten verrechnen. Runden Sie bei Ihren Berechnungen auf 3 Nachkommastellen!)

b) Die *Sauber AG* beabsichtigt, die Teilprozesse zu 3 Hauptprozessen (HP) der Beschaffungs- und Produktionslogistik zu verdichten. Tabelle A-8 gibt einen Überblick über die zu bildenden Hauptprozesse, die dabei jeweils zu berücksichtigenden Teilprozesse (mit deren prozentualem Einfluss) und die Kostentreiber. Ermitteln Sie die Hauptprozesskostensätze.

Logistik-kosten	Lfd. Nr. HP	Gegenstand des Hauptprozesses	Kostentreiber	Eingehende TP in %		
Beschaf-fungslogistik	HP₁	Lieferscheine bearbeiten	Lieferscheine (Anzahl)	1* 4 5	zu zu zu	100,00 100,00 100,00
	HP₂	Warenannahme	Ladungsträger (Anzahl)	2* 7	zu zu	100,00 53,79
Produktions-logistik	HP₃	Fertigungsaufträge abwickeln	Ladungsträger (Anzahl)	7 8*	zu zu	46,21 100,00

Legende:	(*) Teilprozesse, die bei der Ermittlung der jeweiligen Hauptprozessmengen heranzuziehen sind

Tabelle A-8:   Hauptprozesse der Beschaffungs- und Produktionslogistik

c) Nennen und erläutern Sie Ziele, die im Allgemeinen mit der Anwendung der Prozesskostenrechnung verfolgt werden? Diskutieren Sie die Prämissen, auf denen die Prozesskostenrechnung aufbaut.

Aufgabe 16 (Prozesskostenrechnung II)

Ist die Prozesskostenrechnung in der Lage, strategische Entscheidungen zu unterstützen?

Aufgabe 17 (Kostenmanagement/Target Costing)

a) Grenzen Sie Kostenmanagement von Kostenrechnung ab.

b) Stellen Sie das Grundprinzip und die Vorgehensweise des target costing dar. Diskutieren Sie ferner Möglichkeiten der Kostensenkung, wenn diese aufgrund identifizierter Zielkostendifferenzen (target gaps) geboten sind.

Aufgabe 18 (Target Costing)

Das Unternehmen *Heller* ist Europas größter Hersteller von Taschenlampen. Um neue Märkte zu erschließen und bestehende Kapazitäten auszulasten, wird beabsichtigt, ein mit Akkumulatoren ausgestattetes neues Taschenlampenmodell auf den Markt zu bringen. Ein beauftragtes Marktforschungsunternehmen hat im Rahmen eines Conjoint Measurement die aus Tabelle A-9 ersichtlichen Produktfunktionen mit den zugehörigen möglichen Merkmalsausprägungen identifiziert.

Funktion	Merkmalsausprägung
Gewicht	50; 125 (Gramm)
Leuchtstärke	200; 100; 50 (Watt)
Betriebsdauer	200; 500 (Stunden pro Akkumulatoren-Ladung)
Handhabbarkeit	gute, mittlere, schlechte ergonomische Form
Design	modern, peppig, klassisch
Preis	10; 30 (GE)

Tabelle A-9:   Funktionen und Merkmalsausprägungen der Taschenlampenmodelle

Basierend auf der Befragung ergeben sich die in Tabelle A-10 dargestellten Teilnutzenwerte (TN) und Kostenwirkungen (KW) für die drei in Frage kommenden Modelle. Eines von diesen soll produziert werden.

Funktion	Teilnutzen	Nutzen-bereich	Modell 1		Modell 2		Modell 3	
			TN	KW	TN	KW	TN	KW
Gewicht	(0,8; 0)	0,8	0,8	++	0,8	++	0	o
Leuchtstärke	(1; 0,5; 0)	1,0	1	++	0,5	+	1	++
Betriebsdauer	(0; 0,5)	0,5	0,5	++	0,5	++	0	o
Handhabbarkeit	(0,4; 0,2; 0)	0,4	0,4	++	0,2	+	0	o
Design	(0,3; 0,1; 0)	0,3	0,3	++	0,3	++	0,3	++
Preis	(0,66; 0)							

Legende: ++   starke Kostenzunahme

          +   mittlere Kostenzunahme

          o   keine Kostenzunahme gegenüber dem Mindeststandard

Tabelle A-10:   Teilnutzenwerte und Kostenwirkungen der Taschenlampenmodelle

a) Leiten Sie mit den bislang vorliegenden Angaben die Teilnutzenfunktion des Preises her. Vergleichen Sie die drei Modelle im Hinblick auf die maximale Preisdifferenz, die ein Kunde angesichts bestehender Nutzendifferenzen in Kauf zu nehmen bereit ist. Erläutern Sie eine mögliche Entscheidung bei einer angenommenen tatsächlichen Preisdifferenz anhand eines von Ihnen selbst gewählten modellhaften Vergleichsbeispiels.

b) Gehen Sie im Weiteren davon aus, dass Modell 1 als das neue Taschenlampenmodell ausgewählt wird. Das Marktforschungsunternehmen hat bei weite-

ren Untersuchungen ermittelt, dass die Sättigungsmenge bei 5 Mio. Taschenlampen liegt und der Prohibitivpreis 40 GE beträgt. Ermitteln Sie die umsatzmaximale Preis-Mengen-Kombination.

c) Das Unternehmen hat eine Zielrendite von 20% vom Umsatz. Die Kostenhöhe
in den „Gemeinkostenbereichen" beträgt 15 Mio. GE. Berechnen Sie die „allowable costs" i. e. S. und die „allowable costs" i. w. S.

d) Anhand des Rohentwurfs und der Angaben aus der Kostenrechnung können
jetzt die Herstellkosten (auf Vollkostenbasis) für die einzelnen Komponenten
des Taschenlampenmodells ermittelt werden. Des Weiteren hat ein Team aus
verschiedenen Funktionsbereichen des Unternehmens eine Komponen-
ten/Funktionen-Matrix erstellt. Auf deren Basis wird der Nutzen, den jede
Komponente für jede Funktion erbringt, aufgeschlüsselt. Die funktionsspezifi-
schen Nutzenanteile werden je Komponente aggregiert (vgl. Tabelle A-11).

Komponente	Drifting costs	Nutzenanteil der Komponente
Spiegel	1,00 GE	5,50%
Glühlampe	2,00 GE	21,50%
Gehäuse	3,50 GE	30,00%
Akkumulator	6,00 GE	43,00%

Tabelle A-11:   Drifting costs und Nutzenanteile je Komponente

Berechnen Sie die Zielkostenindizes und beurteilen Sie die jeweiligen Komponenten. Bestimmen Sie die „allowable costs i. e. S." pro Stück, den nutzen-
gemäßen Kostenanteil auf Basis der „allowable costs i. e. S." und anschließend den Kostenreduktionsbedarf. Kommentieren Sie den Kostenreduktionsbedarf.

Aufgabe 19 (Kostenkontrolle/Abweichungsanalyse I)

Erörtern Sie die Zwecksetzung, den konzeptionellen Rahmen und die methodi-
schen Varianten der Kostenabweichungsanalyse. Veranschaulichen Sie Ihre Ausführungen am Beispiel eines selbst gewählten Kostenabweichungsproblems mit
zwei Kosteneinflussgrößen.

Aufgabe 20 (Kostenkontrolle/Abweichungsanalyse II)

Eine am kalkulatorischen Periodenerfolg ausgerichtete operative Unternehmenssteuerung bedarf geeigneter Methoden. In diesem Zusammenhang werden Plan-
abweichungsanalysen diskutiert. Hierzu gehört auch die Analyse von Kostenabweichungen, für die eine Reihe von Methoden verfügbar ist.

a) Ob eine Kostenabweichungsanalysemethode ihrer Kontrollfunktion gerecht
wird, hängt entscheidend davon ab, inwieweit die ausgewiesenen Teilabweichungen den für die Kontrollrechnungen erforderlichen Informationsbedarf
decken und inwieweit die Methoden von den Mitarbeitern im Hinblick auf
ausgewiesene und ihnen zuzuordnende Teilabweichungen akzeptiert werden.

Akzeptanz und Informationsgehalt können somit als wesentliche Ziele der Kostenabweichungsanalyse bezeichnet werden. Diese Zielsetzungen weisen eine nur geringe Operationalität auf und sind daher schwer messbar. Aus diesem Grund verwendet man Ersatzkriterien, die jeweils eine klar abgrenzbare Beurteilung (im Sinne von „erfüllt" bzw. „nicht erfüllt") zulassen und somit die eigentliche Zielsetzung umschreiben. Nennen und erläutern Sie diese Ersatzkriterien.

b) Vergleichen Sie die Vorgehensprinzipien der differenziert-kumulativen Kostenabweichungsanalysemethode und der differenziert-kumulativen Kostenabweichungsanalysemethode auf Minimumbasis.

c) In einer Produktionsabteilung wurde vor Beginn der Periode für einen Inputfaktor eine Faktormenge von 300 Einheiten geplant. Die Kosten für den gesamten Verbrauch des Faktors sollten 24.000 GE nicht überschreiten. Am Ende der Produktionsperiode sind im Produktionscontrolling des Unternehmens folgende Daten festgehalten worden: verbraucht wurden 250 Einheiten an Faktormenge, der Preis für eine Einsatzfaktoreinheit betrug 100 GE. Bestimmen Sie die Gesamtabweichung. Geben Sie formal und numerisch für einen Soll-Ist-Vergleich auf Istbezugsbasis die Teilabweichungen bei Anwendung der differenziert-kumulativen Methode an. Welche Ergebnisse liefert die Anwendung der differenziert-kumulativen Methode auf Minimumbasis? Interpretieren Sie kurz die Ergebnisse.

Aufgabe 21   (Kostenkontrolle/Abweichungsanalyse III)

In einer Produktionsabteilung wurde vor Beginn der Periode für einen Inputfaktor eine Menge von 4 Einheiten pro Einheit des Endprodukts geplant. Die Kosten für eine Einheit des Inputfaktors sollten 5 GE nicht überschreiten. Die geplante Ausbringungsmenge des Endprodukts beträgt 10 Einheiten.

Am Ende der Produktionsperiode sind im Produktionscontrolling des Unternehmens folgende Daten festgehalten worden: der Verbrauch des Inputfaktors pro Einheit des Endprodukts lag bei 3 Einheiten, der Preis für eine Einheit des Inputfaktors betrug 7 GE. Es wurden 12 Einheiten des Endprodukts hergestellt.

a) Bestimmen Sie formal und numerisch die Gesamtabweichung für einen Soll-Ist-Vergleich.

b) Welche Methode der Kostenabweichungsanalyse schließt Kompensationseffekte aus und verhindert dadurch den Ausweis der nicht existenten Teilabweichungen? Geben Sie formal und numerisch für einen Soll-Ist-Vergleich auf Istbezugsbasis die real existierenden elementaren Teilabweichungen der in Teilaufgabe a) ermittelten Gesamtabweichung an. Erläutern Sie Ihre Vorgehensweise.

c) Ermitteln Sie formal und numerisch für einen Soll-Ist-Vergleich auf Istbezugsbasis die Teilabweichungen bei Anwendung

   c1)   der *alternativen* Methode,

   c2)   der *kumulativen* Methode,

c3) der *differenziert-kumulativen* Methode.

Interpretieren Sie kurz die Ergebnisse unter Berücksichtigung der Ergebnisse aus der Teilaufgabe b).

Aufgabe 22   (Kostenkontrolle/Abweichungsanalyse IV)

Operativem Controlling obliegt u. a. die Beurteilung von Kostenabweichungen. Hierzu werden Methoden der Kostenabweichungsanalyse eingesetzt. Die Ausgangsdaten für die Durchführung einer Kostenabweichungsanalyse mit Hilfe der alternativen Methode als Soll-Ist-Vergleich auf Istbezugsbasis finden Sie in Abbildung A-1.

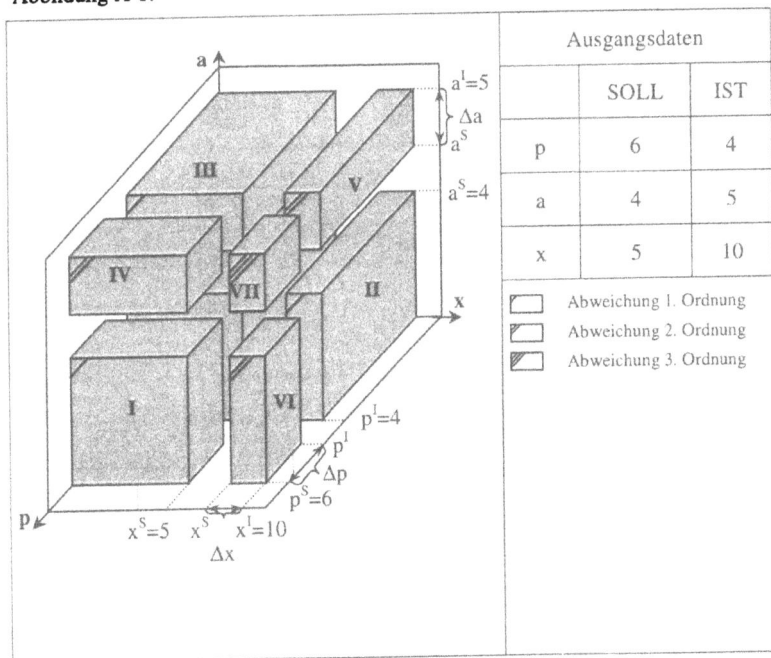

	SOLL	IST
p	6	4
a	4	5
x	5	10

Abweichung 1. Ordnung
Abweichung 2. Ordnung
Abweichung 3. Ordnung

Abbildung A-1:   Ausgangsdaten Kostenabweichungsanalyse

a)   Zeigen Sie mit Hilfe der Abbildung A-1 die Quader auf, die in den ausgewiesenen Teilabweichungen formal enthalten sind. Stellen Sie auch die Kostenwirkungen der Teilabweichungen und Quader dar. Orientieren Sie sich bei Ihren Ausführungen am Schema der Tabelle A-12.

| Ausgewiesene Teilabweichung | Quader | | | Kostenwirkung der Teilabweichung |
	1. Ordnung	2. Ordnung	3. Ordnung	
Σ				

Tabelle A-12:   Grundschema für Teilabweichungsausweis

b) Weisen Sie die Teilabweichungen unter Berücksichtigung der jeweils enthaltenen Quader numerisch aus. Orientieren Sie sich bei Ihrer Darstellung am Schema der Tabelle A-13.

| Ausgewiesene Teilabweichung | Quader | | | | | | | |
| | 1. Ordnung | | | 2. Ordnung | | | 3. Ordnung | |
	I	II	III	IV	V	VI	VII	Σ
Σ								

Tabelle A-13:   Schema für quaderspezifischen Teilabweichungsausweis

c) Bewerten Sie die alternative Methode (Soll-Ist-Vergleich; Istbezugsbasis) anhand der Kriterien Vollständigkeit, Willkürfreiheit, Koordinationsfähigkeit, Invarianz sowie Realitätsadäquanz.

Aufgabe 23   (Erlöskontrolle/Abweichungsanalysen I)

Erläutern Sie die Zwecksetzung und den Grundaufbau von Erlösabweichungsanalysen. Gehen Sie dabei auch auf prinzipielle Unterschiede zur Kostenabweichungsanalyse ein.

Aufgabe 24   (Erlöskontrolle/Abweichungsanalysen II)

Einem Absatzcontroller liegen Markt- und Absatzdaten für die Ginmarke *King Dad* gemäß Tabelle A-14 vor.

	Soll	Ist
Preis	6,5	3
Branchenpreis	5	2,5
Relativer Preis	1,3	1,2
Absatzmenge	10	24
Marktvolumen	100	120
Marktanteil	0,1	0,2

Tabelle A-14:   Markt- und Absatzdaten

Berechnen Sie die Erlösabweichung und bestimmen Sie mögliche Effekte, die zu dieser Abweichung geführt haben. Verwenden Sie dazu die differenziert-kumulative Methode als Ist-Soll-Ansatz auf Planbezugsbasis. Stellen Sie Ihren Ausführungen eine Variablendeklaration und eine allgemeine Darstellung Ihrer Vorgehensweise voran. Erläutern Sie auch die von Ihnen aufgeführten Effekte.

Aufgabe 25   (Deckungsbeitragsrechnung I)

Im Unternehmen der Fahrradmarke *Kalk-off* werden vier Produkte (*Mountain, Ironman, Holland* und *City*) in zwei Produktgruppen (Sport-Fahrräder und Freizeit-Fahrräder) hergestellt. Über die Produkte sind die aus Tabelle A-15 ersichtlichen Daten bekannt.

	Einheit	Sport-Fahrräder		Freizeit-Fahrräder	
		Mountain	Ironman	Holland	City
Hergestellte Menge	Stück	3.500	2.500	8.000	9.000
Abgesetzte Menge	Stück	2.500	2.000	7.000	8.500
Fertigungslöhne	GE	315.000	287.500	560.000	765.000
Fertigungsmaterial	GE	420.000	337.500	1.000.000	900.000
Variable Fertigungs- u. Materialgemeinkosten	GE	122.500	102.500	160.000	162.000
Variable Verwaltungs- u. Vertriebsgemeinkosten	GE	50.000	60.000	119.000	136.000
Variable Sondereinzelkosten des Vertriebs	GE	30.000	22.000	63.000	59.500
Verkaufspreis	GE/Stück	300	360	270	240

Tabelle A-15:   Produktdaten

Die Fixkosten betragen insgesamt 350.000 GE.

a) Führen Sie eine einstufige Deckungsbeitragsrechnung durch. Berechnen Sie dabei insbesondere die Stückdeckungsbeiträge der einzelnen Produkte und den Periodenerfolg. Interpretieren Sie kurz die Ergebnisse.

Die gesamten Fixkosten in Höhe von 350.000 GE lassen sich – wie aus Tabelle A-16 ersichtlich – aufspalten.

	Einheit	Sport-Fahrräder		Freizeit-Fahrräder	
		Mountain	Ironman	Holland	City
Produktfixkosten	GE	30.000	35.000	95.000	85.000
Produktgruppen-fixkosten	GE	18.500		56.500	

Tabelle A-16:   Produkt- und Produktgruppenfixkosten

Die restlichen Fixkostenbestandteile sind Unternehmensfixkosten.

b) Führen Sie eine mehrstufige Deckungsbeitragsrechnung durch. Interpretieren Sie kurz die Ergebnisse.

c) Nennen Sie Fälle, in denen die mehrstufige Deckungsbeitragsrechnung als produktpolitisches Steuerungsinstrument nicht geeignet ist.

Aufgabe 26 (Deckungsbeitragsrechnung II)

Ein Unternehmen fertigt sechs verschiedene Produkte. Im Unternehmensbereich I wird die Produktgruppe A mit den Produkten A_1 und A_2 hergestellt. Der Unternehmensbereich II umfasst die Produktgruppe B mit den Produkten B_1 und B_2 sowie die Produktgruppe C mit den Produkten C_1 und C_2. Die vom Controller des Unternehmens für das abgelaufene Jahr ermittelten Absatzdaten sind aus Tabelle A-17 ersichtlich.

	A_1	A_2	B_1	B_2	C_1	C_2
Menge (Stück/Jahr)	550	3.120	705	195	4.025	380
Preis (GE/Stück)	2	0,5	3	12	0,2	7,25

Tabelle A-17:   Absatzdaten

Das Unternehmen hat in diesem Zeitraum auf den Umsatz der Produkte der Gruppe A einen Rabatt von 5% und auf den Umsatz der Produkte der Gruppe C einen Rabatt von 20% gewährt. Ferner sind die in Tabelle A-18 aufgeführten Vertriebseinzelkosen der Produkte angefallen.

	A_1	A_2	B_1	B_2	C_1	C_2
Vertriebseinzelkosten (GE/Jahr)	45	82	15	90	44	104

Tabelle A-18:   Produktspezifische Vertriebseinzelkosten

Zusätzlich liegen die aus Tabelle A-19 ersichtlichen Kosteninformationen vor.

	A_1	A_2	B_1	B_2	C_1	C_2
variable Kosten (GE/Jahr)	300	700	900	1.200	100	1.500
Produktfixkosten (GE/Jahr)	710	330	710	420	540	210
Produktgruppenfixkosten (GE/Jahr)	400		520		175	

Tabelle A-19:   Zusätzliche Kosteninformationen

Durch die Koordination der die Produktgruppen B und C betreffenden Entscheidungen im Unternehmensbereich II sind Fixkosten in Höhe von 80 GE/Quartal angefallen. Die zentralen Abteilungen des Unternehmens haben Fixkosten in Höhe von 150 GE/Jahr verursacht.

a) Erstellen Sie eine mehrstufige Deckungsbeitragsrechnung für das abgelaufene Jahr.

b) Welche Schlussfolgerungen ergeben sich aufgrund der zu Aufgabenteil a) durchgeführten Rechnung für die Sortimentspolitik? Gehen Sie ferner auf Annahmen ein, die abzuleitenden Empfehlungen zugrunde liegen.

2   Einsatzmöglichkeiten kurzfristiger Erfolgsrechnung

Aufgabe 27   (Programmplanung I)

Sie sind Controller in einem Unternehmen, das fünf verschiedene Produkte herstellt. Sie haben den Auftrag, das gewinnmaximale Produktionsprogramm für die kommende Periode zu bestimmen. Die von Ihnen zugrunde zu legenden Daten sind in Tabelle A-20 aufgeführt.

Produkt	Möglicher Absatz (Stück)	Gesamtkosten bei max. Absatz	Fixkosten je Produktart	Verkaufspreis (GE/Stück)
1	250	21.500	1.500	90
2	300	34.500	3.000	100
3	450	27.625	5.125	80
4	200	7.000	2.000	50
5	400	24.500	4.500	60

Tabelle A-20:   Produktspezifische Daten

Die anfallenden Fixkosten sind produktabhängig, d. h. sie können bei Nichtherstellung des jeweiligen Produkts abgebaut werden. Die Produkte durchlaufen zwei Fertigungsabteilungen, die bzgl. ihrer zeitlichen Kapazität beschränkt sind. Dort benötigen sie die in Tabelle A-21 angegebenen Bearbeitungszeiten.

Produkt	Bearbeitungszeit (Std./Stück)	
	Fertigungsabteilung A	Fertigungsabteilung B
1	2,5	0,5
2	5,0	4,0
3	2,0	1,0
4	5,0	2,0
5	1,0	1,5
Maximale Kapazität (Std.)	1.600	1.000

Tabelle A-21:   Bearbeitungszeiten

a) Welches System der kurzfristigen Erfolgsrechnung wenden Sie bei der Planung des gewinnmaximalen Produktionsprogramms an? Warum wenden Sie dieses System an?

b) Bestimmen Sie das gewinnmaximale Produktionsprogramm unter Beachtung der Kapazitätsgrenzen. Wie groß ist der geplante Gewinn?

Aufgabe 28   (Programmplanung II)

Ein Unternehmen kann mit seinen Produktionsanlagen sechs verschiedene Produkte fertigen. Das Unternehmen ist in zwei Bereiche geteilt. In Bereich I ist die Produktion der Erzeugnisgruppe A mit den Produkten A_1, A_2 und A_3 möglich. Alle drei Produkte müssen an zwei Maschinen, MA_1 und MA_2, mit maximalen Kapazitäten von 3.000 Maschinenstunden für MA$_1$ und 2.000 Maschinenstunden für MA$_2$ gefertigt werden. Es gelten Plandaten gemäß Tabelle A-22.

Plandaten		A$_1$	A$_2$	A$_3$
Maximale Plan-Absatzmenge (Stück)		300	500	700
Plan-Nettoverkaufspreis (GE/Stück)		10	15	11
Variable Plankosten (GE/Stück)		3	6	7
Planmäßige Maschi-nenbeanspruchung	MA$_1$ (Std./Stück)	0,5	3	2
	MA$_2$ (Std./Stück)	1	0,25	2

Tabelle A-22:   Plandaten für die Erzeugnisgruppe A

In Bereich II können die Produkte B$_1$, B$_2$ und B$_3$ der Erzeugnisgruppe B auf den Fertigungsanlagen MB$_1$ und MB$_2$ hergestellt werden. MB$_1$ hat eine Kapazität von maximal 2.000 Maschinenstunden und MB$_2$ von maximal 2.500 Maschinenstunden. Für die Produkte der Erzeugnisgruppe B können die Plandaten Tabelle A-23 entnommen werden.

Plandaten		B$_1$	B$_2$	B$_3$
Maximale Plan-Absatzmenge (Stück)		keine	200	keine
Plan-Netto-Verkaufpreis (GE/Stück)		15	20	18
Variable Plankosten (GE/Stück)		9	12	11
Planmäßige Maschi-nenbeanspruchung	MB$_1$ (Std./Stück)	3	4	2
	MB$_2$ (Std./Stück)	0,25	0,5	1

Tabelle A-23:   Plandaten für die Erzeugnisgruppe B

a) Bestimmen Sie das gewinnmaximale Produktionsprogramm für das Unternehmen und den zugehörigen maximalen Unternehmensgewinn, wenn im Bereich I Fixkosten in Höhe von 3.000 GE und im Bereich II Fixkosten in Höhe von 2.500 GE anfallen.

b) Wie ändern sich das optimale Produktionsprogramm und der Unternehmensgewinn, wenn die Kapazität von Maschine MB$_2$ um eine Einheit erhöht wird?

c) Berechnen Sie für den Bereich I die Opportunitätsverluste, die entstehen, wenn jeweils ein verdrängtes oder nur teilweise produziertes Gut voll in die Produktion aufgenommen wird und dafür nur das Produkt mit den größten Opportunitätskosten verdrängt werden kann.

Aufgabe 29 (Programm-/Ablaufplanung)

Sie werden mit der Produktionsprogrammplanung eines mittelständischen Unternehmens beauftragt, das zwei Produkte x$_1$ und x$_2$ produziert. Vom Produkt x$_1$ ist Ihnen bekannt, dass es einen Preis von 21 GE hat und variable Kosten in Höhe von 11 GE verursacht. Produkt x$_2$ erzielt einen Preis von 18 GE bei variablen Kosten von 10 GE. Beide Produkte müssen jeweils auf drei Maschinen bearbeitet werden, deren Kapazität nur begrenzt verfügbar ist. Die Kapazitätsbeanspruchung ist in Tabelle A-24 wiedergegeben.

Produkt	x_1	x_2	
Produktionsverfahren	A	B	Kapazitätsgrenze (ZE)
Maschine 1 (ZE/Stück)	2	1	4.000
Maschine 2 (ZE/Stück)	4	1	2.000
Maschine 3 (ZE/Stück)	1	1	8.000

Tabelle A-24:   Produktspezifische Kapazitätsbeanspruchungen

a) Bestimmen Sie das gewinnmaximale Produktionsprogramm für das Unternehmen. Stellen Sie für dieses Planungsproblem das Ausgangstableau des Simplexalgorithmus nach dem Schema der Tabelle A-25 auf. (*Hinweis:* Gehen Sie von einem *primalen* Ansatz aus!)

Basis	Variablen	Kapazitätsgrenze
.	.	.
.	.	.
.	.	.
Zielfunktion	.	.

Tabelle A-25:   Schema für Ausgangstableau

b) Die Produkte x_1 und x_2 lassen sich auf den bestehenden Maschinen, aber auch durch die Verfahren C bzw. D herstellen. Die entsprechenden Kapazitätsbeanspruchungen sowie die Stückdeckungsbeiträge der Produkte bei diesen Fertigungsverfahren sind Tabelle A-26 zu entnehmen.

Produkt	x_1	x_2	
Produktionsverfahren	C	D	Kapazitätsgrenze (ZE)
Maschine 1 (ZE/Stück)	3	0,5	4.000
Maschine 2 (ZE/Stück)	0,5	1,5	2.000
Maschine 3 (ZE/Stück)	0,5	0,5	8.000
Stück-DB	13	8	

Tabelle A-26:   Kapazitätsbeanspruchungen zusätzlich möglicher Produktionsverfahren

Sie stehen vor dem Problem, die Produktionsprogrammplanung und die Produktionsablaufplanung *simultan* lösen zu müssen. Erläutern Sie Ihre dazu gewählte Vorgehensweise. Legen Sie dem Ausgangstableau des Simplexalgorithmus erneut das Schema der Tabelle A-25 zugrunde. Beachten Sie ferner den Hinweis zu Teilaufgabe a).

Aufgabe 30   (Programmplanung/Sensitivitätsanalyse)

Ein Unternehmen fertigt die beiden Produkte x_1 und x_2. Zur Herstellung der Produkte werden die beiden Rohstoffe R_1 und R_2 benötigt. Diese Rohstoffe stehen innerhalb einer Planungsperiode nur begrenzt zur Verfügung. Darüber hinaus sind

Absatzobergrenzen für die beiden Produkte zu beachten. Die entsprechenden Daten hierzu sind Tabelle A-27 zu entnehmen.

Produkt	R_1 [kg/Stück] (s_1)	R_2 [kg/Stück] (s_2)	Deckungsbeitrag [GE/Stück]	Maximaler Absatz [Stück]
x_1	3	14	9	60 (s_3)
x_2	12	8	12	70 (s_4)
Kapazität	480 kg	896 kg		

Tabelle A-27:   Planungsrelevante Daten

Die eingeklammerten s-Symbole bezeichnen die zur jeweiligen Restriktion gehörige Schlupfvariable. Das in Tabelle A-28 dargestellte Endtableau des Simplexalgorithmus ist zutreffend berechnet, enthält aber nur eine unvollständige Lösung des Problems.

Basis	x_1	x_2	s_1	s_2	s_3	s_4	Lösung
x_2	0	1	a	−c	0	0	e
x_1	1	0	−b	d	0	0	f
s_3	0	0	b	−d	1	0	12
s_4	0	0	−a	c	0	1	42
ZF	0	0	2/3	1/2	0	0	g

Tabelle A-28:   Endtableau (mit unvollständiger Lösung)

a) Stellen Sie das lineare Programm zu dem in Tabelle A-27 dargestellten Problem der Produktionsprogrammplanung auf. Lösen Sie dann das Programm grafisch und markieren Sie den Bereich zulässiger Lösungen (*Hinweis*: Verwenden Sie die Skalierung 1 cm ≙ 10 Stück. Eine Angabe der optimalen Lösung ist nicht erforderlich!). Formulieren Sie anschließend die Gleichungen, die Eingang in das Anfangstableau finden. Welche Bedeutung haben hierbei die Schlupfvariablen?

b) Bezeichnen Sie die Koeffizienten a bis g sowie die grau unterlegten Werte und erläutern Sie die Zusammenhänge zwischen diesen. Vervollständigen Sie anschließend das (durch die Symbole a bis g als unvollständig gekennzeichnete) Lösungstableau aufgrund der Zusammenhänge einer solchen Lösungsstruktur. Verwenden Sie bei der Lösung die folgenden Beziehungen:

$$d = 4 \cdot c$$

$$b = \frac{2}{3} \cdot d$$

(*Hinweis*: Eine nochmalige Simplexberechnung ist nicht erforderlich! Die berechneten Werte sollen plausibel begründet werden!)

c) Die Struktur der Optimallösung bleibt auch bei Veränderungen der Restriktionen innerhalb bestimmter Intervalle stabil. Leiten Sie für den Rohstoff R_1 dieses Intervall unter der Annahme der unveränderten Kapazität des Rohstoffs R_2 her. Erläutern Sie Ihre Vorgehensweise.

d) In welchem Intervall darf der Stückdeckungsbeitrag von x_1 schwanken, ohne dass sich die Struktur der Optimallösung verändert? Gehen Sie von einem konstanten Stückdeckungsbeitrag von x_2 aus. Unterstellen Sie ferner, dass die maximalen Absatzmengen keine bindenden Restriktionen darstellen.

Aufgabe 31 (Preisuntergrenzen I)

Ein Unternehmen fertigt drei Produkte A, B, und C. Diese sind durch die aus Tabelle A-29 ersichtlichen Daten gekennzeichnet.

Produkt	Tägliche Produktion (Stück)	Proportionale Plankosten (GE/Stück)	Verkaufspreis (GE/Stück)
A	300	50	70
B	400 (von September bis einschl. Mai)	25	55
C	700	30	60

Tabelle A-29:   Produktspezifische Daten

Die Nachfrage nach Produkt B ist während der Monate Juni, Juli und August so gering, dass überlegt wird, die Maschine *Alpha*, an der nur Produkt B hergestellt wird, für diese drei Monate stillzulegen.

Ein Großhändler fragt an, ob das Unternehmen bereit wäre, ihm von Mai bis einschließlich September monatlich 10.000 Stück eines Produkts D zu liefern. Er bietet hierfür einen Stückpreis von 45 GE an. Produkt D könnte an Maschine *Alpha* hergestellt werden. Damit die Produkte B und D an dieser Maschine produziert werden können, ist allerdings vorher ein Umbau dieser Maschine nötig. Der Umbau kostet 1.000 GE und dauert einen Tag, an dem nicht produziert werden kann. Nach dem Umbau ist die Kapazität der Maschine groß genug, damit in den Monaten Mai und September Produkt B und D gleichzeitig gefertigt werden können. Durch Stilllegung der Maschine können fixe Instandhaltungskosten in Höhe von monatlich 5.000 GE eingespart werden. Allerdings fallen bei der Wiederinbetriebnahme der Maschine Kosten in Höhe von 2.000 GE an.

Bei Annahme des Auftrags des Großhändlers müsste das Unternehmen damit rechnen, dass zwei Konkurrenten dieses Händlers ihre für Mai und Juni angekündigten Zusatzaufträge zurückziehen und an andere Unternehmen vergeben. Beide Händler wollten in diesen beiden Monaten zusammen insgesamt 4.000 Stück von Produkt A und 7.000 Stück von Produkt C zusätzlich abnehmen.

Soll das Unternehmen den Auftrag für das Produkt D, dessen proportionale Planstückkosten 40 GE betragen, zu dem gebotenen Preis annehmen? Begründen Sie Ihre Antwort.

Aufgabe 32 (Preisuntergrenzen II)

Die *Charmy AG* ist ein Hersteller von Automobilen. Der Absatzpreis ihrer Automarke *SMOOTH* ist im ersten Quartal des Jahres auf 15.000 GE gesunken. Die Vertriebsabteilung erstellt eine Absatzprognose, die zu der Annahme führt, dass sich der Preis voraussichtlich in den restlichen Quartalen des Jahres ohne eine verbesserte Marketingstrategie nicht ändern wird. Für diese Zeit wird bei Beibehaltung der bisherigen Werbestrategie mit einem Absatz von 6.000 Autos pro Monat gerechnet. Da die Kosten der Herstellung, des Vertriebes und der Marketingabteilung mit 12.000 GE pro Auto sehr hoch sind, prüft die Unternehmensleitung, ob für den Zeitraum von zwei Quartalen eine Produktionseinstellung vorzunehmen und statt dessen eine breit angelegte Werbekampagne durchzuführen ist. Eine solche vorübergehende Produktionseinstellung wird auch deshalb erwogen, weil man nach Beendigung der neuen Werbekampagne eine deutliche Erhöhung der Nachfrage nach der Marke *SMOOTH* erwartet, die den Absatzpreis pro Auto für das letzte Quartal des Jahres auf 16.000 GE und die Absatzmenge in diesem Zeitraum auf monatlich 7.000 Stück steigen ließe. Bei einer vorübergehenden Produktionseinstellung könnten die für die Marke als ganzes anfallenden Bereitschaftskosten von monatlich 30.000.000 GE abgebaut und damit eingespart werden. Für den Fall einer solchen Entscheidung ist zu bedenken, dass bei Wiederaufnahme der Produktion zu Beginn des auf die sechsmonatige Produktionsunterbrechung folgenden Monats zusätzlich einmalige Kosten für die Einrichtung der Produktionsstraße in Höhe von 60.500.000 GE anfallen würden. Die bei einer vorübergehenden Produktionseinstellung geplante Werbekampagne würde 20.000.000 GE kosten.

Soll eine kurzfristige Produktionseinstellung vorgenommen werden? Begründen Sie Ihre Antwort.

Aufgabe 33 (Preisuntergrenzen III)

Als Juniorcontroller der *Müller AG* werden Sie damit beauftragt, das gewinnmaximale Produktionsprogramm für die kommende Periode zu bestimmen. Die zur Fertigung der vier Produkte benötigte Spezialmaschine steht in der Planperiode insgesamt 6.200 Zeiteinheiten (ZE) zur Verfügung. Planungsrelevante Daten sind aus Tabelle A-30 ersichtlich.

Produkt	Maximale Planabsatz- menge (ME)	Variable Plan- stückkosten (GE/ME)	Planabsatz- preis (GE/ME)	Planmäßige Maschi- nenbeanspruchung (ZE/ME)
1	1.400	17	25	2
2	2.400	26	31	1
3	1.500	12	10	0,2
4	4.000	22	26	0,5
Unternehmensfixkosten (GE)			2.500	

Tabelle A-30:   Plandaten bei einem Engpass

a) Überprüfen Sie, ob die Maschinenkapazität einen Engpass darstellt.

b) Bestimmen Sie das gewinnmaximale Produktionsprogramm und den zugehörigen Unternehmensgewinn. Erläutern Sie Ihre Vorgehensweise.

c) Der *Müller AG* liegt eine Anfrage eines guten Kunden für einen Zusatzauftrag über 450 Mengeneinheiten (ME) eines Produkts Z vor, das ebenfalls auf der Spezialmaschine gefertigt werden kann. Für den potentiellen Zusatzauftrag wurden die aus Tabelle A-31 ersichtlichen Plandaten ermittelt.

Produkt	Variable Planstückkosten (GE/ME)	Planmäßige Maschinenbeanspruchung (ZE/ME)
Z	25	4

Tabelle A-31:   Plandaten des Zusatzauftrags

Welchen Stückpreis muss die *Müller AG* für diesen Zusatzauftrag mindestens fordern, wenn der Gewinn des optimalen Produktionsprogramms nicht geschmälert werden soll? Begründen Sie Ihre Antwort.

d) Berechnen Sie die planmäßige Preisuntergrenze für den Zusatzauftrag, wenn der Kunde 1.400 Mengeneinheiten (ME) von Produkt Z abnehmen möchte.

Aufgabe 34   (Preisuntergrenzen IV)

Die Universität *Academia* plant anlässlich der Feier ihres 50-jährigen Gründungsjubiläums ein lautes Feuerwerk. Unglücklicherweise sind einen Tag vor dem geplanten Aufbau alle vorhandenen Knallkörper durch einen Wasserrohrbruch unbrauchbar geworden. In seiner Not wendet sich der für das Beschaffungswesen zuständige Dezernent an die Firma *PyroTec*, die Feuerwerkskörper herstellt. Kurz vor Jahresende werden im Hinblick auf die bestehenden Absatzmöglichkeiten zum Zeitpunkt der Anfrage nur Heuler und Knallfrösche produziert. Außerdem kann die Maschine ZM, die die Zündschnüre befestigt, nur 200 Minuten pro Tag ($\hat{=}$ 12.000 Sekunden) verwendet werden. Die Produktionsmenge pro Tag für Heuler beträgt 300 Stück. Jeder Heuler beansprucht die ZM für 20 Sekunden und liefert einen Deckungsbeitrag von 0,10 GE.

Weiterhin werden pro Tag 200 Knallfrösche produziert. 30 Sekunden benötigt die ZM für jeden einzelnen Knallfrosch, der einen Deckungsbeitrag von 0,30 GE liefert.

Die Universität möchte jedoch Kracher haben. Die Produktion von einem Kracher beansprucht die ZM 40 Sekunden lang und verursacht variable Kosten in Höhe von 0,50 GE. Der Beschaffungsdezernent ist bereit, pro Kracher 0,75 GE zu zahlen.

Wie viele Kracher kann die Firma *PyroTec* unter diesen Bedingungen verlustfrei innerhalb eines Tages maximal liefern? Wie sieht das Produktionsprogramm für diesen Tag aus?

Aufgabe 35   (Produktionsprogrammplanung/Preisuntergrenzen I)

a) Betrachtet sei das folgende Optimierungsproblem:

Maximiere $3 \cdot x_1 + 5 \cdot x_2 + 2 \cdot x_3$ (Zielfunktion)

unter den Nebenbedingungen

$2 \cdot x_1 + 4 \cdot x_2 + x_3 + s_1 \leq 2.000$ (Kapazitätsrestriktion für Maschine M_1)

$x_1 + 4 \cdot x_2 + x_3 + s_2 \leq 3.000$ (Kapazitätsrestriktion für Maschine M_2)

$x_1 + s_3 \leq 400$ (Absatzrestriktion für Produkt x_1)

$x_2 + s_4 \leq 500$ (Absatzrestriktion für Produkt x_2)

$x_3 + s_5 \leq 200$ (Absatzrestriktion für Produkt x_3)

Die Lösung dieser Problemstellung mittels des Simplex-Algorithmus ist aus dem Endtableau gemäß Tabelle A-32 ersichtlich.

Basis	x_1	x_2	x_3	s_1	s_2	s_3	s_4	s_5	Lösung
x_2	0	1	0	0,25	0	–0,5	0	–0,25	250
s_2	0	0	0	–1	1	1	0	0	1.400
x_1	1	0	0	0	0	1	0	0	400
s_4	0	0	0	–0,25	0	0,5	1	0,25	250
x_3	0	0	1	0	0	0	0	1	200
ZF	0	0	0	1,25	0	0,5	0	0,75	2.850

Tabelle A-32:   Endtableau

a1) Ist – auf Basis der gegebenen Informationen – eine isolierte Ausweitung der Kapazität der Maschine M_2 ökonomisch sinnvoll?

a2) Welche Auswirkungen hat eine Verminderung der Kapazität der Maschine M_1 um eine Einheit?

a3) Welche Folgen hat eine Lockerung der Absatzrestriktion für das Produkt x_1 um eine Einheit (auf dann 401 maximal absetzbare Einheiten)?

a4) In welchem Intervall darf sich die Kapazitätsrestriktion der Maschine M_2 bewegen, ohne dass sich die Struktur der Optimallösung verändert?

b) Die *Minmax AG* fertigt die beiden Produkte x_1 und x_2. Zur Herstellung jedes dieser Produkte werden die Maschinen M_1, M_2 und M_3 benötigt. Diese sind in ihrer – in Zeiteinheiten (ZE) gemessenen – Kapazität beschränkt. Die problemrelevanten Informationen sind Tabelle A-33 zu entnehmen.

Produkt	Deckungsbeitrag (GE/Stück)	Maschinenbeanspruchung (ZE/Stück)		
		M_1	M_2	M_3
x_1	4	1	1	2
x_2	5	2	1	1

Maschinenkapazität (ZE)		
M_1	M_2	M_3
100	60	80

Tabelle A-33:   Problemrelevante Informationen

b1) Stellen Sie das oben dargestellte Optimierungsproblem formal als lineares Programm dar.

b2) Veranschaulichen Sie das Optimierungsproblem grafisch. Markieren Sie den Bereich zulässiger Lösungen. (*Hinweis:* 1 cm ≙ 10 Einheiten)

b3) Bestimmen Sie das optimale Produktionsprogramm mittels des Simplex-Algorithmus. Welcher Gesamtdeckungsbeitrag kann hierdurch erzielt werden?

b4) Der *Minmax AG* liegt eine Anfrage der *Maxmin AG* über einen Zusatzauftrag vor. Für die Bearbeitung dieses insgesamt 100 Stück umfassenden Zusatzauftrags wurden von der *Minmax AG* folgende Plandaten ermittelt:

Die variablen Plankosten betragen 0,50 Geldeinheiten pro Stück. Insgesamt würde die Übernahme des Zusatzauftrags 35 ZE der Kapazität der Maschine M_2 beanspruchen. Die Kapazität der Maschine M_2 würde durch den Zusatzauftrag insgesamt mit 21 ZE belastet. Zudem würden für den gesamten Zusatzauftrag 28 ZE auf der Maschine M_3 benötigt. Die *Maxmin AG* ist bereit, pro Stück des Zusatzauftrags 1,45 GE an die *Minmax AG* zu zahlen.

Sollte die *Minmax AG* den Zusatzauftrag über das betreffende Angebot annehmen? Begründen Sie Ihre Antwort.

Aufgabe 36   (Produktionsprogrammplanung/Preisuntergrenzen II)

Als Juniorcontroller des Süßwarenherstellers *Sugaro AG*, der die drei Produkte *Marcipano* (x_1), *Küsschen* (x_2) und *Pokohippo* (x_3) produziert, werden Sie an Ihrem ersten Arbeitstag mit der Optimierung des Produktionsprogramms beauftragt. Zur Herstellung dieser Süßwaren werden jeweils die beiden Maschinen M_1 und M_2 benötigt, deren Kapazitäten aber begrenzt sind. Ferner existieren für die einzelnen Produkte Absatzrestriktionen.

Die planungsrelevanten Daten einer Periode sind Tabelle A-34 zu entnehmen.

Produkt	Beanspruchung der Maschine M_1 (ZE/Stück)	Beanspruchung der Maschine M_2 (ZE/Stück)	Absatzpreis (GE/Stück)	Variable Kosten (GE/Stück)	Maximaler Absatz (Stück/ Periode)
x_1	1	3	1,2	0,6	1.000
x_2	3	2	1	0,6	1.500
x_3	5	1	0,8	0,3	2.000
Kapazität (ZE/Periode)	10.000	6.200			

Tabelle A-34:   Produktspezifische Planungsdaten

Untersuchen Sie, ob bei diesem Produktionsprogrammplanungsproblem Engpässe vorliegen.

a) Berechnen Sie das optimale Produktionsprogramm. Welchen Deckungsbeitrag kann die *Sugaro AG* mit diesen drei Produkten in einer Periode erzielen? (*Hinweis*: Rechnen Sie mit Brüchen!)

b) Der *Sugaro AG* liegt eine Anfrage für einen zusätzlichen Auftrag vor. Für die Bearbeitung des Auftrags, der insgesamt 1.000 Stück umfasst, wurden folgende Plandaten ermittelt:

   Die variablen Plankosten betragen 0,50 GE pro Stück.

   Insgesamt würde die Übernahme des Zusatzauftrags 2.000 ZE der Kapazität der Maschine M_1 beanspruchen. Die Kapazität der Maschine M_2 würde hingegen durch den Zusatzauftrag insgesamt nur mit 1.240 ZE belastet.

   Bestimmen Sie die planmäßige Preisuntergrenze für diesen Zusatzauftrag. Begründen Sie Ihre Vorgehensweise.

c) Berechnen Sie die planmäßige Preisuntergrenze für den Zusatzauftrag, wenn dieser die Kapazität der Maschine M_1 mit insgesamt 2.200 ZE und die Kapazität der Maschine M_2 mit nur 300 ZE beansprucht. (*Hinweis*: Rechnen Sie mit Brüchen!)

Aufgabe 37 (Preisobergrenzen I)

Am Theater von Friedrichswahn soll Anfang Mai anlässlich eines Stadtjubiläums das Ballett „Der Wintertraum" aufgeführt werden. Der Bühnenbildner wünscht sich für das Bühnenbild des 1. Aktes, der in dem festlich geschmückten Wohnzimmer eines Stadtrates spielt, Tannenbäume mit brombeerroten Glaskugeln. Ende Februar lässt er bei der Glasbläserei *Hohlmann & Töchter* anfragen, ob diese dem Theater bis zur Premiere 250 Christbaumkugeln in der gewünschten Farbe zum Preis von insgesamt 1.000 GE liefern würde.

Weihnachtskugeln werden bei *Hohlmann & Töchter* normalerweise nur in der Zeit von August bis Anfang Dezember gefertigt. Für die restliche Zeit des Jahres steht die Maschine, mit der die Kugeln hergestellt werden, still. Da die gewünschten Kugeln eine besondere Größe und eine besondere Farbe haben sollen, können sie nicht dem Lager entnommen werden. Vielmehr müssen sie eigens angefertigt werden. Es ist aber möglich, sie auf der stillgelegten Maschine herzustellen, ohne dass diese umgebaut werden muss. Bei der Stilllegung der Maschine fallen Kosten in Höhe von 250 GE an, ebenso bei der Wiederinbetriebnahme.

Hohlmann & Töchter haben den Lieferanten des Rohmaterials für die Kugeln aufgefordert, ein Angebot über die Lieferung des Materials abzugeben. Aufgrund dieses Angebots will das Unternehmen entscheiden, ob der Zusatzauftrag angenommen wird.

Das Rohmaterial, von dem jeweils 50 Gramm zur Herstellung einer Kugel benötigt werden, kostete bisher 0,52 GE je 50 Gramm. Wie viel darf ein Kilogramm des Rohstoffs maximal kosten, wenn eine Annahme des Auftrags noch lohnenswert sein soll? Die gesamten variablen Stückkosten für eine Kugel auf Basis der bisherigen Beschaffungspreise betragen einschließlich der bisherigen Rohstoffkosten 1 GE. Berechnen Sie die Preisobergrenze für das Rohmaterial pro Gramm, erläutern Sie Ihr Vorgehen und nehmen Sie Stellung zu der Frage, ob *Hohlmann & Töchter* den Auftrag des Stadttheaters annehmen sollen.

Aufgabe 38   (Preisobergrenzen II)

Ein Unternehmen, das sich auf die Herstellung von Haushaltsartikeln aus Kunststoff spezialisiert hat, fertigt unter anderem Salatschüsseln in drei verschiedenen Varianten: *Groß, Mittel* und *Klein*. Pro herzustellende Salatschüssel werden entsprechend der jeweiligen Variante 170 Gramm, 140 Gramm oder 110 Gramm Kunststoffgranulat benötigt. Der gegenwärtige Marktpreis pro Kilogramm Granulat beträgt 25 GE, wobei jedoch mit einer Preissteigerung zu rechnen ist. Nach dem Informationsstand der Marketingabteilung des Unternehmens ist in der kommenden Planperiode mit den aus Tabelle A-35 ersichtlichen Preisen und Absatzmengen für Salatschüsseln zu rechnen.

Plandaten \ Variante	Groß	Mittel	Klein
Planpreis (GE/Stück)	12	9	6
Planabsatzmenge (Stück)	360	250	120

Tabelle A-35:   Absatzrelevante Plandaten

Ferner ist bekannt, dass die Herstellung einer großen Salatschüssel variable Kosten von insgesamt 8 GE/Stück verursacht. Diese setzen sich aus den Fertigungslöhnen und den Kosten des Einsatzfaktors Kunststoffgranulat zusammen. Bei der Herstellung der mittleren und der kleinen Schüssel fallen entsprechend variable Kosten von insgesamt 6,5 GE/Stück bzw. 4,5 GE/Stück an. Knappe Kapazitäten liegen nicht vor.

Wie hoch darf der Beschaffungspreis pro Kilogramm Kunststoffgranulat maximal steigen?

3 Koordination dezentraler Einheiten

Aufgabe 39 (Budgetierung)

Controlling unterstützt die Führung (einer als System zu verstehenden Organisation) durch eine Koordination des Führungsgesamtsystems. Zur Wahrnehmung dieser Koordinationsfunktion bei dezentraler Aufgabenverteilung kann sich das Controlling u. a. des Instruments der Budgetierung bedienen.

a) Definieren Sie den Begriff des Budgets. Anhand welcher Merkmale lassen sich Budgets differenzieren? Erläutern Sie die unterschiedlichen Phasen, die der Budgetierungsprozess umfasst.

b) Welche Aufgaben kommen dem Controlling im Zusammenhang mit der Budgetierung zu?

c) Sie sind seit kurzem Assistent des Vorstandsvorsitzenden eines jungen Unternehmens, das preiswerte Literatur verlegt und rasch expandiert. Gleich zu Beginn Ihrer Tätigkeit werden Sie gebeten, ein Referat zu folgenden Problembereichen zu halten:

Nachdem das Unternehmen es bisher an systematischen Planungsinstrumenten hat fehlen lassen, soll ein Budgetierungssystem eingeführt werden, das das Verhältnis von unteren zu oberen bzw. von oberen zu unteren Ebenen der Unternehmenshierarchie berücksichtigt. Sie sollen die Vor- und Nachteile einer *bottom-up-* und einer *top-down-*Vorgehensweise bei der Budgetierung erläutern. Ferner sollen Sie auf dieser Basis alternativ mögliche Vorgehensweisen aufzeigen.

Berücksichtigen Sie bei Ihren Ausführungen, dass der Vorstandsvorsitzende Wert auf eine strukturierte Darstellung legt.

Aufgabe 40 (Verrechnungspreise bei symmetrischer Informationsverteilung)

a) Erläutern Sie den Begriff des Verrechnungspreises und dessen Hauptaufgaben innerhalb kurzfristiger Erfolgsplanungsrechnungen.

b) Kennzeichnen Sie die Verrechnungspreisarten „marktorientierte Verrechnungspreise" und „kostenorientierte Verrechnungspreise". Vom Vorliegen welcher Voraussetzungen hängt ihr Einsatz ab? Welche Vor- und Nachteile sind mit ihrem Einsatz verbunden? Inwiefern können die jeweiligen Verrechnungspreisarten die Lenkungs- und Erfolgszuweisungsfunktion erfüllen? Wie lassen sich die sog. Knappheitspreise von marktorientierten und kostenorientierten Verrechnungspreisen abgrenzen?

Nach Abschluss Ihres Studiums treten Sie eine Stelle als Controller in einem Unternehmen der Automobilindustrie an. Das divisional organisierte Unternehmen setzt sich aus zwei eigenständigen Divisionen zusammen. Die Division 1 produziert als Vorprodukt Motoren, die in der Division 2 in die Autokarosserie montiert werden. Für die Produktion eines Motorenblockes entstehen der Division 1 variable Stückkosten in Höhe von 2.000 GE. Bei der Endmontage der Autos fallen in der

Division 2 zusätzlich variable Stückkosten in Höhe von 10.000 GE an. Der Marktpreis eines Motors beträgt 3.000 GE, der eines Autos 20.000 GE.

c) Beide Divisionen haben Zugang zum externen Markt. Innerhalb welches Intervalls darf sich ein Verrechnungspreis bewegen, wenn eine interne Lieferung zustande kommen soll und bei externem Bezug von Motoren der Division 2 Kosten von 500 GE pro Stück und der Division 1 für die Lieferung an den Markt Absatzstückkosten von 250 GE entstehen würden?

d) Die Division 2 hat auf der Beschaffungsseite keinen Marktzugang. An Stelle der Produktion von Motoren kann die Division 1 nach Umrüstung ihrer Anlagen auch Hochleistungsgetriebe produzieren, die bei identischen variablen Kosten für einen Preis von 3.500 GE pro Stück am externen Markt abgesetzt werden können. Die Division 2 kann diesen Getriebetyp allerdings nicht verwenden. Die Kapazität der Division 1 ermöglicht entweder die Produktion von 25.000 Motoren oder die Produktion von 30.000 Getrieben. Die Division 2 kann maximal 20.000 Autos produzieren. Bestimmen Sie das Intervall, in dem der Verrechnungspreis für einen Motor liegen muss, damit eine externe Lieferung ausgeschlossen werden kann.

Aufgabe 41 (Verrechnungspreise I)

Bei einem Haushaltsgerätehersteller werden im Bereich A Backmuffen für Küchenherde zu variablen Stückkosten von 250 GE produziert. Die Küchenherde werden im Bereich B versandfertig montiert und am Markt zu 1.200 GE verkauft. Die Backmuffen von Bereich A können auch in Küchenherde anderer Hersteller eingebaut werden. Am Markt können die Backmuffen zu einem Preis von 450 GE abgesetzt werden. In der Endmontage fallen variable Stückkosten von 300 GE an. Bereich B könnte die Backmuffen auch vom Markt beziehen. Hierbei entstehen aber dann Beschaffungskosten von 60 GE pro Stück. Für den Bereich A fallen Absatzstückkosten von 70 GE an, wenn dieser die Backmuffen direkt am Markt verkauft. Innerhalb welchen Intervalls darf sich ein Verrechnungspreis bewegen, wenn eine interne Lieferung zustande kommen soll? Bilden Sie die internen und externen (Liefer-)Beziehungen zur Unterstützung Ihrer formalen Ausführungen grafisch ab.

Aufgabe 42 (Verrechnungspreise II)

a) In einem divisionalisierten Unternehmen produziert die Lieferdivision L ein Zwischenprodukt, das von der Abnehmerdivision A zu einem Endprodukt weiterverarbeitet und am Markt angeboten wird. Das Zwischenprodukt wird mit einem Marktpreis p_L in Höhe von 750 GE am Markt zu beliebigen Mengen gehandelt. Der Marktpreis des Endprodukts beträgt p_A = 1.300 GE. Für die Herstellung des Zwischenprodukts fallen in der Lieferdivision variable Produktionskosten in Höhe von k_L = 600 GE pro Stück an. Die Kosten der Weiterverarbeitung und des Vertriebs in der Abnehmerdivision betragen k_A = 480 GE pro Stück. Die Abnehmerdivision erhält nun eine Anfrage nach einem einmaligen Zusatzauftrag zu einem Preis von p = 1.200 GE pro Stück.

Entscheiden Sie, ob die Division A den Auftrag annehmen und die Division L das Zwischenprodukt liefern soll, wenn marktorientierte Verrechnungspreise zugrunde gelegt werden. Beurteilen Sie die Wirkung des Verrechnungspreises.

b) Nehmen Sie an, die Lieferdivision könne das Zwischenprodukt nun nicht mehr am Markt absetzen (ansonsten gelten weiter die Daten aus Aufgabenteil a)).

Sollte der Zusatzauftrag bei Verwendung des Marktpreises als Verrechnungspreis angenommen werden? Beurteilen Sie die Wirkung des Verrechnungspreises. Begründen Sie Ihre Antworten.

III   Strategisches Controlling

1   „Erfolgspotential" als Steuerungsgröße

Aufgabe 43   (Strategische Kontrolle)

Grenzen Sie folgende dem strategischen Controlling obliegenden Kontrollaufgaben voneinander ab:

a)   Prämissenkontrolle

b)   Durchführungskontrolle

c)   Strategische Überwachung

Aufgabe 44   (Akquisition versus Fusion)

Zur Schließung sog. strategischer Lücken bieten sich u. a. zwei grundsätzlich unterschiedliche Formen externen Wachstums an: Einerseits kann versucht werden, durch Akquisition, d. h. durch den Kauf eines Unternehmens, eine solche Lücke zu schließen. Andererseits ist es denkbar, dass eine Lückenschließung durch eine Fusion bzw. Verschmelzung mit einem anderen Unternehmen möglich ist. Diskutieren Sie potentielle Vor- und Nachteile der beiden alternativen Wachstumswege *Akquisition* und *Fusion*. Ist eine allgemeine Aussage bzgl. der Vorteilhaftigkeit einer dieser beiden Alternativen möglich? Begründen Sie Ihre Antworten.

2 Instrumente des strategischen Controllings

Aufgabe 45 (Investitionsrechnungsverfahren I)

a) Begründen Sie den Einsatz der Investitionsrechnung im strategischen Controlling.

b) Wodurch sind Investitionseinzelentscheidungen gekennzeichnet? Welche Problemtypen lassen sich bei Einzelentscheidungen differenzieren?

c) Erläutern Sie jeweils kurz unterschiedliche (klassische) dynamische Investitionsrechnungsverfahren für Einzelentscheidungen. Worin liegt der Unterschied zwischen dynamischen Verfahren und statischen Verfahren?

d) Welche Aufgaben hat der Kalkulationszinsfuß in der Investitionsrechnung?

Aufgabe 46 (Investitionsrechnungsverfahren II)

a) In 5 Jahren ist eine Zahlung in Höhe von 10.000 GE zu erwarten. Der angemessene Kalkulationszinsfuß beträgt 12%. Wie hoch ist der Barwert dieser Zahlung? Geben Sie bei den Berechnungen eine allgemeine Formel an.

b) Ein Investitionsprojekt verursacht die aus Tabelle A-36 ersichtlichen Zahlungen.

Zeitpunkt	Zahlung (GE)
31.12.2000	–25.000
27.01. 2001	+5.000
23.06. 2001	–300
02.09. 2001	+5.700
19.03. 2002	+6.000
04.07. 2002	–600
09.12. 2002	+8.000
09.05. 2003	+4.000
22.07. 2003	–400
31.12. 2003	+6.000

Tabelle A-36:   Projektbezogene Zahlungskonsequenzen

Dabei bedeutet ein negatives (positives) Vorzeichen eine Auszahlung (Einzahlung). Der Kalkulationszinsfuß beträgt 9%. Berechnen Sie den Kapitalwert dieses Investitionsprojekts zum Zeitpunkt 31.12. 2000. Geben Sie bei den Berechnungen eine allgemeine Formel an. Ist das Projekt vorteilhaft?

c) Ein Investitionsprojekt verspricht Zahlungsüberschüsse vor Steuern gemäß Tabelle A-37.

Periode	Zahlungsüberschuss D_t (in GE)
0	−1.500
1	+500
2	+600
3	+300
4	+500

Tabelle A-37:   Investitionsbezogene Zahlungsüberschüsse vor Steuern

Dabei bedeutet ein negatives (positives) Vorzeichen einen Auszahlungsüberschuss (Einzahlungsüberschuss). Die Nutzungsdauer beträgt vier Jahre, der Kalkulationszinssatz vor Steuern 10%. Gehen Sie von einem Körperschaftssteuersatz von 25%, einem für die Gewerbeertragssteuer relevanten Hebesatz von 400% und einer Steuermesszahl von 5% aus. Die Anschaffungsauszahlung (1.500 GE) ist linear abzuschreiben. Die erste Abschreibung ist in Periode 1 anzusetzen. Ein Liquidationserlös ist nicht zu erwarten. Berechnen Sie den Kalkulationszinsfuß nach Steuern sowie den Kapitalwert des Investitionsprojekts nach Steuern. Geben Sie bei den Berechnungen jeweils eine allgemeine Formel an. Ist das Projekt vorteilhaft?

Aufgabe 47   (Investitionsrechnungsverfahren III)

Für die zwei über einen Zeitraum von t = 0 bis t = 3 reichenden, jeweils einmalig durchführbaren Projekte A und B werden Zahlungskonsequenzen gemäß Tabelle A-38 erwartet.

Zeitpunkt	Zahlungsart	Projekt A (in GE)	Projekt B (in GE)
t = 0	Auszahlung	19.000	19.000
	Einzahlung	0	0
t = 1	Auszahlung	1.000	2.000
	Einzahlung	6.000	11.000
t = 2	Auszahlung	1.500	1.500
	Einzahlung	10.500	10.500
t = 3	Auszahlung	2.000	1.000
	Einzahlung	10.000	6.000

Tabelle A-38:   Zahlungskonsequenzen von Investitionsprojekten

a) Bestimmen Sie die Kapitalwerte und die Endwerte der beiden Projekte unter Verwendung eines Kalkulationszinsfußes von 9%. Stellen Sie Ihren Rechnungen allgemeine Ansätze voran und interpretieren Sie die Ergebnisse.

b) Für ein über einen Zeitraum von T = 5 Perioden laufendes Investitionsprojekt wurde unter Annahme eines Kalkulationszinsfußes von 13% ein Endwert in Höhe von 22.109,22 GE errechnet.

Berechnen Sie den Kapitalwert des Investitionsprojekts. Stellen Sie Ihren Berechnungen einen allgemeinen Ansatz voran.

c) Was versteht man unter dem internen Zinsfuß einer Investition? Berechnen Sie den internen Zinsfuß der aus Tabelle A-39 ersichtlichen Zahlungsreihe.

	t = 0	t = 1	t = 2
Auszahlungen (in GE)	25.000	7.000	13.000
Einzahlungen (in GE)	0	22.000	35.000

Tabelle A-39:   Investitionsbezogene Zahlungsreihe

Aufgabe 48   (Investitionsrechnungsverfahren IV)

In Ihrer Funktion als Controller eines Medienkonzerns bittet Sie der Vorstand, einen Verhaltensplan für anstehende Investitions- und Finanzierungmaßnahmen zu erstellen. Ihnen stehen Eigenmittel in Höhe von 1.000.000 GE zur Verfügung. Ihre Hausbank, die *Investa*, bietet Ihnen dafür einen Anlagezins von 5%. Ferner räumt sie Ihnen einen Kreditrahmen bis zur Höhe von 1.750.000 GE zu 7% ein. Nach einer Sichtung zusätzlicher Finanzierungsquellen fällt Ihnen ein Kreditangebot der *Rendita*-Bank auf, bei der Sie bis zu 750.000 GE zu 8% erhalten könnten. Ein weiteres Kreditinstitut, die *Credita*, würde Ihnen 200.000 GE zu 9% leihen. Nach Auskunft der Produktmanager können in der Produktgruppe „Musikvideos" zwei Projekte durchgeführt werden, die im ersten Fall durch einen internen Zinsfuß von 6% und 900.000 GE Kapitalbedarf sowie im zweiten Fall durch einen internen Zinsfuß von 15% und 800.000 GE Kapitalbedarf charakterisiert sind. Die „Printmedien" können bei eingesetzten 1.250.000 GE einen internen Zinsfuß von 8% erwirtschaften. In der Produktgruppe „Multimedia" ist mit einem internen Zinsfuß von 22% bei 500.000 GE Kapitalbedarf zu rechnen. Bei günstiger Umweltentwicklung kann die Produktgruppe „Musikkassetten" aus 800.000 GE Kapitaleinsatz einen internen Zinsfuß von 5% erwirtschaften.

Empfehlen Sie dem Vorstand, wie die Bereiche Investition und Finanzierung auf günstigste Weise aufeinander abgestimmt werden können. Erläutern Sie Ihre Vorgehensweise.

Aufgabe 49   (Produktlebenszyklus/Bass-Modell I)

a) Erläutern Sie den Begriff „Produktlebenszykluskonzept" und die dem Konzept zugrunde liegende Hypothese des Produktlebenszyklus. Welche idealtypischen Phasen des Produktlebenszyklus sind zu unterscheiden? Beurteilen Sie das Konzept.

b) Im Zusammenhang mit dem Konzept des Produktlebenszyklus wird immer wieder auf die Theorie der Diffusionsprozesse verwiesen. Nennen Sie die Komponenten eines Diffusionsprozesses und diskutieren Sie jeweils kurz deren Bedeutung im Rahmen einer diffusionstheoretischen Begründung der Produktlebenszyklusanalyse.

c) Diffusionsmodelle wollen das Anwachsen der Erstkäufer einer Innovation im Zeitablauf beschreiben. Im sog. Bass-Modell setzt sich eine solche Zuwachsrate $B'(T)$, mit der potentielle Annehmer zu Käufern werden, aus zwei additiven Gliedern (I) und (II) gemäß der folgenden Gleichung zusammen:

$$B'(T) = \underbrace{\iota \cdot [\zeta - B(T)]}_{(I)} + \underbrace{\frac{\rho}{\zeta} \cdot B(T) \cdot [\zeta - B(T)]}_{(II)}$$

mit

$B(T)$ kumulierte Anzahl der Erstannehmer bis zum Zeitpunkt T

ι individuelle Umwandlungsrate, die nicht auf sozialem Druck beruht

ρ Wirkung eines jeden *tatsächlichen* Annehmers auf jeden verbleibenden *potentiellen* Annehmer

ζ die Gesamtzahl der potentiellen Annehmer

Erläutern Sie die den Termen (I) und (II) zugrunde liegenden Annahmen über die Diffusionsprozesse.

d) Ein Unternehmen will aus den Bass-Parametern alter Produkte A1 (0,009; 0,3; 175.000), A2 (0,001; 0,6; 35.000) und A3 (0,03; 0,7; 80.000) die für ein neues Produkt N zu erwartenden Bass-Parameter (ι_N, ρ_N, ζ_N) ermitteln. Das Unternehmen geht davon aus, dass für das neue Produkt die Werte von A1 mit 40%-iger Wahrscheinlichkeit zutreffend sind. Weiter wird angenommen, dass das Eintreten der Werte von A2 im Vergleich zu A3 doppelt so wahrscheinlich ist. Ermitteln Sie unter Berücksichtigung der Beziehung

$$B'(T) = \frac{\zeta \cdot (\iota + \rho)^2}{\iota} \cdot \frac{e^{-(\iota+\rho) \cdot T}}{\left[1 + \dfrac{\rho \cdot e^{-(\iota+\rho) \cdot T}}{\iota}\right]^2} \quad \text{mit } B'(0) = 0$$

die Parameter ι_N, ρ_N, ζ_N und erstellen Sie dementsprechend eine Wertetabelle für $B'(T)$ mit T = 1,..., 10.

Aufgabe 50   (Produktlebenszyklus/Bass-Modell II)

a) Das Maschinenbau-Unternehmen *Rotation AG* produziert Separatoren für die Herstellung von Molkereiprodukten. Mit Beginn des neuen Jahres soll das neue Modell *Schnelle Trommel* auf den Markt gebracht werden. Daher soll der Absatzerfolg des Produkts mit Hilfe des Bass-Modells für die nächsten 8 Perioden bestimmt werden. Als Grundlage für eine Einschätzung der zukünftigen Absatzzahlen des neuen Modells orientiert sich der Controller an den aus

Tabelle A-40 ersichtlichen Bass-Parametern (ι, ρ, ζ) anderer Separatoren-modelle, die mittlerweile in ihrem Lebenszyklus das Stadium der Sättigungs-phase erreicht haben.

Produkt	ι	ρ	ζ
S_1	0,008	0,35	180
S_2	0,001	0,55	330
S_3	0,001	0,65	450

Tabelle A-40:   Bass-Parameter

Der Absatzcontroller geht davon aus, dass für das neue Produkt die Parame-ter-Werte von S_1 mit 50%-iger Wahrscheinlichkeit zutreffen. Er nimmt zudem an, dass das Eintreten der Werte von S_2 im Vergleich zu S_3 doppelt so wahr-scheinlich ist.

Um den Zuwachs an Erstannehmern in der laufenden Zeitperiode zu bestim-men, nimmt der Controller auf den Zusammenhang Bezug, der in der Formel des Aufgabenteils c) der Aufgabe 49 zum Ausdruck kommt. Ermitteln Sie für das Modell *Schnelle Trommel* die Parameter ι, ρ, ζ unter Verwendung von 4 Nachkommastellen und erstellen Sie eine Wertetabelle für $B'(T) = 1,...,8$. (*Hinweis:* Runden Sie $B'(T)$ ganzzahlig!)

b) Vom Produktmanager erfahren Sie, dass der Separator in den ersten vier Peri-oden zu einem Stückpreis von 50.000 GE bei variablen Stückkosten von 37.000 GE abgesetzt werden kann. In den darauf folgenden Perioden ist damit zu rechnen, dass sich der Absatzpreis um 2.000 GE verringern wird. Zudem ist in den ersten vier Perioden mit Fixkosten von insgesamt 40.000 GE und in den verbleibenden Perioden mit Fixkosten von insgesamt 50.000 GE zu rech-nen. Als Absatzmanager sollen Sie dem Vorstand darstellen, inwiefern die Einführung des neuen Modells Einfluss auf den Erfolg des Unternehmens hat.

Aufgabe 51   (Produktlebenszyklus/Bass-Modell III)

Das mittelständische Maschinenbauunternehmen *Hakus GmbH*, bei dem Sie jüngst die Position des Juniorcontrollers übernommen haben, beabsichtigt, ein neues Ab-satzsegment zu erschließen. Die dafür benötigten konstruktiven Veränderungen an der in einem anderen Segment erfolgreich eingeführten Gesenkbiegepresse sind abgeschlossen. Des Weiteren liegen folgende Informationen vor:

— Ein beauftragtes Marktforschungsunternehmen kommt zu dem Ergebnis, dass für die ersten 12 Quartale mit einer konstanten Rate von 0,005 sog. *Innovato-ren* die Presse kaufen werden. Diese Innovatoren bewirken mit einer konstan-ten Rate von 0,495 den Kauf der Presse durch *Nachzügler*. Das Absatzvolu-men für diesen Zeitraum beträgt (maximal) 5.000 Pressen.

— Vom Produktmanager erfahren Sie, dass sich die Presse in den ersten drei Quartalen zu einem Stückpreis von 1.400 GE bei variablen Stückkosten von

920 GE absetzen lässt. Danach gilt jeweils für drei Quartale, dass sich der Absatzpreis um 200 GE verringert und die Stückkosten um 70 GE fallen. In den ersten sechs Quartalen ist mit Fixkosten von jeweils 70.000 GE, in den verbleibenden sechs Quartalen mit Fixkosten von jeweils 60.000 GE zu rechnen.

Sie sollen dem Vorstand der *Hakus GmbH* darstellen, wie sich die Einführung der Presse auf die Periodenerfolge des Unternehmens in den ersten 12 Quartalen auswirkt. Gehen Sie davon aus, dass eine rechentechnische Umformung des Bass-Modells zu folgender Formel für die Entwicklung des Absatzes geführt hat:

$$B'(T) = \frac{250.000 \cdot e^{-0,5 \cdot T}}{(1 + 99 \cdot e^{-0,5 \cdot T})^2}$$

mit

$B'(T)$ als hinzukommende Käufer der Periode T und $B'(0) = 0$.

Bestimmen Sie die zu erwartenden periodenbezogenen Absatzzahlen, die quartalsweisen Periodenerfolge sowie den Gesamterfolg der Erschließung des Marktsegments. (*Hinweis*: Berücksichtigen Sie bei Ihrer Absatzplanung, dass nur ganze Pressen verkauft werden können!)

Aufgabe 52   (Ökonomische Wirkungshypothesen/BCG-Portfolio)

Strategisches Controlling versucht u. a., mittels Portfolio-Modellen und verschiedener ökonomischer Wirkungshypothesen die Komplexität des Steuerungszusammenhangs zu reduzieren.

a)   Eine dieser ökonomischen Wirkungshypothesen stellt der Erfahrungskurveneffekt dar. Diskutieren Sie das Konzept der Erfahrungskurve und stellen Sie die dem Konzept zugrunde liegende Hypothese explizit heraus. Fügen Sie Ihren Ausführungen eine Darstellung des Erfahrungskurveneffektes als mathematische Funktion mit einer Notation der verwendeten Variablen bei.

b)   Beschreiben Sie den Aufbau des Portfolios der *Boston Consulting Group* (BCG). Erläutern Sie dabei sog. Schlüsselfaktoren bzw. die Achsenbezeichnungen des Portfolios und die hierauf Bezug nehmende strategische Klassifizierung. Gehen Sie ferner auf die Entwicklung von Normstrategien ein.

c)   Portfolio-Modelle bauen auf den Erkenntnissen von Wirkungshypothesen wie z. B. dem Produktlebenszyklus und dem Erfahrungskurveneffekt auf. Stellen Sie mögliche Zusammenhänge zwischen dem BCG-Portfolio einerseits und dem Produktlebenszyklus-Konzept sowie dem Erfahrungskurveneffekt andererseits dar. Nehmen Sie ferner kurz Stellung zu den Grenzen der jeweiligen Konzepte und des BCG-Portfolios.

Aufgabe 53   (Portfolio-Analyse I)

Abbildung A-2 zeigt die gegenwärtige Position der strategischen Geschäftsfelder des *Intra-Konzerns*.

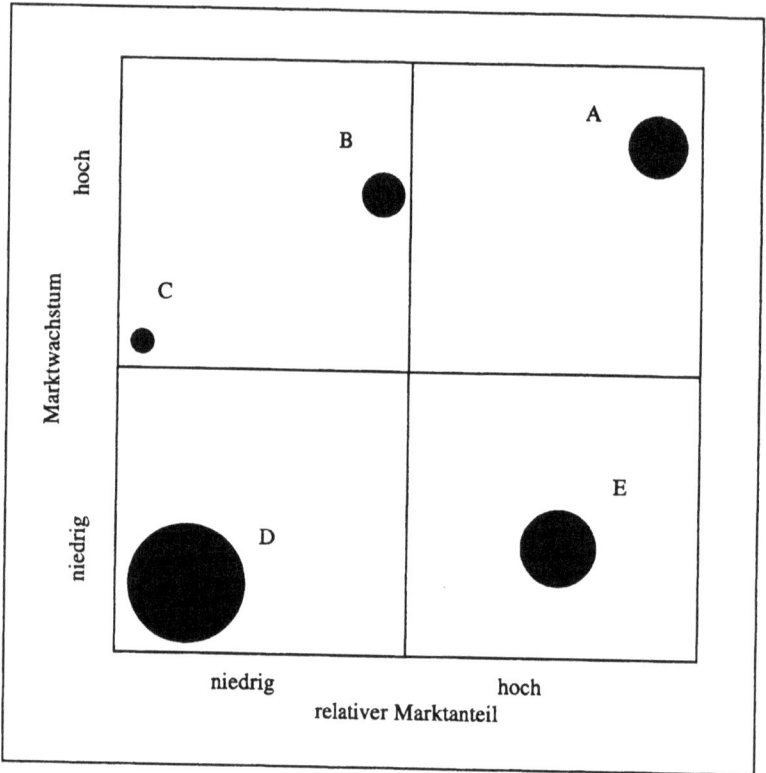

Abbildung A-2:   Ist-Portfolio strategischer Geschäftsfelder

a)   Charakterisieren Sie anhand der Abbildung kurz die strategischen Geschäfts-
     felder A bis E. Welche Normstrategien würden Sie für die einzelnen Ge-
     schäftsfelder ableiten?

b)   Die *Extra-AG* ist der Auffassung, dass die beiden Dimensionen „relativer
     Marktanteil" und „Marktwachstum" nicht für die Ableitung von Strategieemp-
     fehlungen ausreichen. Sie visualisiert die Position ihrer Geschäftsfelder I, II
     und III daher in einem Marktattraktivitäts-Wettbewerbsstärken-Portfolio, wel-
     ches jeweils mehrere Einflussfaktoren der beiden Dimensionen „Marktattrak-
     tivität" und „Wettbewerbsstärke" berücksichtigt. Tabelle A-41 bis Tabelle A-
     43 geben einen Überblick über zu berücksichtigende Einzelfaktoren sowie de-
     ren Bewertung durch das Management.

Einzelfaktor	Gewichtung	Bewertung [Skala von 0-100]		
		I	II	III
Wettbewerbsintensität	45	45	20	80
Marktgröße	35	45	20	60
Marktwachstum	20	70	45	90

Tabelle A-41:   Marktattraktivität

Einzelfaktor	Gewichtung	Bewertung [Skala von 0-100]		
		I	II	III
Relative Qualifikation des Personals	60	10	80	50
Relativer Marktanteil	20	35	95	55
Relatives Forschungs- und Entwicklungspotential	20	60	40	45

Tabelle A-42:   Wettbewerbsstärke

Geschäftsfeld	I	II	III
Volumen in Mio. GE	50	150	100

Tabelle A-43:   Volumina der Geschäftsfelder

Vervollständigen Sie die Tabellen (an der Stelle der grau schattierten Flächen) und übertragen Sie anschließend die Geschäfteinheiten in die Matrix der Abbildung A-3. Legen Sie dazu vorher sinnvolle Bezeichnungen und Skalierungen für die Achsen fest.

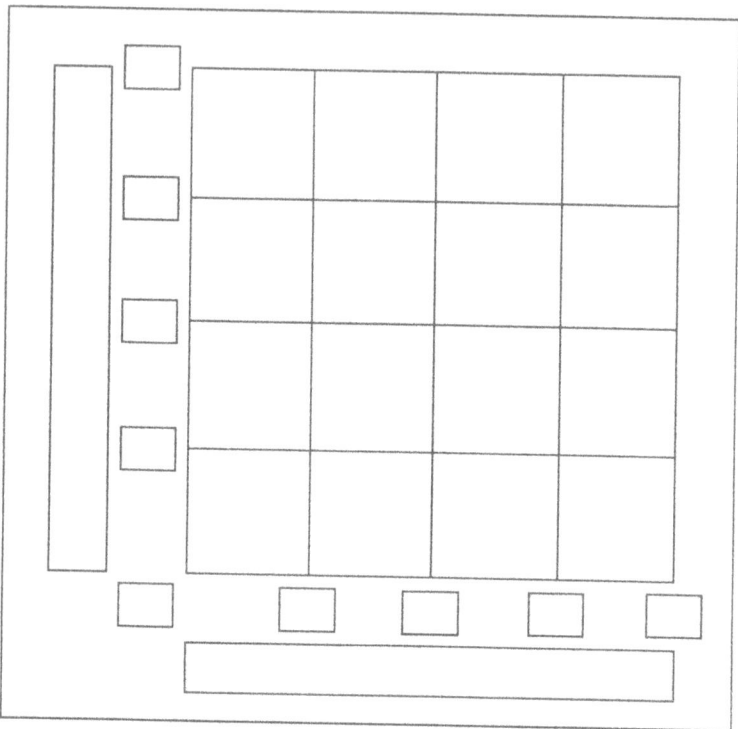

Abbildung A-3:   Marktattraktivitäts-Wettbewerbsstärken-Portfolio

c) Worin bestehen Schwächen des klassischen Portfolio-Konzepts vor dem Hintergrund des prozessorientierten Portfolio-Managements?

Aufgabe 54 (Portfolio-Analyse II)

Die *Hankel AG* will zur Überprüfung ihrer strategischen Planung ein Markt-Attraktivitäts-Wettbewerbsstärken-Portfolio für den Unternehmensbereich „Reinigung/Kosmetika" erstellen. In diesem Bereich ist das Unternehmen in den strategischen Geschäftsfeldern Zahnpasta (SGF 1), Waschmittel (SGF 2), Schmierseife (SGF 3) und Badreiniger (SGF 4) vertreten. Tabelle A-44 gibt einen Überblick über zu berücksichtigende Einzelfaktoren sowie deren Bewertung durch das Management der *Hankel AG*.

Einzelfaktor	Gewicht	SGF 1	SGF 2	SGF 3	SGF 4
Wachstumsrate des Unternehmens	0,20	75	20	45	85
Unternehmensstandort	0,15	85	30	55	75
Marktwachstum	0,40	80	10	60	20
Qualität der Führungssysteme	0,10	60	10	60	65
Relative Mitarbeiterqualifikation	0,10	50	10	35	80
Wettbewerbsintensität	0,35	90	25	40	15
Innovationspotential des Unternehmens	0,15	95	15	10	90
Struktur der Abnehmer	0,15	100	40	55	40
Marktanteil des Unternehmens	0,30	85	15	60	85
Risiko staatlicher Eingriffe	0,10	95	20	45	10
Geschäftsvolumen in Mio. GE		150	50	100	150

Tabelle A-44:   Strategisch relevante Einzelfaktoren und ihre Bewertung

a) Bestimmen Sie für die Geschäftsfelder 1 bis 4 die jeweilige Gesamtbewertung der Marktattraktivität und der relativen Wettbewerbsstärke. Erläutern Sie Ihre Vorgehensweise.

b) Zeichnen Sie das Portfolio unter Verwendung der in Teilaufgabe a) bestimmten Werte. Die Geschäftsfelddarstellung soll in Quadraten erfolgen, wobei 100 Mio. GE Geschäftsvolumen einem Zentimeter Kantenlänge entsprechen.

c) Leiten Sie Strategieempfehlungen für die einzelnen Geschäftsfelder ab. Begründen Sie Ihre Empfehlungen. Welche Vor-/bzw. Nachteile können bei der Berücksichtigung zusätzlicher Einflussfaktoren (Multifaktorenkonzept) auftreten?

Aufgabe 55   (Balanced Scorecard)

Erläutern Sie das Konzept der Balanced Scorecard (BSC) von *Kaplan* und *Norton*. Zeigen Sie Unterschiede der BSC gegenüber herkömmlichen Kennzahlensystemen auf und beurteilen Sie diese. Gehen Sie dabei auf die Funktionen der strategischen Erfolgsmessung sowie auf die Eignung der BSC als Bezugspunkt von Zielvereinbarungsprozessen ein.

Aufgabe 56   (Analytischer Hierarchie Prozess I)

Saatys Analytischer Hierarchie Prozess (AHP) kann zur Lösung strategischer Controllingprobleme eingesetzt werden.

Geben Sie die grundsätzliche Aufgabenstellung des strategischen Controllings an, in der der Einsatz des AHP vorteilhaft sein kann. Beschreiben Sie das methodische Vorgehen des AHP. Gehen Sie dabei insbesondere auf folgende Fragen ein: Was sind konsistente Präferenzurteile? Wie werden im AHP absolute Präferenzwerte gebildet? Welchen Zweck hat die Anwendung der Eigenwertmethode?

Aufgabe 57 (Analytischer Hierarchie Prozess II)

a) Geben Sie an, welche der folgenden Restriktionen die Bedingung der Reziprozität und welche die der Konsistenz beschreibt?

1) $g_{ij} = g_{ki} \cdot g_{jk}$ $\quad$ $\forall i, j, k \in \{1, 2, \ldots, n\}$

2) $g_{ij} = \dfrac{1}{g_{ji}}$ $\quad$ $\forall i, j \in \{1, 2, \ldots, n\}$

3) $g_{ij} = g_{ik} \cdot g_{kj}$ $\quad$ $\forall i, j, k \in \{1, 2, \ldots, n\}$

4) $g_{ij} = \dfrac{1}{g_{ij}}$ $\quad$ $\forall i, j \in \{1, 2, \ldots, n\}$

b) Vervollständigen Sie die folgende Paarvergleichsmatrix G, so dass diese ein Inkonsistenzmaß von Null aufweist, m. a. W. die Bedingungen der Reziprozität und der Konsistenz erfüllt.

$$G = \begin{pmatrix} 1 & \frac{1}{4} & - & - & - \\ - & 1 & - & 4 & - \\ - & - & 1 & \frac{1}{2} & - \\ - & - & - & 1 & - \\ - & \frac{1}{8} & - & - & 1 \end{pmatrix}$$

c) Bestimmen Sie den Inkonsistenzindex sowie darauf aufbauend das Inkonsistenzmaß für die folgende Paarvergleichsmatrix $H \in \mathfrak{R}^{3 \times 3}$.

$$H = \begin{pmatrix} 1 & 2 & \frac{1}{2} \\ \frac{1}{2} & 1 & 2 \\ 2 & \frac{1}{2} & 1 \end{pmatrix}$$

Verwenden Sie hierzu den Durchschnittswert der Inkonsistenzindizes von *Donegan/Dodd*.

Beurteilen Sie das resultierende Inkonsistenzmaß im Hinblick auf die Güte der Bewertung des Entscheidungsträgers.

Aufgabe 58 (Analytischer Hierarchie Prozess III)

Sie sind Juniorcontroller in der *Delicius AG*, einem weltweit führenden Unternehmen der Lebensmittelindustrie. In der Mittagspause treffen Sie in der Kantine Herrn Dr. Michelin, den stellvertretenden Geschäftsführer. Er ist ganz beglückt, Sie zu sehen, da er schon viel von Ihren Kenntnissen und Ihrem Geschick in Bezug auf Entscheidungsunterstützungstechniken gehört hat. „Ich habe ein Entscheidungsproblem besonderer Art und hoffe, Sie können mir bei dessen Lösung helfen", spricht Sie Herr Michelin an und setzt sich zu Ihnen an den Tisch. „Morgen

Vormittag kommen drei koreanische Geschäftsleute zu einem wichtigen Gespräch. Nach einer Werksbesichtigung sind erste Gespräche beim Mittagessen geplant. Ich stehe nun vor dem Problem, das für diesen Anlass am besten geeignete Restaurant auszuwählen, und dieses Mal fällt mir die Auswahl besonders schwer. Was würde der Entscheidungstheoretiker in diesem Fall raten?" lächelt Sie Michelin an. „Versuchen wir einmal systematisch vorzugehen", lächeln Sie zurück. „Welche Anforderungen stellen Sie denn an ein Restaurant im Zusammenhang mit dem morgigen Essen?" „Nun", meint Dr. Michelin, „wegen der wichtigen Verhandlungen, die geführt werden sollen, muss die Atmosphäre dort ansprechend sein. Das Essen sollte unseren koreanischen Gästen wohl bekommen. Und schließlich – Sie wissen ja, dass wir an allen Ecken und Enden sparen müssen – sollte der Preis nicht zu hoch sein."

„Sind das alle Kriterien?" fragen Sie. „Ja", meint Michelin, „mir fällt sonst nichts mehr ein." „Sie haben doch bestimmt auch schon eine Vorauswahl getroffen, oder?" Sie blicken Ihr Gegenüber an. „Ja doch", meint dieser, „da ist zunächst das Feinschmeckerrestaurant *Casino*. Die Atmosphäre ist dort ganz gut, aber ich fürchte, das Essen ist für unsere koreanischen Gäste nicht so geeignet, und die Preise sind auch gesalzen. Dann dachte ich an das Chinarestaurant *Peking*. Das asiatische Essen müsste unseren Gästen extrem besser als das Essen im *Casino* bekommen. Die Atmosphäre entspricht der im *Casino*, aber es ist preislich etwas besser. Ja und zu guter Letzt ist da noch das griechische Lokal *Olympia*. Preislich ist es noch etwas besser als das *Peking* und spürbar besser als das *Casino* einzustufen. Ich denke, die griechische Küche würde unseren koreanischen Gästen sicher nur etwas schlechter als die chinesische bekommen. Allerdings, fällt mir ein, unmittelbar vor dem Restaurant befindet sich momentan eine große Baustelle, d. h. die Atmosphäre ist viel schlechter als im *Casino* und im *Peking*".

„Wenn Sie mir jetzt noch etwas über die Bedeutung Ihrer Anforderungskriterien verraten können, werde ich Ihnen im Nu die Lösung präsentieren", strahlen Sie Dr. Michelin an. Dieser schaut etwas skeptisch zurück und meint: „Ja, das ist nicht so einfach. Das hängt von der Stimmung unserer Gäste ab. Sind sie gut gelaunt, dann ist der Preis spürbar wichtiger als das Essen. Die Atmosphäre ist in diesem Fall zwischen spürbar und viel unwichtiger als der Preis. Bei schlechter Laune unserer koreanischen Gäste müssen sowohl die Atmosphäre als auch das Essen stimmen. Der Preis spielt in diesem Fall keine Rolle." „Und wie hoch schätzen Sie die Wahrscheinlichkeit ein, dass die Gäste gut gelaunt sind?" fragen Sie. „Ich will mal vorsichtig sein. Aufgrund der langen Anreise und der vorher angesetzten Werksbesichtigung wird es viel wahrscheinlicher sein, dass unsere Gäste schlecht gelaunt zum Essen erscheinen als dass sie guter Stimmung sind", erwidert Dr. Michelin. „Alles klar", meinen Sie. „Ich werde Ihnen die Lösung bei unserer gemeinsamen Sitzung heute Nachmittag präsentieren", verabschieden Sie sich von Ihrem Gesprächspartner und bringen Ihr Tablett zur Geschirrannahme.

Sie erkennen, dass zur Lösung des vorgenannten Entscheidungsproblems der Analytische Hierarchie Prozess (AHP) herangezogen werden kann. Erläutern Sie kurz die grundsätzliche Funktions- bzw. Vorgehensweise des AHP.

Bevor Sie die auf Ihrem Rechner installierte AHP-Software verwenden können, benötigen Sie die Zielhierarchie und die Paarvergleichsmatrizen. Stellen Sie deshalb die Zielhierarchie auf und geben Sie alle Paarvergleichsmatrizen – unter Zugrundelegung der Skala nach *Saaty* – an. Nehmen Sie bei nicht vollständigen Paarvergleichsmatrizen konsistente Ergänzungen vor.

Aufgabe 59 (Fuzzy-Set-Theorie)

a) Definieren Sie den Begriff der Menge nach klassischer Auffassung (d. h. im Sinne *Cantors*) und nach dem Verständnis der Fuzzy-Set-Theorie. Führen Sie hierzu jeweils ein Beispiel an.

b) Ein Hersteller von Fernsehgeräten kann pro Arbeitstag zwischen 500 und 600 Fernsehgeräte des Typs *Visioglotz* herstellen. Sie werden als Controller des Unternehmens beauftragt, die optimale Produktionsmenge zu ermitteln. Dabei ist zu beachten, dass die Tagesproduktion zu vertretbaren Stückkosten abläuft und eine Menge produziert wird, bei deren Marktpreis alle Fernsehgeräte abgesetzt werden können. Die ermittelten Stückkosten $k(x)$ für die möglichen Tagesproduktionen $x \in X = (500, 510, \ldots, 600)$ sind aus Tabelle A-45 ersichtlich.

Anzahl x	500	510	520	530	540	550	560
Stückkosten k(x)	450	440	410	350	330	320	350
Anzahl x	570	580	590	600			
Stückkosten k(x)	370	400	405	410			

Tabelle A-45:   Tagesproduktionsmengen und Stückkosten

Eine Beobachtung des Markts hat ergeben, dass 520 Geräte pro Tag problemlos absetzbar sind, aber in keinem Fall 600 Geräte pro Tag verkauft werden können. Ab 520 Geräten verschlechtert sich der mögliche Absatz für jeweils 10 zusätzliche Geräte zunächst um 10%. Für den Absatz von 590 Geräten gilt dann aber, dass sie mit 90%-iger Sicherheit nicht abgesetzt werden können. Gehen Sie ferner davon aus, dass zum einen für den Hersteller Kosten von 410 oder mehr nicht akzeptabel sind, zum anderen die kostenabhängige Nutzenfunktion des Herstellers linear verläuft. Definieren Sie die unscharfen Mengen: $\tilde{A}$ = „Tagesproduktion zu vertretbaren Stückkosten" und $\tilde{B}$ = „Menge der pro Tag absetzbaren Fernsehgeräte". Zeichnen Sie die Graphen der jeweiligen Zugehörigkeitsfunktionen $\mu_{\tilde{A}}(x)$ und $\mu_{\tilde{B}}(x)$ *(Hinweis:* Verwenden Sie folgende Skalierung: „Tagesproduktion" beginnend bei 500 Stück, 10 Stück $\hat{=}$ 1 cm; Zugehörigkeitsfunktion: 1 Einheit $\hat{=}$ 5 cm). Ermitteln Sie mit Hilfe der Fuzzy-Set-Theorie die optimale Produktionsmenge. Erläutern Sie Ihre Vorgehensweise.

c) Erörtern Sie Voraussetzungen und Möglichkeiten einer Anwendung der Fuzzy-Set-Theorie auf das strategische Controlling.

IV   Controlling aus der Sicht der Neuen Institutionenökonomik

Aufgabe 60   (Grundlagen der Neuen Institutionenökonomik)

Als Juniorcontroller sollen Sie Ihren Chef auf ein Symposium zum Thema „Neue Institutionenökonomik und Controlling" vorbereiten. Zu diesem Zweck bittet er Sie, ihm die nachfolgenden Fragestellungen zu beantworten:

a) Warum können wirtschaftliche Strukturen und Prozesse mittels der ihm bekannten neoklassischen Theorie nicht aus einer hinreichend realitätsangemessenen Perspektive analysiert werden?

b) Durch welche Annahmen der Neuen Institutionenökonomik können Defizite in Bezug auf Realitätsangemessenheit vermieden werden, zu denen eine Analyse ausschließlich mittels neoklassischer Theorie führt?

c) Welche Strömungen können innerhalb der Neuen Institutionenökonomik unterschieden werden? Worin liegt die Relevanz neoinstitutionellen Gedankenguts für das Controlling?

Aufgabe 61   (Grundlagen der Prinzipal-Agenten-Theorie I)

Nach seiner Rückkehr vom Symposium sucht Ihr Vorgesetzter das Gespräch mit Ihnen. Er betont, dass ihm die erlebten Vorträge und Diskussionen neue Perspektiven eröffnet hätten. Vor allem die sog. Prinzipal-Agenten-Theorie sei für ihn von großem Interesse. Da er indes an verschiedenen Social Events des Symposiums ausgiebig teilgenommen habe, könne er sich aber nicht mehr an alle Details und Zusammenhänge dieser Theorie erinnern. Auf Basis seiner leider nur bruchstückhaften Aufzeichnungen bittet er Sie, ein Exposé zu den nachfolgenden Problemstellungen vorzubereiten:

a) Definieren Sie die grundlegenden Begriffe und erläutern Sie die wesentlichen Annahmen der Prinzipal-Agenten-Theorie.

b) Nennen Sie ein Beispiel für eine real existierende Prinzipal-Agent-Beziehung und erörtern Sie kurz, warum und inwieweit diese die allgemeinen Charakteristika einer solchen Beziehung erfüllt.

c) Stellen Sie den zeitlichen Ablauf einer Prinzipal-Agent-Beziehung verbal und graphisch dar.

d) Erörtern Sie vergleichend unterschiedliche Formen der Informationsasymmetrie. Berücksichtigen Sie hierbei neben dem zeitlichen Verlauf, den Ursachen und den spezifisch resultierenden Problemen auch etwaige Lösungsansätze auf allgemeiner Ebene.

e) Formalisieren und erläutern Sie kurz anhand eines einfachen *hidden action*-Grundmodells, welches Optimierungsproblem ein Prinzipal bei der Vertragsgestaltung mit einem Agenten lösen muss.

f) Als Kriterium für die Effizienz von Prinzipal-Agent-Beziehungen können sog. *agency costs* herangezogen werden. Diskutieren Sie den Begriff der agency costs. Gehen Sie hierbei insbesondere auf deren Komponenten ein.

g) Nehmen Sie zur Prinzipal-Agenten-Theorie kritisch Stellung.

Aufgabe 62   (Grundlagen der Prinzipal-Agenten-Theorie II)

Gegeben sei folgende Pinzipal-Agenten-Situation: Ein risikoneutraler Prinzipal möchte eine erfolgsabhängige Entlohnung einführen, um seinen Agenten zu einem hohen Arbeitseinsatz zu motivieren. Die gewählte Aktion des Agenten sei vom Prinzipal *nicht* beobachtbar.

a) Stellen Sie für die oben beschriebene hidden action-Situation das Optimierungsproblem des Prinzipals in Form eines allgemeinen Ansatzes dar. Berücksichtigen Sie dabei, dass die die Umweltzustände beschreibende Zufallsvariable in diskreter Form vorliegt. Interpretieren Sie die von Ihnen formulierten Bedingungen ökonomisch.

b) Dem Prinzipal seien folgende Daten bekannt: Der Agent leistet entweder einen geringen ($e_L = 2$) oder einen hohen ($e_H = 4$) Arbeitseinsatz. Entsprechend seines Arbeitseinsatzes erzielt er mit den aus Tabelle A-46 ersichtlichen Wahrscheinlichkeiten ($P(\cdot)$) einen niedrigen ($v_L = 100$) oder hohen ($v_H = 500$) Umsatz.

	$v_L = 100$	$v_H = 500$
$e_L = 2$	$P(v_L|e_L) = 0{,}7$	$P(v_H|e_L) = 0{,}3$
$e_H = 4$	$P(v_L|e_H) = 0{,}5$	$P(v_H|e_H) = 0{,}5$

Tabelle A-46:   Wahrscheinlichkeitsverteilung der Ergebnisse

Der Nutzen des Agenten U_A werde durch seine erfolgsabhängige Entlohnung $s_i \equiv s(v_i)$ mit $i \in \{L, H\}$ und seinen Disnutzen $V(e_j) = e_j$ mit $j \in \{L, H\}$ determiniert. Der funktionale Zusammenhang sei hinreichend durch $U_A(s_i, e_j) = \sqrt[2]{s_i} - e_j$, mit $i \in \{L, H\}$ und $j \in \{L, H\}$ beschreibbar. Ferner betrage sein Reservationsnutzen $\overline{U}_A = 12$.

Welche Entlohnungen muss der Prinzipal dem Agenten vertraglich zusichern, damit dieser bei Beobachtbarkeit seines Arbeitseinsatzes einwilligt. Interpretieren Sie das Verhältnis der Entlohnungszahlungen bei niedrigem und hohem Umsatz.

c) Bestimmen Sie den optimalen Vertrag unter der Annahme, dass der Arbeitseinsatz nicht beobachtbar ist.

d) Bestimmen Sie die agency costs. Welche Risikoeinstellung hat der Agent?

Aufgabe 63   (Anreizsysteme I)

In einem divisionalisierten Unternehmen möchte die Zentrale knappes Kapital auf zwei ansonsten voneinander unabhängige Divisionen aufteilen. Die Kapitalrentabilität eines Bereichs für die Folgeperiode ist lediglich dem jeweiligen Bereichsmanager bekannt. Dies bedeutet bspw., dass nur der Manager der Division 1 weiß, wie viel GE Gewinn seine Division mit 1 GE Kapitaleinsatz erwirtschaften kann. Die Zentrale hat lediglich Kenntnis darüber, dass die Kapitalrentabilitäten beider Bereiche im Intervall [1,0; 2,0] liegen. Aus Sicht der Zentrale wäre es aber nun effizient, die genauen Informationen über die Rentabilität bei der Verteilung des Kapitals zu berücksichtigen. Daher werden im zentralen Management unterschiedliche Anreiz- bzw. Entlohnungsstrukturen diskutiert, die eine wahrheitsgemäße Berichterstattung über die tatsächliche Rentabilität seitens der Bereichsmanager induzieren sollen. Im Raum stehen zwei unterschiedliche Vorschläge für eine variable Entlohnung:

Einerseits wird eine Beteiligung des Bereichsmanagers am Divisionsgewinn vorgeschlagen, die die Bereichsmanager zusätzlich zu ihrem jeweiligen Fixum erhalten sollen. Dabei wird wie folgt argumentiert: „Da die Summe der Bereichsgewinne dem Unternehmensgesamtgewinn entspricht, geht mit der isolierten Maximierung der Bereichsgewinne eine Maximierung des Unternehmensgesamtgewinns einher."

Andererseits wird vorgeschlagen, die Bereichsmanager nur an den jeweiligen Bereichsgewinnen zu beteiligen, wenn sie ihre prognostizierte Kapitalrentabilität mindestens erreicht haben. Erreichen sie nicht mindestens die von ihnen prognostizierte Größe, erhalten sie lediglich ihr Fixum.

a)   Nehmen Sie Stellung zu den beiden diskutierten Entlohnungsschemata. Welches Schema würden Sie sinnvollerweise einsetzen? Begründen Sie Ihre Antworten.

b)   Versetzen Sie sich in die Lage eines Bereichsmanagers, dessen Ziel es ist, seine Entlohnung zu maximieren. Welche Berichte würden Sie aus dem Spektrum der möglichen Berichte [1,0; 2,0] unabhängig von dem Bericht des anderen Managers abgeben, wenn die tatsächliche Kapitalrentabilität ihrer Division 1,3 beträgt? Treffen Sie Aussagen für beide diskutierten Schemata und begründen Sie diese.

Aufgabe 64   (Anreizsysteme II)

Die Koordinationsfunktion des Controllings zielt u. a. darauf ab, sämtliche Entscheidungen innerhalb eines Unternehmens auf dessen Ziele hin auszurichten. Da Entscheidungen in Unternehmen durch Menschen getroffen werden, kann eine solche Zielausrichtung auch als *Verhaltenssteuerungsfunktion* des Controllings interpretiert werden. Wichtige Instrumente für eine zielgerichtete Steuerung des Verhaltens stellen grundsätzlich (monetäre) Anreizsysteme dar.

a)   Welche Bestandteile sollte ein monetäres Anreizsystem umfassen?

b)   Erörtern Sie grundlegende Anforderungen, die allgemein an Anreizsysteme zur Lösung vertikaler Koordinationsprobleme zu stellen sind.

c)   Zwei kontrovers diskutierte Anreizsysteme sind das *Weitzman-Schema* und das *Anreizschema nach Osband und Reichelstein*. Erläutern Sie formal und verbal die Grundstruktur und die Wirkungsweise dieser beiden Systeme. Unterstellen Sie hierbei eine Sicherheitssituation, in der die Manager in der Lage sind, im Voraus genau anzugeben, wie hoch das Ergebnis ihrer eigenen Division in der betrachteten Periode ausfallen wird.

d)   Zeigen Sie auf, inwieweit diese beiden Anreizsysteme die von Ihnen in Aufgabenteil b) diskutierten Anforderungskriterien erfüllen.

e)   Erläutern Sie, warum beide Systeme nicht für die Investitionsbudgetierung geeignet sind.

Aufgabe 65   (Anreizsysteme III)

a)   Nennen Sie traditionelle praxisrelevante Entlohnungsformen für Verkaufsaußendienstmitarbeiter (VADM) und diskutieren Sie stichwortartig deren jeweilige Vor- und Nachteile.

b)   *Jakob Gonik* stellt in einem Aufsatz aus dem Jahre 1978 ein Anreizsystem vor, das bei IBM Brasilien eingesetzt wurde, das sog. *OFA-System*. Erklären Sie diesen Begriff und die grundlegende Funktionsweise des Systems.

c)   Berechnen Sie die *OFA*-Werte für die angegebenen Kombinationen und tragen Sie diese in Tabelle A-47 ein.

OFA-System		F				
		10	15	20	25	30
A	10					
	15					
	20					
	25					
	30					

Tabelle A-47:   Tableau OFA-System

Nehmen Sie an, die Zentrale habe O = 5 vorgegeben. Erläutern Sie anschließend unter Zuhilfenahme der Tabelle die Wirkungsweise dieses Entlohnungssystems.

d)   Auf welches bekannte Anreizsystem lässt sich das *OFA-System* zurückführen? Zeigen Sie den bestehenden Zusammenhang formal auf.

Aufgabe 66   (Anreizsysteme IV)

Als Juniorcontroller werden Sie von der Unternehmensleitung gebeten, Vorschläge für eine bessere Planung und eine Kostenreduzierung in der Galvanikabteilung Ihres Unternehmens zu unterbreiten. Der Unternehmensleitung ist schon seit längerem bekannt, dass in dieser Abteilung auch privat Gegenstände veredelt werden. Sie hat im Prinzip nichts gegen diese private Verwendung, solange sie sich in angemessenen Grenzen hält. In jüngster Zeit ist aber der Verbrauch an Rohstoffen trotz gleich bleibender Nachfrage drastisch angestiegen. Daher wird vermutet, dass der Umfang von Veredelungen für private Zwecke zugenommen hat. Da ein höherer Verbrauch aber teilweise auch auf schlechte Rohstoffqualität, schlechte Bäder und defekte Anlagen zurückgeführt werden kann, lässt sich ein zusätzlicher privater Verbrauch auch mit dem Hinweis auf ungünstige Umweltzustände tarnen. Um die hohen Kosten der Einführung eines geeigneten Kontrollsystems zu vermeiden, ist die Geschäftsleitung daran interessiert, die Arbeiter der Galvanikabteilung auf andere Art und Weise dazu zu bewegen, die private Nutzung der Anlagen zu reduzieren und ihr realistische (nur für das eigentliche Geschäft benötigte) Verbrauchswerte zu prognostizieren.

Nach einer intensiven Auseinandersetzung mit der Problemstellung haben sie folgende Idee: Man könnte – ausgehend von einem absolut maximalen Verbrauch r_{max}, den man aus vergangenen Daten ermitteln kann – die Abteilung zu einer Prognose ihres künftigen Verbrauchs auffordern und dann später den tatsächlichen Verbrauch feststellen. Die entsprechenden Werte könnten als Eingangsgrößen für ein Anreizsystem fungieren, mit dem ein den Mitarbeitern der Abteilung auszuzahlender Bonus ermittelt wird. Von einem geeigneten Anreizsystem ist hierbei zu fordern, dass es einen maximalen Bonus liefert, wenn der tatsächlich realisierte Wert und die Prognose übereinstimmen, und dass es zusätzlich zu einem sparsameren Verbrauch motiviert.

Konzipieren Sie ein geeignetes Anreizsystem und erläutern Sie, weshalb sich dieses Verfahren für den Einsatz in der Galvanikabteilung Ihres Unternehmens eignet. Verdeutlichen Sie die Wirkungsweise dieses Anreizsystems anhand eines selbst gewählten Zahlenbeispiels.

Aufgabe 67   (Investitionsbudgetierung I)

Als potentiell geeignete Instrumente zur Steuerung dezentralisierter Unternehmen werden das Profit Sharing und der Groves-Mechanismus diskutiert.

a)   Erörtern Sie kurz die Problematik der Investitionsbudgetierung in dezentral organisierten Unternehmen.

b)   Stellen Sie jeweils kurz das Grundmodell des Profit Sharing und den Groves-Mechanismus dar. Erörtern Sie sodann die Wirkungsweise dieser beiden Anreizschemata.

c)   Vergleichen Sie das Profit Sharing und den Groves-Mechanismus im Hinblick darauf, ob und ggf. inwieweit sie die allgemein an Anreizsysteme zu stellenden Anforderungen (vgl. dazu Aufgabe 64) erfüllen.

Aufgabe 68   (Investitionsbudgetierung II)

Die *X-AG* hat eine Profit-Center-Organisation. Die Unternehmenszentrale steht nun jährlich vor dem Problem, das nur begrenzt zur Verfügung stehende Kapital $\overline{A}$ so auf die beiden Profit-Center P_1 und P_2 aufzuteilen, dass ein maximaler Unternehmensgesamtgewinn zu erwarten ist. Dabei ist bekannt, dass für die Profit-Center P_j mit $j \in \{1,2\}$ Gewinnfunktionen π_j der folgenden Art gelten:

P$_1$: $\pi_1(\Lambda_1) = \varphi \cdot \sqrt{\Lambda_1} + \theta_1$

P$_2$: $\pi_2(\Lambda_2) = \psi \cdot \sqrt{\Lambda_2} + \theta_2$

mit

$\pi_j(\cdot)$ Gewinnfunktion des Profit-Centers P$_j$

φ Produktivitätskoeffizient des Profit-Centers P$_1$ $(\varphi > 0)$

ψ Produktivitätskoeffizient des Profit-Centers P$_2$ $(\psi > 0)$

Λ_j Dem Profit-Center P$_j$ von der Zentrale zugewiesenes Kapital

θ_j Normalverteilte Zufallsgröße $\left(\theta_j \sim N\!\left(0, \sigma_j^2\right)\right)$

Da nur die jeweiligen Bereichsmanager durch die Produktivitätskoeffizienten φ bzw. ψ Informationen über die Ausprägung der spezifischen Gewinnfunktion ihres eigenen Profit-Centers besitzen, ist die Zentrale auf die Berichte der Manager angewiesen, um eine Kapitalzuweisung vorzunehmen. Die Manager werden dementsprechend von der Zentrale aufgefordert, Prognosefunktionen der nachfolgenden Art zu melden:

P$_1$: $\hat{\pi}_1(\Lambda_1) = \hat{\varphi} \cdot \sqrt{\Lambda_1}$ mit $(\hat{\varphi} > 0)$

P$_2$: $\hat{\pi}_2(\Lambda_2) = \hat{\psi} \cdot \sqrt{\Lambda_2}$ mit $(\hat{\psi} > 0)$

Die Zentrale kann aufgrund von potentiell existenten Interessendivergenzen nicht zwangsläufig von einer wahrheitsgemäßen Berichterstattung durch die Manager ausgehen, so dass ein Anreizschema implementiert werden soll, das die Manager zu einer wahrheitsgemäßen Berichterstattung bewegt. Hierfür werden als Alternativen das Profit Sharing und der Groves-Mechanismus in Betracht gezogen.

a)   Wie muss die Zentrale das knappe Kapital $\overline{\Lambda}$ auf die Profit-Center verteilen, um den Unternehmensgesamtgewinn zu maximieren? Unterstellen Sie dabei, dass beide Profit-Center-Manager wahrheitsgemäß berichten (d. h. $\hat{\varphi} = \varphi$ und $\hat{\psi} = \psi$).

b)   Versetzen Sie sich in die Lage des risikoneutralen Managers $(u(x) = x)$ des Profit-Centers P$_1$, der anhand des Profit Sharing entlohnt werden soll.

   b1)   Welchen Bericht $\hat{\varphi}$ müssen Sie zur Maximierung Ihres Nutzens abgeben, wenn Sie unterstellen können, dass der Manager des Profit-Centers P$_2$ wahrheitsgemäß (d. h. $\hat{\psi} = \psi$) berichtet hat und die Zentrale bei der Kapitalzuweisung wahrheitsgemäße Berichte unterstellt? Leiten Sie die optimale Meldung analytisch her.

   b2)   Wie lautet ihr nutzenmaximierender Bericht $\hat{\varphi}$, wenn Sie unterstellen können, dass der Manager des Profit-Centers P$_2$ eine überhöhte Prognose $(\hat{\psi} = 2 \cdot \psi)$ abgegeben hat und die Zentrale bei der Kapitalzuweisung wahrheitsgemäße Berichte unterstellt? Leiten Sie auch für diesen Fall die optimale Meldung analytisch her.

c) Versetzen Sie sich in die Lage des risikoneutralen Managers $(u(x) = x)$ des Profit-Centers P_2, der anhand des Groves-Mechanismus entlohnt werden soll.

c1) Welchen Bericht $\hat{\psi}$ müssen Sie zur Maximierung Ihres Nutzens abgeben, wenn Sie annehmen können, dass der Manager des Profit-Centers P_1 wahrheitsgemäß (d. h. $\hat{\varphi} = \varphi$) berichtet hat und die Zentrale bei der Kapitalzuweisung wahrheitsgemäße Berichte unterstellt? Leiten Sie die optimale Meldung analytisch her.

c2) Wie lautet ihr nutzenmaximierender Bericht $\hat{\psi}$, wenn Sie annehmen können, dass der Manager des Profit-Centers P_1 eine zu hohe Prognose $\hat{\varphi} = 2 \cdot \varphi$ abgegeben hat und die Zentrale bei der Kapitalzuweisung wahrheitsgemäße Berichte unterstellt? Leiten Sie auch für diesen Fall die optimale Meldung analytisch her.

d) Welche Schlüsse lassen sich aus den Ergebnissen der Teilaufgaben b) und c) ziehen?

Aufgabe 69   (Verrechnungspreise aus agencytheoretischer Sicht)

Verrechnungspreise können grundsätzlich als Instrument eines koordinationsorientierten Controllings zur Lösung von Sachinterdependenzen bezeichnet werden.

a) Führen Sie Gründe dafür an, die Verrechnungspreisproblematik aus agencytheoretischer – und nicht aus neoklassischer – Perspektive zu analysieren.

b) In einem Konzern fertigt die Tochtergesellschaft S_1 ein Zwischenprodukt, welches die Tochtergesellschaft S_2 zur Fertigung einer Einheit eines Endprodukts benötigt. Für dieses Zwischenprodukt existiert kein konzernexterner Beschaffungs- und Absatzmarkt. Der Konzernmuttergesellschaft und der Tochtergesellschaft S_2 ist lediglich bekannt, dass der Tochtergesellschaft S_1 für die Herstellung des Zwischenprodukts Kosten von $(k_N =)$ 560 mit einer Wahrscheinlichkeit von $(P(k_N) =)$ 0,6 und Kosten von $(k_H =)$ 700 mit einer Wahrscheinlichkeit von $(P(k_H) =)$ 0,4 entstehen. Ebenso ist der Konzernmuttergesellschaft und der Tochtergesellschaft S_1 bekannt, dass Tochtergesellschaft S_2 ohne Berücksichtigung eines zu zahlenden Verrechnungspreises für das Endprodukt entweder mit einer Wahrscheinlichkeit von $(P(d_N) =)$ 0,6 einen Deckungsbeitrag von $(d_N =)$ 640 oder mit einer Wahrscheinlichkeit von $(P(d_H) =)$ 0,4 einen Deckungsbeitrag von $(d_H =)$ 800 erzielt. Der tatsächliche Betrag ist nur jeweils der Tochtergesellschaft bekannt, bei der dieser anfällt. Die beteiligten Parteien haben gleiche Erwartungen über die von ihnen nicht beobachtbaren Parameter. Zudem kennt jede Partei die Erwartungen der anderen Parteien über sie. Die Konzernmuttergesellschaft steht vor der Frage, wie ein von ihr vorzugebendes Verrechnungspreissystem zu gestalten ist, wenn alle Beteiligten risikoneutral eingestellt sind.

b1) Definieren Sie unter Rückgriff auf ein agencytheoretisches Verrechnungspreismodell von *Wagenhofer* ein System von Effizienzstufen, mit dem die durch ein Verrechnungspreissystem erreichbaren Koordinationswirkungen aus Sicht der Konzernmuttergesellschaft gemessen werden können. Bestimmen Sie diese Effizienzstufen für das Beispiel numerisch.

b2) Die Konzernmuttergesellschaft will für die Gewinnfälle Anreize zur Produktion bzw. Abnahme des Zwischenprodukts schaffen. Welchen Bedingungen muss ein von der Konzernmuttergesellschaft vorzugebendes System von Verrechnungspreisen genügen, damit die höchstmögliche Effizienzstufe im Sinne des Aufgabenteils b1) erreicht werden kann?

Aufgabe 70   (Anreizorientierte Lenkung)

An der *Alma Mater* Universität, die von einer Stiftung getragen wird, ist im Fachbereich Wirtschaftswissenschaften eine Diskussion entbrannt. Den Dozenten steht pro Semester ein festes Kontingent diplomierter Tutoren zur Verfügung, die für die Studierenden qualifizierte Betreuungsstunden anbieten. Die Dozenten klagen darüber, dass diese Betreuungsstunden in sehr unterschiedlichem Ausmaß von den Studierenden genutzt werden. So sitzen in den Tutorien einiger Professoren viele Studierende, während die Tutorien anderer Professoren kaum Teilnehmer haben. Die studentischen Vertreter beschweren sich hingegen darüber, dass die durchschnittliche Studiendauer in den letzten Jahren gestiegen sei und die Prüfungsergebnisse zunehmend schlechter ausfielen. Einige Dozenten würden überdies den Zugang zu ihren Tutorien reglementieren, da eine Überlastung der Tutorien von den Dozenten und ihren Assistenten selbst getragen werden müsste.

In einem speziellen Ausschuss wird daher eine neue Prüfungsordnung entwickelt, die die Probleme für das Studium der Betriebswirtschaftslehre lösen soll. Nach einem halben Jahr legt die Kommission einen ersten Entwurf vor, aus dem im Folgenden auszugsweise zitiert wird:

„...

§ 4   Prüfungsfristen

(1)   Studierende, die die Diplomprüfung nicht nach höchstens 16 Semestern abgeschlossen haben, verlieren den Prüfungsanspruch, und die Diplomprüfung gilt als endgültig nicht bestanden.

...

§ 9   Aufbau der Prüfungen, Arten der Prüfungsleistungen

(1)   Die Diplomprüfung besteht aus Fachprüfungen und der Diplomarbeit. ... Fachprüfungen können durch folgende Arten von Prüfungsleistungen in jedem Semester abgelegt werden:

1. Klausur,
2. mündliche Prüfung,
3. Seminarleistung,
4. Erstellung und Dokumentation von Rechnerprogrammen.

§ 13   Bewertung und Bestehen von Prüfungsleistungen

(3)   Eine Prüfungsleistung ist bestanden, wenn sie mit mindestens „ausreichend" bewertet wurde.

...

(5)   Eine Fachprüfung ist bestanden, wenn der Prüfling die für das jeweilige Fach in § 26 (2) festgelegte Mindestanzahl an Bonuspunkten erworben hat.

§ 14   Bonus- und Maluspunkte

(1)   Für jeden zur Diplomprüfung zugelassenen Prüfling wird ein Punktekonto, getrennt nach Bonus- und Maluspunkten, geführt.

(2)   Hat ein Prüfling eine Prüfungsleistung bestanden, so werden ihm Bonuspunkte gutgeschrieben. Es gilt folgender Schlüssel:

1. „sehr gut" entspricht 8 Bonuspunkten,
2. „gut" entspricht 6 Bonuspunkten,
3. „befriedigend" entspricht 4 Bonuspunkten,
4. „ausreichend" entspricht 2 Bonuspunkten.

Für jede nicht bestandene Prüfungsleistung wird das Konto des Prüflings mit einem Maluspunkt belastet.

...

§ 26   Art und Umfang der Diplomprüfung

(1)   Die Diplomprüfung besteht aus schriftlichen und mündlichen Fachprüfungen (erster Teil) sowie der Diplomarbeit (zweiter Teil).

(2)   Die Fachprüfungen des ersten Teils der Diplomprüfung erstrecken sich auf die 5 Fächer:

a) ABWL mit insgesamt erforderlichen 12 Bonuspunkten,

b) AVWL mit insgesamt erforderlichen 12 Bonuspunkten,

c) vertiefende BWL mit insgesamt erforderlichen 14 Bonuspunkten,

d) vertiefende BWL mit insgesamt erforderlichen 14 Bonuspunkten,

e) Wahlpflichtfach mit insgesamt erforderlichen 12 Bonuspunkten.

(3)   Beim Erwerb von Bonuspunkten gelten folgende Auflagen und Beschränkungen:

1. 8 Bonuspunkte müssen durch Seminarleistungen erworben werden.

2. Sobald in einem der 5 Prüfungsfächer die Höchstzahl an möglichen Bonuspunkten entsprechend § 26 (2) erreicht ist, können in diesem Fach weitere Bonuspunkte nicht mehr erworben werden.

...

§ 32   Bestehen und Gesamtergebnis der Diplomprüfung

(1)   Die Diplomprüfung ist bestanden, wenn

1. mindestens 64 Bonuspunkte erworben wurden,

2. alle mündlichen Fachprüfungen des ersten Teils der Diplomprüfung mit mindestens „ausreichend" bewertet wurden,

3. die Diplomarbeit mit mindestens „ausreichend" bewertet wurde.

§ 33   **Nichtbestehen und Wiederholung der Diplomprüfung**

(1) Die Diplomprüfung ist nicht bestanden, sobald der Prüfling 10 Maluspunkte erreicht hat.

(2) Die Diplomarbeit kann höchstens einmal wiederholt werden.

...

§ 44   **Sonderleistung Studienplan**

(1) Weitere „freie" Bonuspunkte können ab dem fünften Semester durch Sonderleistung erworben werden. Diese können einer frei wählbaren Fachprüfung gutgeschrieben werden.

(2) Zu Beginn des Studiums muss von jedem Studierenden ein Absichtsplan vorgelegt werden, in welchem Umfang wann welche Betreuungsstunden der Dozenten in Anspruch genommen werden sollen.

(3) Aufgrund des vorgelegten Absichtsplans legt der Prüfungsausschuss in Abhängigkeit von dem gegebenen Umfang an verfügbaren Betreuungsstunden fest, zu welchem Zeitpunkt ein Studierender welche Prüfung ablegen soll. Diese Vorgabe heißt Studienplan.

(4) Bei Einhaltung des Studienplans werden einem Studierenden pro Semester zusätzlich zu den durch ordentliche Prüfungsleistung erreichbaren Bonuspunkten zwei Bonuspunkte für Sonderleistung gutgeschrieben.

(5) Studierenden, die im Laufe eines Semesters mehr als die im Studienplan deklarierten Betreuungsstunden in Anspruch nehmen, wird ein Maluspunkt zugewiesen. Studierende, die innerhalb eines Semesters weniger Betreuungsstunden, als im Studienplan festgelegt ist, benötigen, werden zusätzlich zu denjenigen aus § 44 (4) zwei weitere Bonuspunkte für Sonderleistungen gutgeschrieben.

..."

Der Dekan des Fachbereichs schlägt darüber hinaus vor, die Zuweisung von Finanzmitteln für die Tutoren in Zukunft so vorzunehmen, dass jeder Dozent für jedes Semester ein spezifisches Kontingent diplomierter Tutoren erhält, das von der aus dem Absichtsplan herzuleitenden mengenmäßigen Inanspruchnahme von Betreuungsstunden abhängt. Diese Allokation der Betreuungsstunden soll das Problem der Belastungsunterschiede mildern.

Als gewählte/r studentische/r Vertreter/in sind Sie von Ihrer Fachschaft beauftragt worden, diesen Entwurf einer Prüfungsordnung zu bewerten.

Diskutieren Sie den Entwurf unter Verwendung Ihrer Kenntnisse über Koordinations- und Anreizsysteme. Gehen Sie dabei von den Problemen des Fachbereichs Wirtschaftswissenschaften der *Alma Mater* Universität aus und erörtern Sie kritisch, ob die vorgeschlagene Prüfungsordnung Lösungsansätze für die Probleme des Fachbereichs bietet? Wie ist der allokationsrelevante Vorschlag des Dekans zu beurteilen?

Teil II:

Lösungshinweise

I   Entwicklung, Konzeption und Organisation des Controllings

1   Semantische, konzeptionelle und funktionale Grundlagen des Controllings

Aufgabe 1 (Lösungshinweis)

a)   Darstellung und Beurteilung der Controllingkonzeptionen

Im Bemühen, eine eigene betriebswirtschaftliche Teildisziplin „Controlling" zu begründen, wurden aus einer deduktiven Herleitungsperspektive[1] drei *Anforderungen* an eine Controlling-Konzeption gestellt:[2]

1. *Eigenständige Problemstellung*

   Die zum Controlling gehörenden Fragen und Funktionen müssen ein *gemeinsames Merkmal* aufweisen. Controlling muss auf eine *abgrenzbare* und *einheitliche Problemstellung* abzielen, d. h. es darf sich nicht nur um die Zusammenfassung verschiedener Aufgaben aus mehreren Bereichen handeln.

2. *Theoretische Fundierung*

   Für die Problemstellungen des Controllings müssen theoretische Ansätze entwickelt werden, die über die bloße Beschreibung von Problemen, empirischen Tatbeständen und Instrumenten hinausreichen. Solche Ansätze bestehen aus *Lösungsideen* und beinhalten *Strukturkerne* (also „Sprachklärungen" zwischen den Problembegriffen und der Lösungsidee). Ferner müssen sich *Musterbeispiele* für die Anwendung der Lösungsidee oder zumindest *Wirkungshypothesen* formulieren lassen.

3. *Bewährung in der Praxis*

   Dies ist die letzte und entscheidende Instanz für die Akzeptanz einer Controlling-Konzeption. In der Praxis zeigt es sich, ob die Lösungsideen und die Instrumente der Konzeption zweckmäßig sind.

Im Folgenden werden verschiedene Konzeptionsvorschläge[3] jeweils kurz dargestellt und im Hinblick auf die genannten Anforderungen beurteilt. Bei diesen Beurteilungen handelt es sich grundsätzlich um subjektive Werturteile. Insofern ist we-

---

[1]   Mit dem Begriff der Deduktion ist die Herleitung von etwas Besonderem aus etwas Allgemeinem gemeint. Vgl. dazu z. B. *Duden* (2003), S. 299.
[2]   Vgl. *Küpper* (2001), S. 5.
[3]   Vgl. zu einem Überblick über alternative Konzeptionsvorschläge z. B. *Zenz* (1998), S. 34-45; *Küpper* (2001), S. 5-13; *Friedl* (2003), S. 148-178.

der eine vollständige noch eine eindeutige Deduktion einer Controllingkonzeption möglich.[4]

I.   Erfolgszielorientierte Controllingkonzeption[5]

Die erfolgszielorientierte Controllingkonzeption stellt die *Sicherung der Erfolgszielerreichung* bei allen betrieblichen Entscheidungen in den Vordergrund (Problemstellung).

Die wesentliche Aufgabe des Controllings liegt hier in der *Versorgung* der Führungs- bzw. Managementsubsysteme mit *entscheidungsrelevanten Informationen*.

Ferner sind die aus der Dezentralität erwachsenden Bereichsziele durch geeignete Maßnahmen auf das *Gesamterfolgsziel* des Unternehmens auszurichten. Controlling bezieht sich nach diesem Verständnis vor allem auf die Führungsbereiche *Planung, Kontrolle* und *Informationssystem*. Da Erfolg *rein quantitativ* verstanden wird, ist Controlling in diesem Zusammenhang auf die operative und taktische Ebene begrenzt.

Beurteilung der erfolgszielorientierten Controllingkonzeption

–   Es ist nicht erkennbar, warum die Erfolgszielorientierung ein maßgebliches, von anderen Führungsbereichen eindeutig abgegrenztes Merkmal des Controllings sein soll (*eigenständige Problemstellung*). Die Erfolgszielorientierung ist bisher schon für die Planung, Steuerung, Kontrolle und Informationsversorgung in einem Unternehmen bestimmend. In den Unternehmen, die den Gewinn als oberstes Ziel verfolgen, ist man auch ohne Controlling bemüht, alle Entscheidungen auf dieses Ziel auszurichten.

–   Aufgrund des bloßen Bezugs zu bestimmten Führungsteilsystemen ist nicht klar, wo der Ansatz für eine eigenständige *theoretische Fundierung* der Konzeption liegen soll.

–   Die *praktische Akzeptanz* muss ex ante nur auf einen Teil der Unternehmen beschränkt sein, da nach diesem Verständnis Non-Profit-Unternehmen kein Controlling benötigen.

II.   Informationsversorgungsorientierte Controllingkonzeption[6]

Bei der informationsversorgungsorientierten Controllingkonzeption liegt die eigenständige Problemstellung in der *Koordination* der *Informationserzeugung* und *-bereitstellung* mit dem *Informationsbedarf*.

Daraus ergibt sich die *inhaltliche, methodisch-instrumentelle* und *strukturelle Gestaltung* der *betrieblichen Informationssysteme*.[7] Dabei hängt die Art der Gestaltung zwingend vom Informationsbedarf ab. Letzterer leitet sich wiederum aus dem jeweils zugrunde liegenden Entscheidungsfeld ab.

---

[4]   Vgl. *Zenz* (1998), S. 40.
[5]   Vgl. zur erfolgszielorientierten Controllingkonzeption z. B. *Pfohl/Zettelmeyer* (1987), S. 148-153; *Pfohl/Stölzle* (1997), S. 44 f.
[6]   Vgl. zur informationsversorgungsorientierten Controllingkonzeption z. B. *Müller* (1974); *Koch* (1980).
[7]   Vgl. *Pfohl/Stölzle* (1997), S. 46.

Dieser Aspekt wird durch die *standardisiert* erzeugten Informationen der vorherrschenden Rechnungssysteme nur unzureichend berücksichtigt. Insofern ist ein systematisches Controlling zur individuellen Anpassung vorhandener bzw. zur Entwicklung neuer, entscheidungsadäquater Rechnungssysteme erforderlich.

Beurteilung der informationsversorgungsorientierten Controllingkonzeption

– Es liegt eine bedeutsame eigenständige Problemstellung – nämlich die Abstimmung des Informationsbedarfs mit dem Informationsangebot – vor, die bisher nicht genügend beachtet wurde.

– Auch aus theoretischer Sicht zeichnen sich interessante Forschungsfelder bei der Bestimmung konkreter Informationsbedarfe und der Entwicklung von standardisierten bzw. flexiblen Informationsbeschaffungsinstrumenten ab.

– Für die Praxis ergeben sich ebenso erhebliche Verbesserungspotentiale in Bezug auf die vorhandenen Informationssysteme.

– Die Beschränkung der Konzeption auf das Informationssystem birgt jedoch die Gefahr in sich, dass an den Schnittstellen zu anderen Führungsteilsystemen Probleme entstehen können.

III. Planungs- und kontrollorientierte Controllingkonzeption[8]

Die planungs- und kontrollorientierte Controllingkonzeption wurde von *Horváth* entwickelt und basiert auf einer systemtheoretischen Betrachtung von Unternehmen, bei der zwischen einem Führungs- und einem Ausführungssystem differenziert wird. In diesem Kontext ist Controlling „– funktional gesehen – dasjenige Subsystem der Führung, das Planung und Kontrolle sowie Informationsversorgung systembildend und systemkoppelnd ergebniszielorientiert koordiniert und so die Adaption und Koordination des Gesamtsystems unterstützt"[9].

Diese Definition bedeutet:

– Controlling wird als eigenständiges *Führungsteilsystem* eingeführt, welches koordinierend an den Schnittstellen zwischen den Führungsteilsystemen Planung, Kontrolle und Informationsversorgung eingreift und damit die sog. *Sekundärkoordination*, d. h. die Koordination innerhalb des Führungssystems, unterstützt. Die sog. *Primärkoordination*, d. h. die Abstimmung und/oder Ausrichtung des Ausführungssystems auf die übergeordneten Ziele, ist hingegen Aufgabe der Führung.[10]

– Die Aufgaben der informationsorientierten Controllingkonzeption sind hier mit eingeschlossen. Ebenso wird wieder auf die Ergebniszielorientierung abgestellt, wobei es aber um die ergebniszielorientierte *Koordination* geht, d. h. im Unterschied zur reinen ergebniszielorientierten Konzeption auch strategische Problembereiche mit berücksichtigt sind.

---

[8] Vgl. zu einer umfassenden Darstellung der planungs- und kontrollorientierten Controllingkonzeption *Horváth* (2003).

[9] *Horváth* (2003), S. 151.

[10] Vgl. zur Analyse verschiedener Koordinationsaspekte *Horváth* (2003), S. 123-128.

64   I Grundlagen des Controllings (Lösungen)

- „Systembildende Koordination bedeutet die Schaffung einer Gebilde- und Prozessstruktur, die zur Abstimmung von Aufgaben der Führungsteilsysteme beiträgt"[11]. Mit anderen Worten gilt es,

  • ein Planungs- und Kontroll- sowie ein Informationsversorgungssystem zu schaffen und
  • Koordinationsorgane und -regeln zur Lösung von Koordinationsproblemen zu implementieren.[12]

- Die systemkoppelnde Koordination besteht darin, die Koordinationsprobleme zu lösen, die sich im Rahmen der so geschaffenen Strukturen ergeben haben. Dabei geht es vor allem darum, die Informationsverbindungen zwischen den Führungsteilsystemen aufrechtzuerhalten und problemgerecht anzupassen.[13]

- Insgesamt soll durch Systembildung und Systemkoppelung die *Adaption* und *Koordination* des Gesamtsystems und damit die Führung unterstützt werden.[14]

Beurteilung der planungs- und kontrollorientierten Controllingkonzeption

- Die Koordination von (drei speziellen) Führungsteilsystemen wird hier als eigenständige Problemstellung herausgearbeitet. Diese Problemstellung ist weiter gefasst als die der informationsorientierten Konzeption, sie ist aber dennoch klar abgrenzbar.

- Aus theoretischer Sicht ergeben sich weitreichendere Forschungsperspektiven, die insgesamt auch zu weitreichenderen Konsequenzen für die Praxis führen können.

- Sie verbindet alle Vorteile der bisher genannten Konzeptionen und stellt von diesen die tragfähigste dar.

IV. Koordinationsorientierte Controllingkonzeption[15]

Die koordinationsorientierte Controllingkonzeption ist als eine Weiterentwicklung der planungs- und kontrollorientierten Konzeption zu verstehen, bei der die Koordination auf das *gesamte Führungssystem* ausgeweitet wird und nicht nur auf Ergebnisziele beschränkt ist. Somit schließt diese Konzeption die planungs- und kontrollorientierte Controllingkonzeption mit ein. Wesentlicher Vertreter dieses Ansatzes ist *H.-U. Küpper*.

Als „*eine Komponente der Führung sozialer Systeme*"[16] liegt die Problemstellung des Controllings „*im Kern in der Koordination des Führungsgesamtsystems zur Sicherstellung einer zielgerichteten Lenkung*"[17]. Als wesentliche Teilsysteme des

---

[11] *Horváth* (2003), S. 125.
[12] Vgl. *Horváth* (2003), S. 125 f.
[13] Vgl. *Horváth* (2003), S. 126.
[14] Vgl. *Horváth* (2003), S. 151.
[15] Vgl. zu einer umfassenden Darstellung der koordinationsorientierten Controllingkonzeption *Küpper* (2001).
[16] *Küpper/Weber/Zünd* (1990), S. 282.
[17] *Küpper/Weber/Zünd* (1990), S. 283.

Führungsgesamtsystems werden dabei ein Planungs-, ein Kontroll-, ein Informations-, ein Personalführungs- sowie ein Organisationssystem differenziert.[18] Die Notwendigkeit und Bedeutung einer Koordination im Führungssystem resultiert aus dem Ausbau und der Verselbständigung dieser Führungsteilsysteme, die eine Zerschneidung wesentlicher Interdependenzen zwischen unterschiedlichen Führungsbereichen bzw. -komponenten impliziert. Die Controllingfunktion soll die Führung dementsprechend durch eine intra- und interteilsystemische Koordination unterstützen.[19]

Als Zwecksetzungen derartiger Koordinationsaktivitäten lassen sich dann die nachfolgenden Funktionen (im Sinne einer Spezifizierung des Controllings) ableiten:[20]

– Aufgrund der dynamischen Umweltentwicklung bedarf es einer fortwährenden Abstimmung der Unternehmensführung mit der Umwelt und/oder einer aktiven Einflussnahme auf die Umwelt (*Anpassungs- und Innovationsfunktion*).

– Alle Führungsaktivitäten sind im Hinblick auf eine optimale Erreichung der Unternehmensziele auszurichten (*Zielausrichtungsfunktion*).

– Zur Wahrnehmung der Führungsaufgaben ist sowohl die Bereitstellung adäquater Methoden und Instrumente (zur Entscheidungsunterstützung) als auch eine Versorgung mit relevanten Informationen notwendig (*Servicefunktion*).

Beurteilung der koordinationsorientierten Controllingkonzeption

Die grundlegende Beurteilung entspricht der Beurteilung der planungs- und kontrollorientierten Konzeption. In der Literatur stark umstritten ist jedoch die Frage, welche der beiden letztgenannten Konzeptionen zweckmäßiger ist.

Horváth wirft der koordinationsorientierten Konzeption vor, keine klare Abgrenzung zur eigentlichen Führungsaufgabe zuzulassen (da die Koordinationsfunktion des Controllings auf das gesamte Zielsystem des Unternehmens ausgedehnt würde). Ferner vertritt *Horváth* den Standpunkt, dass sich nur seine Konzeption in der Praxis umsetzen lasse.[21]

Küpper hält dem anhand von Beispielen entgegen, dass die planungs- und kontrollorientierte Konzeption nur eine scheinbare Abgrenzbarkeit der Führungsteilsysteme suggeriert. So lässt sich bspw. koordiniertes Handeln nur durch eine gezielte Verhaltenssteuerung erreichen, weshalb aber – z. B. über entsprechende Anreizsysteme – das Personalführungssystem bei der Sekundärkoordination mit einbezogen werden muss.[22] Vor diesem Hintergrund lässt sich argumentieren, dass aus der Ausweitung der Sekundärkoordination auf das Führungsgesamtsystem eine

[18] Vgl. *Küpper* (2001), S. 15.
[19] Vgl. *Küpper* (2001), S. 21-24.
[20] Vgl. im Folgenden *Küpper* (2001), S. 17-20.
[21] Vgl. zu einer ausführlichen Begründung dieser Einschätzungen *Horváth* (2003), S. 152-156.
[22] Vgl. hierzu *Küpper* (2001), S. 12 f.

größere Geschlossenheit und Widerspruchsfreiheit des Controllingkonzepts resultiert.[23]

Die planungs- und kontrollorientierte sowie die koordinationsorientierte Konzeption zur theoretischen Fundierung des Controllings waren in Forschung und Lehre lange Zeit als etabliert anzusehen.[24] Im Zuge einer kritischen Auseinandersetzung mit diesen Konzeptionsvorschlägen sind in jüngster Zeit jedoch neue Ansätze entwickelt worden, die die Diskussion um die theoretische Fundierung des Controllings (wieder)belebt haben.[25]

V. Rationalitätssicherungsorientierte Controllingkonzeption[26]

Weber – ehemals Vertreter einer koordinationsorientierten Controllingkonzeption[27] – vertritt zusammen mit *Schäffer* die Ansicht, dass dem Controlling die Sicherstellung der Rationalität der Führung zukommt.[28] Rationalität wird dabei als eine durch eine Handlungsträgermehrheit begründete – an der effizienten Mittelverwendung bei gegebenem Zweck gemessene – Zweckrationalität verstanden.[29]

Die Aufgabe des Controllings besteht in diesem Sinne darin, diese Zweckrationalität in allen Phasen eines idealisierten Führungszyklus – bestehend aus den Prozessphasen *Willensbildung, Willensdurchsetzung, Ausführung* und *Kontrolle* – zu gewährleisten. Controlling hat in diesem Kontext Rationalitätsdefiziten entgegenzuwirken, die aus opportunistischem Verhalten (= mangelndes Wollen) und/oder begrenzten kognitiven Fähigkeiten (= mangelndes Können) der Manager resultieren. Durch diesen Ansatz wird somit der Anspruch einer (umfassenden) integrierenden Sichtweise erhoben, die es ermöglicht, die bis dahin maßgeblichen Fundierungsansätze als „kontextspezifische Ausprägungen der Sicherstellungsfunktion"[30] zu interpretieren. Besteht ein zentraler Rationalitätsengpass z. B. in Defiziten der Abstimmung zwischen Führungsteilsystemen, so folgt hieraus ein Koordinationsbedarf, der die Koordinationsfunktion des Controllings betrifft. Existieren hingegen Schwächen bei der Versorgung von Führungsprozessen mit führungsrelevanten Informationen, so ist Controlling informationsorientiert auszugestalten.

Mittels der Übernahme derartiger kontextspezifischer Rationalitätssicherungsaufgaben soll Controlling die Führung[31]

– *entlasten*, indem notwendige Voraussetzungen für (zweck)rationales Agieren geschaffen werden;

– durch die Einnahme einer anderen Problemperspektive *ergänzen*;

---

[23] Vgl. *Zenz* (1998), S. 43.
[24] Vgl. hierzu *Ahn* (1999).
[25] Zu einem Überblick über den Stand der jüngsten Controllingdiskussion vgl. z. B. *Scherm/Pietsch* (2004).
[26] Vgl. *Weber/Schäffer* (1998a), (1999), (2001); *Schäffer/Weber* (2002); *Weber* (2002), S. 48-88.
[27] Vgl. z. B. *Weber* (1995).
[28] Vgl. *Weber/Schäffer* (1999), S. 734.
[29] Vgl. *Schäffer/Weber* (2002), S. 92 f.
[30] *Weber/Schäffer* (1998a), S. 23.
[31] Vgl. im Folgenden *Schäffer/Weber* (2002), S. 93 f.

- *begrenzen*, indem Handlungsergebnisse der potentiell opportunistisch agierenden Führung kritisch hinterfragt sowie glaubwürdige Sanktionen zur Bestrafung opportunistischen Verhaltens angedroht werden.

Beurteilung der rationalitätssicherungsorientierten Controllingkonzeption[32]

- Problematisch ist bei dieser Konzeption die Definition des ihr zugrunde liegenden Rationalitätsbegriffs. Ist dieser doch relativ weit gefasst und stark situativ geprägt. Die Sicherstellung einer so verstandenen Rationalität stellt keine eigenständige Problemstellung dar, „da auch Entscheidungen anderer Funktionsbereiche rational sein sollten"[33]. Das Rationalprinzip ist vielmehr Basis jedweder – mit Anwendungsproblemen befasster – Wissenschaft. Sowohl die Betriebswirtschaftslehre im Allgemeinen, als auch das Controlling im Speziellen streben somit eine Erklärung bzw. Induzierung rationaler Entscheidungen an. Rationalitätssicherung ist demnach eine implizite Prämisse aller Controllingkonzeptionen.

- Es ist fraglich, ob ein derart konzipiertes Controlling sich in der Praxis bewähren kann. Zielt doch Controlling in diesem Konzept u. a. auf eine Begrenzung der Führung ab. Eine solche Begrenzung impliziert Tendenzen zu einer Metaführung, die sich den Vorwurf von „Selbstbeweihräucherungen zum Supermann"[34] zuzieht.

- Zusammenfassend ist festzuhalten, dass Controlling durch die Fokussierung auf die Rationalitätssicherung als spezifische Problemstellung inhaltsleer würde und daher keine eindeutige Charakterisierung und Abgrenzung der Controllingfunktion möglich wäre.[35]

VI. Reflexionsorientierte Controllingkonzeption[36]

Pietsch und *Scherm* streben mit ihrem Konzeptionsansatz eine möglichst exakte Präzisierung des Controllings als „Führungs- und Führungsunterstützungsfunktion"[37] an, wobei sie von einer gedanklich-analytischen Differenzierung des Handlungsfelds „Unternehmen" in die drei Ebenen *Führung* (= Entscheidungsfindung und -durchsetzung), *Führungsunterstützung* (= informatorische Vor- und Nachbereitung von Führungsentscheidungen) und *Ausführung* (= reine Umsetzung von Führungsentscheidungen) ausgehen.

Bei der Präzisierung als *Führungsfunktion* wird dem Controlling die Reflexion von Entscheidungen abgegrenzter Führungsfunktionen (Planung, Organisation, Personaleinsatz, Personalführung (und Controlling)) sowie die Reflexion der funktionsinternen und -übergreifenden Abstimmung zwischen diesen Entscheidungen als

[32] Vgl. zu Kritik an diesem Ansatz z. B. *Pietsch/Scherm* (2001b); *Horváth* (2002), S. 60; *Irrek* (2002).
[33] *Küpper* (2001), S. 7.
[34] *Schneider* (1997), S. 459.
[35] Vgl. zu dieser Auffassung z. B. *Irrek* (2002), S. 47 f.; *Schneider* (2005), S. 67.
[36] Vgl. *Pietsch/Scherm* (1999), (2000), (2001a), (2001b), (2004).
[37] *Pietsch/Scherm* (2001a), S. 209 f.

Aufgabe zugewiesen.[38] Eine Abgrenzung des Controllings von den anderen Führungsfunktionen erfolgt auf Basis der beiden grundlegenden Operationen zur Komplexitätsbewältigung: *Selektion* (= eine (bewusste oder intuitive) Auswahl aus dem Spektrum von Entscheidungsmöglichkeiten) und *Reflexion* (= eine distanzierend-kritische Beurteilung von Selektionsleistungen). Die Führungsfunktion Controlling lässt sich nun dadurch abgrenzen, dass ihr die Aufgabe einer umfassenden (abweichungs- und perspektivenorientierten[39]) Reflexion von Entscheidungen zukommt, während die anderen vier Führungsfunktionen jeweils für spezifische Selektionsleistungen verantwortlich sind.[40]

Die *Führungsunterstützungsfunktion* Controlling wird hingegen aus der übergeordneten Führungsfunktion des Controllings abgeleitet.[41] Eine Reflexion von Entscheidungen sowie vor allem eine Reflexion der funktionsinternen und -übergreifenden Abstimmung zwischen Entscheidungen lösen einen Bedarf nach adäquaten Informationen aus. Führungsunterstützendem Controlling wird daher die Aufgabe zugewiesen, eine „funktionsübergreifende, informatorische Gesamtsicht"[42] bereitzustellen und diese Informationsbasis fortwährend zu aktualisieren sowie reflexionsinduzierte Lerneffekte zu integrieren.

Zwischen beiden Funktionen des Controllings besteht eine wechselseitige Beziehung: Während die Aufgabe der Reflexion die Führungsunterstützungsfunktion erst begründet, ist die Bereitstellung reflexionsadäquater Informationen Voraussetzung für die problemgerechte Wahrnehmung der Führungsfunktion.[43]

Beurteilung der reflexionsorientierten Controllingkonzeption[44]

– Auch bei dieser Konzeption ist das Kriterium der Eigenständigkeit der Problemstellung als nicht hinreichend erfüllt anzusehen: Ein gewisser Grad an Rationalität sollte sämtlichen Aktivitäten eines Unternehmens inhärent sein, so dass auch eine selbständige Entscheidungsreflexion durch die Führungsfunktionen Planung, Organisation, Personaleinsatz und Personalführung zu erwarten ist, da Rationalität eine angemessene Entscheidungsreflexion voraussetzt.

– Gerade vor dem Hintergrund einer Differenzierung von Führungsfunktionen scheint es zudem problematisch, der Führungsfunktion Controlling die Reflexion von Entscheidungen dieser spezialisierten Führungsfunktionen zuzuweisen: Setzt doch eine adäquate Entscheidungsreflexion ein hohes Ausmaß führungsfunktionsspezifischen Wissens voraus. Damit wäre Controlling mit (Unternehmens-)Führung gleichzusetzen und nicht mehr eindeutig von dieser abgrenzbar.

---

[38] Vgl. *Pietsch/Scherm* (1999), S. 19.
[39] Vgl. zu diesen beiden Reflexionsarten *Pietsch/Scherm* (2004), S. 536-538.
[40] Vgl. z. B. *Pietsch/Scherm* (2004), S. 535 f.
[41] Vgl. im Folgenden z. B. *Pietsch/Scherm* (2004), S. 540 f.
[42] *Pietsch/Scherm* (2004), S. 540.
[43] Vgl. *Pietsch/Scherm* (2004), S. 541.
[44] Vgl. zu Kritik an diesem Ansatz *Schneider* (2005), S. 67 f.

– Durch die skizzierten Abgrenzungsprobleme sind ferner Akzeptanzprobleme und Konflikte zu erwarten, die einer praktischen Umsetzung dieses Konzepts entgegenstehen.

– Zusammenfassend ist zu konstatieren, dass die reflexionsorientierte Konzeption (derzeit) nicht die notwendige Reife besitzt, um die Controllingfunktion als eigenständige betriebswirtschaftliche Teildisziplin zu fundieren.

Abschließende Würdigung der Controlling-Konzeptionen

Obwohl über die theoretische Fundierung des Controllings nach wie vor kontrovers diskutiert wird, ist festzuhalten, dass Controlling – nicht nur wegen des Bedarfs der Praxis und trotz verbliebener Abgrenzungsunschärfen – mittlerweile als eigenständiges Teilgebiet der Betriebswirtschaftslehre anerkannt ist. Dies zeigt sich nicht zuletzt anhand einer Vielzahl von Lehrstühlen mit explizitem Controllingbezug, die sich an deutschsprachigen Hochschulen in Forschung und Lehre intensiv mit Problemstellungen einer adäquaten Führungsunterstützung durch das Controlling beschäftigen.[45]

b) Notwendige Fähigkeiten und Eigenschaften eines Controllers

Im Folgenden seien potentielle Anforderungen stichwortartig aufgezählt, deren Notwendigkeit unterschiedlich begründet werden kann. Die Schnittstellenposition und die Führungsunterstützungsaufgabe des Controllers prägen dabei wesentlich die Anforderungen an dessen persönliche und fachliche Fähigkeiten. Ob ein(e) Aspirant(in) für eine Stelle geeignet ist, hängt zudem in hohem Maße von dem spezifischen Unternehmen und der betreffenden Stelle ab.[46]

Persönliche Anforderungen:

– Persönliches Engagement/Eigeninitiative,

– Kooperationsbereitschaft/Teamfähigkeit,

– Analytische Fähigkeiten,

– Fähigkeit zu selbständigem Arbeiten,

– Durchsetzungsvermögen,

– Führungsfähigkeit,

– Kontaktfreude/Kommunikationsfähigkeit,

– Konzeptionelle Fähigkeiten,

– Einsatzbereitschaft,

– Schnelles/Konstruktives/Systematisches Arbeiten,

– Allgemein überzeugende Persönlichkeit,

– Koordinationsfähigkeit,

– Flexibilität,

– Überzeugungskraft,

---

[45] Vgl. hierzu *Hirsch* (2003).
[46] Vgl. hierzu auch als empirische Untersuchungen zur Analyse von Controlling-Stellenanzeigen *Weber/Kosmider* (1991); *Weber/Schäffer* (1998b).

- Streben nach beruflichem Fortkommen,
- Unternehmerisches Denken,
- Aufgeschlossenheit/Offenheit/Interesse,
- Präsentationsgeschick,
- Verhandlungsgeschick,
- Organisationsvermögen/-talent,
- Innovationskraft,
- Sicheres Auftreten,
- Verantwortungsbewusstsein,
- Integrität,
- Bereitschaft zur Detailarbeit,
- Leistungswille,
- Belastbarkeit,
- ...

Fachliche Anforderungen

- Absolviertes Studium an einer Hochschule/Fachhochschule und/oder kaufmännische oder technische Berufsausbildung,
- Praktische Erfahrungen,
- Vertiefte Kenntnisse in EDV, Rechnungswesen, Finanzen,
- Fremdsprachenkenntnisse,
- Technisches Verständnis,
- ...

Aufgabe 2 (Lösungshinweis)

Eine *zentrale* Planung und Umsetzung sämtlicher Entscheidungen würde die Unternehmensleitung überfordern. Wäre doch ein derart komplexes Problem aus theoretischer Sicht mittels eines Totalmodells zu erfassen und zu lösen.

Ein *Totalmodell* umfasst sämtliche Handlungsmöglichkeiten und deren Konsequenzen für alle Umweltzustände von der Gründung des Unternehmens bis zu seiner Liquidation.[47] Ein solches Modell ist indes weder auf konzeptioneller Ebene vernünftig spezifizierbar, noch in der Praxis umsetzbar. Aus diesem Grund werden Entscheidungen dezentralisiert. Das Totalmodell wird sachlich und zeitlich in Partialentscheidungsmodelle zerlegt. Dies soll eine schnellere und effektivere Nutzung der dezentral vorhandenen Informationen ermöglichen.

Zwischen den Partialmodellen bestehen zahlreiche Interdependenzen. Mit der Zerlegung des Totalmodells in Partialmodelle werden diese Interdependenzen zerschnitten. Eine *Interdependenz* wird definiert als wechselseitige Beeinflussung

---

[47] Vgl. *Hax/Laux* (1972).

zweier oder mehrerer Handlungsvariablen.[48] Es ist denkbar, dass eine Entscheidung in einer Division sich auf die Entscheidung in einer anderen Division auswirkt und umgekehrt. Interdependenzen führen dazu, dass Entscheidungen nicht unabhängig voneinander getroffen werden können, ohne dass die Zielerreichung beeinträchtigt wird.

Interdependenzen[49] werden generell in *Sach-* und *Verhaltensinterdependenzen* unterschieden.

Sachinterdependenzen treten in folgenden vier Ausprägungen auf:[50]

- Ressourcenverbund,
- Erfolgsverbund,
- Risikoverbund und
- Bewertungsverbund.

Ein *Ressourcenverbund* liegt vor, wenn die nur begrenzt zur Verfügung stehenden Ressourcen eines Unternehmens von mehreren Aktivitäten beansprucht werden.

Ein *Erfolgsverbund* liegt vor, wenn die Auswirkungen der Aktionen eines Bereichs auf den Erfolg des gesamten Unternehmens von den Aktionen eines anderen Bereichs abhängt.

Ein *Risikoverbund* liegt vor, wenn die Auswirkungen der Entscheidungen in verschiedenen Unternehmensbereichen stochastisch voneinander abhängen.

Ein *Bewertungsverbund* liegt vor, wenn der Nutzen der Ergebnisse einer bestimmten Maßnahme implizit von den Ausprägungen anderer Maßnahmen abhängt.

Verhaltensinterdependenzen entstehen als Folge der Zerschneidung von Sachinterdependenzen.

Darüber hinaus können entscheidungsfeldbezogene Verbundbeziehungen auch in zeitlicher Hinsicht auftreten.[51] Derartige Interdependenzen lassen sich in zeitlich *horizontale* und zeitlich *vertikale* Interdependenzen einteilen.

Zeitlich *horizontale* Verbundbeziehungen treten *innerhalb* einer Periode auf. Zeitlich *vertikale* Verbundbeziehungen treten dagegen *zwischen* Perioden auf. Die letzteren Verbundbeziehungen ergeben sich insbesondere bei Zerlegung des Entscheidungsmodells in periodenspezifische Teilplanungen.

Wie könnte man das *Interdependenzproblem* theoretisch lösen? Man könnte versuchen, *Separationstheoreme* zu finden, die eine interdependenzfreie Zerlegung des Totalmodells zulassen. In praktischer Hinsicht ist dies kaum bzw. nur sehr schwer

---

[48] Vgl. z. B. *Küpper* (2001), S. 31 m. w. N.
[49] Zu Arten von Interdependenzen und den Problemen ihrer Zerschneidung vgl. auch *Ossadnik* (1998a), S. 315-321; *Ossadnik* (2003), S. 24-30, S. 37-39; *Ewert/Wagenhofer* (2003), S. 454-464 m. w. N.
[50] Vgl. im Folgenden *Laux/Liermann* (1997), S. 195-198.
[51] Vgl. *Ossadnik* (2003), S. 27.

möglich. Würden doch durch eine Partialisierung Interdependenzen mit der Folge von Zieleinbußen zerschnitten.

Wie sollen Interdependenzen berücksichtigt werden? Eine exakte Beantwortung dieser Frage würde die Lösung eines Totalmodells verlangen. Mit dem Vorliegen einer solchen Lösung bräuchte man aber keine Partialmodelle mehr, das Entscheidungsproblem wäre ja bereits umfassend gelöst. Also kann und muss man Interdependenzen schätzen bzw. in Partialentscheidungsmodellen möglichst die wichtigsten (d. h. die für eine „gute" Lösung wirksamsten) Interdependenzen „einfangen".

Hier setzt das Controlling – insbesondere über seine Koordinationsfunktion – an. Diese besteht aus systembildender und systemkoppelnder Koordination und umfasst:

- Koordination aller Führungsteilsysteme,
- Ausrichtung aller Führungsaktivitäten auf hohe Zielerreichung,
- Lenkung dezentraler Entscheidungen.

Lösungsansätze für das Interdependenzproblem:[52]

- *Sachinterdependenzen*: Optimierungs- und Simulationsmodelle, kontroll- und investitionstheoretischer Ansatz der Kostenrechnung,
- *Verhaltensinterdependenzen*: Modelle der Agency-Theorie mit optimalen Anreizverträgen und Kontrollmaßnahmen,
- *Zeitliche Interdependenzen*: Periodenspezifische Teilplanungen.

Allgemeine Instrumente zur Koordination:

- Kontrollsysteme,
- Verrechnungspreise,
- Budget- bzw. Budgetierungssysteme,
- Anreizsysteme.

3   Strategisches versus operatives Controlling

Aufgabe 3 (Lösungshinweis)

Strategisches Controlling hat die Unternehmensführung innerhalb einer höchst dynamischen, interdependenten Umwelt beim Aufbau und der Steuerung von *Erfolgspotentialen* zu unterstützen. Hierzu müssen eigenständige Konzeptionen am Markt entwickelt und künftige Entwicklungen im wirtschafts- und gesellschaftspolitischen System möglichst weitgehend antizipiert werden. Dementsprechend müssen die einzelnen Controllingfunktionen nach strategischen Gesichtspunkten, d. h. innerhalb einer zeitlich weitreichenden sachlich hoch aggregierten Entscheidungsfeldperspektive, ausgefüllt werden. Das primäre Bezugsobjekt des strategischen

[52]   Vgl. *Ossadnik* (2003), S. 27 m. w. N.

Controllings lässt sich aus dem strategischen Gesamtziel eines Unternehmens ableiten.

Demgegenüber[53] konzentriert sich das *operative* Controlling auf *Erfolgsziele* innerhalb eines kurzfristigen Planungshorizonts, der aus strategischen Planvorgaben abgeleitet worden ist.

Aufgabe 4 (Lösungshinweis)

Ziel des investitionstheoretischen Ansatzes der Kostenrechung ist die Herleitung von Kosteninformationen, die zeitliche Interdependenzen zwischen strategischer und operativer Planung, d. h. zwischen Investitions- und Kostenrechnung, erfassen. Investitionstheoretische Kosten (Leistungen) sind die durch die Entscheidung über einen Güterverzehr ausgelösten Veränderungen der Barwerte der Zahlungen.[54]

Bei der Bestimmung von investitionstheoretisch fundierten Abschreibungen werden[55]

- eine unendliche identische Investitionskette,
- gleiche Ein- und Auszahlungen,
- eine gleiche optimale Nutzungsdauer T für alle Objekte

angenommen.

Weiterhin wird die Annahme getroffen, dass die Planbeschäftigung in allen Perioden konstant ist, d. h.

$$y_t = \bar{y}$$
$$Y_t = \bar{y}_t \quad \Rightarrow \quad B(t, y_t, Y_t) = B(t, \bar{y}, \bar{y}_t) = B(t)$$

Die Instandhaltungszahlungen werden also nur als abhängig von der Zeitdauer der Nutzung angesehen.

Zunächst wird der Kapitalwert der gesamten Investitionskette berechnet, um den resultierenden minimalen Kapitalwert in t = 0 zu bestimmen.

Für die Anlage, die bis zum Ersatzzeitpunkt T eingesetzt wird, erhält man aus den Betriebs- und Instandhaltungszahlungen B, den Anschaffungsauszahlungen AZ_0 und dem Liquidationserlös den Kapitalwert C. Dieser gibt die Erfolgswirkungen des Anlageneinsatzes wieder. Auszahlungen gehen daher mit positivem und Einzahlungen mit negativem Vorzeichen einher. Die kontinuierliche Verzinsung wird jeweils durch den Abzinsungsfaktor e^{-it} zur Wirkung gebracht:

$$C^{(1)} = \int_0^T B(s, y_s, Y_s) e^{-is} ds + AZ_0 - R(T) e^{-iT}$$

---

[53]   Zur Abgrenzung des strategischen und des operativen Controllings vgl. *Ossadnik* (2003), S. 49-52.
[54]   Vgl. *Küpper* (1985), S. 27 f.
[55]   Vgl. *Küpper* (1985), S. 30 f.

Wenn diese Anlage jeweils nach T Perioden durch eine Anlage mit identischer Zahlungsreihe ersetzt wird, ergibt sich der Kapitalwert C zum Anschaffungs- und Ersatzzeitpunkt aus der unendlichen geometrischen Reihe:

$$C_0 = C^{(1)} + C^{(1)}e^{-iT} + C^{(1)}e^{-2iT} + ... = \frac{C^{(1)}}{1-e^{-iT}}$$

$$= \frac{\int_0^T B(s,y_s,Y_s)e^{-is}ds + AZ_0 - R(T)e^{-iT}}{1-e^{-iT}}$$

Der Kapitalwert der gesamten Investitionskette C_0 ist wie folgt zu berechnen, wobei der optimale Ersatzzeitpunkt (laut Aufgabenstellung) bei T=4,81383 liegt:

$$C_0(T) = \frac{\int_0^T B(s,y_s,Y_s)e^{-is}ds + AZ_0 - R(T)e^{-iT}}{1-e^{-iT}}$$

$$= \frac{\int_0^{4,83183} 2Y_s e^{-0,1s}ds + 100 - 100e^{-10\cdot4,83183} \cdot e^{-0,1\cdot4,83183}}{1-e^{-0,1\cdot4,83183}}$$

Mit $Y_s = 5s$ gilt:

$$C_0(T) = \frac{\int_0^{4,83183} 10s\,e^{-0,1s}ds + 100 - 100e^{-10,1\cdot4,83183}}{1-e^{-0,1\cdot4,83183}}$$

$$C_0(T) = \frac{\left[10s\frac{e^{-0,1s}}{-0,1}\right]_0^{4,83183} - \int_0^{4,83183} 10\frac{e^{-0,1s}}{-0,1}ds + 100 - 100e^{-10,1\cdot4,83183}}{1-e^{-0,483183}}$$

Hier wird die Produktregel $\int_a^b u'v\,dx = \left[(uv)\right]_a^b - \int_a^b uv'\,dx$ zur Lösung des Integrals $\int_0^{4,83183} 10s\,e^{-0,1s}ds$ angewandt:

$v = 10s \qquad v' = 10$

$u' = e^{-0,1s} \qquad u = \dfrac{e^{-0,1s}}{-0,1}$

Es folgt:

$$\frac{\left[10s\dfrac{e^{-0,1s}}{-0,1}\right]_0^{4,83183} - \displaystyle\int_0^{4,83183} 10\dfrac{e^{-0,1s}}{-0,1}\,ds + 100 - 100e^{-10,1\cdot 4,83183}}{1-e^{-0,483183}}$$

$$= \frac{\left[-100se^{-0,1s}\right]_0^{4,83183} + 100\displaystyle\int_0^{4,83183}e^{-0,1s}\,ds + 100 - 100e^{-10,1\cdot 4,83183}}{1-e^{-0,483183}}$$

$$= \frac{\left(-100\cdot 4,83183e^{-0,1\cdot 4,83183} - (-100\cdot 0)\right) + 100\left[\dfrac{e^{-0,1s}}{-0,1}\right]_0^{4,83183} + 100 - 0}{1-e^{-0,483183}} \cdot \frac{e^{-0,1s}}{-0,1}$$

$$= \frac{-298,035 + 100\left(\dfrac{e^{-0,1\cdot 4,83183}}{-0,1} - \dfrac{e^{-0,1\cdot 0}}{-0,1}\right) + 100}{1-e^{-0,483183}} = \frac{-198,035 + 100(-6,168 - (-10))}{1-e^{-0,483183}}$$

$$= \frac{-198,035 + 383,183}{1-e^{-0,483183}} = \frac{185,148}{0,383} = 483,415$$

Der Wert von 483,415 ergibt sich aufgrund von Rundungen auf 3 Nachkommastellen. Der exakte mit Hilfe eines Rechenprogramms ermittelte Wert beträgt 483,183.

Im Folgenden soll der Wert der Betriebsmittel bestimmt werden. Dieser ergibt sich, wenn der Barwert auf den Zeitpunkt t aufgezinst wird. Aus dem ersten Ansatz ergibt sich:

$$C_0(T) = \frac{\displaystyle\int_0^T B(s,y_s,Y_s)e^{-is}\,ds + AZ_0 - R(T)e^{-iT}}{1-e^{-iT}}$$

$$\Leftrightarrow C_0(T)\left(1-e^{-iT}\right) = \int_0^T B(s,y_s,Y_s)e^{-is}\,ds + AZ_0 - R(T)e^{-iT}$$

$$\Leftrightarrow C_0(T) - C_0(T)e^{-iT} = \int_0^T B(s,y_s,Y_s)e^{-is}\,ds + AZ_0 - R(T)e^{-iT}$$

$$\Leftrightarrow C_0(T) = \int_0^T B(s,y_s,Y_s)e^{-is}\,ds + AZ_0 - R(T)e^{-iT} + C_0(T)e^{-iT}$$

Da für t > 0 die Anschaffungsauszahlungen AZ_0 entfallen und die anderen Beträge der o. a. Kapitalwertfunktion mit dem Verzinsungsfaktor e^{it} auf den Zeitpunkt t zu beziehen sind, d. h. sich die Notwendigkeit einer Aufzinsung ergibt, lässt sich $C_t(T)$ wie folgt angeben:

$$C_t(T) = e^{it} \left(\int_t^T B(s, y_s, Y_s) e^{-is} ds - R(T) e^{-iT} + C_0(T) e^{-iT} \right)$$

Für die Werte der Aufgabenstellung ergibt sich $C_t(T)$ unter erneuter Anwendung der Produktregel wie folgt:

$C_t(4,83183)$

$$= e^{0,1t} \left(\int_t^{4,83183} 10s\, e^{-0,1s} ds - 100 e^{-10 \cdot 4,83183} \cdot e^{-0,1 \cdot 4,83183} + 483,183 e^{-0,1 \cdot 4,83183} \right)$$

$$= e^{0,1t} \left(\left[10s \frac{e^{-0,1s}}{-0,1} \right]_t^{4,83183} - \int_t^{4,83183} 10 \frac{e^{-0,1s}}{-0,1} ds + 298,035 \right)$$

$$= e^{0,1t} \left(\left(10 \cdot 4,83183 \frac{e^{-0,1 \cdot 4,83183}}{-0,1} - 10t \frac{e^{-0,1t}}{-0,1} \right) - \int_t^{4,83183} -100 e^{-0,1s} ds + 298,035 \right)$$

$$= e^{0,1t} \left(\left(-48,3183 \cdot 6,168 + 100 te^{-0,1t} \right) + 100 \left[\frac{e^{-0,1s}}{-0,1} \right]_t^{4,83183} + 298,035 \right)$$

$$= e^{0,1t} \left(-298,035 + 100 te^{-0,1t} + 100 \left(\frac{e^{-0,1 \cdot 4,83183}}{-0,1} - \frac{e^{-0,1t}}{-0,1} \right) + 298,035 \right)$$

$$= e^{0,1t} \left(100 te^{-0,1t} - 1.000 e^{-0,1 \cdot 4,83183} + 1000 e^{-0,1t} \right)$$

$$= e^{0,1t} \left(100 te^{-0,1t} - 616,817 + 1.000 e^{-0,1t} \right)$$

$$= 100t - 616,817 e^{0,1t} + 1.000$$

Damit lässt sich der Kapitalwert des Anlageneinsatzes für die relevanten Perioden wie folgt berechnen:

$t = 0:$ $100 \cdot 0 - 616,817 e^{0,1 \cdot 0} + 1.000 = -616,817 + 1.000 = 383,183$

$t = 2:$ $100 \cdot 2 - 616,817 e^{0,1 \cdot 2} + 1.000 = 1.200 - 616,817 \cdot 1,221 = 446,867$

Aufgrund von Rundungsdifferenzen resultiert ein im Vergleich zu der Berechnung auf Basis eines Mathematik-Programms abweichendes Ergebnis der Periode $t = 2$ in Höhe von 446,867. Das genaue Ergebnis lautet indes 446,618.

Der Anlagenwert zum Zeitpunkt t resultiert dann als die Differenz zwischen dem Kapitalwert der Investitionskette für die jeweilige Anlage und dem Kapitalwert in t. Der Abschreibungsbetrag D_G einer Periode $[t-1;t]$ ergibt sich als Summe infini-

tesimaler Veränderungen des Kapitalwerts während einer Periode und kann somit
auch als Differenz der Kapitalwerte zwischen t und t-1 berechnet werden:

$$\int_{t-1}^{t} D_G(s)\,ds = \int_{t-1}^{t} \frac{dC_t(T)}{dt}\,ds = C_t(T) - C_{t-1}(T)$$

Die fehlenden Abschreibungswerte werden durch Differenzenbildung berechnet
(vgl. Tabelle L-1). Die Differenz zwischen C_1 und $C_{4,83183}$ entspricht der Anschaffungsauszahlung $AZ_0 = 100$.

Zeitpunkt t	Kapitalwert des Anlagen-einsatzes C_t	Anlagenwert $C_0(T) - C_t$	Abschreibung a_t
0	383,183	100	0
1	418,312	64,871	35,129
2	446,618	36,565	28,306
3	467,384	15,799	20,766
4	479,817	3,366	12,433
4,83183	483,183	0	3,366
Σ			100

Tabelle L-1:   Vervollständigtes Tableau

4   Controlling als Organisationsproblem

Aufgabe 5 (Lösungshinweis)

Im Hinblick auf die Organisation der Controllingfunktion können, je nachdem
wem fachliche und/oder disziplinarische Führungsverantwortung zugeordnet ist,
vier verschiedene Typen[56] unterschieden werden:

1. Eine *zentrale* Organisationsform ist durch fachliche und disziplinarische Zuordnung der Controller zum Zentralcontrolling gekennzeichnet. Jeder Controller in der Organisation ist ausschließlich dem Zentralcontrolling gegenüber
verantwortlich.

2. Bei *dezentraler* Organisationsform des Controllings untersteht der Controller
dem Bereichsmanager. Er wird die Controlling-Funktionen mit Hauptaugen-
merk auf den eigenen Bereich wahrnehmen.

3. Der dezentrale Controller untersteht fachlich dem Zentralcontroller und disziplinarisch dem Bereichsmanager.

4. Der dezentrale Controller ist dem Bereichsmanager fachlich und dem Zentralcontroller disziplinarisch unterstellt.

---

[56] Zu den Organisationsformen des Controllings vgl. z. B. *Ossadnik* (2003), S. 66-72.

Wie sind diese Organisationstypen zu beurteilen?

Ad 1)

Vorteilhaft ist, dass eine geschlossene Controllingorganisation vorliegt. Alle Controller sind dem Zentralcontrolling verantwortlich. Es besteht eine engere Bindung der Controller sowie eine höhere Unabhängigkeit gegenüber den Bereichsmanagern.

Der Controller kann allerdings im dezentralen Bereich als Fremdkörper oder als Spitzel des Zentralcontrollings angesehen werden. Das kann dazu führen, dass der Controller nicht alle notwendigen Informationen erhält. Dieser Nachteil lässt sich durch eine Ergebnismitverantwortung sowie eine räumliche Zuordnung der dezentralen Controller zu den dezentralen Linienbereichen abmildern.

Ad 2)

Bei diesem Organisationstyp besteht die Gefahr, dass der dezentrale Controller den Blick für das Ganze verliert und dann ausschließlich bereichsegoistisch denkt. Damit verbunden ist das Problem, dass die Bereiche zu wenig durch die Zentrale kontrollierbar sind und dieser gegenüber zu mächtig werden können. Daher ist diese Organisationsform ein gedankliches Konstrukt von eher geringem praktischen Nutzwert.

Ad 3), 4)

Wenn der zentrale Controller fachlich dem Zentralcontroller und disziplinarisch dem Bereichsmanager untersteht oder umgekehrt, ist von der „dotted-line" die Rede, die in der Praxis häufig vorzufinden ist. Durch die Aufteilung der Unterordnungsbeziehungen des dezentralen Controllers können potentiell Interessenkonflikte entstehen. Durch die Aufteilung der Unterstellungsbeziehungen wird jedoch die Organisation flexibler. Auch behält der Controller sowohl die Bereichs- als auch die Unternehmensebene stets im Blick.

II   Operatives Controlling

1   Kurzfristiger kalkulatorischer Erfolg als Steuerungsgröße des operativen Controllings

Aufgabe 6 (Lösungshinweis)

a)   Begriffliche Abgrenzungen

Die angesprochenen Rechengrößen lassen sich wie folgt voneinander abgrenzen:[57]

Auszahlung

Unter einer *Auszahlung* ist der Abgang liquider Mittel aus dem Bestand liquider Mittel in einer Rechnungsperiode zu verstehen.

Ausgabe

Die *Ausgaben* kennzeichnen den Wert aller zugegangenen Güter und Dienstleistungen einer Periode (Beschaffungswert). Ausgaben bilden außer dem Zahlungsverkehr auch die Kreditvorgänge ab und umfassen alle Abnahmen der Bestandsgröße „Geldvermögen". Das Geldvermögen setzt sich aus dem Kassenbestand zuzüglich der Forderungen und abzüglich der Verbindlichkeiten zusammen.

Aufwand

Der *Aufwand* eines Unternehmens spiegelt den Wert aller *verbrauchten* Güter und Dienstleistungen einer Periode aus dem Gesamtvermögen wider.[58] Das Gesamtvermögen ergibt sich durch Addition von Geldvermögen und Sachvermögen.

Kosten

Die *Kosten* stellen den Wert aller verbrauchten Güter und Dienstleistungen für die Erstellung der „eigentlichen betrieblichen Leistungen" aus betriebsnotwendigem Vermögen dar. Das betriebsnotwendige Vermögen erhält man durch Subtraktion des nicht betriebsnotwendigen (d. h. des nicht zur Sachzielereichung erforderlichen) Vermögens vom Gesamtvermögen.

Mit Hilfe der Abbildung L-1 soll an einigen Beispielen die Abgrenzung der vorgestellten Begriffe vorgenommen werden.

Fall 1 (Auszahlung, nicht Ausgabe)

Fall 1 liegt vor, wenn Zahlungsmittel abgehen, sich aber zugleich die Kreditbestände entsprechend verringern, so dass das Geldvermögen unverändert bleibt. Ein Beispiel dafür ist eine Banküberweisung an Lieferanten zum Ausgleich einer Verbindlichkeit aus einem Kauf von Rohstoffen auf Kredit.

---

[57]   Vgl. dazu z. B. auch *Kloock/Sieben/Schildbach* (1999), S. 24-37; *Freidank* (2001), S. 12-30.
[58]   Einer anderen Definition zufolge, die nicht unmittelbar auf den Vermögenszusammenhang abstellt, sind Aufwendungen Ausgaben.

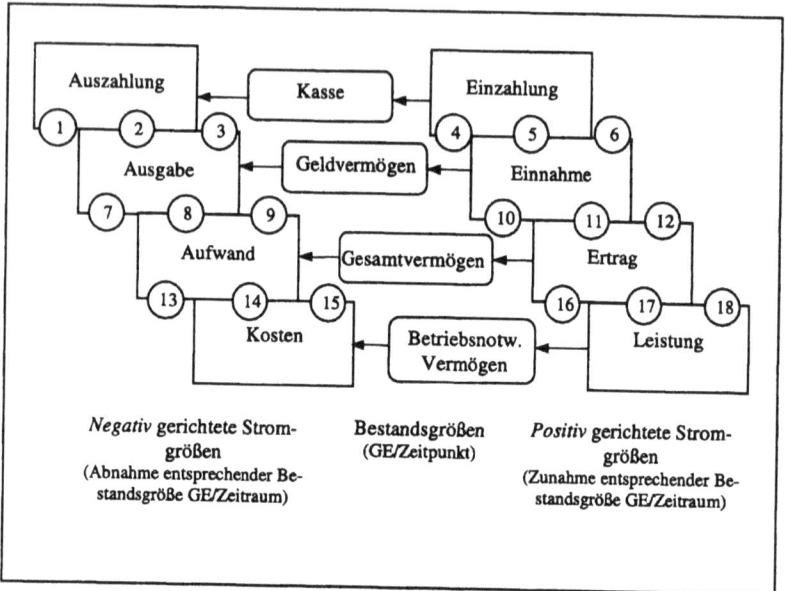

Abbildung L-1:   Abgrenzung von Rechnungsgrößen

Fall 2 (Auszahlung = Ausgabe)

Ausgaben, die zugleich Auszahlungen sind, liegen vor, wenn ein Abgang von Zahlungsmitteln bei zeitgleichem Zugang von Gütern bzw. Dienstleistungen stattfindet. Ein Beispiel hierfür ist ein Bareinkauf von Rohstoffen.

Fall 3 (Ausgabe, nicht Auszahlung)

Fall 3 kennzeichnet eine Ausgabe, die nicht gleichzeitig Auszahlung ist. Der Zugang von Gütern geht demnach mit einer Verringerung des Geldvermögens einher, ohne dass aber liquide Mittel in der gleichen Periode abgehen, d. h. eine Auszahlung stattfindet. Ein Beispiel hierfür ist ein Einkauf von Rohstoffen auf Ziel.

Fall 7 (Ausgabe, nicht Aufwand)

Fall 7 liegt vor, wenn eine Ausgabe nicht gleichzeitig zu einem Aufwand führt. So führen der Kauf und die Lagerung von Rohstoffen zu einem Abfluss von Geldvermögen, ohne mit einem Verbrauch von Gütern/Dienstleistungen in der Periode einherzugehen.

Fall 8 (Ausgabe = Aufwand)

Hier fallen Ausgabe und Aufwand zusammen. In einem solchen Fall verringern sich Geldvermögen und Gesamtvermögen. Ein Beispiel hierfür sind der Kauf und der Verbrauch von Rohstoffen in einer Periode.

Fall 9 (Aufwand, nicht Ausgabe)

Ein Aufwand, der nicht gleichzeitig Ausgabe ist, liegt bspw. bei Lagerentnahme und Verbrauch von Rohstoffen vor. Es findet zwar eine Verringerung des Gesamtvermögens, nicht aber des Geldvermögens statt.

Fall 13 (Aufwand, nicht Kosten)

Ein Aufwand, dem keine Kosten gegenüberstehen (sog. *neutraler Aufwand*), kann in drei verschiedene Ausprägungen auftreten:

— Der *betriebsfremde* Aufwand weist keine Beziehung zur betrieblichen Leistungserstellung auf, so dass dieses Kriterium des Kostenbegriffs nicht erfüllt wird. Ein Beispiel hierfür sind Spenden oder Verluste aus Wertpapiergeschäften (sofern das Sachziel weder Non-Profit-Aktivitäten, noch einen Wertpapierhandel vorsieht).

— Ein *betriebsbedingter, periodenfremder* Aufwand hat zwar einen Sachzielbezug, nicht aber einen Bezug zu der betreffenden Periode. Ein Beispiel hierfür ist eine Gewerbesteuernachzahlung.

— Schließlich zählt zum neutralen Aufwand noch der *betriebsbedingte, periodengemäße*, aber *außerordentliche* Aufwand. Hierbei handelt es sich um Aufwand, der seiner Art/Höhe nach nicht den „normalen" Werteverzehrsverhältnissen entspricht. Ein Beispiel hierfür sind Unfall- oder Katastrophenschäden.

Fall 14 (Aufwand = Kosten)

Fallen Aufwand und Kosten zusammen, liegt sog. *Zweckaufwand* bzw. liegen *Grundkosten* vor, d. h. ein Verbrauch von Gütern oder Dienstleistungen, der betriebsbedingt, periodengemäß und ordentlich ist. Ein Beispiel für Fall 14 sind Akkordlöhne.

Fall 15 (Kosten, nicht Aufwand)

Kosten, denen kein Aufwand oder Aufwand in anderer Höhe gegenübersteht, sind sog. *kalkulatorischen Kosten*. Diese lassen sich wie folgt systematisieren:

— *Zusatzkosten*: Den Zusatzkosten steht *kein* Aufwand gegenüber, wie z. B. beim kalkulatorischen Unternehmerlohn.

— *Anderskosten*: Den Anderskosten steht Aufwand *in anderer Höhe* gegenüber, wie z. B. bei den kalkulatorischen Zinsen und den kalkulatorischen Abschreibungen.

b) Definition des Periodenerfolgs und Überblick über kurzfristige Erfolgsrechnungssysteme

Ausgehend von den vorstehenden Begriffsabgrenzungen kann der Begriff des Periodenerfolgs bzw. des kurzfristigen Unternehmenserfolgs definiert werden. Hierunter versteht man den gesamten Umsatz zuzüglich der Lagerbestandsveränderungen zu Herstellkosten abzüglich der gesamten Kosten einer Periode:

$$G_t = \sum_{j=1}^{J} \left[x_j^{Abs} \cdot p_j + \left(x_j^h - x_j^{Abs} \right) \cdot p_j^h \right] - \sum_{m=1}^{M} r_m \cdot p_m$$

mit

G_t	Periodenerfolg
x_j^{Abs}	Absatzmenge des Produkts j
x_j^h	Herstellungsmenge des Produkts j
p_j	Stück-Absatzpreis des Produkts j
p_j^h	Stück-Herstellkosten der noch nicht abgesetzten Produkte j
r_m	Verbrauchsmenge der Faktorart m
p_m	Stück-Einstandspreis der Faktorart m

Abbildung L-2[59] gibt einen Überblick über *kurzfristige Erfolgsrechnungssysteme*.

Sachumfang \ Zeitbezug	Istkosten- und Isterlös-rechnungen	Plankosten- und Planer-lösrechnungen
Vollkosten- und Voller-lösrechnungen	Istkosten- und Isterlös-rechnung auf Vollkosten- und Vollerlösbasis	Plankosten- und Planer-lösrechnung auf Vollkos-ten- und Vollerlösbasis
Teilkosten- und Teiler-lösrechnungen	Istkosten- und Isterlös-rechnung auf Teilkosten- und Teilerlösbasis	Plankosten- und Plan-erlösrechnung auf Teil-kosten- und Teilerlösba-sis

Abbildung L-2:   Kurzfristige Erfolgsrechnungssysteme

Die aus der Abbildung ersichtlichen *Systematisierungsmöglichkeiten* sehen eine Klassifikation nach dem *zeitlichen Bezug* vor. Demgemäß ist nach Ist-, Normal- und Plankosten- sowie -leistungsrechnungen zu unterscheiden. (Als Spezialfall einer Plankostenrechnung ist der Fall einer Normalkostenrechnung in Abbildung L-2 nicht eigens aufgeführt.)

Innerhalb des jeweiligen zeitlichen Bezuges stellen die einzelnen Systeme auf den *Umfang* der verrechneten Kosten und Leistungen ab. Demnach sind Vollkosten- und Vollleistungsrechnungen von Teilkosten- und Teilleistungsrechnungen zu unterscheiden.

Aufgabe 7 (Lösungshinweis)

a) „Einnahmen sind die Einnahmen von Erlösen aus selbsterstellten Erzeugnissen."

Falsch! Einnahmen stellen eine Erhöhung des Geldvermögens (= Kasse + Forderungen – Verbindlichkeiten) dar. Diese Erhöhung ist auf Kassen- oder Forderungszunahmen oder Verbindlichkeitsabnahmen zurückzuführen, die je-

---

[59] Vgl. *Hoitsch* (1995), S. 173; ähnlich: *Hummel/Männel* (1995), S. 44.

weils auch in anderen Ursachen als Erlösen aus der Veräußerung selbsterstellter Erzeugnisse begründet sein können.

b) „Leistungen sind der Wert aller erstellten Güter und Dienstleistungen."

Falsch! Die erstellten Güter und Dienstleistungen müssen im Rahmen des aufgegebenen Sachziels erstellt werden.

c) „Aufwendungen sind betriebliche Kosten und außerbetriebliche Aufwendungen bzw. Ausgaben und mindern das Betriebsergebnis."

Falsch! Zum Aufwand gehört neben dem (kostengleichen) Zweckaufwand noch der neutrale Aufwand. Außerbetriebliche Aufwendungen (neutraler Aufwand) sind nicht mit Ausgaben gleichzusetzen, da z. B. Güter verzehrt werden können, die einer Lagerentnahme entstammen. Neutraler Aufwand, wie ihn der hier verwendete Begriff „außerbetriebliche Aufwendungen" meint, vermindert nicht das Betriebsergebnis.

d) „Die kurzfristige Erfolgsrechnung erfasst nicht die fixen Kosten, da diese kurzfristig nicht veränderbar sind."

Falsch! Die kurzfristige Erfolgsrechung erfasst auch die fixen Kosten!

e) „Aufwendungen sind erfolgsmindernde Beträge, die in der Gewinn- und Verlustrechnung erfasst werden und sich nicht auf die Leistungserstellung beziehen."

Falsch! Aufwendungen können sich auch auf die Leistungserstellung beziehen.

f) „Kosten sind Aufwendungen, die – ungeachtet der Tatsache, ob produziert wird oder nicht – in jedem Fall anfallen. Mietzahlungen sind daher Kosten. Kosten sind i. d. R. fix."

Falsch! Kosten sind nicht immer Aufwendungen (Zusatzkosten). Kosten entstehen nicht in jedem Fall, sondern nur dann, wenn Güter und Dienstleistungen sachzielbezogen, d. h. im Rahmen der eigentlichen (typischen) betrieblichen Tätigkeit verzehrt werden. Mietzahlungen sind nur dann als Kosten anzusetzen, wenn sie sich auf Objekte beziehen, die dem Betriebszweck dienen. Kosten können fix oder variabel sein.

g) „Neutraler Aufwand und kalkulatorische Kosten stimmen überein."

Falsch! Neutraler Aufwand ist Aufwand, dem keine Kosten oder Kosten in anderer Höhe gegenüberstehen. Kalkulatorischen Kosten steht entweder kein Aufwand (Zusatzkosten) oder Aufwand in anderer Höhe (Anderskosten) gegenüber.

h) „Zweckertrag und Grundleistung sind identisch."

Richtig!

i)   „Es handelt sich bei Auszahlungen um den Abfluss liquider Mittel, die einen außerordentlichen Aufwand darstellen."

Falsch! Unabhängig davon, ob es sich bei Auszahlungen um Aufwendungen irgendwelcher Art handelt oder nicht, entstehen sie stets bei Verminderung des Kassenbestands.

j)   „Wird der wertmäßige Kostenbegriff verwendet, ist eine Bewertung des Güterverzehrs erforderlich. Die Höhe der Kosten orientiert sich dann immer an historischen oder planmäßigen Anschaffungspreisen."

Falsch! Nur der pagatorische Kostenbegriff richtet sich an historischen oder planmäßigen Anschaffungspreisen (und damit an den Ausgaben) aus. Der wertmäßige Kostenbegriff orientiert sich demgegenüber an dem monetären Grenznutzen. Dieser setzt sich aus der Grenzausgabe für die letzte verzehrte Gütereinheit und den Opportunitätskosten als monetärem Nutzenentgang für die nächstbeste, nicht gewählte Verwendungsmöglichkeit einer Einheit des betrachteten knappen Produktionsfaktors zusammen. Die Opportunitätskosten haben den Wert Null, wenn die Menge des Einsatzfaktors keinen Beschränkungen unterliegt.

k)   „Ausgaben sind die Minderungen an liquiden Mitteln."

Falsch! Ausgaben betreffen das Geldvermögen. Dieses umfasst neben den liquiden Mitteln auch noch Forderungen und Verbindlichkeiten. Nur Auszahlungen beziehen sich allein auf die liquiden Mittel.

Aufgabe 8 (Lösungshinweis)

a)   Aufgaben einer Kostenartenrechnung

Die *Kostenartenrechnung* hat die Aufgabe, sämtliche Kosten, die für die Erstellung und Verwertung betrieblicher Leistungen innerhalb einer Periode anfallen, *vollständig*, *eindeutig* und *überschneidungsfrei* nach einzelnen Kostenarten gegliedert zu erfassen und auszuweisen.[60]

Es handelt sich bei der Kostenartenrechnung nicht um eine besondere Art von Rechnung, sondern lediglich um eine geordnete Erfassung der Kosten. Diese Erfassung wird in Zusammenarbeit mit der Finanzbuchhaltung, der Lohn- und Gehaltsbuchhaltung, der Materialbuchhaltung und der Anlagenbuchhaltung vorgenommen.

Insgesamt hat die Kostenartenrechnung folgende grundlegende Aufgaben der Kostenartenrechnung zu erfüllen:[61]

–   Systematische Erfassung und Bewertung des entstandenen Güterverzehrs einer Periode,

---

[60]   Vgl. *Hummel/Männel* (1995), S. 128.
[61]   Vgl. *Kloock/Sieben/Schildbach* (1999), S. 69-109; *Hummel/Männel* (1995), S. 127-188; *Freidank* (2001), S. 95-132.

- Sachlogische Differenzierung des Gesamtkostenblocks nach folgenden Gliederungskriterien:
  - nach der Art der verbrauchten Produktionsfaktoren (z. B. Personal-, Sach-, Kapitalkosten),
  - nach der betrieblichen Funktion (z. B. Beschaffungs-, Fertigungs-, Verwaltungskosten),
  - nach der Art der Verrechnung auf die Kostenträger (Einzel-/Gemeinkosten),
  - nach der Art der Kostenerfassung (aufwandsgleiche/kalkulatorische Kosten),
  - nach dem Verhalten bei Beschäftigungsänderungen (variable/fixe Kosten),
  - nach der Herkunft der Kostengüter (primäre/sekundäre Kosten),
  - nach der Möglichkeit einer Weiterverrechnung der Kosten in der Kostenstellen-/Kostenträgerrechnung.

b) Aufgaben einer Kostenstellenrechnung und Prinzipien der Kostenstellenbildung

Die *Kostenstellenrechnung* ist ein Bindeglied zwischen der Kostenarten- und der Kostenträgerrechnung. Sie gibt für einen Teil der Kosten (Gemeinkosten) oder für alle Kosten an, wo bzw. in welchen Kostenstellen sich der Güterverzehr vollzogen hat.[62]

Aufgaben einer Kostenstellenrechnung:[63]

- Eine nach Kostenentstehungsbereichen differenzierte Kontrolle der Wirtschaftlichkeit,
- Zuordnung von Verantwortlichkeit für bestimmte Kostenabweichungen zu den Leitern einzelner Kostenstellen(bereiche),
- Unterstützung der Kostenbudgetierung und Kostenplanung,
- Ermittlung von Zuschlags- und Verrechnungssätzen,
- Weiterwälzung der Kostenträgergemeinkosten.

Prinzipien der Kostenstellenbildung (mit Beispiel):

- Nach *räumlichen* Gesichtspunkten: alle Maschinen in einer Halle und das dazugehörige Bedienungspersonal sowie die Halle und deren Einrichtung werden zu einer Kostenstelle zusammengefasst (z. B. Rohbau, Einzelfertigung, Montage).
- Nach *funktionalen* Gesichtspunkten: Einheiten mit gleicher Funktion werden in einer Kostenstelle zusammengefasst (z. B. Material-, Fertigungs-, Verwaltungsstellen).
- Nach *verantwortungsbezogenen* Gesichtspunkten: die Kostenstellenbildung erfolgt nach Verantwortungsbereichen und zielt darauf ab, dass jede Kosten-

---

[62] Vgl. *Kloock/Sieben/Schildbach* (1999), S. 109.
[63] Vgl. *Hummel/Männel* (1995), S. 193-195.

stelle mit dem Verantwortungsbereich jeweils genau eines Vorgesetzten korrespondiert (z. B. Meisterbereiche, kaufmännische Leitung).

- Nach *rechnungstechnischen* Gesichtspunkten: die Kostenstellen werden so gebildet, dass die Kostenverrechnung auf die Kostenträger möglichst weitgehend nach der Beanspruchung der Kostenstelle durch die entsprechenden Kostenträger erfüllt ist (z. B. Vor- und Endkostenstellen).

Aufgabe 9 (Lösungshinweis)

a) Verfahren der Sekundärkostenrechnung

Das *Stufenleiterverfahren (Treppenumlageverfahren)*[64] ist durch ein schrittweises Vorgehen charakterisiert, bei dem die Kosten der Vorkostenstellen der Reihe nach auf die jeweils noch nicht abgerechneten (nachgelagerten) Vorkostenstellen und die Endkostenstellen umgelegt werden. Eine Verrechnung rückwärts gerichteter Leistungsströme ist jedoch ausgeschlossen. Die Verrechnungstechnik folgt einer Treppenform, auf die die Bezeichnung dieser Methode zurückzuführen ist.

Zum Zwecke einer genauen Leistungsverrechnung setzt das Stufenleiterverfahren eine Ordnung der Vorkostenstellen voraus, bei der am Anfang der Reihe Abrechnungsbereiche stehen, die möglichst viele der nachgelagerten Stellen beliefern, ohne von diesen Leistungen zu erhalten. Daher sind am Ende der Reihe diejenigen Vorkostenstellen anzuordnen, die zwar von den vorgelagerten Abrechnungsbereichen beliefert werden, diese aber selbst nicht mit (in Leistungseinheiten (LE) zu messenden) innerbetrieblichen Leistungen versorgen. Gelingt eine solche Ordnung, wird also in keinem Fall eine Rückbelastung notwendig, liegt eine einseitige Verflechtung der Kostenstellen vor. Der innerbetriebliche Verrechnungssatz q_i der Vorkostenstelle i ergibt sich in diesem Falle wie folgt:

$$q_i = \frac{\text{Primäre Gemeinkosten der VKSt}_i + \text{sek. Kosten vorgelagerter VKSt (GE)}}{\text{Gesamtleist.abgabe}_i - \text{Leistungsabgabe an vorgelag. VKSt} - \text{Eigenverbrauch}_i \text{ (LE)}}$$

Bei dem *Blockumlage-/Anbauverfahren* werden die Kosten der Vorkostenstellen „en bloc" unmittelbar auf die Endkostenstellen verrechnet, andere Vorkostenstellen werden nicht belastet. Das Verfahren vernachlässigt im Gegensatz zum Stufenleiterverfahren (Treppenumlageverfahren) den Leistungsaustausch zwischen den Vorkostenstellen. Diese werden nur über die Endkostenstellen abgerechnet. Dies führt dann zu keiner Verletzung des Kostenverursachungsprinzips, wenn die Vorkostenstellen ausschließlich für Endkostenstellen und nicht zusätzlich noch für andere Vorkostenstellen tätig sind. Der innerbetriebliche Verrechnungssatz q_i der Vorkostenstelle i lässt sich nach dieser Methode wie folgt ermitteln:

$$q_i = \frac{\text{Primäre Gemeinkosten der Vorkostenstelle i}}{\text{Summe der Leistungsabgabe der Vorkostenstelle i an Endkostenstellen}}$$

---

[64] Vgl. zu den einzelnen Verfahren der innerbetrieblichen Leistungsverrechnung z. B. *Freidank* (2001), S. 135-147; *Kloock/Sieben/Schildbach* (1999), S. 116-125.

Das *Kostenstellenausgleichsverfahren* berücksichtigt wechselseitige Leistungsverflechtungen zwischen den einzelnen Kostenstellen, so dass innerbetriebliche Leistungen von vor- auf nachgelagerte Abrechnungsbereiche (und umgekehrt) verrechnet werden können. Mittels eines linearen Gleichungssystems wird so eine exakte Kostenverrechnung der Vorkostenstellen vorgenommen, während die primären Gemeinkosten gleichzeitig vollständig auf die Hauptkostenstellen verrechnet werden.

b) Stufenleiter-/Treppenumlageverfahren

Im Rahmen des *Stufenleiter-/Treppenumlageverfahrens* wird nur ein einseitiger Leistungsstrom berücksichtigt. Bei wechselseitigen Leistungsverflechtungen kann es zu Ungenauigkeiten bei der Bildung der Verrechnungssätze kommen. Die Reihenfolge der Kostenstellenverrechnung bestimmt die Höhe der Verrechnungssätze. Deshalb müssen die Vorkostenstellen in ihrer Reihenfolge derart angeordnet werden, dass die wertmäßig geringsten Leistungsströme unterdrückt werden und der Verrechnungsfehler somit möglichst klein gehalten wird. Bei der Bestimmung der Reihenfolge für die Abrechnung der Vorkostenstellen kann man sich an den empfangenen primären Kosten der jeweiligen Vorkostenstelle orientieren. Diese werden durch die Gesamtleistung dieser Vorkostenstelle abzüglich eines eventuellen Eigenverbrauchs dividiert.

Bestimmung der empfangenen primären Kosten und Summenbildung je Vorkostenstelle:

$$V_1: \frac{75}{1.125} \cdot 30.000 + \frac{1.500}{24.750} \cdot 48.000 = 4.909,09 \text{ GE}$$

$$V_2: \frac{150}{5.400} \cdot 22.500 + \frac{2.250}{24.750} \cdot 48.000 = 4.988,64 \text{ GE}$$

$$V_3: \frac{375}{5.400} \cdot 22.500 = 1.562,50 \text{ GE}$$

Ordnung der Kostenstellen nach dem geringsten Empfang:

$$V_3 \Rightarrow V_1 \Rightarrow V_2$$

Bei der Bestimmung der Verrechnungsreihenfolge kann man sich auch an der Anzahl der Vorkostenstellen orientieren, von denen die betrachtete Vorkostenstelle Leistungen empfängt bzw. an die sie Leistungen abgibt.

Ergibt sich nach der Bildung einer solchen Reihenfolge keine einfach zusammenhängende Struktur der Kostenstellenbeziehungen, so wird von allen Kostenstellen angenommen, dass sie keine innerbetrieblichen Güter von nachgeordneten Stellen empfangen.[65] Für den drei Vorkostenstellen umfassenden Beispielsfall gelten somit die aus Tabelle L-2 ersichtlichen Leistungsbeziehungen.

---

[65] Vgl. *Kloock/Sieben/Schildbach* (1999), S. 118-120.

Anzahl Vorkostenstellen Vorkostenstelle	Empfängt von	Liefert an
V_1	2	2
V_2	2	1
V_3	1	2

Tabelle L-2:   Verflechtungsstrukturen der drei Vorkostenstellen

Demnach bleibt die Verrechnungsreihenfolge erhalten ($V_3 \Rightarrow V_1 \Rightarrow V_2$).

Die Verrechnungssätze, die sich entsprechend der ermittelten Reihenfolge ergeben ($q_1 = 5,05$ GE/m^3, $q_2 = 33,44$ GE/kWh, $q_3 = 1,94$ GE/h), stimmen annähernd mit den exakten Verrechnungssätzen nach dem Kostenstellenausgleichsverfahren überein (vgl. Teilaufgabe c)).

c)   Kostenstellenausgleichsverfahren

Variablen

M_j Gesamtleistung der Vorkostenstelle j

q_j Verrechnungspreis (Kostenpreis) für jede Leistungseinheit der Vorkosten-
        stelle j (j = {1, 2 ..., j ,..., k})

PK_j Primäre Gemeinkosten der Vorkostenstelle j

m_{ij} Leistungsabgabe der Vorkostenstelle i an die Vorkostenstelle j

n   Anzahl der Vorkostenstellen

q_i Verrechnungspreis (Kostenpreis) für jede Leistungseinheit der Vorkosten-
        stelle i (i = {1, 2 ..., j ,..., n})

Gleichungssystem

$$M_j \cdot q_j = PK_j + \sum_{i=1}^{n} m_{ij} \cdot q_i$$

$$\vdots$$

$$M_n \cdot q_n = PK_n + \sum_{i=1}^{n} m_{ij} \cdot q_i$$

(1) $5.400 \cdot q_1 = 22.500 + 75 \cdot q_2 + 1.500 \cdot q_3$

(2) $1.200 \cdot q_2 = 30.000 + 150 \cdot q_1 + 75 \cdot q_2 + 2.250 \cdot q_3$

(3) $25.500 \cdot q_3 = 48.000 + 375 \cdot q_1 + 750 \cdot q_3$

1.   Schritt: alle Gleichungen werden (zur Vereinfachung) durch 75 dividiert:

(1') $72 \cdot q_1 = 300 + 1 \cdot q_2 + 20 \cdot q_3$

(2') $16 \cdot q_2 = 400 + 2 \cdot q_1 + 1 \cdot q_2 + 30 \cdot q_3$

(3') $340 \cdot q_3 = 640 + 5 \cdot q_1 + 10 \cdot q_3$

$(1'')$ $q_2 = -300 + 72 \cdot q_1 - 20 \cdot q_3$

$(2'')$ $q_2 = 26,6667 + 0,1333 \cdot q_1 + 2 \cdot q_3$

$(3'')$ $q_3 = 1,9394 + 0,0152 \cdot q_1$

2. Schritt: Auflösung der Gleichungen nach q_j

2.1 Schritt: nach q_3 auflösen: $(1'') = (2'')$

$-300 + 72 \cdot q_1 - 20 \cdot q_3 = 26,6667 + 0,1333 \cdot q_1 + 2 \cdot q_3$

$-22 \cdot q_3 = 326,6667 - 71,8667 \cdot q_1$

$q_3 = -14,8485 + 3,2667 \cdot q_1$ (4)

2.2 Schritt: nach q_1 auflösen: $(4) = (3'')$

$-14,8485 + 3,2667 \cdot q_1 = 1,9394 + 0,0152 \cdot q_1$

$3,2515 \cdot q_1 = 16,7879$

$q_1 = 5,1631$ (5)

2.3 Schritt: gemäß $(3'')$

$q_3 = 1,9394 + 0,0152 \cdot 5,1631$

$q_3 = 2,0179$ (6)

2.4 Schritt: gemäß $(1'')$

$q_2 = -300 + 72 \cdot 5,1631 - 20 \cdot 2,0179$

$q_2 = 31,3852$

Als Ergebnis erhält man somit die folgenden Verrechnungssätze:

$q_1 = 5,1631$ GE/m^3

$q_2 = 31,3852$ GE/kWh

$q_3 = 2,0179$ GE/h

Kontrollrechnung

Summe der primären Gemeinkosten der Vorkostenstellen:

$22.500 + 30.000 + 48.000 = 100.500$ GE

Endkostenstelle I	von $V_1 = 1.500 \cdot 5,1631$	$= 7.744,65$ GE
	von $V_2 = 300 \cdot 31,3852$	$= 9.415,56$ GE
	von $V_3 = 9.000 \cdot 2,0179$	$= 18.161,10$ GE
	(Σ	$= 35.321,31$ GE)
Endkostenstelle II	von $V_1 = 3.375 \cdot 5,1631$	$= 17.425.46$ GE
	von $V_2 = 750 \cdot 31,3852$	$= 23.538,90$ GE
	von $V_3 = 12.000 \cdot 2,0179$	$= 24.214,80$ GE
	(Σ	$= 65.179,16$ GE)

35.321,31 + 65.179,16 = 100.500,47 GE (die Abweichung von 0,47 GE ergibt sich aufgrund von Rundungen).

Für die Aufstellung des Gleichungssystems zur Bestimmung innerbetrieblicher Verrechnungssätze kann auch folgender Ansatz verwendet werden:[66]

Variablen

PK_i = Primärkosten der Vorkostenstelle i

K_i = Gesamtkosten der Vorkostenstelle i

M_j = Gesamtleistung der Vorkostenstelle j

m_{ij} = Leistungsabgabe der Vorkostenstelle i an die Vorkostenstelle j

Gleichungssystem

$$K_1 = PK_i + \frac{m_{11}}{M_1} \cdot K_1 + ... + \frac{m_{1n}}{M_n} \cdot K_n$$

$$K_n = PK_n + \frac{m_{n1}}{M_1} \cdot K_1 + ... + \frac{m_{nn}}{M_n} \cdot K_n$$

$$K_1 = 22.500 + 1/16 \cdot K_2 + 1/17 \cdot K_3$$

$$K_2 = 30.000 + 1/36 \cdot K_1 + 1/16 \cdot K_2 + 3/34 \cdot K_3$$

$$K_3 = 48.000 + 5/72 \cdot K_1 + 1/34 \cdot K_3$$

Die Auflösung des Gleichungssystems ergibt dann

$K_1 = 27.880,7083$ GE $\Rightarrow q_1 = 5,1631$ GE/m³

$K_2 = 37.668,3894$ GE $\Rightarrow q_2 = 31,3903$ GE/kWh

$K_1 = 51.449,3773$ GE $\Rightarrow q_3 = 2,0176$ GE/h

Aufgabe 10 (Lösungshinweis)

a)   Ermittlung der Gemeinkostenzuschlagssätze

Die *Herstellkosten* betragen:

3.000 + 600 + 500 + 25 + 230 + 700 + 20 + 350 = 5.425 GE

Die *Selbstkosten* belaufen sich auf:

5.425 + 200 + 400 = 6.025 GE

Summe der Gemeinkosten:

600 + 230 + 350 + 200 + 400 = 1.780 GE

Bei Anwendung der *summarischen Zuschlagskalkulation*[67] werden die gesamten primären Gemeinkosten eines Unternehmens in einer Summe und auf der Basis ei-

---

[66]   Vgl. *Freidank* (2001), S. 143-145 sowie *Kloock/Sieben/Schildbach* (1999), S. 122-125.
[67]   Vgl. *Kloock/Sieben/Schildbach* (1999), S. 143 f.

ner Zuschlagsgrundlage den absatzbestimmten Kostenträgern zugerechnet. Für die Bildung der Zuschlagsgrundlage gibt es drei Möglichkeiten:

1. Summe der Materialeinzelkosten (Fertigungsmaterial):

$$\frac{\text{Summe der Gemeinkosten}}{\text{Fertigungsmaterialkosten}} \cdot 100\% = \frac{1.780}{3.000} \cdot 100\% = 59,33\%$$

2. Summe der Lohneinzelkosten (Fertigungslohn):

$$\frac{\text{Summe der Gemeinkosten}}{\text{Fertigungslöhne}} \cdot 100\% = \frac{1.780}{(500+700)} \cdot 100\% = 148,33\%$$

3. Summe aus Fertigungsmaterial und Fertigungslohn (ggf. zuzüglich Sondereinzelkosten der Fertigung):

$$\frac{\text{Summe der Gemeinkosten}}{\text{Gesamte Einzelkosten}} \cdot 100\% = \frac{1.780}{(3.000+500+25+700+20)} \cdot 100\%$$

$$= 41,93\%$$

Die *elektive Zuschlagskalkulation ohne Rückgriff auf die Kostenstellenrechnung* basiert auf der Kostenartenrechnung und geht von mehreren Gemeinkostengruppen aus.[68] Für jede Gemeinkostengruppe wird ein gesonderter Zuschlagssatz gebildet:

1. Materialgemeinkosten (Zuschlagsgrundlage: Fertigungsmaterial):

$$\frac{\text{Materialgemeinkosten}}{\text{Fertigungsmaterial}} \cdot 100\% = \frac{600}{3.000} \cdot 100\% = 20\%$$

2. Fertigungsgemeinkosten (Zuschlagsgrundlage: Fertigungslohn):

$$\frac{\text{Fertigungsgemeinkosten}}{\text{Fertigungslöhne}} \cdot 100\% = \frac{(230+350)}{(500+700)} \cdot 100\% = 48,33\%$$

3. Sonstige wertabhängige Gemeinkosten (Zuschlagsgrundlage: Summe der Einzelkosten):

$$\frac{\text{Sonstige wertabhängige Gemeinkosten}}{\text{Gesamte Einzelkosten}} \cdot 100\%$$

$$= \frac{(200+400)}{(3.000+500+25+700+20)} \cdot 100\% = 14,13\%$$

Die *elektive Zuschlagskalkulation mit Rückgriff auf die Kostenstellenrechnung* übernimmt die Gemeinkostenaufteilung aus der Kostenstellenrechnung.[69] Sie knüpft unmittelbar an die Endkosten der verschiedenen Hauptkostenstellen an.

[68] Vgl. *Kloock/Sieben/Schildbach* (1999), S. 145.
[69] Vgl. *Kloock/Sieben/Schildbach* (1999), S. 145-147.

1. Materialgemeinkosten (Zuschlagsgrundlage: Fertigungsmaterial):

$$\frac{\text{Materialgemeinkosten}}{\text{Fertigungsmaterial}} \cdot 100\% = \frac{600}{3.000} \cdot 100\% = 20\%$$

2. Fertigungsgemeinkosten Hauptstelle A (Zuschlagsgrundlage: Fertigungslöhne der Hauptstelle A):

$$\frac{\text{Fertigungsgemeinkosten Hauptstelle A}}{\text{Fertigungslöhne Hauptstelle A}} \cdot 100\% = \frac{230}{500} \cdot 100\% = 46\%$$

3. Fertigungsgemeinkosten Hauptstelle B (Zuschlagsgrundlage: Fertigungslöhne der Hauptstelle B):

$$\frac{\text{Fertigungsgemeinkosten Hauptstelle B}}{\text{Fertigungslöhne Hauptstelle B}} \cdot 100\% = \frac{350}{700} \cdot 100\% = 50\%$$

4. Verwaltungsgemeinkosten (Zuschlagsgrundlage: Herstellkosten):

$$\frac{\text{Verwaltungsgemeinkosten}}{\text{Herstellkosten}} \cdot 100\% = \frac{200}{5.425} \cdot 100\% = 3,69\%$$

5. Vertriebsgemeinkosten (Zuschlagsgrundlage: Herstellkosten):

$$\frac{\text{Vertriebsgemeinkosten}}{\text{Herstellkosten}} \cdot 100\% = \frac{400}{5.425} \cdot 100\% = 7,37\%$$

b) Ermittlung der Stückselbstkosten

b1) Summarische Zuschlagskalkulation jeweils auf Basis der möglichen Zuschlagsgrundlagen

Zuschlagsgrundlage:	Selbstkosten pro Mengeneinheit:
Materialeinzelkosten	515 + 400 · 0,5933 = 752,32
Fertigungseinzelkosten	515 + 100 · 1,4833 = 663,33
Gesamte Einzelkosten	515 + 515 · 0,4193 = 730,94

b2) Elektive Zuschlagskalkulation ohne Rückgriff auf die Kostenstellenrechnung

Materialeinzelkosten			400,00
Materialgemeinkosten	(0,2 · 400)	=	80,00
Fertigungseinzelkosten			100,00
Fertigungsgemeinkosten	(0,4833 · 100)	=	48,33
Sondereinzelkosten der Fertigung			15,00
Sonstige Gemeinkosten	(0,1413 · 515)	=	72,77
Selbstkosten pro Mengeneinheit			716,10

b3) Elektive Zuschlagskalkulation mit Rückgriff auf die Kostenstellenrechnung

Materialeinzelkosten			400,00
Materialgemeinkosten	(400 · 0,2)	=	80,00
Materialkosten			480,00
Fertigungseinzelkosten A			75,00
Fertigungsgemeinkosten A	(75 · 0,46)	=	34,50
Sondereinzelkosten der Fertigung			15,00
Fertigungskosten Hauptstelle A			124,50
Fertigungseinzelkosten B			25,00
Fertigungsgemeinkosten B	(25 · 0,5)	=	12,50
Fertigungskosten Hauptstelle B			37,50
Herstellkosten			642,00
Verwaltungsgemeinkosten	(642 · 0,0369)	=	23,69
Vertriebsgemeinkosten	(642 · 0,0737)	=	47,32
Selbstkosten pro Mengeneinheit			713,01

c) Darstellung und Beurteilung der Verfahren der Kostenträgerrechnung

Reine Divisionskalkulation (ohne Äquivalenzziffern)[70]

– einstufig (ohne Zwischenlager) oder

– mehrstufig (mit Zwischenlager).

Bei der einstufigen Divisionskalkulation werden die Kosten einer Kostenträgereinheit mittels Division der für den Kostenträger angefallenen Gesamtkosten nach dem Durchschnittsprinzip ermittelt. Bei der mehrstufigen Divisionskalkulation ist der Ausbau der Kostenstellenrechnung für mehrere Produktionsstufen notwendig. Dieses Verfahren der Kostenzuordnung auf die Kostenträger entspricht ebenfalls dem Durchschnittsprinzip.

Divisionskalkulation mit Äquivalenzziffern (Äquivalenzziffernkalkulation)[71]

Dieses Kalkulationsverfahren ist eine Variante der Divisionskalkulation bei Mehrproduktfertigung. Es beruht auf der Annahme, dass bei der Herstellung sich nur geringfügig voneinander unterscheidender Produktarten (im Sinne einer Sortenfertigung) zwar keine identischen Kostenstrukturen bestehen, diese aber bei den verschiedenen Kostenträgern durch die Verarbeitung derselben Rohstoffe, aufgrund des Durchlaufs gleicher Fertigungsstellen oder sich voneinander nicht wesentlich unterscheidender Produktionsprozesse sehr ähnlich sind. Solche Voraussetzungen findet man z. B. in Bierbrauereien, Ziegeleien, Walz- und Sägewerken vor. Die

---

[70] Vgl. dazu *Kloock/Sieben/Schildbach* (1999), S. 132-137; *Freidank* (2001), S. 151-155.
[71] Vgl. dazu *Kloock/Sieben/Schildbach* (1999), S. 137-140; *Freidank* (2001), S. 156 f.

durch die genannten Unterschiede hervorgerufenen Kostenverhältnisse zwischen den einzelnen Produktarten werden durch die Bildung von Verhältniszahlen, sog. *Äquivalenzziffern*, erfasst. Die Äquivalenzziffern bringen den quasikausalen Zusammenhang zwischen den Stückkosten einer Produktart und der zu wählenden Bezugsgröße (z. B. Fertigungszeiten, Rohstoffinanspruchnahme usw.) zum Ausdruck. Dabei wird für die Bezugsgröße ein proportionales Verhalten der Stückherstellkosten angenommen. Aufgrund der Verrechnung fixer Kostenbestandteile auf die Produkte genügt auch dieses Kalkulationsverfahren nicht dem Verursachungsprinzip.

Verrechnungssatz-/Bezugsgrößenkalkulation[72]

Die Kostenzuordnung basiert nicht auf Wert- oder Mengenschlüsseln. Die Verrechnungssatzkalkulation orientiert sich am Leistungsvolumen der Kostenstelle bzw. des Kostenplatzes und verrechnet die Kostenstellen proportional dazu. In Abhängigkeit von der Wahl der Bezugsgröße werden die Kosten verursachungsgemäß oder sogar streng verursachungsgerecht zugeordnet. Dies setzt die Existenz von Stücklisten, Produktions- und Arbeitsgangplänen voraus. Das Verfahren findet zumeist bei repetitiven Leistungen Anwendung.

Prozesskostenrechnung[73]

Die Prozesskostenrechnung versucht, die Gemeinkosten indirekter Unternehmensbereiche möglichst verursachungsgemäß den Kostenträgern zuzurechnen. Die Kosten werden den Prozessen der internen Wertschöpfungskette zugeordnet. Im Rahmen der Prozesskostenrechnung erfolgt die Ermittlung von (Teil-) Prozessen und Kostentreibern. Die Gemeinkosten werden nicht mehr in Abhängigkeit von den wertorientierten Zuschlagsbasen sondern gemäß der Inanspruchnahme der betrieblichen Prozesse auf die Kostenträger verrechnet. Das Verfahren orientiert sich am Verursachungsprinzip.

Aufgabe 11 (Lösungshinweis)

Gemäß der *Entscheidungsunterstützungsfunktion* liefert die Kostenrechnung eine Informationsgrundlage für die Entscheidungen durch das Management. Es bestehen bei dieser Funktion aus folgenden Gründen keine Zielkonflikte: [74]

—   Es handelt sich um einen *Einpersonenkontext*.

—   Die Unternehmensorganisation wird als ausreichend erachtet, die *Zielkongruenz* zwischen dem Ersteller der Information und ihrem Nutzer (z. B. dem Management) sicherzustellen.

Die traditionelle Literatur zur Kostenrechnung beschäftigt sich hauptsächlich mit dieser Funktion. Typische Entscheidungen, die durch die Kostenrechnung vorbereitet werden, betreffen das Produktionsprogramm, die Preisgestaltung oder die

---

[72]   Vgl. dazu *Kloock/Sieben/Schildbach* (1999), S. 150-153; *Freidank* (2001), S. 162-164; *Ossadnik/Leistert* (2002), S. 1158-1170.
[73]   Vgl. *Troßmann* (1999), S. 405-411.
[74]   Vgl. *Ewert/Wagenhofer* (2003), S. 6-11.

Beschaffungspolitik. Außerdem werden die Informationen der Kostenrechnung auch für das Kostenmanagement genutzt.

Auch die *Verhaltenssteuerungsfunktion* zielt auf die Unterstützung von Entscheidungen ab. Anders als bei der Entscheidungsunterstützungsfunktion wird die Kostenrechnung hier zur Beeinflussung von Entscheidungen anderer Entscheidungsträger im Unternehmen verwendet. Es geht also um die Beeinflussung fremder Entscheidungen. Diese Funktion setzt im Mehrpersonenkontext an, in dem die Entscheidungen an verschiedenen Stellen im Unternehmen getroffen werden.

Eine Verhaltenssteuerungsfunktion wird notwendig aufgrund von:

- *Zielkonflikten* zwischen den Entscheidungsträgern im Unternehmen und
- *asymmetrisch verteilter Informationen* zwischen der Unternehmensleitung und dezentralen Entscheidungsträgern.

Aufgabe 12 (Lösungshinweis)

Folgende Kostenrechnungskonzeptionen konzentrieren sich auf die Analyse des Gemeinkostenbereichs:

1. Prozesskostenrechnung,[75]
2. Mehrstufige Deckungsbeitragsrechnung,[76]
3. Relative Einzelkostenrechnung.[77]

Ad 1)

Die *Prozesskostenrechnung* ist aus den Anforderungen von Industrieunternehmen angesichts bestimmter Veränderungen der Unternehmensumwelt entstanden.[78] Diese Konzeption ist mittlerweile sowohl in der Theorie als auch in der Praxis etabliert[79] und wird in verschiedenen Ausgestaltungsvarianten verwendet.[80]

Grundsätzlich werden bei der Prozesskostenrechnung Kosten, die durch die Herstellung von Produkten oder Leistungen entstehen, ablauforganisatorisch zugeordnet. Dabei werden die Kosten auf Basis der bei der Herstellung veranlassten Prozesse auf die Kostenträger verrechnet.[81]

Die Prozesskostenrechnung wird in indirekten Unternehmensbereichen eingesetzt, in denen größtenteils Tätigkeiten repetitiver Art mit einem geringen Entscheidungsspielraum anfallen.[82] Sie ist kein eigenständiges Kostenrechnungssystem, sondern eine Methode zur Planung, Steuerung und Verrechnung der Kosten indi-

---

[75] Vgl. dazu z. B. *Horváth* (2003), S. 551-564; *Ossadnik* (2003), S.123-139.
[76] Vgl. dazu *Agthe* (1959), S. 407-409; *Ossadnik* (2003), S.189-192; *Coenenberg* (2003), S. 233-246.
[77] Vgl. *Riebel* (1994); zu einem Überblick über die theoretischen Grundlagen, die Vorgehensweise und die Anwendungsprobleme der relativen Einzelkostenrechnung vgl. *Ossadnik* (2003), S.140-146.
[78] Vgl. *Horváth/Mayer* (1995), S. 59.
[79] Vgl. *Mayer* (2001), S. 29.
[80] Vgl. *Küting/Lorson* (1995), S. 88 f., 93-96.
[81] Vgl. *Hirsch/Wall/Attorps* (2001), S. 73.
[82] Vgl. *Coenenberg* (2003), S. 211.

rekter Unternehmensbereiche, die die vorhandene Kostenrechnung ergänzen soll.[83] Die Prozesskostenrechnung bedient sich der traditionellen Kostenarten- und Kostenstellenrechnung und basiert im Regelfall auf Vollkosten.[84]

Das *Ziel* der Prozesskostenrechnung besteht in der Erhöhung der Kostentransparenz in den indirekten Unternehmensbereichen, in der Sicherstellung eines effizienten Ressourcenverbrauchs, im Aufzeigen der Kapazitätsauslastung sowie in der Verbesserung der Produktkalkulation und folglich der Vermeidung von Fehlentscheidungen.[85]

Objekte der Prozesskostenrechnung sind Prozesse, die wiederum Bestandteile eines mehrstufigen hierarchischen Prozessmodells sind[86] (vgl. Abbildung L-3)[87].

Unter einem *Prozess* versteht man „die Zusammenfassung logisch zusammenhängender Arbeitsschritte (Tätigkeiten), die einen bestimmten Input (z. B. seitens Lieferanten, Kunden, Mitarbeitern) in einen bestimmten Output (v. a. für Kunden aber auch intern für andere Mitarbeiter oder Abteilungen) transferieren."[88]

Die *Tätigkeiten* bilden die unterste Ebene der Prozesshierarchie. Sie sind die kleinste zu erhebende Einheit und repräsentieren einzelne Aufgaben der Mitarbeiter einer Kostenstelle, bei deren Durchführung Produktionsfaktoren verzehrt werden. Die Durchführung der Aufgaben schließt mit einem bestimmten Arbeitsergebnis ab.[89]

---

[83]   Vgl. *Mayer* (2001), S. 29.
[84]   Vgl. *Olshagen* (1991), S. 4.
[85]   Vgl. *Olshagen* (1991), S. 3 f.
[86]   Vgl. *Mayer* (2001), S. 29.
[87]   Vgl. als Quelle *Hardt* (1995), S. 201.
[88]   *Remer* (1997), S. 10 f.
[89]   Vgl. *Remer* (1997), S. 38; *Schmid/Gleich* (2000), S. 306.

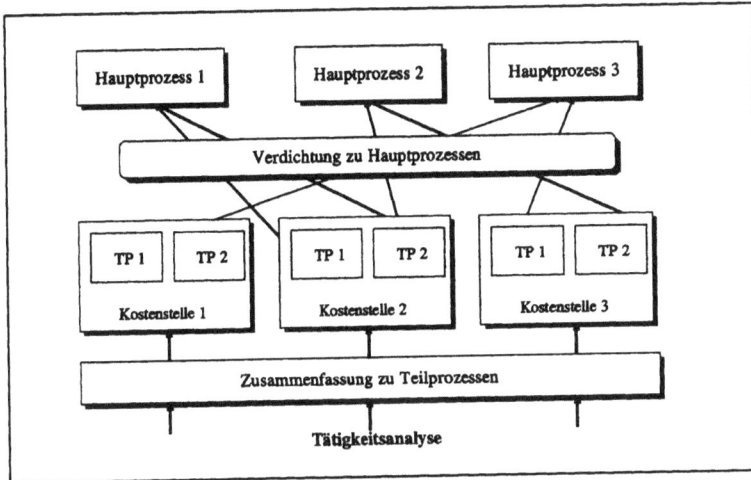

Abbildung L-3:   Hierarchisches Prozessmodell der Prozesskostenrechnung

Ein *Teilprozess* ist eine Kette homogener Tätigkeiten eines oder mehrerer Mitarbeiter einer Kostenstelle, die ebenfalls einen bestimmten Output zum Ergebnis hat.[90] Verhalten sich die Teilprozesse in Abhängigkeit von dem in einer Kostenstelle zu erbringenden Leistungsvolumen mengenvariabel, werden diese als *leistungsmengeninduziert* bezeichnet (z. B. Material annehmen). Fallen die Teilprozesse generell und mengenfix an, so handelt es sich um *leistungsmengenneutrale* Prozesse (z. B. Sicherheitsunterweisungen durchführen).[91] Die Unterscheidung in leistungsmengeninduziert und -neutral gilt gleichermaßen auch für die einzelnen Tätigkeiten.

Die Anzahl der Durchführungen leistungsmengeninduzierter Tätigkeiten bzw. Teilprozesse lässt sich durch *Maßgrößen*[92] quantifizieren (z. B. Anzahl der Wareneingangsbuchungen). Sie werden auf der Kostenstellenebene ermittelt und stellen einen Maßstab für den quantitativen und wertmäßigen Verbrauch von Ressourcen durch die entsprechenden Tätigkeiten/Teilprozesse dar.[93] Als Maßgrößen eignen sich solche Größen, die mengenmäßig erfassbar sind und in einem nachvollziehbaren und willkürfreien Zusammenhang zu den zu messenden Sachverhalten stehen.[94]

---

[90] Vgl. *Remer* (1997), S. 39; *Schmidt/Gleich* (2000), S. 306.
[91] Vgl. *Horváth /Mayer* (1995), S. 72.
[92] Synonym dazu werden auch Bezeichnungen wie „Prozessgröße", „Bezugsgröße" verwendet (vgl. *Reckenfelderbäumer* (1994), S. 57 f.).
[93] Vgl. *Remer* (1997), S. 11.
[94] Vgl. *Braun* (1996), S. 53.

Hauptprozesse sind das Resultat einer Zusammenfassung von sachlich zusammengehörigen leistungsmengeninduzierten Teilprozessen mehrerer Kostenstellen.[95] Die Bezugsgrößen der Hauptprozesse sind sog. *Kostentreiber.*[96] Entsprechend dem Grundprinzip der Prozesskostenrechnung stellen die Kostentreiber die Beziehungen zwischen Kosten, Prozessen und Kalkulationsobjekten her.[97] Ein Äquivalent zu den Kostentreibern sind die direkten Bezugsgrößen mit doppelter Funktion (Kostenverursachung/Kalkulation)[98] in der flexiblen Plankostenrechnung.

Die Kostentreiber können identisch mit den Maßgrößen der zugehörigen Teilprozesse sein, sie sind es jedoch nicht zwangsläufig.[99] Die Hauptprozesse können also durchaus Teilprozesse mit unterschiedlichen Maßgrößen beinhalten.

Hauptprozesse können weiter zu *Geschäftsprozessen* verdichtet werden, die auf aggregierter Ebene die wesentlichen und grundlegenden Aufgabenfelder eines Unternehmens, z. B. einen Beschaffungs- oder Kundenauftragsabwicklungsprozess, beschreiben.[100]

Die Vorgehensweise der Prozesskostenrechnung lässt sich anhand folgender Schritte skizzieren:[101]

1. Schritt (*Prozessanalyse*)
2. Schritt (*Bestimmung der Maßgrößen bzw. Kostentreiber*)
3. Schritt (*Zuordnung von Kosten zu Prozessen*)
4. Schritt (*Bezugsgrößenmengenermittlung*)
5. Schritt (*Ermittlung der Prozesskostensätze*)
6. Schritt (*Kalkulation der Prozesskosten*)

Ad 2)

Im System der mehrstufigen Deckungsbeitragsrechnung bzw. der stufenweisen Fixkostendeckungsrechnung wird der gesamte Fixkostenblock nach der Zurechenbarkeit auf einzelne Bezugsobjekte differenziert, für die sich die fixen Kosten als Einzelkosten erfassen lassen. Bezugsobjekte sind dabei Produkte und Abrechnungsbezirke, d. h. es wird zwischen Produktfixkosten, Produktgruppenfixkosten und Fixkosten des Produktionsprogramms bzw. zwischen Stellen-, Bereichs- und Unternehmensfixkosten unterschieden.

Die mehrstufige Deckungsbeitragsrechnung wird entsprechend dem auf *Agthe* zurückgehenden Schema der Abbildung L-4 durchgeführt.[102]

[95] Vgl. *Remer* (1997), S. 40.
[96] Zu den Kriterien der Bestimmung der Kostentreiber und ihrer Anzahl vgl. *Reckenfelderbäumer* (1994), S. 62-72; *Braun* (1996), S. 58-63.
[97] Vgl. *Braun* (1996), S. 53.
[98] Vgl. *Ewert/Wagenhofer* (2003), S. 684 f.
[99] Vgl. *Reckenfelderbäumer* (1994), S. 63.
[100] Vgl. *Schmidt/Gleich* (2000), S. 306; *Mayer* (2001), S. 29.
[101] Vgl. *Ossadnik* (2003), S. 128.
[102] Vgl. im Folgenden *Agthe* (1959), S. 407-409.

Nettoerlöse der einzelnen Produktarten
- variable Kosten des Unternehmens
= Deckungsbeitrag I
- Produktfixkosten
= Deckungsbeitrag IIa (anschließend Summation innerhalb der

Produktgruppen)
- Produktgruppenfixkosten
= Deckungsbeitrag IIb (anschließend Summation innerhalb der Bereiche)
- Bereichsfixkosten
= Deckungsbeitrag III (anschließend Summation aller Deckungsbeiträge)
- Unternehmensfixkosten
= kalkulatorischer Unternehmenserfolg

Abbildung L-4:   Schema der mehrfach gestuften Deckungsbeitragsrechnung

Die dabei entstehenden (Stufen-)Deckungsbeiträge geben an, was zur Deckung der noch nicht verrechneten Fixkosten und zur Gewinnerzielung zur Verfügung steht. Der Deckungsbeitrag I entspricht dem errechneten Deckungsbeitrag der einzelnen Produkte. Davon werden zuerst die Produktfixkosten abgezogen. Deckungsbeitrag IIa zeigt dann, ob das Produkt in der Lage ist, die eigenen Fixkosten zu decken. Auf diese Weise können Verlustprodukte identifiziert werden. Ähnliche Aufschlüsse ergeben sich aus den Deckungsbeiträgen IIb und III in Bezug auf die Produktgruppen bzw. die Unternehmensbereiche. Die Unternehmensleitung erkennt dadurch, welche Gruppen oder Bereiche am rentabelsten sind, aber auch, inwieweit innerbetriebliche Missstände zu beseitigen sind.

Die mehrstufige Deckungsbeitragsrechnung liefert einen detaillierten Einblick in die Betriebskostenstruktur. Dadurch können auch Entscheidungen über die Sortimentsgestaltung beeinflusst werden. Die Aussagefähigkeit von Deckungsbeitragsrechnungen darf jedoch nicht überschätzt werden, denn diese Rechnungen sind kurzfristig ausgerichtet. So kann ein Produkt, bedingt durch Kosten für Werbemaßnahmen, kurzfristig sehr geringe Deckungsbeiträge liefern, diese aber später erheblich steigern. Aus den vorübergehend niedrigen Deckungsbeiträgen dürfen also keine falschen Schlüsse gezogen werden.

Ad 3)

Bei der *relativen Einzelkostenrechnung*, die auf *Riebel*[103] zurückgeht, handelt es sich um ein Kostenrechnungssystem, welches den betrieblichen Leistungen keine

---

[103] Vgl. *Riebel* (1994); zu einem Überblick über theoretische Grundlagen, Vorgehensweise und Anwendungsprobleme der relativen Einzelkostenrechnung vgl. *Ossadnik* (2003), S. 140-146.

fixe Kosten zurechnet und in der Erfolgsanalyse Deckungsbeiträge verwendet. *Relative Einzelkosten* sind durch folgende Prinzipien charakterisiert:[104]

1. *Kosten und Leistungen sind nach dem Identitätsprinzip betrieblichen Entscheidungen zuzurechnen.*

Hierbei handelt es sich um *Riebels* Interpretation des Verursachungsprinzips. Das Identitätsprinzip führt zu einem entscheidungsorientierten *pagatorischen* Kostenbegriff. Einzelkosten sind pagatorische „Kosten (Ausgaben), die einem – sachlich und zeitlich genau abzugrenzenden – Bezugsobjekt eindeutig zurechenbar sind, weil sowohl die Kosten (Ausgaben) als auch das Bezugsobjekt auf einen gemeinsamen dispositiven Ursprung zurückgehen"[105]. Einzelkosten sind relativ, weil sie stets in Relation zu einem Bezugsobjekt definiert sind (z. B. Auftrags-Einzelkosten, Produktgruppen-Einzelkosten).

2. *Sämtliche Kosten sollten als Einzelkosten der Bezugsgrößen erfasst werden, die in einer Bezugsgrößenhierarchie hierarchisch möglichst weit unten stehen.*

Nach dem Identitätsprinzip sind die betrieblichen Entscheidungen Bezugsobjekt der relativen Einzelkosten. In diesem Sinne lässt sich eine *Hierarchie von Bezugsgrößen* aufstellen, auf deren unterster Ebene i. d. R. die kurzfristigen Entscheidungen über die Produktionsmengen der Kostenträger stehen. Dagegen bilden die Entscheidungen der Kostenstellen sowie die Entscheidungen über die Betriebsbereitschaft hierarchisch übergeordnete Bezugsgrößen. Nach *Riebel* lassen sich sämtliche Kosten eines Unternehmens einer dieser Bezugsgrößen als Einzelkosten zurechnen.[106]

3. *Sämtliche Kosten und Leistungen sind unabhängig vom Kontext einer bestimmten Entscheidungssituation zweckneutral in einer Grundrechnung zu erfassen.*

Das System der relativen Einzelkostenrechnung wird von *Riebel* einerseits in Grundrechnungen der Kosten, der Erlöse und Potentiale sowie andererseits in Auswertungsrechnungen gegliedert. Die *Grundrechnung der Kosten* ähnelt als „kombinierte Kostenarten-, Kostenstellen- und Kostenträgerrechnung"[107] im Aufbau einem Betriebsabrechnungsbogen. Sie erfasst systematisch die gesamten relativen Einzelkosten eines Unternehmens, die während einer zukünftigen oder abgelaufenen Abrechnungsperiode anfielen bzw. angefallen sind. Neben der *Grundrechnung der Kosten* müssten systematisch sämtliche Umsätze (als „mehrdimensionale Umsatzstatistik") in einer *Grundrechnung der Erlöse* sowie alle verfügbaren Nutzungspotentiale und Bestände in einer *Grundrechnung der Potentiale* erfasst werden.[108] Aufgabe der Grundrechnung ist es demnach, als Datenspeicher Basisdaten für isoliert durchzuführende standar-

[104] Vgl. *Riebel* (1994), S. 239 f., 285-291.
[105] *Riebel* (1994), S. 762.
[106] Vgl. *Riebel* (1994), S. 37.
[107] *Riebel* (1994), S. 149.
[108] Vgl. *Riebel* (1994), S. 395 f.

disierte oder individuelle Auswertungen möglichst zweckneutral bereitzustellen. Eine solche Grundrechnung sollte in Form einer *relationalen Datenbank* organisiert werden,[109] da hierdurch ein selektiver (problemadäquater) Zugriff auf die für spezifische Auswertungen relevanten Daten(sätze) ermöglicht wird.[110]

4. *Auf eine Schlüsselung echter Gemeinkosten und verbundener Leistungen ist zu verzichten.*

Die Verteilung von echten Gemeinkosten in den Systemen der Vollkostenrechnung und in der Grenzplankostenrechnung lehnt *Riebel* ab, da durch eine damit verbundene Verschleierung der Kostenstruktur des Unternehmens Fehlentscheidungen induziert würden.[111] Für das System der relativen Einzelkostenrechnung fordert er daher den Verzicht auf die Schlüsselung und Überwälzung echter Gemeinkosten und auf eine Proportionalisierung von Fixkosten. Auch variable Gemeinkosten werden (im Gegensatz zur Grenzplankostenrechnung) nicht verteilt.

5. *In zweckgerichteten Auswertungsrechnungen sind für Kontrollzwecke geeignete Kennzahlen und für betriebliche Entscheidungen relevante Deckungsbeiträge zu ermitteln.*

Die zweckneutrale Gestaltung der Grundrechnung ermöglicht alternative Auswertungen, die den verschiedenen Rechnungszielen der Kostenrechnung gerecht werden. Um unterschiedlichen Rechnungszielen und verschiedenartigen Entscheidungstatbeständen zu genügen, bedarf es jeweils zweckspezifischer *Auswertungsrechnungen,* deren Komponenten in Abhängigkeit von der Individualität und Situation der Fragestellung zu konzipieren sind.[112]

Aufgabe 13 (Lösungshinweis)

a)   Systeme der Plankostenrechnung

a1) Prämissen der Plankostenrechnung

Je nachdem, von welchen Prämissen bzgl. der Beschäftigung auszugehen ist, wird zwischen einer starren und einer flexiblen Plankostenrechnung (PKR) unterschieden.[113] Letztere kann wiederum entweder auf Voll- oder auf Teilkosten basieren. Tabelle L-3 gibt einen Überblick über die Prämissen der einzelnen Systeme.

---

[109] Vgl. hierzu z. B. *Riebel/Sinzig* (1981) und (1982).
[110] Vgl. *Riebel* (1993), Sp. 1526.
[111] Vgl. *Riebel* (1994), S. 35 f.
[112] Vgl. *Riebel* (1994), S. 430-443.
[113] Vgl. *Ossadnik* (2003), S. 101-121.

System / Prämissen	Starre PKR	Flexible PKR auf Vollkostenbasis	Flexible PKR auf Teilkostenbasis (GrenzPKR)
Geplante Beschäftigung	Fest vorgegeben (starr)	Variabel, die einzige entscheidungsrelevante Kosteneinflussgröße	Variabel, die einzige entscheidungsrelevante Kosteneinfluss-größe
Geplante Wertkomponente	Fest vorgegeben (starr), feste Verrechnungspreise		
Geplante Kosteneinflussgrößen	Fest vorgegeben (starr)		
Kostenansatz	Ansatz von Vollkosten; deterministisch	Eindeutige Trennung aller Plankosten in (beschäftigungs-) proportionale und -fixe Bestandteile; Ansatz von Vollkosten mit gesonderter Erfassung der variablen Kosten; deterministisch	Eindeutige Trennung aller Plankosten in (beschäftigungs-) proportionale und -fixe Bestandteile; Ansatz von Teilkosten; variable Kosten als entscheidungsrelevante Kosten; deterministisch

Tabelle L-3:   Prämissen der Plankostenrechnungssysteme

a2) Vor- und Nachteile der starren Plankostenrechnung

Vorteile:

- System gestattet in der laufenden Abrechnung eine einfache und schnelle Handhabung der laufenden Abrechnung.
- Es wird eine Kostenplanung durchgeführt.

Nachteile:

- Die Aussagekraft der Kostenkontrolle wird durch die fehlende Anpassung der Plankosten an die wechselnde Istbeschäftigung zwangsläufig beeinträchtigt.
- Da eine Aufteilung der Plankosten in fixe und variable Bestandteile nicht möglich ist und die nicht zurechenbaren Fixkosten auf die einzelnen Kostenträger verrechnet werden, wird gegen das Verursachungsprinzip verstoßen.

a3) Vor- und Nachteile der flexiblen Plankostenrechnung auf Vollkostenbasis

Vorteil:

- Sie ermöglicht eine wirksame Kostenkontrolle in der Kostenarten- wie auch in der Kostenstellenrechnung.

Nachteil:

- Sie erfüllt die dispositiven Aufgaben der Kostenrechnung nur mangelhaft. Die Aufteilung der Plankosten in fixe und variable Bestandteile dient nur der Anpassung der Kostenvorgabe an Beschäftigungsschwankungen für die laufende Kostenkontrolle. In die Kalkulationssätze werden wie in jeder anderen Vollkostenrechnung fixe Kosten einbezogen.

a4) Variator[114]

Der *Variator* ist eine Maßgröße, die die Trennung in fixe und variable Kosten unterstützt. Diese Maßgröße gibt den relativen Anteil der proportionalen Plankosten an den gesamten Plankosten an. Statt der prozentualen Schreibweise wird für den Variator die Zahl 10 als Basis verwendet. Danach ist der Variator einer voll variablen Kostenart stets 10, und der Variator einer fixen Kostenart beträgt 0. Ein Variator zeigt die Kostenveränderung bei einer zehnprozentigen Beschäftigungsänderung auf.

Die Variatorrechnung führt allerdings nur dann zu richtigen Ergebnissen, wenn ein stetiger linearer Kostenverlauf gegeben ist. Treten sprungfixe Kosten auf, so müssen für die verschiedenen Beschäftigungsintervalle unterschiedliche Variatoren gebildet werden (Sprungvariatoren). Ferner wird bei der Festlegung der Variatoren i.d.R nicht beachtet, dass sich die Kosten bei einem Rückgang der Beschäftigung anders verhalten als bei einer Verbesserung der Beschäftigungslage.

b) Durchführung der flexiblen Plankostenrechnung auf Vollkostenbasis

− Rechnerische Darstellung der Abweichungen

Der Variator von 6 besagt, dass 60% der Gesamtkosten proportionale Plankosten sind. Für die Daten

K^P $= 2.500.000$ GE

KV^P $= 2.500.000 \cdot 0,6 = 1.500.000$ GE

KF^P $= 1.000.000$ GE

x^P $= 120.000 \cdot 0,5 = 60.000$ Std.

ergibt sich demnach Folgendes:

Plankostensatz:

$$\frac{KF^P + KV^P}{x^P} = \frac{2.500.000}{60.000} \approx 41,67 \frac{GE}{Std.}$$

Verrechnete Plankosten bei Istbeschäftigung:

$$K^P_{ver} = \frac{KF^P + KV^P}{x^P} \cdot x^I = 41,67 \cdot 55.000 = 2.291.666,67 \text{ GE}$$

Sollkosten bei Istbeschäftigung:

$$K^S = KF^P + \frac{KV^P}{x^P} \cdot x^I = 1.000.000 + \frac{1.500.000}{60.000} \cdot 55.000 = 2.375.000 \text{ GE}$$

---

[114] Vgl. *Kilger* (2002), S. 275 f.

104   II. 1 Kurzfristiger kalkulatorischer Erfolg (Lösungen)

Verbrauchsabweichung

ΔV = Istkosten auf Basis von Planpreisen − Sollkosten bei Istbeschäftigung
= $K^I - K^S$ = 3.000.000 − 2.375.000 = 625.000 GE

Durch ΔV ist die Mengendifferenz des Verbrauchs angegeben. Die Verbrauchsabweichung zeigt den vom Kostenstellenleiter zu verantwortenden Mehr- oder Minderverbrauch an Produktionsfaktoren auf. Die Ursachen dafür können in einer nicht wirtschaftlichen bzw. wirtschaftlichen Verwendung der Faktoren in der Kostenstelle liegen. Andere Gründe können sein:[115]

1. *anlagenbedingte* Ursachen (z. B. wenn eine Maschine nicht mehr betriebsoptimal genutzt wird und Wirtschaftlichkeitsvorgaben nicht mehr eingehalten werden können)
2. *verfahrensbedingte* Ursachen (z. B. führt eine Änderung des Fertigungsverfahrens zu abweichendem Verbrauch)
3. *konstruktionsbedingte* Ursachen (z. B. haben in der Kosten- und Leistungsrechnung nicht berücksichtigte Konstruktionsänderungen Verbrauchsänderungen zur Folge)
4. *arbeitskräftebedingte* Ursachen (z. B. längere Anlernzeiten)
5. *materialbedingte* Ursachen (z. B. Qualitätsmängel)

Diese Kosten sollten, sobald sie bekannt sind, durch eine Änderung der Sollkosten berücksichtigt werden. Der Kostenstellenleiter darf für sie nicht verantwortlich gemacht werden.

Beschäftigungsabweichung

ΔB = Sollkosten bei Istbeschäftigung − verrechnete Plankosten bei Istbeschäftigung

= $K^S - K^P_{ver}$ = 2.375.000 − 2.291.666,67 = 83.333,33 GE

Die Beschäftigungsabweichung beruht auf einer von der Planbeschäftigung abweichenden Kapazitätsauslastung. In dem betrachteten Fall wurde die Planbeschäftigung unterschritten. Dies führt dazu, dass die Fixkosten nicht vollständig auf die Kostenträger verrechnet werden. Der nicht verrechnete Anteil der Fixkosten bildet die Beschäftigungsabweichung.

I. d. R. besitzt der Kostenstellenleiter keinen oder nur einen geringen Einfluss auf die Beschäftigung seines Kostenbezirks. Beschäftigungsabweichungen infolge nicht genutzter Kapazitäten (hier 5000 Std.) sind daher nicht von der Kostenstelle zu verantworten.

„Echte" Beschäftigungsabweichung

ΔEB = Sollkosten bei Istbeschäftigung − Plankosten = $K^S - K^P$
= 2.375.000 − 2.500.000 = −125.000 GE

---

[115] Vgl. *Agthe* (1963), S. 125-127.

Diese Abweichung gibt nur die Fehler bei der Kostenplanung an. Es handelt sich daher nicht um eine Wirtschaftlichkeitsabweichung.

Gesamtabweichung

$$\Delta G = \Delta V + \Delta B + \Delta p = K^I - K^P_{ver} = 3.000.000 - 2.291.666,67 = 708.333,33 \text{ GE}$$

Preisabweichungen sind hier nicht vorhanden. Eine solche Abweichung hätte keine Aussagekraft für Steuerungszwecke.

– Grafische Darstellung der Abweichungen (vgl. Abbildung L-5)[116]

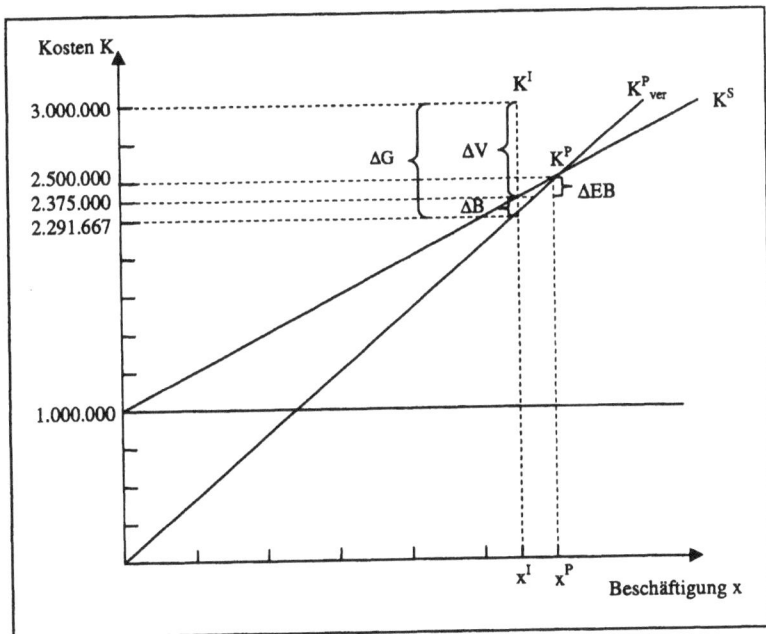

Abbildung L-5:   Abweichungen in der flexiblen Plankostenrechnung auf Vollkostenbasis I

Aufgabe 14 (Lösungshinweis)

a) Flexible Plankostenrechnung auf Vollkostenbasis

Ermittlung der Plankosten und -beschäftigung

Planbeschäftigung in der Periode (x^P):

---

[116] Aus drucktechnischen Gründen kann bei dieser und entsprechenden weiteren Abbildungen die Einhaltung des im Aufgabentext empfohlenen Maßstabes nicht gewährleistet werden.

x^P = 4 (Maschinen) · 8 (Std./(Maschine · Tag)) · 12 (Wochen) · 5 (Tage/Woche)
  = 1.920 Std.

Plankosten in der Periode (K^P):

K^P = 100.000 (GE/Woche) · 12 (Wochen) = 1.200.000 GE

Ermittlung der Istbeschäftigung und -kosten

Istbeschäftigung in der Periode (x^I):

x^I = 4 (Maschinen) · 8 (Std./(Maschine · Tag)) · 9 (Wochen) · 5 (Tage/Woche)
  = 1.440 Std.

Istkosten in der Periode (K^I): K^I = 1.000.000 GE

Plankostensatz:

$$\frac{KF^P + KV^P}{x^P} = \frac{1.200.000}{1.920} = 625 \frac{GE}{Std.}$$

Verrechnete Plankosten bei Istbeschäftigung:

$$K^P_{ver} = \frac{KF^P + KV^P}{x^P} \cdot x^I = 625 \cdot 1.440 = 900.000 \text{ GE}$$

Ermittlung der Sollkosten bei Istbeschäftigung mittels eines Variators:

Möglichkeit 1

Die Sollkosten können auf Basis der Kostenfunktion ermittelt werden:

$$K^S = K^P \cdot \left(1 - \frac{v}{10}\right) + K^P \cdot \frac{v}{10} \cdot \frac{x^I}{x^P} = 1.200.000 \cdot \left(1 - \frac{5,5}{10}\right) + 1.200.000 \cdot \frac{5,5}{10} \cdot \frac{1.440}{1.920}$$
$$= 1.035.000 \text{ GE}$$

Möglichkeit 2

Ein Variator von 5,5 besagt, dass sich bei einer zehnprozentigen Beschäftigungs-änderung die Kosten insgesamt um 5,5% verändern. In der Aufgabe liegt die Istbeschäftigung mit 1.440 Stunden um 25% $\left(\frac{480}{1.920} = 25\%\right)$ unter der Planbeschäftigung von 1.920 Stunden. Folglich müssen die dazugehörigen Sollkosten um

$$25\% \cdot \frac{5,5}{10} = 13,75\%$$

unter den Plankosten der Basisbeschäftigung in Höhe von 1.200.000 GE liegen. Die Sollkosten belaufen sich dementsprechend auf

$$K^S = 1.200.000 - 0,1375 \cdot 1.200.000 = 1.035.000 \text{ GE}$$

Die *Verbrauchsabweichung* gibt Auskunft über den Mehr- oder Minderverbrauch:

$$\Delta V = K^I - K^S = 1.000.000 - 1.035.000 = -35.000 \text{ GE}$$

Die *Beschäftigungsabweichung* entspricht dem Fixkostenanteil, der bei Istbeschäftigung nicht mittels des Plankostenverrechnungssatzes auf die Kostenträger verteilt worden ist:

$$\Delta B = K^S - K^P_{ver} = 1.035.000 - 900.000 = 135.000 \text{ GE}$$

Die *echte Beschäftigungsabweichung* weist Fehler in der Kostenplanung aus. Sie ist keine Wirtschaftlichkeitsabweichung, sondern eine reine Planabweichung:

$$\Delta EB = K^S - K^P = 1.035.000 - 1.200.000 = -165.000 \text{ GE}$$

Die hier relevante *Gesamtabweichung* ergibt sich anhand der Summe aus Verbrauchs- und Beschäftigungsabweichung:

$$\Delta G = \Delta V + \Delta B = -35.000 + 135.000 = 100.000 \text{ GE}$$

$$(= K^I - K^P_{ver} = 1.000.000 - 900.000)$$

Die relevanten Abweichungen sind in Abbildung L-6 dargestellt.

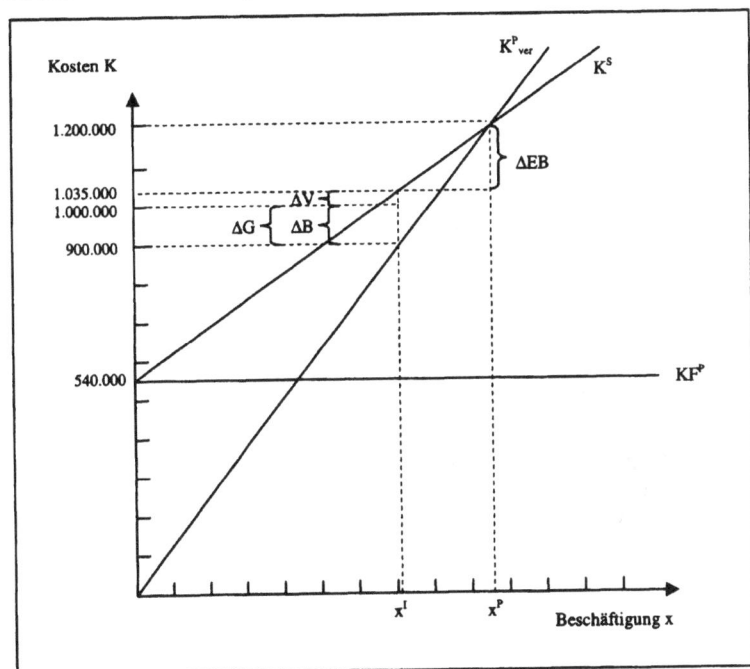

Abbildung L-6:   Abweichungen in der flexiblen Plankostenrechnung auf Vollkostenbasis II

b) Grenzplankostenrechnung

In der Grenzplankostenrechnung werden die fixen und die variablen Kosten getrennt betrachtet. Die variablen Plankosten werden im vorliegenden Fall mit Hilfe des Variators bestimmt. Dieser gibt an, wie viel Prozent der geplanten Gesamtkosten sich proportional zu Beschäftigungsschwankungen verändern. Die geplanten variablen Kosten betragen demnach:

$$K^P(GPKR) = KV^P = K^P \cdot \frac{v}{10} = 1.200.000 \cdot 0,55 = 660.000 \text{ GE}$$

Die geplanten Fixkosten ergeben sich wie folgt:

$$KF^P = K^P \cdot \left(1 - \frac{v}{10}\right) = 1.200.000 \cdot 0,45 = 540.000 \text{ GE}$$

Da sich definitonsgemäß nur die variablen Kosten bei Beschäftigungsschwankungen ändern,[117] werden KV^I für eine Istbeschäftigung von 1.440 Std. wie folgt bestimmt:

$$K^I(GPKR) = KV^I = K^I - KF^P = 1.000.000 - 540.000 = 460.000 \text{ GE}$$

Die Grenzplankostenrechnung kennt keine *Beschäftigungsabweichung*, da keine Fixkosten abgebildet werden und dementsprechend die Sollkosten gleich den verrechneten Plankosten sind.

Ermittlung der Sollkosten bzw. der verrechneten Plankosten:

$$K^P_{verr} = K^S = \frac{KV^P}{x^P} \cdot x^I = \frac{660.000}{1.920} \cdot 1.440 = 495.000 \text{ GE}$$

Die *Verbrauchsabweichung* beträgt demnach (vgl. Abbildung L-7):

ΔV = Istkosten (GPKR) – Sollkosten bei Istbeschäftigung

= 460.000 – 495.000 = –35.000 GE

Die tatsächlichen variablen Kosten unterschreiten die Sollkosten um ca.7%.

Wie die flexible Plankostenrechnung auf Vollkostenbasis ermöglicht die Grenzplankostenrechnung eine aussagefähige Kostenkontrolle. Im Gegensatz zu ihr liefert sie keine verrechneten Vollkosten auf der Ebene der Kostenträgerstückrechnung, stellt aber die für kurzfristige Entscheidungen relevanten Grenzkosten je Kostenträger dar.[118]

---

[117] Vgl. z. B. *Coenenberg* (2003), S. 355.
[118] Vgl. *Coenenberg* (2003), S. 356.

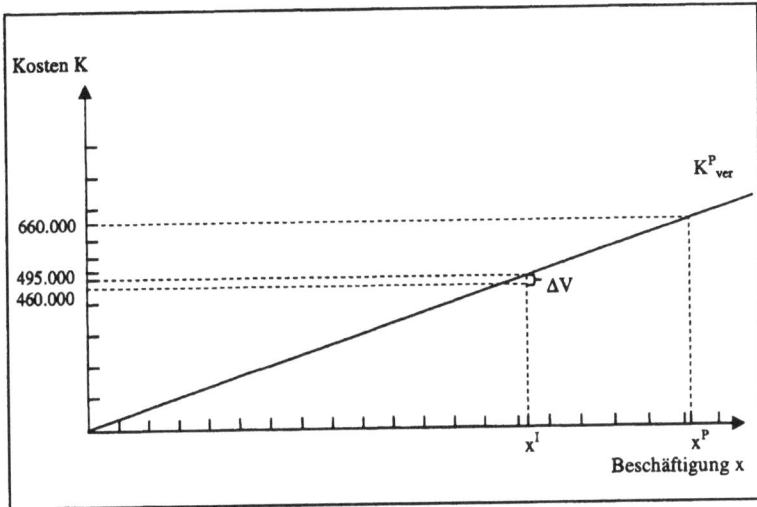

Abbildung L-7:   Verbrauchsabweichung in der Grenzplankostenrechnung

c) Starre Plankostenrechnung

Bei Anwendung einer starren Plankostenrechnung lassen sich folgende Kostenabweichungen ermitteln (vgl. auch Abbildung L-8).

1. Δ_1 = Plankosten bei Planbeschäftigung – Istkosten

      = 1.200.000 – 1.000.000 = 200.000 GE

Diese Abweichung lässt im Vergleich zu Teilaufgabe a) keine exakte Aussage über die Wirtschaftlichkeit zu, da nicht festzustellen ist, ob die Differenz von 200.000 GE auf eine ungenügende Auslastung der Fertigungskapazitäten (= Beschäftigungsabweichung) und/oder auf einen unplanmäßigen Verzehr von Wirtschaftsgütern (= Verbrauchsabweichung) zurückzuführen ist.

2. Δ_2 = Istkosten – verrechnete Plankosten

      = 1.000.000 – 900.000 = 100.000 GE

Diese Kostendifferenz ist wenig aussagefähig, da aufgrund der Proportionalisierung der Plan-Fixkosten in den verrechneten Plan-Gemeinkosten bei Istbeschäftigung fixe Kostenbestandteile enthalten sind. Infolgedessen kann die Abweichung sowohl aus einem übermäßigen Verzehr an Wirtschaftsgütern als auch aus einer ungenügenden Kapazitätsauslastung herrühren.

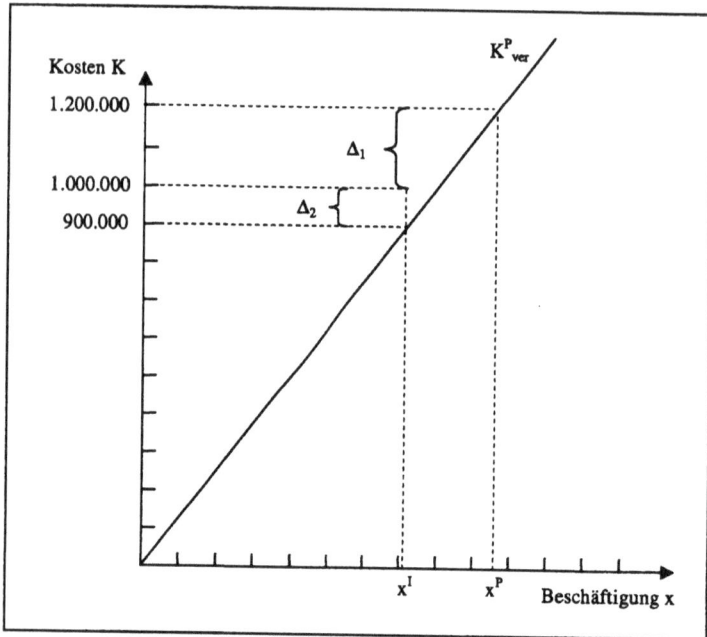

Abbildung L-8:   Abweichungen in der starren Plankostenrechnung

Aufgabe 15 (Lösungshinweis)

a) Ermittlung der Teilprozesskosten und -kostensätze

Jeweilige Gesamtkapazität der Kostenstellen (in MJ):

I: $3{,}1 + 2{,}5 + 0{,}4 = 6{,}0$

II: $1{,}7 + 2{,}1 + 0{,}2 = 4{,}0$

III: $4{,}5 + 1{,}8 + 5{,}7 = 12{,}0$

Für die zugerechneten Teilprozesskosten (TPK) gilt allgemein:

TPK_i = Kostenstellenkosten (beanspruchte Kapazität des Teilprozesses/Gesamtkapazität der Kostenstelle)

Kostenstelle I (vgl. Tabelle L-4):

TPK_1: $90.000 \cdot (3{,}1 : 6) = 46.500$

TPK_2: $90.000 \cdot (2{,}5 : 6) = 37.500$

TPK_3: $90.000 \cdot (0{,}4 : 6) = 6.000$

Kostenstelle I: Wareneingang						
TP-Nr.	TP-Kosten (lmi)	TP-Kostensatz (lmi)	TP-Kosten (lmn)	TP-Kostensatz (lmn)	TP-Kosten (Gesamt)	TP-Kostensatz (Gesamt)
TP_1	46.500	3,100	3.321,429	0,221	49.821,429	3,321
TP_2	37.500	4,688	2.678,571	0,335	40.178,571	5,023
TP_3			6.000			

Tabelle L-4:　Teilprozesskosten und Teilprozesskostensätze der Kostenstelle I

Kostenstelle II (vgl. Tabelle L-5):

TPK_4:　80.000 · (1,7 : 4) = 34.000

TPK_5:　80.000 · (2,1 : 4) = 42.000

TPK_6:　80.000 · (0,2 : 4) = 4.000

Kostenstelle II: Qualitätsprüfung						
TP-Nr.	TP-Kosten (lmi)	TP-Kostensatz (lmi)	TP-Kosten (lmn)	TP-Kostensatz (lmn)	TP-Kosten (Gesamt)	TP-Kostensatz (Gesamt)
TP_4	34.000	1,789	1.789,474	0,094	35.789,474	1,883
TP_5	42.000	2,800	2.210,526	0,147	44.210,526	2,947
TP_6			4.000			

Tabelle L-5:　Teilprozesskosten und Teilprozesskostensätze der Kostenstelle II

Kostenstelle III (vgl. Tabelle L-6):

TPK_7:　150.000 · (4,5 : 12) = 56.250

TPK_8:　150.000 · (1,8 : 12) = 22.500

TPK_9:　150.000 · (5,7 : 12) = 71.250

Kostenstelle III: Lager						
TP-Nr.	TP-Kosten (lmi)	TP-Kostensatz (lmi)	TP-Kosten (lmn)	TP-Kostensatz (lmn)	TP-Kosten (Gesamt)	TP-Kostensatz (Gesamt)
TP_7	56.250	1,406	0	0	56.250	1,406
TP_8	22.500	1,731	0	0	22.500	1,731
TP_9	71.250	2,227	0		71.250	2,227

Tabelle L-6:　Teilprozesskosten und Teilprozesskostensätze der Kostenstelle III

b) Ermittlung der Hauptprozesskostensätze (vgl. Tabelle L-7)

Haupt-prozess (HP)	Hauptprozesskosten	Hauptprozesskostensatz
HP$_1$	46.500 + 34.000 + 42.000 = 122.500	122.500/15.000 = 8,167
HP$_2$	37.500 + 0,5379 · 56.250 = 67.756,875	8,470
HP$_3$	0,4621 · 56.250 + 22.500 = 48.493,125	3,730

Tabelle L-7:   Kosten und Kostensätze der Hauptprozesse der Beschaffungs- und Produktionslogistik

c) Ziele und Prämissen der Prozesskostenrechnung

Die *Ziele der Prozesskostenrechnung* sind vielfältig und mehr oder weniger miteinander verbunden.[119]

– Die Prozesskostenrechnung bezweckt eine möglichst *verusachungsgerechte Kalkulation*, bei der die *gesamten Kosten* der berücksichtigten Unternehmensbereiche den Produkten zugerechnet werden.

– Die Beurteilung der Prozesskostenrechnung als ein Kostenrechnungssystem zur *verursachungsgerechten Verteilung der Gemeinkosten* bedarf einer näheren Erläuterung, da der Großteil der Kostenstellenkosten im indirekten Unternehmensbereich echte Gemeinkosten sind, die einzelnen Kostenträgern definitionsgemäß nicht zugeordnet werden können[120] und mehrheitlich einen kurzfristigen, mittelfristig aber einen (intervall-)fixen Charakter haben.[121]

– Die *Planung der Kosten der indirekten Unternehmensbereiche und die Durchführung einer Kostenkontrolle* kann in Form von kostenstellenbezogenen und -übergreifenden Soll-Ist-Vergleichen erfolgen. Möglich ist auch ein innerbetriebliches Benchmarking für den gleichen (Haupt-)Prozess in verschiedenen Betriebsstätten.

– Angestrebt werden eine *Erhöhung der Kostentransparenz* in den indirekten Unternehmensbereichen und eine Bestimmung der abteilungsübergreifenden Faktoren, die die Höhe der Gemeinkosten beeinflussen.

– Durch die Prozesskostenrechnung sollen neue Wege *zur Bestimmung von innerbetrieblichen Verrechnungspreisen* eröffnet werden. Dies ermöglicht ein Management der indirekten Leistungen, insbesondere zum Zwecke eines effizienten Ressourcenverbrauchs.

– Die Prozesskostenrechnung liefert Anhaltspunkte für die *Eliminierung wertschöpfungsneutraler Aktivitäten*, die bereits bei der Tätigkeitsanalyse auf Kos-

[119] Vgl. *Fandel/Heuft/Pfaff/Pitz* (1999), S. 391-393.
[120] Vgl. zu den Prinzipien *Kloock/Sieben/Schildbach* (1999), S. 51-56.
[121] Vgl. *Franz* (1993), S. 77; *Mayer* (1996), S. 55.

tenstellenebene aufgedeckt und durch entsprechende Rationalisierungsmaßnahmen abgebaut werden können.

— Die Ergebnisse der Prozesskostenrechnung sollen bei *der Entwicklung neuer Produkte* (z. B. im Rahmen eines Target Costing-Konzepts) *entscheidungsunterstützend* wirken. Da etwa 80% der Gesamtkosten bereits in der Entwicklungs- und Konstruktionsphase determiniert werden,[122] ist es besonders wichtig, bereits hier alle in nachfolgenden Phasen anfallenden Kosten – auch die Gemeinkosten – bei der Bewertung der Produktalternativen zu berücksichtigen.

— Durch die Prozesskostenrechnung soll der Anwendungsbereich von *make-or-buy-Entscheidungen* auf die Leistungen der indirekten Bereiche erweitert werden. Die Prozesskostensätze ermöglichen einen Vergleich zwischen den Angeboten externer Dienstleistungsunternehmen und den Kosten der eigenen indirekten Leistungsbereiche.

Trotz der Ziele und der damit verbundenen Möglichkeiten ist zu bedenken, dass auch beim Einsatz der Prozesskostenrechnung Fehlsteuerungen möglich sind. Kann doch einer Proportionalisierung der Gemeinkosten ein Irrtum über die Abbaubarkeit von – zumindest kurzfristigen – Kosten zugrunde liegen.[123] Die Prozesskostenrechnung basiert auf *Prämissen*,[124] die miteinander verbunden sind und im Folgenden diskutiert werden:

— Proportionalität zwischen Prozesskosten und Bezugsgrößenmenge,

— Abhängigkeit der Prozesskosten von nur einer Kosteneinflussgröße,

— exakte Ermittlung der Prozesskosten sowie der Prozessmenge und

— Ermittlung aller Teilprozesse.

Die Prozesskostenrechnung unterstellt bei den Teil- und Hauptprozessen einen proportionalen Zusammenhang zwischen den leistungsmengeninduzierten Prozesskosten und den Bezugsgrößenmengen.

Noch kritischer muss die Annahme der Proportionalität auf der Hauptprozessebene betrachtet werden. Eine solche Annahme setzt voraus, dass alle zugeordneten Teilprozesse bei der Ausführung des Hauptprozesses realisiert und auch jedes Mal in gleichem Maße beansprucht werden.

Problematisch ist auch die Annahme der *exakten Ermittlung der Prozesskosten und -mengen.* Aufgrund des hohen Anteils an Fixkosten in den indirekten Unternehmensbereichen können diese Kostenarten zumeist in Anlehnung an die Kostenzurechnungsprinzipien[125] nur nach dem Beanspruchungsprinzip und somit nicht nach dem „strengen" Verursachungsprinzip auf die einzelnen Teilprozesse verteilt werden.

---

[122] Vgl. *Fandel/Heuft/Pfaff/Pitz* (1999), S. 393.
[123] Vgl. *Fröhling* (1992a), S. 725; *Kloock* (1992).
[124] Vgl. im Folgenden u. a. *Glaser* (1992), S. 280; *Kloock* (1992), S. 188; *Götze* (1997), S. 163; *Schweitzer/Küpper* (2003), S. 349.
[125] Zu den Prinzipien vgl. detaillierter *Kloock/Sieben/Schildbach* (1999), S. 51-56.

Begreiflicherweise legt die Kostenrechnungstheorie keine allgemeingültigen Regeln zur Durchführung der Prozesskostenrechung fest. Daher muss ihr Aufbau unternehmensspezifisch gestaltet werden. So bestimmt der angestrebte *Detaillierungsgrad* die Anzahl der Teil- und Hauptprozesse. Dadurch ist die Prämisse der Aufnahme aller kostenverursachenden Teilprozesse auf Kostenstellenebene u. U. nicht erfüllt. Auch hängt eine realitätsnahe Zuordnung der Teilprozesse als lmi- oder lmn-Teilprozesse und die Bestimmung der Prozessbezugsgrößen von den subjektiven Einschätzungen der an der Durchführung beteiligten Personen ab.

Aufgabe 16 (Lösungshinweis)

Im Zusammenhang mit einer verursachungsgerechteren Kostenzuordnung wird der Prozesskostenrechnung u. a. die Eignung zugesprochen, eine „strategische Kalkulation" zu unterstützen. Dies bedeutet aber noch nicht, dass die Prozesskostenrechnung ein strategisches Rechnungssystem darstellt. Um diesbezüglich eine Beurteilung vornehmen zu können, wird im Weiteren zwischen *strategischen Rechnungssystemen i .e. S.* und *Entscheidungsmodellen* unterschieden. Aus Abbildung L-9[126] sind die Kriterien ersichtlich, denen ein strategisches Rechnungssystem i. e. S. genügen sollte.

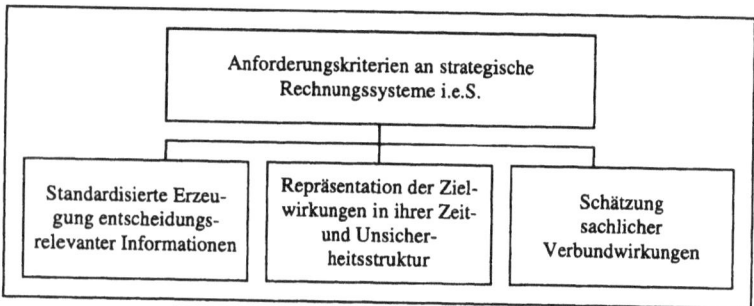

Abbildung L-9:   Anforderungskriterien an strategische Rechnungssysteme i. e. S.

Die klassische entscheidungsorientierte Kostenrechnung kommt als „strategische Kostenrechnung" nicht in Betracht, auch wenn sie über standardisierte Zurechnungsverfahren aus nicht entscheidungsrelevanten Kostenarteninformationen entscheidungsrelevante Kostenträgerinformationen erzeugt.

Strategische Entscheidungen weisen einen langen Wirkungshorizont auf. Da alle Kosten langfristig beeinflussbar sind, liegt die These nahe, dass auf strategischer Ebene Vollkosten entscheidungsrelevant sind. Vielfach wird der Vollkostenrechnung – und somit auch der Prozesskostenrechnung – schon aus diesem Grund eine Eignung zur Fundierung strategischer Entscheidungen zugesprochen. Dann könnten indes alle (d. h. auch traditionelle) Vollkostenrechnungen als „strategische

---

[126]   Vgl. dazu und zum Folgenden *Ossadnik/Maus* (1995), S. 145 f.

Kostenrechnungen" bezeichnet werden. Da Strategien häufig nur einen Teil der Kapazitäten beeinflussen, Vollkosten jedoch die Veränderbarkeit aller Kapazitäten implizieren, können Vollkosten nicht in jedem Fall die durch eine Strategie induzierten negativen Erfolgsbeiträge erfassen

Die Prozesskostenrechnung kann strategische Entscheidungen unterstützen. Mit ihrer Hilfe können im Rahmen einer Prozessanalyse nicht-wertschöpfende Prozesse sowie Reduktionspotentiale innerhalb der unternehmensrelevanten Kostenstruktur aufgezeigt werden. Damit stellt sie entscheidungsrelevante Informationen bereit und erfüllt ein an eine strategische Kostenrechung zu stellendes Anforderungskriterium.[127]

Mit der Prozesskostenrechnung können sowohl die Verbundwirkungen alternativer Handlungsstrukturen als auch deren Zeit- und Unsicherheitsstruktur selbst auf niedrigem Aggregationsniveau nicht abgebildet werden.[128] Damit werden zwei weitere Anforderungskriterien nicht erfüllt. Demnach ist die Prozesskostenrechnung insgesamt kein eigenständiges Rechnungssystem zur hinreichenden Fundierung strategischer Entscheidungen („strategisches Rechnungssystem i. e. S.").

Aufgabe 17 (Lösungshinweis)

a)   Kostenrechnung vs. Kostenmanagement

Im Mittelpunkt der traditionellen *Kostenrechnung* stehen die Ermittlung und Zurechnung der Kosten auf die Bezugsobjekte (Produkte).[129] Die Kostenrechnung geht von festen betrieblichen Strukturen (gegebenen Kapazitäten, Produktionsverfahren, Produktspezifikationen) aus und dient zur Aufdeckung und Analyse bereits angefallener Kostenabweichungen.[130] Sie lässt sich damit als eher *reaktiv* charakterisieren.

Das *Kostenmanagement* verfolgt im Gegensatz dazu die Zielsetzung, den Komplex der Bedingungen, der Kosten entstehen lässt, zu verändern. Verstanden werden kann Kostenmanagement als die „Gesamtheit aller Steuerungsmaßnahmen, die der frühzeitigen und antizipativen Beeinflussung von *Kostenstruktur* und *Kostenverhalten* sowie der Senkung des *Kostenniveaus* dienen."[131] Das Kostenmanagement übernimmt somit eine Gestaltungsfunktion und ist im Gegensatz zur traditionellen Kostenrechnung als *aktiv* zu bezeichnen.[132]

Zusammenfassend lässt sich folgern: Ziel des Kostenmanagements ist die zielgerichtete Beeinflussung von Kosten. Durch Steuerungsmaßnahmen sollen möglichst frühzeitig die Kostenstruktur, das Kostenniveau und der Kostenverlauf im Sinne der unternehmerischen Zielsetzung beeinflusst werden. Bei dieser Vorgehensweise steht eine konsequente Marktorientierung im Mittelpunkt. Voraussetzung für ein

---

[127]   Vgl. hierzu *Ossadnik/Maus* (1995), S. 147-150; *Ossadnik/Carstens/Lange* (1997).
[128]   Vgl. *Schiller/Lengsfeld* (1999), S. 539.
[129]   Vgl. *Hardt* (1998), S. 7.
[130]   Vgl. *Coenenberg* (2003), S. 438; *Hardt* (1998). S. 7.
[131]   *Dellmann/Franz* (1994), S. 17.
[132]   Vgl. *Coenenberg* (2003), S. 438.

effektives Kostenmanagement sind jedoch Informationen über die Kosten. Dafür werden wiederum die traditionellen Kostenrechnungssysteme benötigt.

b) Target Costing

Grundprinzip

Das target costing ist als bewusster Gegensatz zu traditionellen Kostenrechnungssystemen konzipiert. Traditionelle Systeme sind vorwiegend auf den Herstellungsprozess ausgerichtet, d. h. die grundsätzliche Fragestellung lautet hier: „Was kostet ein Produkt?" Dem setzt das target costing eine konsequente *Markt- und Kundenorientierung* entgegen und fragt: „Was darf ein Produkt kosten?" Ferner wirkt target costing schon zu Beginn des Entstehungszyklus eines Produkts auf eine Beeinflussung der Kosten hin und setzt diese Einwirkung über den gesamten Lebenszyklus des Produkts fort.

Vorgehensweise

Der idealtypischen Ablauf des target costing[133] wird aus dem Schema der Abbildung L-10[134] ersichtlich. Demnach vollzieht sich die Vorgehensweise in 5 wesentlichen Schritten, die im Folgenden kurz genannt und erläutert werden sollen.[135] Dabei werden die in der Aufgabenstellung erfragten Möglichkeiten der Kostensenkung bei Vorliegen von Zielkostendifferenzen als Bestandteil eines dieser Schritte noch anzusprechen sein.

1. *Ermittlung eines potentiellen Marktpreises und der potentiellen Stückzahl des neuen Produkts durch Kundenbefragung*

Das target costing geht von der Annahme aus, dass ein Kunde jenes Produkt wählt, das ihm den höchsten *Nutzen* (bei gegebener Preis-Mengen-Relation) stiftet. Dies ist der Ausgangspunkt einer vorzunehmenden *Marktforschungsstudie*.

Verschiedenen Befragten werden mehrere Produkte mit den jeweils dazugehörigen Preisen vorgelegt. Nachdem sich ein Befragter für ein bestimmtes Produkt entschieden hat, wird der Preis dieses Produkts solange verändert, bis eine Veränderung der Reihenfolge der Vorziehenswürdigkeit der Produktalternativen eintritt. Über alle Befragten betrachtet kann so nach und nach eine *Preis-Absatz-Funktion* des relevanten Kundenkreises ermittelt werden. Dabei werden i. d. R. Antworten von etwa 150 bis 200 Befragten berücksichtigt, wenn es sich um ein Produkt handelt, das häufigen Wiederholungskäufen ausgesetzt ist.

---

[133] Vgl. dazu *Coenenberg* (2003), S. 444–460; *Freidank* (2001), S. 369-391.
[134] *Coenenberg* (2003), S. 443.
[135] Bei der dargestellten Vorgehensweise des target costing handelt es sich um die marktorientierte Festlegung der Zielkosten, das sog. *market into company*-Verfahren. Dieses Verfahren wird als „die klassische Reinform" des target costing bezeichnet und zu den Subtraktionsverfahren, d. h. top-down-Verfahren, gezählt. Die Darstellung anderer Verfahren zur Zielkostenbestimmung (*out of competitor, out of company, into and out of company, out of standard costs*) findet sich z. B. bei *Freidank* (2001), S. 374-377.

```
┌─────────────────┐   ┌─────────────┐   ┌─────────────────┐
│ Geplanter       │   │ Zielrendite │   │ Zulässige Kosten│
│ Absatzpreis     │ - │             │ = │ (allowable costs)│
└─────────────────┘   └─────────────┘   └─────────────────┘


┌─────────────────┐                     ┌─────────────────┐
│ Produktprofil   │                     │                 │
│ (Funktionsgewichtung│───────────────▶│ Kostenspaltung  │
│ durch Kunden)   │                     │                 │
└─────────────────┘                     └─────────────────┘


┌─────────────────┐                     ┌─────────────────┐
│ Zielkosten      │                     │ Geschätzte Kosten│
│ (target costs)  │                     │ (drifting costs)│
└─────────────────┘                     └─────────────────┘

                    drifting costs
                         =
              Ja    allowable costs?

                   Nein            ┌─────────────────┐
                                   │ Maßnahmen zur Re-│
                                   │ duzierung der    │
                                   │ drifting costs   │
                                   └─────────────────┘
```

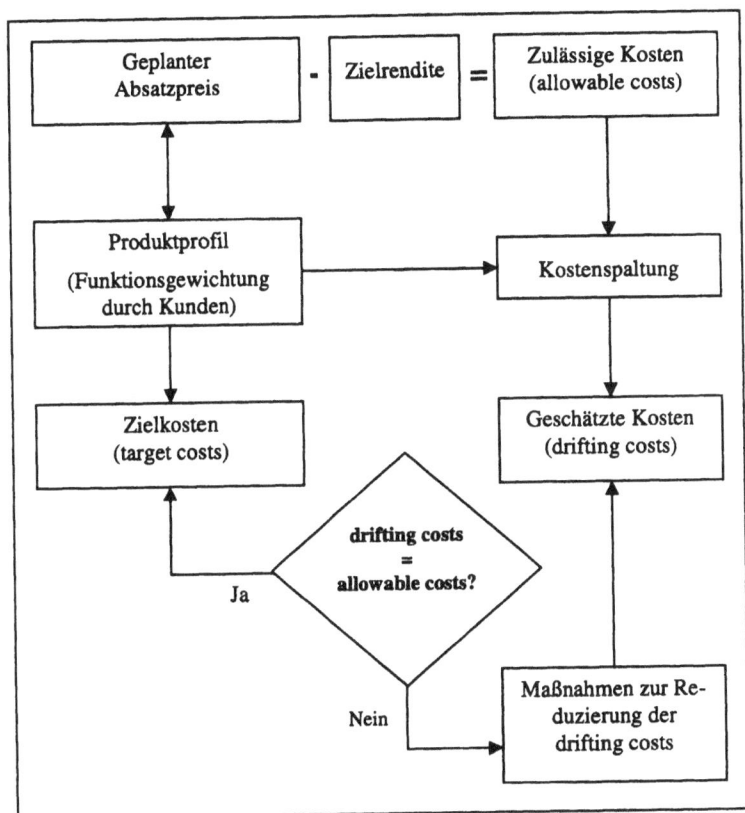

Abbildung L-10:   Vorgehensweise des target costing

Wesentlich mehr Antworten sind zu berücksichtigen, wenn der Kauf des Produkts den Charakter eines Einmalkaufes aufweist.

Alternativ zur Kundenbefragung wird teilweise auch auf eine (unternehmensinterne) *Expertenbefragung* zurückgegriffen. Dem Vorteil geringerer Kosten steht hier der Nachteil gegenüber, keine direkten Informationen des Markts berücksichtigt zu haben. Die Expertenbefragung entspricht somit – streng genommen – nicht exakt dem ursprünglichen Konzept des target costing.

Parallel zur Ermittlung des potentiellen Preises wird die Wichtigkeit einzelner Produktmerkmale abgefragt, um sich Klarheit über die Wahrnehmung des *Produktprofiles* durch die Kunden zu verschaffen. Dieser Schritt ist wesentlich für spätere Schritte.

Schließlich resultiert der *geplante Umsatz*, indem der ermittelte *potentielle Marktpreis* mit der *potentiell absetzbaren Stückzahl* multipliziert wird.

2. Bestimmung der zulässigen Kosten

Die Kosten, die der Markt für das Produkt akzeptiert, die sog. zulässigen Kosten (allowable costs), ergeben sich, indem vom geplanten Umsatz eine Zielrendite in Form einer Umsatzrendite abgezogen wird (vgl. Abbildung L-10). Die *allowable costs* umfassen also alle Kosten, die während des gesamten Lebenszyklus des Produkts durch Verkaufserlöse gedeckt werden können. Sie sind stark von der gewählten Zielrendite abhängig und gelten vielfach als nicht erreichbar oder als „schärfstes" Kostenziel.

3. Kostenspaltung

Die Phase der Kostenspaltung dient einer Operationalisierung der *allowable costs*. Hier wird eine *Differenzierung des Gesamtkostenblocks* nach einzelnen Funktionen und Komponenten des Produkts vorgenommen. Diese Differenzierung kann auf zwei Arten erfolgen: Bei einer *funktionsorientierten* Kostenspaltung wird der Gesamtkostenblock anhand der betrieblichen Funktionen (z. B. Entwicklung, Produktion, Marketing, Verwaltung) differenziert. Da sich diese Vorgehensweise an internen Belangen und nicht am Markt ausrichtet, wird allgemein einer *kundenorientierten* Kostenspaltung der Vorzug gegeben.

Unter Rückgriff auf die Ergebnisse der Kundenbefragung von Schritt 1 wird hier zunächst die Funktionsstruktur des Produkts mit den jeweils möglichen Merkmalsausprägungen der Funktionen bestimmt. Aus der Befragung werden dann Teilnutzenwerte der einzelnen Funktionen abgeleitet. Abschließend erfolgen eine Gewichtung der Produktfunktionen und eine darauf basierende Spaltung des Gesamtkostenblocks. Ein häufig verwendetes Instrument zur Umsetzung der kundenorientierten Kostenspaltung ist die *Conjoint-Analyse*.[136]

4. Komponentenweise Kostenschätzung

Während in den bisherigen Schritten die Vorgaben des Markts im Betrachtungsfokus standen, soll nunmehr die innerhalb des Unternehmens vorliegende Kostensituation analysiert werden. Unter Berücksichtigung der gegenwärtig zur Verfügung stehenden Lösungstechnologien werden schrittweise die *komponentenweisen Kosten*, die sog. *drifting costs*, geschätzt. Grundlage sind dabei zumeist die Herstellkosten auf Vollkostenbasis.

Insgesamt ist dem Unternehmen also zum einen aus Schritt 3 bekannt, welchen Teilnutzen die Kunden den einzelnen Komponenten zuordnen, zum anderen liefert Schritt 4 die gegenwärtig zu erwartenden Kosten je Komponente. Aus dieser Kenntnis heraus kann ein komponentenspezifischer *Zielkostenindex* berechnet werden. Dazu wird der prozentuale Anteil des Teilnutzens am Gesamtnutzen ins Verhältnis zum prozentualen Anteil der drifting costs an den Gesamtkosten gesetzt. Idealerweise entspricht der Ressourceneinsatz für eine Komponente genau der Gewichtung dieser Komponente durch die Kunden (Zielkostenindex = 1). Ein Zielkostenindex größer als 1 bedeutet, dass eine Komponente (relativ gesehen) zu billig am Markt abgegeben wird. Ein Zielkostenindex kleiner als 1 deutet demge-

---

[136] Zur Conjoint-Analyse vgl. *Ossadnik* (2003), S. 83 f.

genüber auf eine zu teure Komponente hin. Als Auswertungsmöglichkeit können die Zielkostenindizes aller Komponenten in einem *Zielkostenkontrolldiagramm* abgetragen werden. In diesem kann das Unternehmen individuell festlegen, innerhalb welcher *Zielkostenzone* eine Abweichung vom Idealwert 1 akzeptabel ist.

5. Vergleich der drifting costs mit den allowable costs

Mit Schritt 4 wird also aufgezeigt, ob die drifting costs über den allowable costs liegen. Derartige Differenzen werden *target gaps* genannt. Sie müssen durch geeignete Maßnahmen der *Kostenreduktion* beseitigt bzw. minimiert werden. Bei diesem Schritt des target costing lassen sich alle Instrumente anwenden, die der Senkung des Kostenniveaus dienen. Entsprechende Instrumente werden in neueren Veröffentlichungen vielfach dem Bereich des Kostenmanagements zugeordnet. Die einzelnen Methoden werden in *produkt-, prozess-* und *strukturorientierte* Verfahren unterschieden.[137]

Zum *Produktkostenmanagement* zählen[138]

– die Methoden der konstruktionsbezogenen Kostenbeeinflussung sowie

– die Wertanalyse.

Das *Konstruktions-Kostenmanagement* versucht, Kostensenkungsmaßnahmen in der Entwicklungs- und Konstruktionsphase eines Produkts einzuleiten.

Das Instrument der *Wertanalyse* zielt darauf ab, die Funktionen bereits konstruierter bzw. gefertigter Produkte unter Kostenaspekten auf das dem Kundennutzen entsprechende Maß zu reduzieren.

Das *Prozesskostenmanagement* konzentriert sich auf eine Beeinflussung betrieblicher Vorgänge als Kostenverrechnungs- bzw. -bestimmungsobjekte.[139]

Das *Kostenstrukturmanagement*[140] umfasst alle Maßnahmen zur Beeinflussung der Höhe und/oder der Zusammensetzung der Gemeinkosten. Dazu zählen

– das Gemeinkostenstrukturmanagement,

– das Fixkostenstrukturmanagement und

– moderne Konzepte des Kostenstrukturmanagements.

Das *Gemeinkostenstrukturmanagement* analysiert das Verhältnis von Einzel- und Gemeinkosten und bezweckt die Veränderung bestehender kostenintensiver Strukturen. Die dazugehörigen Instrumente sind die Gemeinkosten-Wertanalyse und das Zero-Based-Budgeting.

Das *Fixkostenmanagement* befasst sich mit der Abbaufähigkeit und der Flexibilität von Fixkosten. Dabei wird untersucht, inwieweit die Fixkosten in Form von Kapazitätsanpassungen abgebaut werden können.

---

[137] Eine ausführliche Beschreibung der entsprechenden Verfahren findet sich bei *Freidank* (2001), S. 391-406.
[138] Vgl. *Freidank* (2001), S. 391.
[139] Vgl. *Freidank* (2001), S. 391 f.
[140] Vgl. *Freidank* (2001), S. 398-400.

Den modernen Konzepten des *Kostenstrukturmanagements* werden diejenigen Ansätze zugeordnet, die auf eine Verschlankung aller betrieblichen Aktivitäten im Rahmen bestehender Strukturen der Aufbau- und Ablauforganisation von Unternehmen ausgerichtet sind. Dazu zählen Lean Management, Lean Production, Lean Auditing sowie Lean Controlling.

Insgesamt lässt sich festhalten, dass nach Durchlaufen aller Schritte und Übereinstimmung von drifting und allowable costs ein Produktkonzept vorliegt, das die vom Kunden gewünschten Leistungsmerkmale vorsieht und zu Kosten hergestellt werden kann, die unter marktlichen und wettbewerblichen Gegebenheiten entstehen *dürfen*. Diese Kosten werden *target costs* genannt.

Aufgabe 18 (Lösungshinweis)

a) Ermittlung der Teilnutzenfunktion des Preises und Vergleich der Modelle im Hinblick auf die maximale Preisdifferenz

Ermittlung der Teilnutzenfunktion des Preises

Die Teilnutzenfunktion des Preises stellt die Unterschiede in der Preisbereitschaft bei den einzelnen Modellen dar. Gesucht ist der funktionale Zusammenhang der Form: $p(TN) = a \cdot TN + b$. Gegeben sind zwei Punkte (10; 0,66) und (30; 0) (vgl. Tabelle A-9 und Tabelle A-10). Daraus folgt:

I) $b = 30$

II) $10 = a \cdot 0,66 + b$

$10 = 0,66 \cdot a + 30 \Leftrightarrow$

$a = (-20)/0,66 = -30$

Als Teilnutzenfunktion ergibt sich demnach: $p(TN) = 30 - 30\,TN$

Vergleich der Modelle im Hinblick auf die maximale Preisdifferenz

Summe der Teilnutzen (TN):

− Modell 1: 3,0

− Modell 2: 2,3

− Modell 3: 1,3

Vergleich der Modelle:

1 vs. 2: Nutzendifferenz 0,7; als Preisdifferenz ergibt sich somit

$(30 - 30 \cdot 3) - (30 - 30 \cdot 2,3) = -21$

1 vs. 3: Nutzendifferenz 1,7; die Preisdifferenz beträgt

$(30 - 30 \cdot 3) - (30 - 30 \cdot 1,3) = -51$

2 vs. 3: Nutzendifferenz 1,0; d. h. als Preisdifferenz ergibt sich

$(30 - 30 \cdot 2,3) - (30 - 30 \cdot 1,3) = -30$

Es gilt z. B. für den Abgleich zwischen Modell 1 und Modell 2:

- voraussichtliche Stückkostendifferenz = 21 GE $\Rightarrow$ Indifferenz,
- voraussichtliche Stückkostendifferenz > 21 GE $\Rightarrow$ Präferenz für Modell 2,
- voraussichtliche Stückkostendifferenz < 21 GE $\Rightarrow$ Präferenz für Modell 1.

b) Bestimmung der umsatzmaximalen Preis-Mengen-Kombination

Herleitung der Preisabsatzfunktion

Gegeben sind die zwei Punkte (5.000.000; 0) und (0; 40)

I) $b = 5.000.000$

II) $10 = a \cdot 40 + b$

$\Rightarrow 10 = 40 \cdot a + 5.000.000$

$\Leftrightarrow a = -125.000$

Als Preisabsatzfunktion ergibt sich demnach: $x(p) = 5.000.000 - 125.000 \cdot p$

Umsatzmaximale Preis-Mengen-Kombination:

Umsatz: $U(p) = p \cdot x(p) = p \cdot (5.000.000 - 125.000 \cdot p)$

$U'(p) = 5.000.000 - 250.000 \cdot p = 0$

Optimaler Preis: $p^* = 20$ GE

Optimale Menge: $x^* = 2.500.000$ Stück

c) Bestimmung der maximal zulässigen Kosten

Mit Hilfe der ermittelten umsatzmaximalen Preis-Mengen-Kombination können die maximal zulässigen Kosten (allowable costs i. w. S.) anhand der folgenden Rechnung bestimmt werden:

Umsatzerlöse (2.500.000 Stück · 20 GE/Stück)	50.000.000 GE
– Zielrendite (20%)	10.000.000 GE
= *allowable costs i. w. S.*	*40.000.000 GE*

Die allowable costs i. w. S. enthalten alle Kosten, die während der gesamten Produktlebensdauer entstehen dürfen, um die angestrebte Rendite zu erreichen.[141]

Subtrahiert man bestimmte Gemeinkostenbereiche (wie z. B. F&E, Marketing/Vertrieb, Verwaltung) in Form von Budgets von den allowable costs i. w. S., erhält man die allowable costs i. e. S. für die Herstellung:

allowable costs i. w. S.	40.000.000 GE
– Kosten der GK-Bereiche	15.000.000 GE
= *allowable costs i. e. S.*	*25.000.000 GE*

[141] Vgl. *Coenenberg* (2003), S. 450.

d)   Ermittlung der Zielkostenindizes

Der Zielkostenindex zeigt an, inwiefern die Idealforderung, die der Kostenspaltung zugrunde liegt, erfüllt ist. Die Idealforderung lautet: Der Ressourceneinsatz für eine Komponente soll genau der Gewichtung dieser Komponente durch den Kunden entsprechen.[142] Demnach werden jeder Funktion mit zunehmender Wertschätzung durch den Kunden auch höhere Zielkosten zugestanden. Der Zielkostenindex errechnet sich wie folgt:

$$\text{Zielkostenindex} = \frac{\% \text{ Nutzenanteil}}{\% \text{ Kostenanteil}}$$

Für den betrachteten Fall ergeben sich die in Tabelle L-8 dargestellten Zielkostenindizes.

Komponente	Drifting costs	Kostenanteil der Komponente	Nutzenanteil der Komponente	Zielkosten-index
Spiegel	1,00 GE	8,00%	5,50%	0,688
Glühlampe	2,00 GE	16,00%	21,50%	1,344
Gehäuse	3,50 GE	28,00%	30,00%	1,071
Akkumulator	6,00 GE	48,00%	43,00%	0,896
Summe	12,50 GE	100,00%	100,00%	

Tabelle L-8:   Zielkostenindizes der einzelnen Komponenten

−   Spiegel: Komponente ist gemessen an ihrem Nutzen zu teuer.
−   Glühlampe: Komponente ist gemessen an ihrem Nutzen zu günstig.
−   Gehäuse: Komponente ist gemessen an ihrem Nutzen zu günstig.
−   Akkumulator: Komponente ist gemessen an ihrem Nutzen zu teuer.

Ermittlung des Kostenreduktionsbedarfs

„Allowable costs i. e. S." pro Stück bestimmt man wie folgt:

$$\frac{\text{Allowable costs i. e. S.}}{\text{Umsatzmaximale Menge}} = \frac{25.000.000 \text{ GE}}{2.500.000 \text{ Stück}} = 10 \frac{\text{GE}}{\text{Stück}}$$

Die absoluten Kostenanteile der Komponenten auf Basis der drifting costs (DC) und der allowable costs i. e. S. (AC) sowie ein Kostenreduktionsbedarf sind in Tabelle L-9 wiedergegeben.

---

[142]   Vgl. *Coenenberg* (2003), S. 453.

Komponente	Nutzen-anteil [%]	Nutzenkonformer Kostenanteil auf Basis AC [GE]	DC-Kostenanteil [GE]	Kostenreduk-tionsbedarf
Spiegel	5,50	10,00 · 0,055 = 0,55	1,00	0,45
Glühlampe	21,50	10,00 · 0,215 = 2,15	2,00	–0,15
Gehäuse	30,00	10,00 · 0,30 = 3,00	3,50	0,50
Akkumulator	43,00	10,00 · 0,43 = 4,30	6,00	1,70
Summe	100,00	10,00	12,50	2,50

Tabelle L-9:   Absolute Kostenanteile der Komponenten auf Basis der drifting costs und der allowable costs i. e. S.

Die absoluten Kostenanteile der Produktkomponenten Spiegel, Gehäuse und Akkumulator müssen um den angegebenen Betrag vermindert werden, damit der relative Kostenanteil dem relativen Nutzenanteil entspricht. Die Komponente Glühlampe könnte dagegen noch etwas aufwendiger gestaltet werden.

Aufgabe 19 (Lösungshinweis)

Methodische Varianten der Kostenabweichungsanalyse[143]

Im Schrifttum werden im Wesentlichen 4 verschiedene Methoden der Abweichungsanalyse diskutiert:

1. die alternative Methode
2. die kumulative Methode
3. die differenziert-kumulative Methode
4. die symmetrische Methode

Alle Methoden werden im Folgenden nur für den Fall gleichgerichteter Kosteneinflussgrößenänderungen betrachtet. Außerdem gilt: Istwerte > Sollwerte!

Wir betrachten nur zwei Kosteneinflussgrößen eines Faktoreinsatzes[144], nämlich den Preis p und die Menge x.

Die nachfolgenden Betrachtungen setzen eine Unabhängigkeit der Kosteneinflussgrößen voraus, damit die Gesamtabweichung ΔK in additive Teilabweichungsbestandteile zerlegt werden kann. Zudem wird von einer multiplikativen Verknüpfung der Kosteneinflussgrößen ausgegangen.

Es wird der Soll-Ist-Ansatz auf Istbezugsbasis betrachtet:

Soll-Ist-Ansatz, d. h. $\Delta p = p^S - p^I$, $\Delta x = x^S - x^I$

---

[143] Zu der Zwecksetzung und dem konzeptionellen Rahmen der Kostenabweichungsanalyse vgl. *Ossadnik* (2003), S. 147-161.

[144] Zu den Methoden der Kostenabweichungsanalysen mit drei Kosteneinflussgrößen vgl. *Ossadnik/Lange/Görtz* (1999).

Die Methoden stellen sich im Einzelnen wie folgt dar:

Ad 1) Die alternative Methode

Die alternative Methode berechnet die Einzelabweichungen unter der Annahme, dass nur genau eine betreffende Einflussgröße vom Istwert auf den Planwert (im Fall Ist-Soll) bzw. eine Plangröße auf den Istwert (im Fall Soll-Ist) gesetzt wird. Die alternative Methode weist dann nur die Abweichungen 1. Ordnung aus.

Soll-Ist-Ansatz (Istbezugsbasis)

$$\Delta K_x = p^I \cdot x^S - p^I \cdot x^I = p^I \cdot \left(x^S - x^I\right) = p^I \cdot \Delta x \qquad \text{Mengenabweichung}$$

$$\Delta K_p = p^S \cdot x^I - p^I \cdot x^I = \left(p^S - p^I\right) \cdot x^I = \Delta p \cdot x^I \qquad \text{Preisabweichung}$$

Ist-Soll-Ansatz (Planbezugsbasis):

$$\Delta K_x = p^S \cdot x^I - p^S \cdot x^S = p^S \cdot \left(x^I - x^S\right) = p^S \cdot \Delta x \qquad \text{Mengenabweichung}$$

$$\Delta K_p = p^I \cdot x^S - p^S \cdot x^S = \left(p^I - p^S\right) \cdot x^S = \Delta p \cdot x^S \qquad \text{Preisabweichung}$$

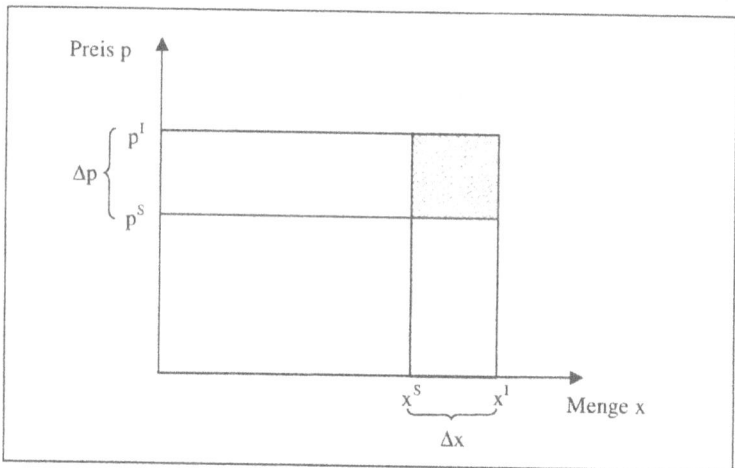

Abbildung L-11:   Alternative Methode Soll-Ist-Ansatz (Istbezugsbasis)

Die Summe der Einzelabweichungen stimmt i. d. R. nicht mit der Gesamtabweichung überein. Beim Soll-Ist-Ansatz wird die Abweichung höherer Ordnung $\Delta p \cdot \Delta x$ doppelt verrechnet (vgl. Abbildung L-11).

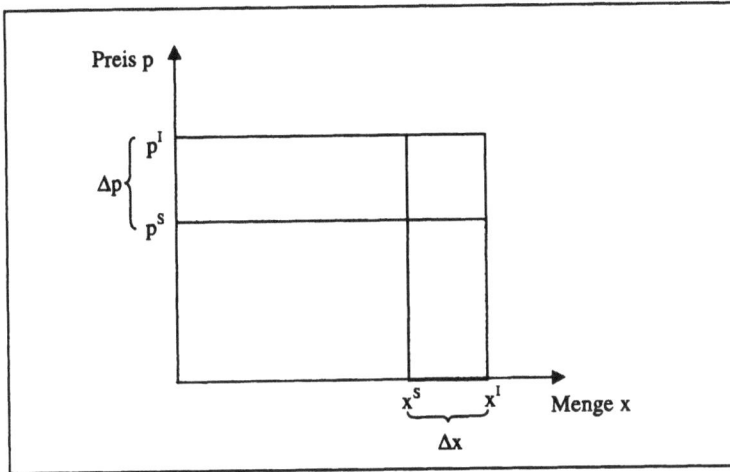

Abbildung L-12:   Alternative Methode Ist-Soll-Ansatz (Planbezugsbasis)

Sind die Istwerte größer als die Sollwerte, wird eine solche Abweichung beim Ist-Soll-Ansatz der Methode nicht verrechnet (vgl. Abbildung L-12).

Ad 2) Die kumulative Methode

Bei der kumulativen Methode werden die Abweichungen höherer Ordnung denen erster Ordnung zugeschlagen, um die Summengleichheit der Einzelabweichungen mit der Gesamtabweichung herzustellen.

Die Kostenabweichung ergibt im *Soll-Ist-Ansatz (Istbezugsbasis)* demnach:

$$\Delta K = K^S - K^I = p^S \cdot x^S - p^I \cdot x^I = (p^I + \Delta p) \cdot (x^I + \Delta x) - p^I \cdot x^I$$

$$= p^I \cdot x^I + p^I \cdot \Delta x + \Delta p \cdot (x^I + \Delta x) - p^I \cdot x^I = p^I \cdot \Delta x + \Delta p \cdot x^S \quad (I)$$

oder

$$= p^I \cdot x^I + \Delta p \cdot x^I + (p^I + \Delta p) \cdot \Delta x - p^I \cdot x^I = \Delta p \cdot x^I + p^S \cdot \Delta x \quad (II)$$

Die Reihenfolge des Zuschlagens (der Abweichung höherer Ordnung) ist entscheidend für die Ausprägung der Abweichungen (vgl. Abbildung L-13 und Abbildung L-14).

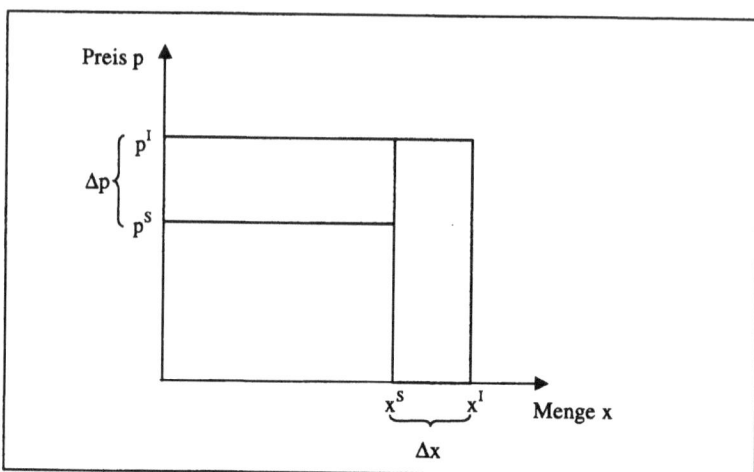

Abbildung L-13:   Kumulative Methode (Zuschlag auf die Mengenabweichung – Fall I)

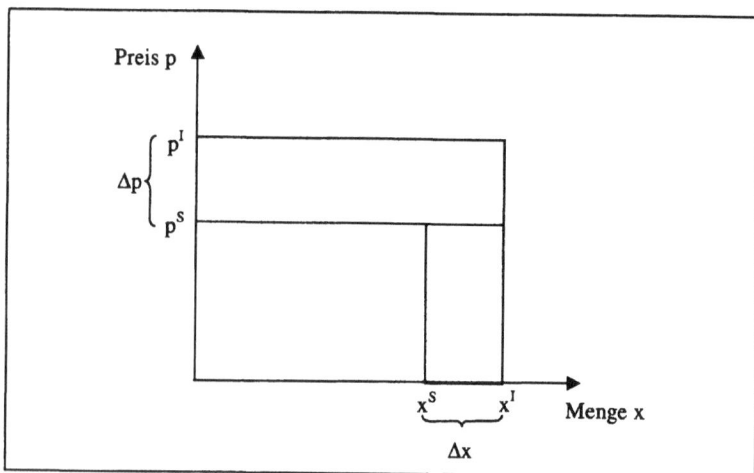

Abbildung L-14:   Kumulative Methode (Zuschlag auf die Preisabweichung – Fall II)

Ad 3) Die differenziert-kumulative Methode

Bei dieser Methode werden die Abweichungen höherer Ordnung den Abweichungen 1. Ordnung nicht zugeschlagen, sondern einzeln ausgewiesen. Aber es sind nur die Abweichungen 1. Ordnung kontrollrelevant, da nur bei diesen die Ursache der Abweichungen eindeutig erkannt und zugeordnet werden kann.

Es gilt im Soll-Ist-Ansatz auf Istbezugsbasis:

$$\Delta K = K^S - K^I = p^S \cdot x^S - p^I \cdot x^I = (p^I + \Delta p) \cdot (x^I + \Delta x) - p^I \cdot x^I$$

$$= p^I \cdot x^I + p^I \cdot \Delta x + \Delta p \cdot x^I + \Delta p \cdot \Delta x - p^I \cdot x^I = p^I \cdot \Delta x + \Delta p \cdot x^I + \Delta p \cdot \Delta x$$

Ad 4) Die symmetrische Methode

Diese Methode versucht, eine gleichmäßige Aufteilung der Abweichungen höherer Ordnung zu erzielen, indem diese zu gleichen Teilen auf die Abweichungen erster Ordnung aufgeschlagen werden. Damit wird das Reihenfolgeproblem umgangen.

Für den einfachen Fall zweier Einflussgrößen gilt im Soll-Ist-Ansatz auf Istbezugsbasis:

$$\Delta K = K^S - K^I = p^S \cdot x^S - p^I \cdot x^I = (p^I + \Delta p) \cdot (x^I + \Delta x) - p^I \cdot x^I$$

$$= p^I \cdot x^I + p^I \cdot \Delta x + x^I \cdot \Delta p + \Delta p \cdot \Delta x - p^I \cdot x^I$$

$$= p^I \cdot \Delta x + \tfrac{1}{2} \cdot \Delta p \cdot \Delta x + x^I \cdot \Delta p + \tfrac{1}{2} \cdot \Delta p \cdot \Delta x$$

$$= (p^I + \tfrac{1}{2} \cdot \Delta p) \cdot \Delta x + (x^I + \tfrac{1}{2} \cdot \Delta x) \cdot \Delta p$$

Ein Problem bei der symmetrischen Abweichung ist, dass kein Grund dafür angegeben werden kann, weshalb die Aufteilung der Abweichungen höherer Ordnung gerade zu gleich hohen (Teil-)Beträgen erfolgen soll. Denkbar wäre auch eine andere Aufteilung, z. B. 1/3 zu 2/3. Derartige Aufteilungsregeln implizieren stets eine politische Entscheidung.

Vergleich der Methoden anhand eines Zahlenbeispiels

In einer Produktionsabteilung wurden für einen Inputfaktor ein Faktorpreis $p^S = 240$ und ein Verbrauch in Höhe der Faktormenge $x^S = 350$ geplant. Die Istwerte betragen nach der Durchführung des Plans für den Faktorpreis $p^I = 270$ und die Faktormenge $x^I = 400$.

Das Vorzeichen der Kosteneinflussgrößenänderungen ist im betrachteten Fall gleichgerichtet.

Die *Gesamtabweichung* ΔK im Soll-Ist-Vergleich beträgt damit:

$$K^S = 240 \cdot 350 = 84.000$$

$$K^I = 270 \cdot 400 = 108.000$$

$$\Delta K = K^S - K^I = 84.000 - 108.000 = -24.000$$

Die Anwendung der einzelnen Methoden ergibt nun:

Alternative Methode

— *Soll-Ist-Ansatz (auf Istbezugsbasis)*

Preisabweichung: $\Delta K_p = \Delta p \cdot x^I$ $= (-30) \cdot 400$ $= -12.000$

Mengenabweichung: $\Delta K_x = p^I \cdot \Delta x$ $= 270 \cdot (-50)$ $=$ -13.500

Summe ausgewiesener Abweichungen: -25.500

— *Ist-Soll-Ansatz (auf Planbezugsbasis)*

Preisabweichung: $\Delta K_p = \Delta p \cdot x^S$ $= (-30) \cdot 350$ $=$ -10.500

Mengenabweichung: $\Delta K_x = p^S \cdot \Delta x$ $= 240 \cdot (-50)$ $=$ -12.000

Summe ausgewiesener Abweichungen: -22.500

Kumulative Methode mit Soll-Ist-Ansatz

— *Zuschlag auf die Mengenabweichung*

Preisabweichung: $p^I \cdot \Delta x$ $= 270 \cdot (-50)$ $=$ -13.500

Mengenabweichung: $\Delta p \cdot x^S$ $= (-30) \cdot 350$ $=$ -10.500

Summe ausgewiesener Abweichungen: -24.000

— *Zuschlag auf die Preisabweichung*

Preisabweichung: $\Delta p \cdot x^I$ $= (-30) \cdot 400$ $=$ -12.000

Mengenabweichung: $p^S \cdot \Delta x$ $= 240 \cdot (-50)$ $=$ -12.000

Summe ausgewiesener Abweichungen: -24.000

Differenziert-kumulative Methode mit Soll-Ist-Ansatz (auf Istbezugsbasis)

Preisabweichung: $\Delta p \cdot x^I$ $= -30 \cdot 400$ $=$ -12.000

Mengenabweichung: $p^I \cdot \Delta x$ $= 270 \cdot (-50)$ $=$ -13.500

Abweichung höherer Ordnung: $\Delta p \cdot \Delta x$ $= (-30) \cdot (-50)$ $=$ 1.500

Summe ausgewiesener Abweichungen: -24.000

Symmetrische Methode mit Soll-Ist-Ansatz (auf Istbezugsbasis)

Preisabweichung: $(x^I + \frac{1}{2}\Delta x) \cdot \Delta p =$ $(400 + 1/2 \cdot (-50)) \cdot (-30)$ $=$ -11.250

Mengenabweichung: $(p^I + \frac{1}{2}\Delta p) \cdot \Delta x =$ $(270 + 1/2 \cdot (-30)) \cdot (-50)$ $=$ -12.750

Summe ausgewiesener Abweichungen: -24.000

Fazit

Ein Vergleich der vorgenannten Methoden innerhalb des gewählten Rahmens (Istwerte > Sollwerte; d. h. nur gleichgerichtete Kosteneinflussgrößenänderungen treten auf) zeigt, dass die differenziert-kumulative Methode den anderen Methoden überlegen ist. Sie weist die Abweichungen höherer Ordnung vollständig, aber getrennt von den Abweichungen 1. Ordnung aus und legt letzteren einheitlich Sollgrößen zugrunde.

Aufgabe 20 (Lösungshinweis)

a) Kriterien der Bewertung der Abweichungsanalysemethoden

Zu den Kriterien der Bewertung der Abweichungsanalysemethoden vgl. *Ossadnik* (2003), S. 157–159.

b) Vorgehensprinzipien der differenziert-kumulativen Kostenabweichungsanalyse und der differenziert-kumulativen Kostenabweichungsanalysemethode auf Minimumbasis

Abweichend von der kumulativen Abweichungsanalyse wird bei der differenziert-kumulativen Methode die Gesamtabweichung in Teilabweichungen additiv zerlegt. Dabei werden die Abweichungen höherer Ordnung nicht den einzelnen Einflussgrößen zugerechnet. Vielmehr werden sie getrennt von den Abweichungen erster Ordnung (Primärabweichungen) ausgewiesen. Den Abweichungen höherer Ordnung wird ein Informationscharakter beigemessen, ohne dass sie allerdings entscheidende Kontrollrelevanz hätten. Die Teilabweichungen sind ferner durch die Wahl einer einheitlichen Bezugsbasis charakterisiert. Formal entspricht das Vorgehen einer vollständigen Differenzierung der Gesamtabweichung in elementare, nicht weiter zerlegbare Abweichungsbestandteile (vgl. Tabelle L-10). Ein derart gesonderter Ausweis von Abweichungen höherer Ordnung ist in jedem Fall einem willkürlichen Zuschlagen von Abweichungen höherer Ordnung auf Abweichungen erster Ordnung vorzuziehen, wie dies einfachere Analysemethoden vorsehen.

Soll-Ist-Vergleich (auf Istbezugsbasis)	Ist-Soll-Vergleich (auf Planbezugsbasis)
$\Delta K = \Delta p \cdot x^I + p^I \cdot \Delta x + \Delta p \cdot \Delta x$	$\Delta K = \Delta p \cdot x^S + p^S \cdot \Delta x - \Delta p \cdot \Delta x$

Tabelle L-10:   Differenziert-kumulative Methode - Vorgehen

Bei der differenziert-kumulativen Abweichungsanalyse wird die Gesamtabweichung *vollständig* erklärt. Aufgrund der einheitlichen Multiplikation der jeweiligen Kosteneinflussgrößenänderung entweder mit Soll- oder mit Ist-Einflussgrößen ist die Forderung nach *Invarianz* erfüllt. Nur für die Fälle der gleichgerichteten positiven Kosteneinflussgrößenänderung bei einem Ist-Soll-Vergleich auf Planbezugsbasis (hier kostensteigernde Wirkung) und einem Soll-Ist-Vergleich auf Istbezugsbasis (hier kostensenkende Wirkung) werden auch die Kriterien der *Willkürfreiheit*, der *Koordinationsfähigkeit* sowie der *Realitätsadäquanz* erfüllt. In diesen Fällen ist die Bezugsbasis jeweils das Minimum aus Istwert und Sollwert. Entspricht die gewählte Bezugsbasis dagegen dem größeren Wert, enthalten die ausgewiesenen Abweichungen erster Ordnung auch elementare Abweichungsbestandteile höherer Ordnung. Dieser Sachverhalt soll im Folgenden am Beispiel eines Soll-Ist-Vergleiches auf Istbezugsbasis verdeutlicht werden. Die ausgewiesene Preisabweichung $\Delta p \cdot x^I$ lässt sich wie folgt zerlegen:

$$\Delta p \cdot x^I = \Delta p \cdot (x^S - \Delta x) = \Delta p \cdot x^S - \Delta p \cdot \Delta x$$

Offensichtlich enthält die Preisabweichung elementare Abweichungen zweiter Ordnung ($\Delta p \cdot \Delta x$). Damit ist das Kriterium der *Willkürfreiheit* verletzt, da die ausgewiesene Preisabweichung nicht durch die Änderung exakt einer Kosteneinflussgröße – nämlich des Preises – hervorgerufen wird. Eine Betrachtung der durch die differenziert-kumulative Abweichungsanalysemethode ausgewiesenen Teilabweichung erster Ordnung $\Delta p \cdot x^I$ zeigt zudem, dass auch die Kriterien der *Koordinationsfähigkeit* und *Realitätsadäquanz* nicht erfüllt werden.

Bei näherer Betrachtung der Preisabweichung stellt sich heraus, dass sich eine elementare Abweichung erster Ordnung ($x^S \cdot \Delta p$) und die elementare Abweichung zweiter Ordnung ($\Delta p \Delta x$) teilweise gegenseitig kompensieren. Für den Fall unterschiedlicher Vorzeichen der Kosteneinflußgrößenänderungen ($p^I > p^S$; $x^I < x^S$) werden zudem faktisch nicht existente Abweichungsbestandteile ausgewiesen ($\Delta p \cdot \Delta x$).

Gegenüber dem in der vorherigen Aufgabenstellung vorgenommenen Vergleich mit anderen Abweichungsanalysemethoden wird die differenziert-kumulative Methode in dieser Aufgabe anhand eines schärferen Maßstabes beurteilt. Die Kriterienprüfung zeigt, dass die differenziert-kumulative Methode im Allgemeinen nicht geeignet ist, mögliche Fehlsteuerungen zu vermeiden. Vor dem Hintergrund, dass die differenziert-kumulative Methode mit dem Ziel entwickelt wurde, den Nachteil der kumulativen Methode zu überwinden, dass die Abweichungen höherer Ordnung willkürlich zugerechnet werden, ist festzustellen, dass mit dieser Methode das Ziel nicht in allen Fällen erreicht werden kann.

Die von *Wilms*[145] vorgeschlagene differenziert-kumulative Methode auf Minimumbasis versucht, die differenziert-kumulative Methode so zu modifizieren, dass die Kriterien der *Willkürfreiheit*, der *Koordinationsfähigkeit* und der *Realitätsadäquanz* erfüllt werden. Dazu müssen Kompensationseffekte und die Ausweisung *nicht existenter elementarer Teilabweichungen* ausgeschlossen sein. Eine elementare Teilabweichung höherer Ordnung ist nur dann existent, wenn die in ihr enthaltenen Abweichungen der Einflussgrößen die gleiche Kostenwirkung haben. Dies ist bei Abweichungen erster Ordnung stets erfüllt, da nur *ein* Abweichungswert in die Multiplikation einbezogen wird. Um den Ausweis nicht existenter elementarer Teilabweichungen zu verhindern, weist die differenziert-kumulative Methode auf Minimumbasis (mit Hilfe der sgn-Funktion) nur dann Teilabweichungen aus, wenn die Vorzeichen der entsprechenden Abweichungsgrößen (Δ) gleich sind. Um bei einer multiplikativen Verknüpfung jedoch anhand des Vorzeichens einer ausgewiesenen Teilabweichung ablesen zu können, ob sie kostensteigernd oder kostensenkend wirkt, wird sie mit den Vorzeichen der Abweichung der Kosteneinflussgrößen versehen (sgn $\Delta\eta$).

Es stellt sich nun die Frage nach der Wahl der richtigen Bezugsbasis. Durch die Wahl der geeigneten Bezugsbasis muss sichergestellt werden, dass sich keine kompensatorischen Effekte ergeben. Eine genaue Betrachtung der erörterten differenziert-kumulativen Methode ergibt, dass elementare Teilabweichungen genau

---

[145]   Vgl. *Wilms* (1988).

dann einfach oder mehrfach kompensierend verrechnet werden, wenn die Kosteneinflussgrößen unterschiedliche Kostenwirkung bei einheitlicher Bezugsbasis haben oder wenn sie die gleiche negative Wirkung bei Wahl *der* Bezugsbasis haben, die den höheren Soll- bzw. Ist-Werten entspricht. Unweigerlich baut daher die Methode von *Wilms* auf einer geeigneten Mischbezugsbasis auf. Formal wird diese geeignete Bezugsbasis erreicht, indem das Minimum aus Soll- und Istgrößen verwendet wird. Mit Hilfe der Vorzeichenfunktion sgn (·), die die Werte −1, 0, 1 annehmen kann, lässt sich die differenziert-kumulative Methode auf Minimumbasis gemäß Tabelle L-11 beschreiben.

Ist-Soll-Vergleich auf Minimumbasis

$$\Delta K = K^I - K^S$$
$$= \Delta p \cdot \min(x^I, x^S) + \min(p^I, p^S) \cdot \Delta x + \begin{cases} \Delta p \cdot \Delta x, \text{ falls } sgn(\Delta p) = sgn(\Delta x) \\ 0, \text{ sonst} \end{cases}$$

Tabelle L-11:   Differenziert-kumulative Methode auf Minimumbasis – Vorgehen

Durch die Modifikation der differenziert-kumulativen Methode kann erreicht werden, dass nur die tatsächlich existenten Abweichungen höherer Ordnung – im Falle nicht einheitlicher Vorzeichen der Kosteneinflußgrößenänderungen – berücksichtigt werden. Dieses erscheint sinnvoll, da nicht existente Teilabweichungen keinen Informationswert besitzen. Kompensationseffekte können so ausgeschlossen werden. Insgesamt betrachtet, erfüllt die differenziert-kumulative Methode auf Minimumbasis für alle Fälle die Kriterien, die an Methoden der Kostenabweichungsanalyse zu stellen sind: So erfolgt stets ein *vollständiger* Teilabweichungsausweis. Die Teilabweichungen sind ferner in allen Fällen auf genau eine Ursache zurückzuführen, d. h. es ist *Willkürfreiheit* gegeben. Aufgrund der Konstruktion der Methode kann es nicht zu Kompensationseffekten kommen, d. h. die *Koordinationsfähigkeit* ist stets erfüllt. Da die Ermittlungsreihenfolge der Teilabweichungen hier unerheblich ist und immer eine exakt kostensteigernde bzw. kostensenkende Wirkung der Teilabweichungen ablesbar ist, ist auch das Kriterium der *Invarianz* erfüllt. Die ausgewiesenen Teilabweichungen geben das real existente Bild der vorliegenden Gesamtabweichung korrekt wieder, so dass das *Realitätsadäquanzprinzip* erfüllt ist.

c)   Abweichungsanalyse anhand der Daten des Zahlenbeispiels und Beurteilung der Ergebnisse

Plandaten

x^S = 300 Stück

$p^S = \dfrac{24.000 \text{ GE}}{300 \text{ Stück}}$ = 80 GE/Stück

K^S = 24.000 GE

Istdaten

x^I = 250 Stück

p^I = 100 GE/Stück

K^I = 25.000 GE

Die Gesamtabweichung beträgt somit bei einem Soll-Ist-Vergleich

$\Delta K = K^S - K^I = 24.000 - 25.000 = -1.000$ GE.

Differenziert-kumulative Methode mit Soll-Ist-Vergleich (auf Istbezugsbasis)

Preisabweichung:	$\Delta p \cdot x^I$	$= (80 - 100) \cdot 250 = (-20) \cdot 250$	$= -5.000$
Mengenabweichung:	$p^I \cdot \Delta x$	$= 100 \cdot (300 - 250) = 100 \cdot 50$	$= 5.000$
Abweichung 2. Ordn.:	$\Delta p \cdot \Delta x$	$= (-20) \cdot (50)$	$= -1.000$

Summe der Abweichungen: $= -1.000$

Differenziert-kumulative Methode auf Minimumbasis mit Soll-Ist-Vergleich

Preisabweichung:	$\Delta p \cdot (\min(x^I, x^S))$	$= (-20) \cdot 250$	$= -5.000$
Mengenabweichung:	$\Delta x \cdot (\min(p^I, p^S))$	$= 50 \cdot 80$	$= 4.000$

Abweichung 2. Ordn.: $\left\{ \begin{array}{l} \text{sgn}(\Delta p) \cdot \Delta p \cdot \Delta x, \text{ falls } \text{sgn}(\Delta p) = \text{sgn}(\Delta) \\ 0, \text{ sonst} \end{array} \right.$ 0

Summe der Abweichungen: $= -1.000$

Aufgrund des nicht einheitlichen Vorzeichens der Kosteneinflußgrößenänderungen liefert die differenziert-kumulative Methode keine richtigen Ergebnisse und somit differieren die Ergebnisse der beiden Methoden. Die Mengenabweichung wird bei der Anwendung der differenziert-kumulativen Methode um 1.000 Stück zu hoch ausgewiesen. Die Kriterien *Willkürfreiheit*, *Koordinationsfähigkeit* und *Realitätsadäquanz* werden hier verletzt. Aus diesem Grund führt nur die Anwendung der differenziert-kumulativen Methode auf Minimumbasis zu korrekten Ergebnissen.

Aufgabe 21 (Lösungshinweis)

a)   Bestimmung der Gesamtabweichung (Soll-Ist-Vergleich)

Formal: $K^S - K^I = p^S \cdot a^S \cdot x^S - p^I \cdot a^I \cdot x^I$

Numerisch: $5 \cdot 4 \cdot 10 - 7 \cdot 3 \cdot 12 = 200 - 252 = -52$

Soll-Ist-Vergleich	Formal	Numerisch
Preisabweichung	$\Delta p = p^S - p^I$	$5 - 7 = -2$
Verbrauchsabweichung	$\Delta a = a^S - a^I$	$4 - 3 = +1$
Beschäftigungsabweichung	$\Delta x = x^S - x^I$	$10 - 12 = -2$

Tabelle L-12:   Bestimmung der Gesamtabweichung (Soll-Ist-Vergleich)

b) Ermittlung der Abweichungen mit Hilfe der differenziert-kumulativen Methode auf Minimumbasis

Eine elementare Teilabweichung höherer Ordnung ist nur dann existent, wenn die in ihr enthaltenen Abweichungen der Einflussgrößen die gleiche Kostenwirkung haben.[146] Dies ist bei Abweichungen erster Ordnung stets erfüllt, da nur ein Abweichungswert in die Multiplikation einbezogen wird. Wenn Kosteneinflussgrößen unterschiedliche Kostenwirkung bei einheitlicher Bezugsbasis haben oder wenn sie die gleiche negative Wirkung bei der Wahl der Bezugsbasis haben, die den höheren Soll- bzw. Ist-Werten entspricht, werden elementare Teilabweichungen einfach oder mehrfach kompensierend verrechnet.[147] Es werden also auch nicht existente Teilabweichungsbeträge ausgewiesen, die informationslos oder sogar informationsverfälschend sind.[148] Mit Hilfe der differenziert-kumulativen Methode auf Minimumbasis können Kompensationseffekte verhindert werden. Die Methode baut auf einer geeigneten Mischbezugsbasis auf. Dabei wird als Bezugsbasis das Minimum aus Soll- und Istgrößen verwendet. Unter Anwendung der Vorzeichenfunktion sgn(·) kann das Vorgehen der Methode formal wie folgt beschrieben werden:[149]

$$\Delta K = K^S - K^I$$
$$= \Delta p \cdot \min(a^I, a^S) \cdot \min(x^I, x^S) + \min(p^I, p^S) \cdot \Delta a \cdot \min(x^I, x^S)$$
$$+ \min(p^I, p^S) \cdot \min(a^I, a^S) \cdot \Delta x$$
$$+ \begin{cases} sgn(\Delta p) \cdot \Delta p \cdot \Delta a \cdot \min(x^I, x^S) & \text{falls} \quad sgn(\Delta p) = sgn(\Delta a) \\ 0 & \text{sonst} \end{cases}$$
$$+ \begin{cases} sgn(\Delta p) \cdot \Delta p \cdot \min(a^I, a^S) \cdot \Delta x & \text{falls} \quad sgn(\Delta p) = sgn(\Delta x) \\ 0 & \text{sonst} \end{cases}$$
$$+ \begin{cases} sgn(\Delta a) \cdot \min(p^I, p^S) \cdot \Delta a \cdot \Delta x & \text{falls} \quad sgn(\Delta a) = sgn(\Delta x) \\ 0 & \text{sonst} \end{cases}$$
$$+ \begin{cases} \Delta p \cdot \Delta a \cdot \Delta x & \text{falls} \quad sgn(\Delta p) = sgn(\Delta a) = sgn(\Delta x) \\ 0 & \text{sonst} \end{cases}$$

Für den betrachteten Fall folgt demnach:

$$\Delta K = K^S - K^I = \Delta p \cdot x^S \cdot a^I + \Delta a \cdot p^S \cdot x^S + \Delta x \cdot a^I \cdot p^S - \Delta p \cdot \Delta x \cdot a^I$$

Real existierende Teilabweichungen betragen formal und numerisch:

Preisabweichung: $\Delta p \cdot a^I \cdot x^S$ $= (-2) \cdot 3 \cdot 10$ $= -60$

Verbrauchsabweichung: $p^S \cdot \Delta a \cdot x^S$ $= 5 \cdot 1 \cdot 10$ $= 50$

Beschäftigungsabweichung: $p^S \cdot a^I \cdot \Delta x$ $= 5 \cdot 3 \cdot (-2)$ $= -30$

---

[146] Vgl. *Ossadnik* (2003), S. 180.
[147] Vgl. *Ossadnik* (2003), S. 180.
[148] Vgl. *Kloock* (1990), S. 12.
[149] Vgl. *Ossadnik* (2003), S. 181.

Abweichung 2. Ordnung: $-\Delta p \cdot a^I \cdot \Delta x \quad = -((-2) \cdot 3 \cdot (-2)) \quad = -12$

Summe ausgewiesener Abweichungen: -52

Die Summe der ausgewiesenen Teilabweichungen stimmt mit der in der Teilaufgabe a) ermittelten Gesamtabweichung überein. Aufgrund der Konstruktion der Methode werden nur real existente Abweichungen höherer Ordnung ausgewiesen, Kompensationseffekte werden also ausgeschlossen.

c) Ermittlung der Teilabweichungen bei Anwendung unterschiedlicher Methoden der Kostenabweichungsanalyse und Beurteilung der Ergebnisse

c1) Alternative Methode

Das Verfahren basiert auf der Annahme, dass alternativ nur bei jeweils einem Kosteneinflussfaktor eine Abweichung zwischen geplanten und tatsächlich realisierten Werten auftritt.

$$\Delta K = p^S \cdot a^I \cdot x^I - p^I \cdot a^I \cdot x^I + p^I \cdot a^S \cdot x^I - p^I \cdot a^I \cdot x^I + p^I \cdot a^I \cdot x^S - p^I \cdot a^I \cdot x^I$$

Es ergeben sich folgende Teilabweichungen:

Preisabweichung: $\Delta p \cdot a^I \cdot x^I \quad = (-2) \cdot 3 \cdot 12 \quad = \quad -72$

Verbrauchsabweichung: $p^I \cdot \Delta a \cdot x^I \quad = 7 \cdot 1 \cdot 12 \quad = \quad 84$

Beschäftigungsabweichung: $p^I \cdot a^I \cdot \Delta x \quad = 7 \cdot 3 \cdot (-2) \quad = \quad -42$

Summe ausgewiesener Abweichungen: -30

Durch Umformungen können die Teilabweichungen wie folgt in elementare Bestandteile zerlegt werden:

Preisabweichung: $\Delta p \cdot a^I \cdot x^I = \Delta p \cdot a^I \cdot \left(x^S - \Delta x\right) = \Delta p \cdot a^I \cdot x^S - \Delta p \cdot a^I \cdot \Delta x$

$$= (-2) \cdot 3 \cdot 10 - (-2) \cdot 3 \cdot (-2) = (-60) - 12 = -72$$

Verbrauchs-
abweichung: $p^I \cdot \Delta a \cdot x^I = \left(p^S - \Delta p\right) \cdot \Delta a \cdot \left(x^S - \Delta x\right)$

$$= p^S \cdot \Delta a \cdot x^S - p^S \cdot \Delta a \cdot \Delta x - \Delta p \cdot \Delta a \cdot x^S + \Delta p \cdot \Delta a \cdot \Delta x$$

$$= 5 \cdot 1 \cdot 10 - 5 \cdot 1 \cdot (-2) \cdot 1 \cdot 10 + (-2) \cdot 1 \cdot (-2)$$

$$= 50 + 10 + 20 + 4 = 84$$

Beschäftigungs-
abweichung: $p^I \cdot a^I \cdot \Delta x = \left(p^S - \Delta p\right) \cdot a^I \cdot \Delta x \quad = p^S \cdot a^I \cdot \Delta x - \Delta p \cdot a^I \cdot \Delta x$

$$= 5 \cdot 3 \cdot (-2) - (-2) \cdot 3 \cdot (-2) = (-30) - 12 = -42$$

Summe ausgewiesener Abweichungen: -30

Der Vergleich der Ergebnisse der Abweichungsanalyse mit Hilfe der alternativen Methode mit dem Ergebnis aus Teilaufgabe b) zeigt, dass die Summe der ausgewiesenen Teilabweichungen nicht mit der Gesamtabweichung übereinstimmt. Zwar kompensieren sich im betrachteten Fall Teilabweichungen nicht gegenseitig, jedoch werden die nicht existenten Teilabweichungsbestandteile $p^S \cdot \Delta a \cdot \Delta x$, $\Delta p \cdot \Delta a \cdot x^S$ sowie $\Delta p \cdot \Delta a \cdot \Delta x$ ausgewiesen (vgl. Teilaufgabe b)). Bei Anwendung der alternativen Methode im betrachteten Fall kommt es außerdem zu einem doppelten Ausweis des existenten Abweichungsbestandteils $\Delta p \cdot a^I \cdot \Delta x$. Die Realitätsadäquanz der Methode ist damit nicht gegeben.

c2) Kumulative Methode

Bei dieser Methode werden die Teilabweichungen nacheinander in einer genau definierten Reihenfolge ausgewiesen, bzw. die Abweichungen höherer Ordnung schrittweise jeweils denen niedriger Ordnung zugeschlagen. Für den betrachteten Fall wird die Verrechnungsreihenfolge $p \rightarrow a \rightarrow x$ unterstellt.[150]

$$\Delta K = p^S \cdot a^I \cdot x^I - p^I \cdot a^I \cdot x^I + p^S \cdot a^S \cdot x^I - p^S \cdot a^I \cdot x^I + p^S \cdot a^S \cdot x^S - p^S \cdot a^S \cdot x^I$$

Es ergeben sich folgende Teilabweichungen:

Preisabweichung: $\quad\quad\quad\quad \Delta p \cdot a^I \cdot x^I \quad = (-2) \cdot 3 \cdot 12 \quad = \quad -72$

Verbrauchsabweichung: $\quad\quad p^S \cdot \Delta a \cdot x^I \quad = 5 \cdot 1 \cdot 12 \quad = \quad 60$

Beschäftigungsabweichung: $\quad p^S \cdot a^S \cdot \Delta x \quad = 5 \cdot 4 \cdot (-2) \quad = \quad -40$

Summe ausgewiesener Abweichungen: $\quad\quad\quad\quad\quad\quad\quad -52$

Durch Umformungen können die Teilabweichungen in elementare Bestandteile zerlegt werden:

Preisabweichung:
$$\Delta p \cdot a^I \cdot x^I = \Delta p \cdot a^I \cdot \left(x^S - \Delta x \right)$$
$$= \Delta p \cdot a^I \cdot x^S - \Delta p \cdot a^I \cdot \Delta x$$
$$= (-2) \cdot 3 \cdot 10 - (-2) \cdot 3 \cdot (-2) = (-60) - 12 = -72$$

Verbrauchs-
abweichung:
$$p^S \cdot \Delta a \cdot x^I = \Delta a \cdot p^S \cdot \left(x^S - \Delta x \right)$$
$$= p^S \cdot \Delta a \cdot x^S - p^S \cdot \Delta a \cdot \Delta x$$
$$= 5 \cdot 1 \cdot 10 - 5 \cdot 1 \cdot (-2) = 50 + 10 = 60$$

Beschäftigungs-
abweichung:
$$p^S \cdot a^S \cdot \Delta x = p^S \cdot \left(a^I + \Delta a \right) \cdot \Delta x$$
$$= p^S \cdot a^I \cdot \Delta x + p^S \cdot \Delta a \cdot \Delta x$$
$$= 5 \cdot 3 \cdot (-2) + 5 \cdot 1 \cdot (-2) = (-30) - 10 = -40$$

Summe ausgewiesener Abweichungen:　 -52

Die Summe der ausgewiesenen Abweichungen entspricht bei Anwendung der kumulativen Methode der Gesamtabweichung. Die Abweichungen werden allerdings nicht anhand einer einheitlichen Bezugsgröße ausgewiesen. Dies führt zu einer

---

[150] Vgl. zum Vorgehen der kumulativen Methode auch *Ossadnik* (2003), S. 167 f.

nicht verursachungsgerechten Verrechnung der Abweichungen höherer Ordnung auf die ausgewiesenen Teilabweichungen. Die Teilabweichungsbeträge enthalten sich gegenseitig kompensierende Teilabweichungsbestandteile $p^S \cdot \Delta a \cdot \Delta x$. Folglich wird die Anforderung der Koordinationsfähigkeit nicht erfüllt. Außerdem sind die genannten Abweichungsbestandteile nicht existent. Somit wird das reale Bild der vorliegenden Gesamtabweichung nicht korrekt wiedergegeben.

c3) Differenziert-kumulative Methode

Bei dieser Methode wird die Gesamtabweichung in Teilabweichungen additiv zerlegt, und die Abweichungen höherer Ordnung werden nicht den einzelnen Einflussgrößen zugerechnet. Stattdessen werden sie getrennt von den Abweichungen erster Ordnung ausgewiesen. Das Vorgehen der Methode ist durch die Wahl einer einheitlichen Bezugsgröße charakterisiert.

$$\Delta K = \Delta p \cdot a^I \cdot x^I + p^I \cdot \Delta a \cdot x^I + p^I \cdot a^I \cdot \Delta x$$
$$+ \Delta p \cdot \Delta a \cdot x^I + \Delta p \cdot a^I \cdot \Delta x + p^I \cdot \Delta a \cdot \Delta x$$
$$+ \Delta p \cdot \Delta a \cdot \Delta x$$

Die Teilabweichungen betragen numerisch:

Preisabweichung:	$\Delta p \cdot a^I \cdot x^I$	$= (-2) \cdot 3 \cdot 12$	$= -72$
Verbrauchsabweichung:	$p^I \cdot \Delta a \cdot x^I$	$= 7 \cdot 1 \cdot 12$	$= 84$
Beschäftigungsabweichung:	$p^I \cdot a^I \cdot \Delta x$	$= 7 \cdot 3 \cdot (-2)$	$= -42$
Abweichungen 2.Ordnung:	$\Delta p \cdot \Delta a \cdot x^I$	$= (-2) \cdot 1 \cdot 12$	$= -24$
	$\Delta p \cdot a^I \cdot \Delta x$	$= (-2) \cdot 3 \cdot (-2)$	$= 12$
	$p^I \cdot \Delta a \cdot \Delta x$	$= 7 \cdot 1 \cdot (-2)$	$= -14$
Abweichungen 3.Ordnung:	$\Delta p \cdot \Delta a \cdot \Delta x$	$= (-2) \cdot 1 \cdot (-2)$	4
Summe ausgewiesener Abweichungen:			-52

Durch Umformungen können die Teilabweichungen in elementare Bestandteile zerlegt werden:

Preis-
abweichung:
$$\Delta p \cdot a^I \cdot x^I = \Delta p \cdot a^I \cdot \left(x^S - \Delta x \right) = \Delta p \cdot a^I \cdot x^S - \Delta p \cdot a^I \cdot \Delta x$$
$$= (-2) \cdot 3 \cdot 10 - (-2) \cdot 3 \cdot (-2) = (-60) - 12 = -72$$

Verbrauchs-
abweichung:
$$p^I \cdot \Delta a \cdot x^I = \left(p^S - \Delta p \right) \cdot \Delta a \cdot \left(x^S - \Delta x \right)$$
$$= p^S \cdot \Delta a \cdot x^S - p^S \cdot \Delta a \cdot \Delta x - \Delta p \cdot \Delta a \cdot x^S + \Delta p \cdot \Delta a \cdot \Delta x$$
$$= 5 \cdot 1 \cdot 10 - 5 \cdot 1 \cdot (-2) - (-2) \cdot 1 \cdot 10 + (-2) \cdot 1 \cdot (-2)$$
$$= 50 + 10 + 20 + 4 = 84$$

Beschäftigungs-
abweichung:
$$p^I \cdot a^I \cdot \Delta x = \left(p^S - \Delta p \right) \cdot a^I \cdot \Delta x$$
$$= p^S \cdot a^I \cdot \Delta x - \Delta p \cdot a^I \cdot \Delta x$$
$$= 5 \cdot 3 \cdot (-2) - (-2) \cdot 3 \cdot (-2) = (-30) - 12 = (-30) - 12 = -42$$

Abweichungen 2. Ordnung:	$\Delta p \cdot \Delta a \cdot x^I = \Delta p \cdot \Delta a \cdot \left(x^S - \Delta x\right)$

$$= \Delta p \cdot \Delta a \cdot x^S - \Delta p \cdot \Delta a \cdot \Delta x$$

$$= (-2) \cdot 1 \cdot 10 - (-2) \cdot 1 \cdot (-2) = (-20) - 4 = -24$$

$$\Delta p \cdot a^I \cdot \Delta x = (-2) \cdot 3 \cdot (-2) = 12$$

$$p^I \cdot \Delta a \cdot \Delta x = (p^S - \Delta p) \cdot \Delta a \cdot \Delta x$$

$$= p^S \cdot \Delta a \cdot \Delta x - \Delta p \cdot \Delta a \cdot \Delta x$$

$$= 5 \cdot 1 \cdot (-2) - (-2) \cdot 1 \cdot (-2) = (-10) - 4 = -14$$

Abweichung 3. Ordnung:	$\Delta p \cdot \Delta a \cdot \Delta x = (-2) \cdot 1 \cdot (-2) = 4$

Summe ausgewiesener Abweichungen: −52

Die Summe der Abweichungen entspricht bei Anwendung der differenziert-kumulativen Methode der Gesamtabweichung. Die Abweichungen werden anhand einer einheitlichen Bezugsgröße ausgewiesen, enthalten jedoch sich gegenseitig kompensierende Teilabweichungsbestandteile $\Delta p \cdot a^I \cdot \Delta x$, $\Delta p \cdot \Delta a \cdot x^S$, $p^S \cdot \Delta a \cdot \Delta x$ sowie $\Delta p \cdot \Delta a \cdot \Delta x$. Das Kriterium der Koordinationsfähigkeit wird somit nicht erfüllt. Die Methode weist außerdem faktisch nicht existente Abweichungsbestandteile $\Delta p \cdot \Delta a \cdot x^S$, $p^S \cdot \Delta a \cdot \Delta x$ und $\Delta p \cdot \Delta a \cdot \Delta x$ aus. Das reale Bild der Gesamtabweichung wird dadurch verzerrt.

Fazit

Nur der differenziert-kumulativen Methode auf Minimumbasis gelingt generell die Separierung der Abweichungen höherer Ordnung von denen erster Ordnung. Nicht existente Abweichungsbestandteile werden nicht ausgewiesen. Auf diese Weise ermöglicht sie besser als die in Teilaufgabe c) erörterten Methoden eine akzeptable und informative Abweichungsanalyse.[151]

Aufgabe 22 (Lösungshinweis)

a) Formaler Teilabweichungsausweis

$$K^S - K^I = 120 - 200 = -80$$

$$
\begin{aligned}
\Delta p \cdot a^I \cdot x^I &= \Delta p \cdot \left(a^S - \Delta a\right) \cdot \left(x^S - \Delta x\right) \\
&= \Delta p \cdot a^S \cdot x^S - \Delta x \cdot \Delta p \cdot a^S - \Delta p \cdot \Delta a \cdot x^S + \Delta a \cdot \Delta p \cdot \Delta x
\end{aligned}
$$

$$
\begin{aligned}
p^I \cdot \Delta a \cdot x^I &= \Delta a \cdot \left(p^S - \Delta p\right) \cdot \left(x^S - \Delta x\right) \\
&= \Delta a \cdot p^S \cdot x^S - \Delta x \cdot \Delta a \cdot p^S - \Delta p \cdot \Delta a \cdot x^S + \Delta a \cdot \Delta p \cdot \Delta x
\end{aligned}
$$

---

151 Vgl. *Ossadnik* (2003), S. 184.

$$p^I \cdot \Delta x \cdot a^I = \Delta x \cdot (p^S - \Delta p) \cdot (a^S - \Delta a)$$

$$= \Delta x \cdot p^S \cdot a^S - \Delta x \cdot \Delta a \cdot p^S - \Delta x \cdot \Delta p \cdot a^S + \Delta a \cdot \Delta p$$

Die Kostenwirkungen der Teilabweichungen sind Tabelle L-13 zu entnehmen.

Ausgewie- sene Teil- abweichung	Quader						Kosten- wirkung der Teil- abwei- chung
	1. Ordnung		2. Ordnung		3. Ord- nung		
$\Delta p \cdot a^I \cdot x^I$	$+I\downarrow$		$-IV\downarrow$		$-VI\downarrow$	$+VII\downarrow$	$\downarrow$
$p^I \cdot \Delta a \cdot x^I$		$+III\uparrow$		$-V\uparrow$			$\uparrow$
$p^I \cdot a^I \cdot \Delta x$	$+II\uparrow$			$-V\uparrow$			$\uparrow$
Σ	$+I\downarrow$	$+II\uparrow$	$+III\uparrow$	$-IV\downarrow$	$-2V\uparrow$	$-VI\downarrow$	$+VII\downarrow$	

Tabelle L-13:   Kostenwirkungen der Teilabweichungen

b) Numerischer Teilabweichungsausweis

Der numerische Teilabweichungsausweis ergibt sich anhand der einzelnen Quader entsprechend Tabelle L-14.

Ausgewiese- ne Teilab- weichung	Quader							Σ
	1. Ordnung			2. Ordnung			3. Ord- nung	
	I	II	III	IV	V	VI	VII	
$\Delta p \cdot a^I \cdot x^I$	+(40)			–(–10)		–(–40)	+(10)	+100
$p^I \cdot \Delta a \cdot x^I$			+(–20)		–(20)			–40
$p^I \cdot a^I \cdot \Delta x$		+(–80)			–(20)			–100
Σ	40	–80	–20	+10	–40	+40	+10	–40

Tabelle L-14:   Numerischer Ausweis der Teilabweichungen

c) Bewertung der alternativen Methode der Kostenabweichungsanalyse anhand der Kriterien Vollständigkeit, Willkürfreiheit, Koordinationsfähigkeit, Invari- anz sowie Realitätsadäquanz

Die alternative Methode verletzt das Kriterium der *Vollständigkeit*. Die Summe der ausgewiesenen Teilabweichungen stimmt in der betrachteten Konstellation nicht mit der Gesamtabweichung überein. Zudem werden bei unterschiedlichen Vorzeichen der Kosteneinflussgrößenänderung real nicht existente Abweichungs- bestandteile (Quader IV, VI, VII) als kostensenkend und existente Abweichungs- bestandteile (Quader V) zu häufig ausgewiesen.

Das Kriterium der *Willkürfreiheit* ist nur bei einem Soll-Ist-Vergleich auf Istbezugsbasis erfüllt, wenn die Kosteneinflussgrößenänderungen ein gleichgerichtetes positives Vorzeichen (kostensenkende Wirkung) aufweisen.

Die Kriterien der *Koordinationsfähigkeit* und *Invarianz* sind erfüllt, da keine sich gegenseitig kompensierenden Teilabweichungen auftreten und die Reihenfolge der Abweichungsermittlung keinen Einfluss auf die Abweichungshöhe hat. Das Kriterium der *Realitätsadäquanz* ist nicht erfüllt.

Aufgabe 23 (Lösungshinweis)

Das Ziel der Erlösabweichungsanalyse besteht in der Ermittlung der Abweichungen zwischen den geplanten und den tatsächlichen Erlösen, in der Analyse dieser Abweichungen sowie in der Beseitigung ihrer Ursachen. Einer Analyse von Erlösabweichungen können nicht in dem Umfang Grundlagen und Erkenntnisse zugrunde gelegt werden, wie dies bei der Analyse von Kostenabweichungen möglich ist.[152] Eine Übertragung der Ideen der Kostenabweichungsanalyse auf Erlöse ist nur in sehr engen Grenzen möglich. Eine generelle Analogisierung von Kostenabweichungsanalysen würde dazu führen, dass wichtige Problembesonderheiten der Analyse von Erlösabweichungen übersehen werden.

Erlöse hängen von einer Vielzahl von Faktoren ab. Neben der Absatzmenge werden Erlöse durch Marketinginstrumente, wie den Absatzpreis, die Werbe- oder Distributionsmaßnahmen, aber auch durch die Kundengruppe, die Angebotsstruktur usw. beeinflusst.[153] Der wesentliche Unterschied zur Kostenabweichungsanalyse liegt in einem wesentlich geringeren Informationsstand über die *funktionalen Zusammenhänge* zwischen diesen Einflussgrößen und den Erlösen.[154] Es ist z. B. bekannt, dass höhere Werbeaktivitäten eine Steigerung der Erlöse bewirken. Der Beitrag der Werbemaßnahmen zur Erlössteigerung lässt sich jedoch nur aufgrund von Schätzungen und Erfahrungen quantifizieren.

Ein weiterer Unterschied zur Kostenabweichungsanalyse besteht in der *Interdependenz der Einflussgrößen* der Erlöse. So bewirkt eine Preiserhöhung meist eine Verringerung der Absatzmenge, eine Erhöhung der Werbeaktivitäten führt zu einer Erlössteigerung infolge ihrer Wirkung auf die Absatzmenge.[155] Aufgrund der gegenseitigen Abhängigkeit von Preis und Menge sind die Bezifferungen der einzelnen Effekte im Hinblick auf analytische Zwecke nur wenig aussagekräftig. Aus solchen Werten lässt sich weder folgern, ob eine Preissetzung unvorteilhaft war, noch lässt sich aus einem Mengeneffekt auf den Erfolg von Marketingaktivitäten schließen.[156]

---

[152] Zur Analyse von Erfolgsabweichungen vgl. auch *Fickert* (1988); *Dierkes* (2001).
[153] Vgl. im Folgenden *Ewert/Wagenhofer* (2003), S. 383.
[154] Zwischen Kosten und deren Einflussgrößen in der Kostenkontrolle können aufgrund technischer Gegebenheiten häufig exakte funktionale Zusammenhänge (Kostenfunktionen) angegeben werden (vgl. *Ewert/Wagenhofer* (2003), S. 360).
[155] Vgl. *Ewert/Wagenhofer* (2003), S. 383.
[156] Vgl. *Ossadnik* (2003), S. 91.

Eine weitere Besonderheit der Erlösabweichungsanalyse gegenüber der Kostenkontrolle besteht in einem stärkeren *Einfluss der nicht kontrollierbaren Größen*
auf die Isterlöse. So hängt der Erlös von gesamtwirtschaftlichen Größen, wie der
Marktentwicklung, dem Verhalten der Kunden oder der Konkurrenz, ab.[157]

Aus diesem Grund hat *Albers*[158] ein System vorgeschlagen, das eine Erlösabweichung auf exogene Veränderungen des Marktvolumens und des Branchenpreises
einerseits und endogene Ursachen andererseits zurückführt.[159] Als endogener Einfluss wird die Effektivität der Entscheidungen des verantwortlichen Managers untersucht.[160]

Als exogene Einflussfaktoren werden diejenigen Einflussfaktoren bezeichnet, die
auf den Gesamtmarkt einwirken. Dagegen fallen unter die endogenen Einflussfaktoren solche, die aus Kunden- oder Konkurrenzreaktionen resultieren und lediglich
das zu betrachtende Unternehmen betreffen.

Das vorzustellende System einer Erlösabweichungsursachenanalyse verzichtet auf
die Trennung in einen Preis- und einen Mengeneffekt.

$$RP = \frac{p}{BP} \quad \Leftrightarrow \quad p = RP \cdot BP$$

Die Zusammenfassung der endogenen und der exogenen Faktoren ergibt folgende
Ausdrücke:

Wertmäßiger Marktanteil   = Relativer Preis (RP) · Marktanteil (MA)

Wertmäßiges Marktvolumen = Branchenpreis (BP) · Marktvolumen (MV)

Es kann generell unterstellt werden, dass endogene (wertmäßiger MA) und exogene Faktoren (wertmäßiges MV) voneinander unabhängig sind. Auf diese Faktoren
kann daher die differenziert-kumulative Methode der Abweichungsanalyse angewendet werden. Im Ergebnis setzt sich die Erlösabweichung (ΔE) aus folgenden
Effekten zusammen:[161]

$$\Delta E = RP^I \cdot MA^I \cdot BP^I \cdot MV^I - RP^S \cdot MA^S \cdot BP^S \cdot MV^S$$

$$\Delta E = \left(RP^S \cdot MA^S + \left(RP^I \cdot MA^I - RP^S \cdot MA^S \right) \right)$$

$$\cdot \left(BP^S \cdot MV^S + \left(BP^I \cdot MV^I - BP^S \cdot MV^S \right) \right)$$

$$- \left(RP^S \cdot MA^S \cdot BP^S \cdot MV^S \right)$$

$$\Delta E = \underbrace{\left(RP^I \cdot MA^I - RP^S \cdot MA^S \right) \cdot BP^S \cdot MV^S}_{\text{wertmäßiger Marktanteilseffekt}}$$

---

[157] Vgl. *Ewert/Wagenhofer* (2003), S. 385.
[158] Vgl. im Folgenden *Albers* (1989a), (1989b) und (1992).
[159] Vgl. *Powelz* (1989); *Witt* (1990) und (1992).
[160] Vgl. *Albers* (1989a), S. 640.
[161] Vgl. *Albers* (1989a), S. 642.

$$+ \underbrace{\left(BP^I \cdot MV^I - BP^S \cdot MV^S\right) \cdot RP^S \cdot MA^S}_{\text{wertmäßiger Marktvolumeneffekt}}$$

$$+ \underbrace{\left(RP^I \cdot MA^I - RP^S \cdot MA^S\right) \cdot \left(BP^I \cdot MV^I - BP^S \cdot MV^S\right)}_{\text{Interaktionseffekt}}$$

Aufgabe 24 (Lösungshinweis)

Variablendeklaration

p   Preis
BP Branchenpreis
RP Relativer Preis
x   Absatzmenge
MV Marktvolumen
MA Marktanteil

Man erhält:

– den wertmäßigen Marktanteilseffekt:

$$\Delta(RP \cdot MA) \cdot BP^S \cdot MV^S = (1,2 \cdot 0,2 - 1,3 \cdot 0,1) \cdot 5 \cdot 100 = 55$$

– den wertmäßigen Marktvolumeneffekt:

$$\Delta(BP \cdot MV) \cdot RP^S \cdot MA^S = (2,5 \cdot 120 - 5 \cdot 100) \cdot 1,3 \cdot 0,1 = -26$$

– den Interaktionseffekt:

$$\Delta(RP \cdot MA) \cdot \Delta(BP \cdot MV) = (1,2 \cdot 0,2 - 1,3 \cdot 0,1) \cdot (2,5 \cdot 120 - 5 \cdot 100) = -22$$

– die Gesamterlösabweichung:

$$\Delta E = E^I - E^S = RP^I \cdot MA^I \cdot BP^I \cdot MV^I - RP^S \cdot MA^S \cdot BP^S \cdot MV^S$$

$$= (1,2 \cdot 0,2 \cdot 2,5 \cdot 120) - (1,3 \cdot 0,1 \cdot 5 \cdot 100) = 72 - 65 = 7$$

Bei einer Gesamterlösabweichung von +7 beträgt der wertmäßige Marktvolumeneffekt, der die Veränderung der Attraktivität des Markts abbildet, –26. Die Ursache dieses negativen Effektes liegt in der Abweichung des Branchenpreises, welche letztlich dafür verantwortlich ist, dass sich das wertmäßige Marktvolumen von 500 auf 300 reduziert. Das Unternehmen ist von diesem exogenen Effekt nicht so sehr betroffen, da sich der Erlös um 7 erhöht. D. h., dass die endogen beeinflussbaren Marketinginstrumente effektiv eingesetzt worden sind, denn der wertmäßige Marktanteilseffekt beträgt +55. Der Interaktionseffekt von –22 ist nicht vernachlässigbar gering. Demnach waren die Preispolitik und der übrige Marketing-Mix darauf ausgerichtet, trotz einer Verringerung des wertmäßigen Marktvolumens noch zusätzlich Erlöse zu erzielen.

Aufgabe 25 (Lösungshinweis)

a) Durchführung einer einstufigen Deckungsbeitragsrechnung

Zuerst sind die Stückdeckungsbeiträge entsprechend Tabelle L-15 zu bestimmen. Mittels dieser Stückdeckungsbeiträge und weiterer Daten lässt sich dann eine einfach gestufte Deckungsbeitragsrechnung entsprechend Tabelle L-16 durchführen.

	Mountain	Ironman	Holland	City
Fertigungslöhne (GE/Stück)	315.000 / 3.500 = 90	287.500 / 2.500 = 115	560.000 / 8.000 = 70	765.000 / 9.000 = 85
Fertigungsmaterial (GE/Stück)	420.000 / 3.500 = 120	337.500 / 2.500 = 135	1.000.000 / 8.000 = 125	900.000 / 9.000 = 100
Variable FGK u. MGK (GE/Stück)	122.500 / 3.500 = 35	102.500 / 2.500 = 41	160.000 / 8.000 = 20	162.000 / 9.000 = 18
Variable Herstellkosten (GE/Stück)	90 + 120 + 35 = 245	115 + 135+ 41 = 291	70 +125 + 20 = 215	85 + 100+ 18 = 203
Variable Vw.- und VtGK (GE/Stück)	50.000 / 2.500 = 20	60.000 / 2.000 = 30	119.000 / 7.000 =17	136.000 / 8.500 = 16
Variable SEKV (GE/Stück)	30.000 / 2.500 = 12	22.000 / 2.000 = 11	63.000 / 7.000 = 9	59.500 / 8.500 = 7
Variable Selbstkosten (GE/Stück)	245 + 20 + 12 = 277	291 + 30 + 11 = 332	215 + 17 + 9 = 241	203 + 16 + 7 = 226
Verkaufspreis (GE/Stück)	300	360	270	240
Deckungsbeitrag (GE/Stück)	300 – 277 = 23	360 – 332 = 28	270 – 241 = 29	240 – 226 = 14

Tabelle L-15:   Berechnung der Stückdeckungsbeiträge

	Mountain	Ironman	Holland	City
Erlöse (GE)	2.500 · 300 = 750.000	2.000 · 360 = 720.000	7.000 · 270 = 1.890.000	8.500 · 240 = 2.040.000
Variable Kosten (GE)	2.500 · 277 = 692.500	2.000 · 332 = 664.000	7.000 · 241 = 1.687.000	8.500 · 226 = 1.921.000
DB pro Produkt (GE)	57.500	56.000	203.000	119.000
DB gesamt (GE)	57.500 + 56.000 + 203.000 + 119.000 = 435.500			
Fixe Kosten (GE)	350.000			
Periodenerfolg (GE)	435.500 – 350.000 = 85.500			

Tabelle L-16:   Einfach gestufte Deckungsbeitragsrechnung

Kurze Interpretation der Ergebnisse

– Alle Produkte erzielen einen positiven Deckungsbeitrag.

– Die Fixkosten können gedeckt werden.

– Es wird ein Gewinn erzielt.

b) Durchführung einer mehrstufigen Deckungsbeitragsrechnung

Eine mehrstufige Deckungsbeitragsrechnung ist in Tabelle L-17 durchgeführt.

(GE)	Mountain	Ironman	Holland	City
Erlöse	750.000	720.000	1.890.000	2.040.000
– variable Kosten	692.500	664.000	1.687.000	1.921.000
DB I	57.500	56.000	203.000	119.000
– Produktfixkosten	30.000	35.000	95.000	85.000
DB IIa je Produkt	27.500	21.000	108.000	34.000
Summen der DB IIa	48.500		142.000	
– Produktgruppenfixkosten	18.500		56.500	
DB IIb	30.000		85.500	
Summe der DB IIb	115.500			
– Unternehmensfixkosten	30.000			
Periodenerfolg	85.500			

Tabelle L-17: Mehrstufige Deckungsbeitragsrechnung (I)

Kurze Interpretation der Ergebnisse

– Alle Produkte und Produktgruppen erzielen einen positiven Deckungsbeitrag.

– Die Fixkosten können auf allen Ebenen gedeckt werden, es besteht also kein Handlungsbedarf.

– Es wird ein Gewinn erzielt.

c) Mehrstufige Deckungsbeitragsrechnung als produktpolitisches Steuerungsinstrument

In folgenden Fällen ist die mehrstufige Deckungsbeitragsrechnung als produktpolitisches Steuerungsinstrument ungeeignet:

– in der Einführungsphase von Produkten (können Stückdeckungsbeiträge vergleichsweise gering oder negativ sein),

– bei komplementären Produkten (können diese einen hohen Deckungsbeitrag erwirtschaften und damit einen negativen Deckungsbeitrag bei einem anderen Produkt kompensieren),

– bei Produkten, die als Imageträger für das Unternehmen anzusehen sind,

– wenn Fixkosten nicht eindeutig bestimmten Hierarchieebenen zugeordnet werden können.

Aufgabe 26 (Lösungshinweis)

a) Durchführung einer mehrstufigen Deckungsbeitragsrechnung

Die mehrstufige Deckungsbeitragsrechnung des betrachteten Unternehmens ergibt sich für das abgelaufene Jahr gemäß Tabelle L-18.

	Bereich I		Bereich II			
	A_1	A_2	B_1	B_2	C_1	C_2
Menge	550	3.120	705	195	4.025	380
Preis	2	0,5	3	12	0,2	7,25
Umsatz	1.100	1.560	2.115	2.340	805	2.755
– Rabatt A	55	78				
– Rabatt C					161	551
– Vertriebseinzelkosten	45	82	15	90	44	104
Nettoerlös	1.000	1.400	2.100	2.250	600	2.100
– variable Kosten	300	700	900	1.200	100	1.500
DB I	700	700	1.200	1.050	500	600
– Produktfixkosten	710	330	710	420	540	210
DB IIa	–10	370	490	630	–40	390
DB IIa der Produktgruppe	360		1.120		350	
– Produktgruppenfixkosten	400		520		175	
DB IIb	–40		600		175	
DB IIb des Bereichs	–40		775			
– Bereichsfixkosten	0		320			
DB III	–40		455			
DB III des Unternehmens			415			
–Unternehmensfixkosten			150			
Kalk. Unternehmenserfolg			265			

Tabelle L-18:   Mehrstufige Deckungsbeitragsrechnung (II)

b) Schlussfolgerung für die Sortimentspolitik

Die mehrstufige Deckungsbeitragsrechung liefert einen detaillierten Einblick in die Betriebskostenstruktur. Daraus wird ersichtlich, welches Produkt in der Lage ist, zusätzlich zur Deckung der produktspezifischen Kosten fixe Kosten zu decken und zur Gewinnerzielung beizutragen. Dadurch können Entscheidungen über die Sortimentsgestaltung beeinflusst werden.

Deckungsbeitrag I entspricht den Deckungsbeiträgen der einzelnen Produkte und ist im vorliegenden Fall bei allen Produkten positiv.

Nach Abzug der Produktfixkosten vom Deckungsbeitrag I ergibt sich der Deckungsbeitrag IIa. Dieser zeigt, ob das jeweilige Produkt in der Lage ist, seine eigenen Fixkosten zu decken. Im betrachteten Unternehmen können auf diese Weise zwei Produkte, und zwar A_1 und C_1, als verlustträchtig identifiziert werden.

Produkt A_1

Frage: Soll das Produkt A_1 eliminiert werden?

Sollte A_1 kurzfristig aus dem Produktionsprogramm genommen werden, müssten Fixkosten in Höhe von 710 + 330 + 400 = 1.440 GE durch das Produkt A_2 gedeckt werden. Bei einem Deckungsbeitrag I von A_2 in Höhe von 700 GE würde sich dann ein negativer Deckungsbeitrag IIb des Bereichs A ergeben (–740 GE), der den kalkulatorischen Erfolg des Unternehmens erheblich verschlechtern würde. Damit keine zusätzliche Verschlechterung gegenüber der bisherigen Situation (mit einem negativen DB IIb in Höhe von –40 GE) eintritt, müssen die Produkt- und Produktgruppenfixkosten von A zumindest um 700 GE gesenkt werden. Ist eine Senkung der Fixkosten um mehr als 740 GE möglich, wird DB IIb positiv.

A_1 soll nur dann eliminiert werden, wenn mehr als 700 GE Fixkosten in der Produktgruppe A abgebaut werden können. Es ist nicht von Belang, ob Produkt- oder Produktgruppenfixkosten abgebaut werden. Zu beachten sind ferner bestimmte Tatbestände, die eine Eliminierung von Verlustprodukten ausschließen (vgl. hierzu die Ausführungen zu Produkt C_1).

Produkt C_1

Der DB IIa des Produkts C_1 ist ebenfalls negativ. Also ist auch dieses Produkt nicht in der Lage, die eigenen Produktfixkosten zu decken. Hier müssen ähnliche Überlegungen angestellt werden wie im Fall des Produkts A_1.

Generell sollte eines der Verlustprodukte nicht eliminiert werden, wenn

– A_1 oder C_1 sich in der Einführungsphase ihres Produktlebenszyklus befinden,

– A_1 oder C_1 komplementär mit anderen Produkten verbunden sind,

– A_1 oder C_1 Imageträger des Unternehmens sind,

– Fixkosten nicht eindeutig den Hierarchieebenen zugeordnet werden können.

Außerdem müssen Informationen darüber vorliegen, dass bestimmte fixe Kosten abbaubar sind.

2   Einsatzmöglichkeiten kurzfristiger Erfolgsrechnungen

Aufgabe 27 (Lösungshinweis)

a)   Wahl des geeigneten Systems der kurzfristigen Erfolgsrechnung

Die Planung eines Produktionsprogramms stellt ein kurzfristiges Entscheidungsproblem dar, bei dem nur die *entscheidungsrelevanten* d. h. variablen Kosten von Bedeutung sind. Hierfür bietet sich das System der Deckungsbeitragsrechnung an. Die insgesamt angefallenen Kosten werden in Bezug auf die Kosteneinflussgröße „Beschäftigung" in fixe und variable Bestandteile getrennt. Als Deckungsbeitrag wird die Differenz zwischen dem Erlös und den variablen Kosten der abgesetzten Menge bezeichnet. Der Gewinn einer Abrechnungsperiode errechnet sich als Differenz aus dem Deckungsbeitrag und den gesamten Fixkosten. Die letzteren werden entweder en bloc (einstufige DBR) oder sachlich getrennt nach Produkten, Produktgruppen usw. (mehrstufige DBR) von der Summe der Deckungsbeiträge abgezogen.

b)   Bestimmung des optimalen Produktionsprogramms

Im vorliegenden Fall ist zunächst der Gewinn zu ermitteln, den das jeweilige Produkt bei maximaler Absatzmenge erwirtschaftet. Damit lassen sich Verlustprodukte identifizieren. Die Ergebnisse der Gewinnermittlung sind in Tabelle L-21 wiedergegeben.

Produkt	Variable Kosten (gesamt)	Variable Kosten (GE/Stück)	Verkaufspreis (GE/ Stück)	Deckungsbeitrag (GE/Stück)	Gewinn bei max. Absatzmenge (GE)
1	20.000	80	90	10	1.000
2	31.500	105	100	–5	–4.500
3	22.500	50	80	30	8.375
4	5.000	25	50	25	3.000
5	20.000	50	60	10	–500

Tabelle L-21:   Ermittlung des Gewinns bei maximaler Absatzmenge

Demnach wird das Produkt 2 nicht hergestellt, weil es seine variablen Kosten nicht zu decken vermag.

Auch wird auf die Produktion von Produkt 5 verzichtet, weil der erwirtschaftete Deckungsbeitrag nicht zur Deckung der Fixkosten ausreicht. Da die Fixkosten im vorliegenden Fall produktabhängig sind und bei Nichtproduktion sofort abgebaut werden, können die Produkte 2 und 5 aus dem Produktionsprogramm eliminiert werden.

Im nächsten Schritt ist das eventuelle Vorliegen einer Engpasssituation in den Fertigungsabteilungen A und B zu prüfen, wenn die verbleibenden Produkte 1, 3 und 4 hergestellt werden.

Fertigungsabteilung A

$250 \cdot 2,5 + 450 \cdot 2 + 200 \cdot 5 = 2.525$ Std. > 1.600 Std.

$\Rightarrow$ Es liegt ein Engpass vor!

Fertigungsabteilung B

$250 \cdot 0,5 + 450 \cdot 1 + 200 \cdot 2 = 975$ Std. < 1.000 Std.

$\Rightarrow$ Es liegt kein Engpass vor!

Liegt eine Kapazitätsrestriktion vor, wird das optimale Produktionsprogramm mit Hilfe der inputbezogenen Opportunitätskosten bestimmt. Da die Fertigungsabteilung A einen (produktionsbezogenen) Engpass darstellt, müssen für die Produkte 1, 3 und 4 Deckungsbeiträge in Bezug auf eine Einheit der Engpassbelastung (inputbezogene Opportunitätskosten) ermittelt werden (w_{Aj}). Die Ergebnisse der Berechnung sind in Tabelle L-22 dargestellt.

Produkt	1	3	4
$w_{Aj} = \dfrac{d_j}{b_{Aj}}$	$w_{A1} = \dfrac{10}{2,5} = 4$	$w_{A3} = \dfrac{30}{2} = 15$	$w_{A4} = \dfrac{25}{5} = 5$

Tabelle L-22:   Inputbezogene Opportunitätskosten

Konkurrieren mehrere Produkte um die Nutzung eines knappen Produktionsfaktors, ist der Engpassfaktor für das Produkt mit den höchsten inputbezogenen Opportunitätskosten einzusetzen.[162]

Im vorliegenden Fall ergibt sich folgende Rangfolge der engpassbezogenen Deckungsbeiträge:

$w_{A3} > w_{A4} > w_{A1}$

Das Produkt 3 wird also bis zu dessen Absatzgrenze produziert. Die dann noch freie Kapazität wird mit dem Produkt ausgelastet, das den nächstbesten engpassbezogenen Deckungsbeitrag aufweist.

Produkt 3:

450 Stück $\cdot$ 2 Std./Stück = 900 Std.

Die verbleibende Restkapazität beträgt: 1.600 – 900 = 700 Std.

Produkt 4

$\dfrac{700 \text{ Std.}}{5 \text{ Std./Stück}} = 140$ Stück können hergestellt werden (maximal möglicher Absatz $P_4 < 200$ Stück).

---

[162]   Vgl. *Ossadnik* (2003), S. 205.

Demnach sieht das *gewinnmaximale Produktionsprogramm* wie folgt aus:

Produkt 3: 450 Stück,

Produkt 4: 140 Stück.

Der *geplante Gewinn* beträgt:

$(450 \cdot 30 - 5.125) + (140 \cdot 25 - 2.000) = 8.375 + 1.500 = 9.875$ GE.

Aufgabe 28 (Lösungshinweis)

a) Bestimmung des gewinnmaximalen Produktionsprogramms

Es gilt zunächst, das Vorliegen von Engpässen zu überprüfen.

Bereich I

MA_1: $300 \cdot 0,5 + 500 \cdot 3 + 700 \cdot 2 = 3.050$ Std. > 3.000 Std. (Engpass!)

MA_2: $300 \cdot 1 + 500 \cdot 0,25 + 700 \cdot 2 = 1.825 < 2.000$ Std. (kein Engpass!)

Im Falle des Vorliegens eines Engpasses müssen die gleichen Überlegungen wie im Lösungshinweis zu Aufgabe 27 angestellt werden.

Tabelle L-23 gibt die inputbezogenen Opportunitätskosten der Produkte sowie die Produktionsreihenfolge an.

Produkt	A_1	A_2	A_3
d_j	7	9	4
$w_{1j} = \dfrac{d_j}{b_{1j}}$	14	3	2
Rang	I	II	III

Tabelle L-23: Inputbezogene Opportunitätskostenkosten und Produktionsreihenfolge

Das Produkt A_1 wird bis zu seiner Absatzgrenze produziert, die restlichen freien Maschinenstunden werden für die Herstellung der Produkte A_2 und A_3 verwendet.

Produkt A_1

Der Kapazitätsbedarf für die Herstellung von 300 Einheiten von A_1 beträgt 150 Std. (300 Stück $\cdot$ 0,50 Std./Stück = 150 Std. < 3.000 Std.)

Die freiwerdende Überkapazität von 2.850 Std. (3.000 Std. – 150 Std.) ist mit dem nächstbesten Produkt A_2 zu belegen.

Produkt A_2

$$\frac{2.850 \text{ Std.}}{3 \text{ Std.} / \text{Stück}} = 950 \text{ Stück} > 500 \text{ Stück (Absatzgrenze)}$$

Es können also nur 500 Stück von Produkt A_2 hergestellt werden. Der entsprechende Kapazitätsbedarf beträgt:

$500 \cdot 3 = 1.500$ Std. < 2.850 Std.

Das Produkt A_2 wird bis zu seiner Absatzgrenze produziert. Die verbleibende Restkapazität (2.850 Std. − 1.500 Std. = 1.350 Std.) kann für die Herstellung von A_3 genutzt werden.

Produkt A_3

$$\frac{1.350 \text{ Std.}}{2 \text{ Std.}/\text{Stück}} = 675 \text{ Stück} < 700 \text{ Stück (Absatzgrenze)}$$

Das optimale Produktionsprogramm für den Bereich I lautet demnach:

$A_1 = 300$ Stück,

$A_2 = 500$ Stück,

$A_3 = 675$ Stück.

Der im Bereich I erzielbare Gewinn beträgt

$(300 \cdot 7 + 500 \cdot 9 + 675 \cdot 4) - 3.000 = 6.300$ GE.

Bereich II

Für die im Bereich II herzustellenden Produkte B_1, B_2, und B_3 ergeben sich die aus Tabelle L-24 ersichtlichen inputbezogenen Opportunitätskosten.

Produkt	B_1	B_2	B_3
d_i	6	8	7
w_{1i}	2	2	3,5
w_{2i}	24	16	7

Tabelle L-24:   Inputbezogene Opportunitätskosten

Man ersieht aus Tabelle L-24, dass eine einfache Rangordnung der drei betrachteten Produkte, wie es im Fall eines Engpasses möglich war, nicht mehr gebildet werden kann. Bzgl. der Maschine MB_1 wäre die Herstellung von B_3 vorteilhaft, bzgl. der Maschine MB_2 würde sich dagegen die Produktion von B_1 lohnen. Bei mehreren gleichzeitig wirksamen Engpässen müssen deshalb die Beziehungen zwischen Engpassbelastungen, Deckungsbeiträgen, Kapazitäten usw. in einem simultanen Modell betrachtet werden.

Für den Bereich II kann das Problem der Produktionsprogrammplanung[163] mit Hilfe des primalen Ansatzes der linearen Programmierung wie folgt gelöst werden:

---

[163]   Vgl. zur Produktionsprogrammplanung mittels linearer Programmierung auch *Corsten* (2004), S. 239-250.

Zielfunktion (ZF):

$6 \cdot x_1 + 8 \cdot x_2 + 7 \cdot x_3 \rightarrow max$

unter den Nebenbedingungen:

$3 \cdot x_1 + 4 \cdot x_2 + 2 \cdot x_3 \quad \leq \quad 2.000 \quad$ (Kapazitätsrestriktion MB_1)

$0,25 \cdot x_1 + 0,5 \cdot x_2 + x_3 \quad \leq \quad 2.500 \quad$ (Kapazitätsrestriktion MB_2)

$x_2 \quad \leq \quad 200 \quad$ (Absatzrestriktion)

Nichtnegativitätsbedingung:

$x_i \geq 0 \quad \forall \, i$

Mit Hilfe von Schlupfvariablen werden die Ungleichungen in Gleichungen überführt. Damit lauten die Nebenbedingungen:

$3 \cdot x_1 + 4 \cdot x_2 + 2 \cdot x_3 + s_1 \quad = \quad 2.000$

$0,25 \cdot x_1 + 0,5 \cdot x_2 + x_3 + s_2 \quad = \quad 2.500$

$x_2 + s_3 \quad = \quad 200$

Aus dem oben dargestellten Optimierungsansatz lässt sich das Ausgangstableau des Simplexalgorithmus aufstellen (vgl. Tabelle L-25).

Basis	x_1	x_2	x_3	s_1	s_2	s_3	Lösung
s_1	3	4	2	1	0	0	2.000
s_2	1/4	1/2	1	0	1	0	2.500
s_3	0	1	0	0	0	1	200
ZF	−6	−8	−7	0	0	0	0

Tabelle L-25:   Ausgangstableau

Das Optimierungsproblem ist nun durch mehrere Iterationen zu lösen. Dazu bedarf es folgender Schritte:[164]

1) Bestimmung der Pivotspalte:

Wenn die Zielfunktionszeile nur nichtnegative Werte enthält, ist das Problem gelöst. Die aktuelle Lösung ist dann die Optimallösung. Dies ist hier nicht der Fall. Die Zielfunktionszeile enthält negative Werte. Die Pivotspalte ist diejenige mit dem höchsten negativen Wert, hier also die x_2-Spalte.

2) Bestimmung der Pivotzeile:

Wenn in der Pivotspalte überall nur die Koeffizienten zu finden sind, die kleiner oder gleich null sind, wird das Verfahren abgebrochen. Eine optimale Lösung existiert in diesem Fall nicht. Enthält eine Pivotspalte positive Werte, so geht man wie

---

[164] Vgl. *Domschke/Drexl* (2002), S. 20-30; *Ellinger/Beuermann/Leisten* (2003), S. 25-41.

folgt vor: Man teilt die Werte der Kapazitätsrestriktion in der rechten Spalte durch die zugehörigen (positiven) Koeffizienten der Pivotspalte. Negative Koeffizienten werden bei der Ermittlung der Pivotspalte nicht berücksichtigt. Im betrachteten Fall ergeben sich folgende Quotienten:

Erste Zeile: $\dfrac{2.000}{4} = 500$

Zweite Zeile: $\dfrac{2.500}{\frac{1}{2}} = 5.000$

Dritte Zeile: $\dfrac{200}{1} = 200$

Die Zeile mit dem kleinsten Wert (hier: 200) ist die Pivotzeile. Im Schnittpunkt von Pivotzeile und Pivotspalte liegt das Pivotelement. Das Pivotelement ist in Tabelle L-25 durch ein grau unterlegtes Feld gekennzeichnet.

3)   Umformung des Ausgangstableaus

In der linken Spalte der Pivotzeile wird die bisherige Eintragung durch die oberste Eintragung in der Pivotspalte ersetzt. Im betrachteten Fall ersetzt man S_3 durch x_2.

Die Zahlenwerte in der Pivotzeile werden durch das Pivotelement dividiert. Damit formt man die Pivotzeile so um, dass das neue Pivotelement gleich 1 ist.

Die Nicht-Pivotzeilen werden wie folgt umgeformt: Von allen anderen Zeilen wird die neue Pivotzeile (bzw. das Mehrfache der Pivotzeile) so subtrahiert, dass in der Pivotspalte außer dem neuen Pivotelement alle Parameter exakt den Wert Null annehmen. Damit ergibt sich nach der ersten Iteration Tabelle L-26.

Basis	x_1	x_2	x_3	s_1	s_2	s_3	Lösung
s_1	3	0	2	1	0	−4	1.200
s_2	1/4	0	1	0	1	−1/2	2.400
x_2	0	1	0	0	0	1	200
ZF	−6	0	−7	0	0	8	1.600

Tabelle L-26:   Tableau nach der ersten Iteration

Da die Zielfunktion in dem umgeformten Tableau noch negative Werte enthält, muss das oben dargestellte Verfahren noch einmal durchgeführt werden, und zwar solange, bis die Zielfunktion keine negativen Werte mehr aufweist. Wenn am Ende des Iterationsprozesses keine negativen Werte in der Zielfunktion vorhanden sind, hat man die optimale Lösung ermittelt.

Das Tableau nach der zweiten Iteration ist aus Tabelle L-27 ersichtlich.

Basis	x_1	x_2	x_3	s_1	s_2	s_3	Lösung
x_3	3/2	0	1	1/2	0	-2	600
s_2	-5/4	0	0	-1/2	1	3/2	1.800
x_2	0	1	0	0	0	1	200
ZF	9/2	0	0	7/2	0	-6	5.800

Tabelle L-27:   Tableau nach der zweiten Iteration

Nach der dritten Iteration resultiert das Endtableau (vgl. Tabelle L-28).

Basis	x_1	x_2	x_3	s_1	s_2	s_3	Lösung
x_3	3/2	2	1	1/2	0	0	1.000
s_2	-5/4	-3/2	0	-1/2	1	0	1.500
s_3	0	1	0	0	0	1	200
ZF	9/2	6	0	7/2	0	0	7.000

Tabelle L-28:   Endtableau

Da die Zielfunktion keine negativen Werte mehr ausweist, ist die optimale Lösung gefunden. Das optimale Produktionsprogramm für den Bereich II lautet:

Produkt B_3 = 1.000 Stück

Der im Bereich II geplante Gewinn beträgt dann 1.000 · 7 – 2.500 = 4.500 GE.

Der Gesamtgewinn ergibt sich aus der Addition der geplanten Gewinne der Bereiche I + II:

6.300 GE + 4.500 GE = 10.800 GE

b)   Auswirkungen einer Erhöhung der Maschinenkapazität auf das optimale Produktionsprogramm

Bei einer Erhöhung der Kapazität von MB_2 bleibt die Produktionsmenge von B_3 unverändert, da von den verfügbaren 2.500 Maschinenstunden erst 1.000 Std. ausgelastet sind. Der optimale Deckungsbeitrag würde weiterhin 7.000 GE und der Unternehmensgewinn 10.800 GE betragen.

c)   Ermittlung der Opportunitätsverluste

Bestimmung der Opportunitätsverluste (Bereich I):

Der Opportunitätsverlust oder -schaden t_i, der im Vergleich zur optimalen Lösung bei Realisierung des Produkts i entsteht, ergibt sich als Differenz der Optimalopportunitätskosten η_i zum Deckungsbeitrag d_i:

$$t_i = d_i - \eta_i$$

Der produktbezogene Opportunitätskostensatz η_i wird wie folgt bestimmt:

$\eta_i = w_j^* \cdot b_{ji}$ für $i = 1, \ldots n$

η_i ist der Deckungsbeitrag, der pro Einheit eines Produkts P_i erwirtschaftet werden müsste, um das Gesamtergebnis bei Verzicht auf die Produktion des verdrängten Produkts mit dem höchsten engpassbezogenen Deckungsbeitrag nicht zu verschlechtern. Die Ergebnisse der Berechnung sind in Tabelle L-29 zusammengefasst.

Produkt	A_1	A_2	A_3
d_i	7	9	4
η_i	$14 \cdot 0,5 = 7$	$14 \cdot 3 = 42$	$14 \cdot 2 = 28$
t_i	0	-33	-24

Tabelle L-29:   Opportunitätsverluste

Aufgabe 29 (Lösungshinweis)

a) Bestimmung des gewinnmaximalen Produktionsprogramms

Primaler Ansatz der linearen Programmierung:

Zielfunktion:

$10 \cdot x_1 + 8 \cdot x_2 \rightarrow \max$

unter den Nebenbedingungen:

$2 \cdot x_1 + x_2 \leq 4.000$ (Kapazitätsrestriktion Maschine 1)

$4 \cdot x_1 + x_2 \leq 2.000$ (Kapazitätsrestriktion Maschine 2)

$x_1 + x_2 \leq 8.000$ (Kapazitätsrestriktion Maschine 3)

Nichtnegativitätsbedingung:

$x_i \geq 0 \quad \forall i$

Durch die Einführung von Schlupfvariablen lauten die Restriktionen:

$2 \cdot x_1 + x_2 + s_1 = 4.000$

$4 \cdot x_1 + x_2 + s_2 = 2.000$

$x_1 + x_2 + s_3 = 8.000$

Die einzelnen Lösungsschritte des primalen Problems geben Tabelle L-30 bis Tabelle L-32 wieder.

Basis	x_1	x_2	s_1	s_2	s_3	Lösung
s_1	2	1	1	0	0	4.000
s_2	4	1	0	1	0	2.000
s_3	1	1	0	0	1	8.000
ZF	−10	−8	0	0	0	0

Tabelle L-30:   Ausgangstableau

Basis	x_1	x_2	s_1	s_2	s_3	Lösung
s_1	0	1/2	1	−1/2	0	3.000
x_1	1	1/4	0	1/4	0	500
s_3	0	3/4	0	−1/4	1	7.500
ZF	0	−11/2	0	5/2	0	5.000

Tabelle L-31:   Tableau nach der ersten Iteration

Basis	x_1	x_2	s_1	s_2	s_3	Lösung
s_1	−2	0	1	−1	0	2.000
x_2	4	1	0	1	0	2.000
s_3	−3	0	0	−1	1	6.000
ZF	22	0	0	8	0	16.000

Tabelle L-32:   Lösung des primalen Produktionsprogrammplanungsproblems

Aus dem optimalen Tableau lässt sich die Lösung für das betrachtete Entscheidungsproblem ablesen. Unter den gegebenen Restriktionen kann durch die Produktion von 2.000 Einheiten des Produkts x_2 ein Deckungsbeitrag von 16.000 GE erwirtschaftet werden.

b)   Produktionsprogramm- und Produktionsablaufplanung

Liegen mehrere alternativ einsetzbare Fertigungsverfahren vor, ist die kostengüns-
tigste Maschinenbelegung zu bestimmen. Im Fall eines Fertigungsengpasses können nicht alle Produkte durch das kostenminimale Produktionsverfahren hergestellt werden. Einige Produkte müssen dem nächstgünstigsten Produktionsverfahren zugeordnet werden. Bei Vorliegen mehrerer Engpässe im Produktionsablauf
sind die planmäßigen Kosten und Restriktionen des Produktionsvollzuges in die
lineare Simultanplanung des Produktionsprogramms einzubeziehen.

Primaler Ansatz der linearen Programmierung

Zielfunktion: $10 \cdot x_{1A} + 13 \cdot x_{1C} + 8 \cdot x_{2B} + 8 \cdot x_{2D} \rightarrow max$

unter den Nebenbedingungen:

$2 \cdot x_{1A} + 3 \cdot x_{1C} + x_{2B} + 0,5 \cdot x_{2D}$ $\leq$ 4.000   (Kapazitätsrestriktion Maschine 1)

$4 \cdot x_{1A} + 0,5 \cdot x_{1C} + x_{2B} + 1,5 \cdot x_{2D}$ $\leq$ 2.000   (Kapazitätsrestriktion Maschine 2)

$x_{1A} + 0,5 \cdot x_{1C} + x_{2B} + 0,5 \cdot x_{2D}$ $\leq$ 8.000   (Kapazitätsrestriktion Maschine 3)

Nichtnegativitätsbedingung:

$x_i \geq 0 \quad \forall i$

Mit Hilfe von Schlupfvariablen werden die Ungleichungen in Gleichungen überführt. Die Restriktionen lauten nunmehr:

$2 \cdot x_{1A} + 3 \cdot x_{1C} + x_{2B} + 0,5 \cdot x_{2D} + s_1$ $= 4.000$

$4 \cdot x_{1A} + 0,5 \cdot x_{1C} + x_{2B} + 1,5 \cdot x_{2D} + s_2$ $= 2.000$

$x_{1A} + 0,5 \, x_{1C} + x_{2B} + 0,5 x_{2D} + s_3$ $= 8.000$

Die Lösungsschritte geben Tabelle L-33 bis Tabelle L-36 wieder.

Basis	x_{1A}	x_{1C}	x_{2B}	x_{2D}	s_1	s_2	s_3	Lösung
s_1	2	3	1	1/2	1	0	0	4.000
s_2	4	1/2	1	3/2	0	1	0	2.000
s_3	1	1/2	1	1/2	0	0	1	8.000
ZF	−10	−13	−8	−8	0	0	0	0

Tabelle L-33:   Ausgangstableau

Basis	x_{1A}	x_{1C}	x_{2B}	x_{2D}	s_1	s_2	s_3	Lösung
x_{1C}	2/3	1	1/3	1/6	1/3	0	0	1.333,33
s_2	1 1/3	0	5/6	17/12	−1/6	1	0	1.333,33
s_3	2/3	0	5/6	5/12	−1/6	0	1	7.333,33
ZF	−4/3	0	−11/3	−35/6	13/3	0	0	17.333,33

Tabelle L-34:   Tableau nach der ersten Iteration

Basis	x_{1A}	x_{1C}	x_{2B}	x_{2D}	s_1	s_2	s_3	Lösung
x_{1C}	12/51	1	12/51	0	6/17	−2/17	0	1.176,47
x_{2D}	44/17	0	10/17	1	−2/17	12/17	0	941,18
s_3	−7/17	0	10/17	0	−2/17	−5/17	1	6.941,18
ZF	234/17	0	−4/17	0	62/7	70/17	0	22.823,55

Tabelle L-35:   Tableau nach der zweiten Iteration

Basis	x_{1A}	x_{1C}	x_{2B}	x_{2D}	s_1	s_2	s_3	Lösung
x_{1C}	-4/5	1	0	-2/5	2/5	-2/5	0	800
x_{2D}	22/5	0	1	17/10	-1/5	6/5	0	1.600
s_3	-3	0	0	-1	0	-1	1	6.000
ZF	74/5	0	0	2/5	18/5	22/5	0	23.200

Tabelle L-36: Lösung des Produktionsprogramm- und -ablaufplanungsproblems

Aus Tabelle L-36 lassen sich die Lösungen für das vorliegende Entscheidungsproblem ablesen. Das Produkt x_1 wird demnach in einer Menge von 800 Einheiten mit dem Verfahren C, Produkt x_2 in einer Menge von 1.600 Einheiten mit dem Verfahren B hergestellt.

Der geplante Deckungsbeitrag beträgt 23.200 GE.

Aufgabe 30 (Lösungshinweis)

a) Aufstellung und grafische Lösung des linearen Programms

Für das vorliegende Planungsproblem lässt sich – ausgehend vom primalen Ansatz der linearen Programmierung – folgendes lineare Programm aufstellen:

Zielfunktion: $9 \cdot x_1 + 12 \cdot x_2 \to max$

unter den Nebenbedingungen:

$$3 \cdot x_1 + 12 \cdot x_2 \leq 480 \quad \text{(Kapazitätsrestriktion } R_1)$$

$$14 \cdot x_1 + 8 \cdot x_2 \leq 896 \quad \text{(Kapazitätsrestriktion } R_2)$$

$$x_1 \leq 60 \quad \text{(Absatzrestriktion } x_1)$$

$$x_2 \leq 70 \quad \text{(Absatzrestriktion } x_2)$$

Nichtnegativitätsbedingung:

$x_1, x_2 \geq 0$

Nach Einführung der Schlupfvariablen ergibt sich folgendes Gleichungssystem:

(I): $3 \cdot x_1 + 12 \cdot x_2 + s_1 = 480$
(II): $14 \cdot x_1 + 8 \cdot x_2 + s_2 = 896$
(III): $x_1 + s_3 = 60$
(IV): $x_2 + s_4 = 70$
$x_1, x_2 \geq 0;\ s_1, s_2, s_3, s_4 \geq 0$

Zielfunktion: $9 \cdot x_1 + 12 \cdot x_2 = G$

Die *Schlupfvariablen* geben in einem entsprechenden Gleichungssystem die jeweils *nicht ausgeschöpfte Kapazität* der zugehörigen (zu optimierenden) *Strukturvariable* an. Ein Wert von z. B. $s_1=100$ würde bedeuten, dass 100 kg des Rohstoffes R_1 nicht benötigt werden. Das Ausgangstableau ergibt sich nunmehr gemäß Tabelle L-37.

Basis	x_1	x_2	s_1	s_2	s_3	s_4	Lösung
s_1	3	12	1	0	0	0	480
s_2	14	8	0	1	0	0	896
s_3	1	0	0	0	1	0	60
s_4	0	1	0	0	0	1	70
ZF	−9	−12	0	0	0	0	0

Tabelle L-37:   Ausgangstableau

Ausgehend von den gegebenen Restriktionen lässt sich das Problem der Produktionsprogrammplanung grafisch mit den aus Abbildung L-15 ersichtlichen Geraden darstellen.

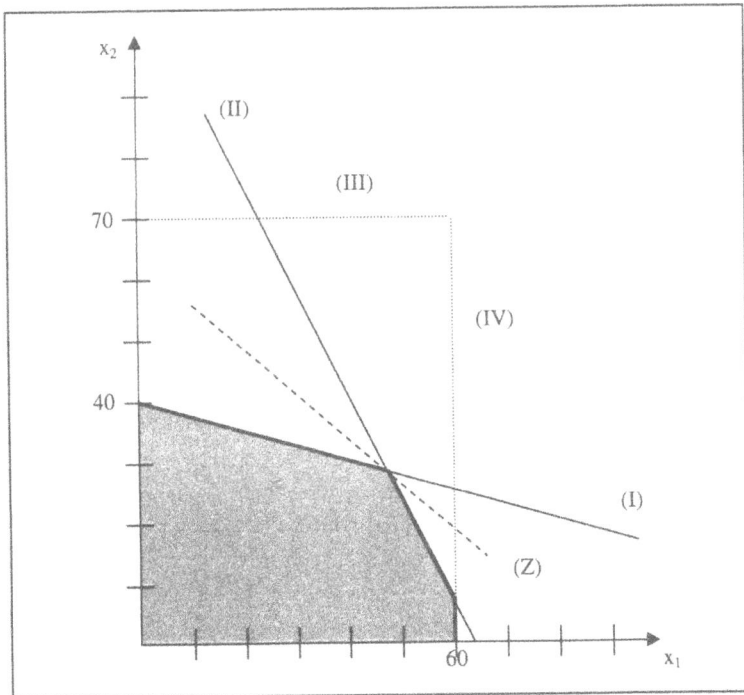

Abbildung L-15:   Grafische Lösung des Planungsproblems

Nach dem Ausgangstableau gilt:

(ZF) $9 \cdot x_1 + 12 \cdot x_2 = G$ $\Rightarrow x_2 = -\dfrac{3}{4} \cdot x_1 + \dfrac{G}{12}$

(I) $3 \cdot x_1 + 12 \cdot x_2 = 480$ $\Rightarrow x_2 = -\dfrac{1}{4} \cdot x_1 + 40$

(II) $14 \cdot x_1 + 8 \cdot x_2 = 896$ $\Rightarrow x_2 = -\dfrac{7}{4} \cdot x_1 + 112$

(III) $x_1 = 60$

(IV) $x_2 = 70$

Die grafische Lösung des Problems ist in Abbildung L-15 dargestellt. Darin ist der Bereich zulässiger Lösungen grau markiert.

b) Vervollständigung des Lösungstableaus

Die Koeffizienten a bis g sowie die grau unterlegten Werte lassen sich wie folgt bezeichnen und erläutern.

Die Koeffizienten a bis d sind Faktorkoeffizienten, die man auch als Konkurrenzzahlen interpretieren kann. Sie geben an, um wie viel die optimalen Produktionsmengen von x_1 und x_2 verändert werden müssten, damit jeweils eine Einheit der hier voll ausgeschöpften Kapazitäten R_1 und R_2 freigesetzt wird.

Die zu den Kapazitätsrestriktionen gehörenden Schlupfvariablen s_1 und s_2 sind im Lösungstableau Nicht-Basisvariablen.

Die grau unterlegten Werte stellen faktorbezogene Opportunitätskosten w_i^* dar, die angeben, wie der Gesamtdeckungsbeitrag auf die Veränderung der Variablenwerte reagiert. Wird bspw. der Wert von s_1 um eine Einheit erhöht, bedeutet dies inhaltlich eine Verringerung der zur Produktion von x_1 und x_2 zur Verfügung stehenden Kapazität von R_1 um eine Einheit. Dies führt zu einer Deckungsbeitragseinbuße in Höhe von 2/3. Aus dieser Kenntnis bzgl. der Zusammensetzung der faktorbezogenen Opportunitätskosten können die Platzhalter a, b, c und d wie folgt bestimmt werden (für $d = 4 \cdot c$ und $d = 1,5 \cdot b$):

s_1 : $a \cdot DB_{x_2} - b \cdot DB_{x_1} = \dfrac{2}{3}$

s_2 : $-c \cdot DB_{x_2} + d \cdot DB_{x_1} = \dfrac{1}{2}$

s_1 : $12 \cdot a - 9 \cdot b = \dfrac{2}{3}$

s_2 : $-12 \cdot c + 9 \cdot d = \dfrac{1}{2}$

$d = 4 \cdot c$ in s_2 : $-12 \cdot c + 9 \cdot 4 \cdot c = \dfrac{1}{2} \Leftrightarrow 24 \cdot c = \dfrac{1}{2} \Leftrightarrow c = \dfrac{1}{48}$

$d = 4 \cdot c \Rightarrow$ $d = 4 \cdot \dfrac{1}{48} \Leftrightarrow d = \dfrac{1}{12}$

$$d = 1,5 \cdot b \Rightarrow \quad \frac{1}{12} = 1,5 \cdot b \Leftrightarrow b = \frac{\frac{1}{12}}{\frac{3}{2}} = \frac{1}{12} \cdot \frac{2}{3} = \frac{2}{36} \Leftrightarrow b = \frac{1}{18}$$

$$d = \frac{1}{18} \text{ in } s_1 : \quad 12 \cdot a - 9 \cdot \frac{1}{18} = \frac{2}{3} \Leftrightarrow 12 \cdot a = \frac{4}{6} + \frac{3}{6} \Leftrightarrow 12 \cdot a = \frac{7}{6} \Leftrightarrow a = \frac{7}{72}$$

Die Werte der Schlupfvariablen s_3 und s_4 in der Lösungsspalte geben die jeweils nicht ausgeschöpfte Kapazität an. Da zudem die Absatzrestriktionen bekannt sind, lassen sich die Werte e und f wie folgt berechnen:

e :   Absatzrestriktion x_2 – nicht ausgeschöpfte Kapazität (s_4)

   $e = 70 - 42 = 28$

f :   Absatzrestriktion x_1 – nicht ausgeschöpfte Kapazität (s_3)

   $f = 60 - 12 = 48$

Ist mit e und f nun das optimale Programm bekannt, lässt sich mittels der Zielfunktion auch der Wert g berechnen:

g : $g = f \cdot DB_{x_1} + e \cdot DB_{x_2} \Leftrightarrow g = 48 \cdot 9 + 28 \cdot 12 = 768.$

Damit ist das Lösungstableau hinreichend bestimmt (vgl. Tabelle L-38).

Basis	x_1	x_2	s_1	s_2	s_3	s_4	Lösung
x_2	0	1	7/72	–1/48	0	0	28
x_1	1	0	–1/18	1/12	0	0	48
s_3	0	0	1/18	–1/12	1	0	12
s_4	0	0	–7/72	1/48	0	1	42
ZF	0	0	2/3	1/2	0	0	768

Tabelle L-38:   Vervollständigtes Endtableau

c)   Sensitivitätsanalyse

Mit der Sensitivitätsanalyse wird beantwortet, wie stark einzelne Ausgangsdaten variiert werden dürfen, bis sich die Struktur der Lösung ändert.[165] Im Rahmen einer ceteris paribus-Betrachtung wird das Intervall [$R_i - |\Delta s_i|$, $R_i + |\Delta s_i|$] ermittelt, in dem sich einzelne Ausgangsdaten bewegen können, ohne dass ein Basistausch notwendig wird. Man spricht in diesem Fall von einer *Stabilität der Struktur der Optimallösung.*[166]

Bezogen auf den betrachteten Fall stellt sich die Frage, bis zu welcher Höhe die Kapazität des Rohstoffs R_1 bei unveränderter Kapazität von R_2 – bei Erhaltung der

---

[165]   Vgl. *Kistner* (2003), S. 58-65.
[166]   Vgl. *Ossadnik* (2003), S. 213-217.

Struktur der Optimallösung entsprechend Tabelle L-38 – vermindert oder erhöht werden darf.

Die zur Restriktion R_1 zugehörige Schlupfvariable s_1 ist eine Nichtbasisvariable. Demnach müssen die aus dem Optimaltableau resultierenden Gleichungen näher betrachtet werden. Tabelle L-38 liefert folgende Gleichungen:

$$x_2 + \frac{7}{72} \cdot s_1 - \frac{1}{48} \cdot s_2 = 28$$

$$x_1 - \frac{1}{18} \cdot s_1 + \frac{1}{12} \cdot s_2 = 48$$

$$s_3 + \frac{1}{18} \cdot s_1 - \frac{1}{12} \cdot s_2 = 12$$

$$s_4 - \frac{7}{72} \cdot s_1 + \frac{1}{48} \cdot s_2 = 42$$

bzw.

$$x_2 = 28 - \frac{7}{72} \cdot s_1 + \frac{1}{48} \cdot s_2$$

$$x_1 = 48 + \frac{1}{18} \cdot s_1 - \frac{1}{12} \cdot s_2$$

$$s_3 = 12 - \frac{1}{18} \cdot s_1 + \frac{1}{12} \cdot s_2$$

$$s_4 = 42 + \frac{7}{72} \cdot s_1 - \frac{1}{48} \cdot s_2$$

Diese Gleichungen beschreiben die Zusammenhänge zwischen den Basisvariablen (x_1, x_2, s_3, s_4) und den Nichtbasisvariablen (s_1, s_2). Die Struktur der Optimallösung bleibt solange stabil, bis Nichtnegativitätsbedingungen der Basisvariablen verletzt werden. Für den betrachteten Fall folgt:

$$x_2 = 28 - \frac{7}{72} \cdot \Delta s_1 + \frac{1}{48} \cdot \Delta s_2$$

$$x_1 = 48 + \frac{1}{18} \cdot \Delta s_1 - \frac{1}{12} \cdot \Delta s_2$$

$$s_3 = 12 - \frac{1}{18} \cdot \Delta s_1 + \frac{1}{12} \cdot \Delta s_2$$

$$s_4 = 42 + \frac{7}{72} \cdot \Delta s_1 - \frac{1}{48} \cdot \Delta s_2$$

$$s_3 = 12 - \frac{1}{18} \cdot \Delta s_1 + \frac{1}{12} \cdot \Delta s_2$$

$$s_4 = 42 + \frac{7}{72} \cdot \Delta s_1 - \frac{1}{48} \cdot \Delta s_2$$

Für die Frage, innerhalb welchen Variationsbereichs der Schlupfvariablen s_1 die Nichtnegativitätsbedingungen der Basisvariablen ($x_1 \geq 0$, $x_2 \geq 0$, $s_3 \geq 0$, $s_4 \geq 0$) bei einer Konstanz der Schlupfvariablen s_2 (d. h. $\Delta s_2 = 0$) gültig bleiben, folgt demnach:

$$x_2 \geq 0 \Leftrightarrow 28 - \frac{7}{72} \cdot \Delta s_1 \geq 0 \Leftrightarrow 28 \geq \frac{7}{72} \cdot \Delta s_1 \Leftrightarrow \Delta s_1 \leq 288$$

$$x_1 \geq 0 \Leftrightarrow 48 + \frac{1}{18} \cdot \Delta s_1 \geq 0 \Leftrightarrow 48 \geq -\frac{1}{18} \cdot \Delta s_1 \Leftrightarrow \Delta s_1 \geq -864$$

$$s_3 \geq 0 \Leftrightarrow 12 - \frac{1}{18} \cdot \Delta s_1 \geq 0 \Leftrightarrow 12 \geq \frac{1}{18} \cdot \Delta s_1 \Leftrightarrow \Delta s_1 \leq 216$$

$$s_4 \geq 0 \Leftrightarrow 42 + \frac{7}{72} \cdot \Delta s_1 \geq 0 \Leftrightarrow 42 \geq -\frac{7}{72} \cdot \Delta s_1 \Leftrightarrow \Delta s_1 \geq -432$$

Bei Zusammenfassung dieser Ungleichungen ergibt sich:

$$-432 \leq \Delta s_1 \leq 216$$

Diese Ungleichung ist wie folgt zu interpretieren: Die Untergrenze des Intervalls ($\Delta s_1 = -432$) entspricht einer Erhöhung der Kapazität des Rohstoffes R_1 um 432 Einheiten. Ist doch eine Verminderung der Schlupfvariablen s_1 gleichbedeutend mit einer Ausweitung der Kapazität von R_1. Analog dazu bedeutet die Obergrenze des Intervalls eine Kapazitätsreduktion um 216 Einheiten. Eine Verminderung der Kapazität von R_1 um mehr als 216 Einheiten oder deren Ausweitung um mehr als 432 Einheiten führen zu einem Basiswechsel, also zur Verletzung der Struktur der Optimallösung. Es gilt folglich:

$$[R_1 - |\overline{\Delta s_1}|, \ R_1 + |\underline{\Delta s_1}|] \Leftrightarrow [480 - 216, 480 + 432] \Leftrightarrow [264, 912].$$

d)   Ermittlung des Schwankungsintervalls für den Stückdeckungsbeitrag

Eine Sensitivitätsanalyse der Zielfunktion kann mit Hilfe der parametrischen Programmierung durchgeführt werden. Wegen der Zweidimensionalität des Problems bietet sich jedoch ein einfacherer Lösungsweg an: Da im Absatzbereich keine bindenden Restriktionen bestehen sollen, ist der Lösungsraum lediglich durch die Rohstoffe beschränkt. Aus Abbildung L-15 ist ersichtlich, dass die Zielfunktion zwischen den einzig wirksamen Kapazitätsrestriktionen liegt. Zur Beantwortung der Frage ist es ausreichend zu untersuchen, welche Auswirkungen der Stückdeckungsbeitrag von x_1 (DB_{x_1}) auf die Gestalt der Zielfunktionsgeraden hat.

$$\text{(ZF) } DB_{x_1} \cdot x_1 + 12 \cdot x_2 = G \Rightarrow x_2 = -\frac{DB_{x_1}}{12} \cdot x_1 + \frac{G}{12}$$

mit $DB_{x_2} = \text{const.}$

Bei Konstanz des Stückdeckungsbeitrags von x_2 wird die Steigung der Zielfunktionsgeraden ausschließlich durch den Stückdeckungsbeitrag von x_1 beeinflusst. Mit veränderlichem DB_{x_1} dreht sich die Zielfunktionsgerade um den Optimalpunkt.

Dabei ändert sich das optimale Produktionsprogramm innerhalb eines gewissen Schwankungsintervalls des Deckungsbeitrages nicht. Aus Abbildung L-15 ist ersichtlich, dass jede Zielfunktion, die zwischen den Kapazitätsrestriktionen (I) und

(II) liegt, zur gleichen Optimallösung führt. Die Geradengleichungen der Kapazitätsrestriktionen lauten:

(I) $3 \cdot x_1 + 12 \cdot x_2 = 480$ $\Rightarrow x_2 = -\frac{1}{4} \cdot x_1 + 40$

(II) $14 \cdot x_1 + 8 \cdot x_2 = 896$ $\Rightarrow x_2 = -\frac{7}{4} \cdot x_1 + 112$

Daraus wird deutlich, dass die Zielfunktion genau zwischen der flacheren Geraden (I) und der steileren Geraden (II) liegt. Bei Variation des DB_{x_1} in der Zielfunktion bleibt die bisherige Optimallösung also solange optimal, wie die folgende Bedingung erfüllt ist:

$$-\frac{7}{4} < -\frac{DB_{x_1}}{12} < -\frac{1}{4} \text{ oder (nach Multiplikation mit } -12)$$

$$21 > DB_{x_1} > 3$$

Das gesuchte Intervall ist demnach $]3; 21[$.

Aufgabe 31 (Lösungshinweis)

Besteht für ein Unternehmen im Unterbeschäftigungsfall die Möglichkeit, bei Nichtrealisierung der Produktion bestimmte Fertigungskapazitäten durch vorübergehende Stilllegungen an die veränderte Beschäftigungslage anzupassen, sind bei der Berechnung der Preisuntergrenze die entstehenden Opportunitätskosten zu berücksichtigen. Wenn man sich also im betrachteten Fall für die Herstellung des Produkts D entscheidet, würden Opportunitätskosten gemäß Tabelle L-39 anfallen.

Fixe Instandhaltungskosten	5.000 GE/Monat · 3 Monate = 15.000 GE
Umbaukosten	1.000 GE
Entgangener Deckungsbeitrag Produkt B	400 Stück · 30 GE/Stück = 12.000 GE
Entgangener Deckungsbeitrag Produkt A	4.000 Stück · 20 GE/Stück = 80.000 GE
Entgangener Deckungsbeitrag Produkt C	7.000 Stück · 30 GE/Stück = 210.000 GE

Tabelle L-39:   Opportunitätskosten einer Herstellung des Produkts D

Die Summe dieser Kosten führt, umgelegt auf die Gesamtmenge des Auftrags von 50.000 Stück (= 5 Monate · 10.000 Stück/Monat), zu einer Erhöhung der Preisuntergrenze des Produkts D. Die Kosten der Wiederinbetriebnahme (hier: 2.000 GE) könnten dagegen im Fall der Herstellung des Produkts D eingespart werden und führten zu einer Reduktion der Preisuntergrenze. Diese ist wie folgt zu bestimmen:

2 Einsatzmöglichkeiten kurzfristiger Erfolgsrechnungen (Lösungen)   163

$$PUG_D = 40 + \frac{15.000 + 1.000 + 12.000 + 80.000 + 210.000 - 2.000}{50.000}$$

$$= 40 + \frac{316.000}{50.000} = 40 + 6,32 = 46,32 \text{ GE/Stück}$$

Da die errechnete Preisuntergrenze höher ist als der angebotene Stückpreis von 45 GE, sollte der Auftrag abgelehnt werden.

Aufgabe 32 (Lösungshinweis)

Zur Lösung dieses Entscheidungsproblems bieten sich drei Möglichkeiten:

1. Möglichkeit

Vergleich der Gewinne für die Alternativen „Keine Produktionseinstellung" (KPE) und „Produktionseinstellung" (PE).

KPE: $9 \cdot 6.000 \cdot (15.000 - 12.000) - 9 \cdot 30.000.000$

$= 162.000.000 - 270.000.000 = -108.000.000 \text{ GE}$

PE: $3 \cdot 7.000 \cdot (16.000 - 12.000) - 3 \cdot 30.000.000 - 60.500.000 - 20.000.000$

$= 84.000.000 - 170.500.000 = -86.500.000 \text{ GE}$

Aus dem Vergleich der Gewinne (G) der beiden Alternative ($G_{PE} > G_{KPE}$) folgt die Empfehlung, die Produktion für zwei Quartale einzustellen und eine Werbekampagne durchzuführen.

2. Möglichkeit

Bestimmung der Preisuntergrenze (PUG) für die Alternative „Keine Produktionseinstellung":

$9 \cdot 6.000 \cdot (PUG_{KPE} - 12.000) - 9 \cdot 30.000.000$

$= 3 \cdot 7.000 \cdot (16.000 - 12.000) - 3 \cdot 30.000.000 - 60.500.000 - 20.000.000$

$$PUG_{KPE} = 12.000 + \frac{3 \cdot 7.000 \cdot 4.000 + 6 \cdot 30.000.000 - 60.500.000 - 20.000.000}{9 \cdot 6.000}$$

$$= 12.000 + 3.398,15 = 15.398,15 \text{ GE}$$

Es empfiehlt sich eine Produktionseinstellung, da die ermittelte Preisuntergrenze von 15.398,15 GE höher ist als der Preis, der im Fall der Weiterproduktion und bei Beibehaltung der bisherigen Marketingstrategie am Markt erzielt werden kann (15.398,15 GE > 15.000 GE).

3. Möglichkeit

Ermittlung der Preisuntergrenze für die Alternative „Produktionseinstellung":

$9 \cdot 6.000 \cdot (15.000 - 12.000) - 9 \cdot 30.000.000$

$= 3 \cdot 7.000 \cdot (PUG_{PE} - 12.000) - 3 \cdot 30.000.000 - 60.500.000 - 20.000.000$

$$PUG_{PE} = 12.000 + \frac{9 \cdot 6.000 \cdot 3.000 - 6 \cdot 30.000.000 + 60.500.000 + 20.000.000}{3 \cdot 7.000}$$

$$= 12.000 + 2.976,19 = 14.976,19 \text{ GE}$$

Es empfiehlt sich eine Produktionseinstellung, da nach Durchführung der Werbekampagne ein Preis erzielt werden kann, der die errechnete Preisuntergrenze übersteigt (16.000 GE > 14.976,19 GE).

Aufgabe 33 (Lösungshinweis)

a) Überprüfung der Maschinenengpässe

Bei Herstellung der maximalen Planabsatzmengen würde die Spezialmaschine insgesamt wie folgt beansprucht:

1.400 · 2 + 2.400 · 1 + 1.500 · 0,2 + 4.000 · 0,5 = 7.500 ZE

Der Kapazitätsbedarf ist höher als die verfügbare Maschinenkapazität von 6.200 ZE, also stellt die Spezialmaschine einen Engpass dar.

b) Ermittlung des optimalen Produktionsprogramms

Da im betrachteten Fall die Maschinenkapazität einen Engpass darstellt, erfolgt zunächst die Bestimmung der Rangordnung der Vorteilhaftigkeit der Produkte auf Basis der engpassbezogenen Deckungsbeiträge. Die Ergebnisse der Berechnungen sind in Tabelle L-40 zusammengefasst.

	Produkt 1	Produkt 2	Produkt 3	Produkt 4
Planabsatzpreis (GE/ME)	25	31	10	26
– variable Plankosten (GE/ME)	17	26	12	22
= Deckungsbeitrag (GE/ME)	8	5	–2	4
Maschinenbeanspruchung (ZE/ME)	2	1	0,2	0,5
Engpassbezogener Deckungsbeitrag (GE/ZE)	4	5	–10	8
Rang	III	II	–	I

Tabelle L-40:   Bestimmung der Rangordnung der engpassbezogenen Deckungsbeiträge

Aus Tabelle L-40 ist ersichtlich, dass Produkt 3 einen negativen Stückdeckungsbeitrag aufweist und demnach nicht hergestellt werden sollte.

Zunächst ist Produkt 4 bis zur maximalen Planabsatzmenge von 4.000 ME herzustellen. Hierdurch wird die Spezialmaschine 2.000 ZE (= 4.000 · 0,5) beansprucht. Es verbleibt eine Restkapazität von 4.200 ZE (= 6.200 – 2.000).

Diese wird dann zunächst für die Herstellung von Produkt 2 verwendet, das ebenfalls bis zur maximalen Planabsatzmenge von 2.400 Stück produziert werden kann. Hierdurch wird die Spezialmaschine 2.400 ZE (= 2.400 · 1) beansprucht. Als Restkapazität verbleiben somit 1.800 ZE (= 4.200 – 2.400).

In den verbleibenden 1.800 ZE können dann noch 900 ME (= 1.800 / 2) von Produkt 1 hergestellt werden. Das optimale Produktionsprogramm und der dazugehörige Unternehmensgewinn sind aus Tabelle L-41 ersichtlich.

	Produkt 4	Produkt 2	Produkt 1	Summe
Optimale Produktionsmenge (ME)	4.000	2.400	900	
Planmäßige Maschinenbeanspruchung (ZE)	2.000	2.400	1.800	6.200
Plandeckungsbeitrag (GE)	16.000	12.000	7.200	35.200
Fixkosten (GE)				2.500
Unternehmensgewinn (GE)				32.700

Tabelle L-41:   Optimales Produktionsprogramm

c) Ermittlung der Preisuntergrenze für den Zusatzauftrag

Sollte der Zusatzauftrag über 450 ME in das Produktionsprogramm aufgenommen werden, so sind insgesamt 1.800 ZE (= 450 · 4) auf der Spezialmaschine freizusetzen. Den mit dieser Freisetzung verbundenen Deckungsbeitragsentgang muss der Zusatzauftrag zusätzlich zu seinen eigenen variablen Kosten decken. Der Kapazitätsbedarf von 1.800 ZE macht eine komplette Verdrängung des Produkts 1 aus dem Produktionsprogramm erforderlich.

Die Preisuntergrenze für den Zusatzauftrag lässt sich somit wie folgt berechnen:

$$PUG_Z = kv_z + \frac{\text{Deckungsbeitragsentgang Produkt 1}}{x_z} = 25 + \frac{7.200}{450} = 41 \, GE / ME$$

oder analog über die Formel

$$PUG_Z = kv_z + b_z \cdot w_j = 25 + 4 \cdot 4 = 41 \, GE/ME$$

Demnach muss die *Müller AG* einen Preis von mindestens 41 GE/ME für den Zusatzauftrag fordern, damit der Gewinn des optimalen Produktionsprogramms nicht geschmälert wird.

d) Ermittlung der Preisuntergrenze für den Zusatzauftrag über eine Menge von 1.400 Einheiten

Möchte der Kunde 1.400 Mengeneinheiten des Produkts Z abnehmen, so reicht die Verdrängung des Produkts 1 nicht aus, um den Kapazitätsbedarf zu decken. Zusätzlich ist auch Produkt 2 vollständig zu verdrängen. Ebenso muss die Herstellung von Produkt 4 verringert werden.

Kapazitätsbedarf für den Zusatzauftrag:

1.400 ME · 4 ZE/ME = 5.600 ZE

Kapazitätsfreisetzung:

Produkt 1: 1.800 ZE

Produkt 2: 2.400 ZE

Produkt 3: 1.400 ZE

Die entstehenden Deckungsbeitragsverluste sind bei der Berechnung der Preisuntergrenze zu berücksichtigen. Gegenüber Aufgabenteil c) erhöht sich demnach die Preisuntergrenze:

$$PUG_z = 25 + 4 \cdot \left(\frac{1.800}{5.600} \cdot 4 + \frac{2.400}{5.600} \cdot 5 + \frac{1.400}{5.600} \cdot 8 \right)$$

$$= 25 + 4 \cdot (0,32 \cdot 4 + 0,43 \cdot 5 + 0,25 \cdot 8)$$

$$= 25 + 4 \cdot 5,43 = 25 + 21,72 = 46,72 \text{ GE/ME}$$

Aufgabe 34 (Lösungshinweis)

Das gegebene Produktionsprogramm von 200 Heulern und 300 Knallfröschen beansprucht den Engpass der Maschine ZM komplett. Die Produktion von Krachern geht ebenfalls mit einer Inanspruchnahme der Engpasskapazität einher und führt daher zu einer Einschränkung des bisherigen Produktionsprogramms.

Dem Zusatzauftrag müssen die bisher erzielten Deckungsbeiträge als Opportunitätskosten angelastet werden. Daher besteht die Aufgabe darin, das Produktionsprogramm zu bestimmen, das die Produktion der Kracher ohne Einbußen für den erzielbaren Gesamtdeckungsbeitrag maximiert. Dazu wird die kurzfristige Preisuntergrenze bei einem Engpass unter Einbeziehung der Opportunitätskosten w_{Heuler} und $w_{Knallfrösche}$ bestimmt. *(Alternativ können die erzielbaren Deckungsbeiträge bestimmt werden.)*

$w_{Produkt}$ = engpassbezogene Opportunitätskosten, also:

$$w_{Heuler} = \frac{0,10}{20} = 0,005$$

$$w_{Knallfrösche} = \frac{0,30}{30} = 0,01$$

Die Heuler erbringen den geringeren spezifischen Deckungsbeitrag und werden als erste verdrängt.

Preisuntergrenze bei vollständiger Verdrängung der Heuler:

$$PUG = kv_{Kracher} + b_{Kracher} \cdot w_{Heuler} = 0,50 + 40 \cdot 0,005 = 0,70 \text{ GE/Stück}$$

$b_{Kracher}$: Engpassbelastung/Belegungskoeffizient der Kracher

(Alternativ: Deckungsbeitrag der gesamten Heuler: 300 · 0,1 = 30 GE

Deckungsbeitrag der gesamten Kracher bei vollständiger Verdrängung der Heuler: 150 · (0,75 – 0,5) = 37,5 GE)

Da die so bestimmte Preisuntergrenze unter dem Angebot der Universität liegt, lohnt sich die Annahme des Auftrags.

(Alternativ: Bestimmung der Opportunitätskosten der Kracher:

Deckungsbeitrag/Belegungskoeffizient = (0,75 – 0,5) / 40 = 0,00625 GE/Sek.)

Im gegebenen Fall steigt die Preisuntergrenze mit steigender Menge des Zusatzauftrags (schwach) monoton an. Es kann demnach auch ein Teil der Knallfroschproduktion verdrängt werden.

(Alternativ:

— *Bestimmung des Gesamtdeckungsbeitrags der Ausgangsproduktion von Heulern und Knallfröschen: (300 · 0,1 + 200 · 0,3) = 30 + 60 = 90 GE*

— *Vergleich bei Verdrängung der Heuler:*
  (150 · 0,25 + 200 · 0,3) = 37,5 + 60 = 97,5 GE

— *Folgerung: es können auch einige Knallfrösche verdrängt werden!)*

Es werden Knallfrösche verdrängt, so lange die entsprechende Preisuntergrenze nicht über den gebotenen Preis, d. h. 0,75 GE, steigt. Die Verdrängung der Heuler gibt 6.000 Sekunden des Engpasses frei. Dies erlaubt die Produktion von 150 Krachern. Allgemein:

$$PUG = kv_{Kracher} + b_{Kracher} \cdot \left(\frac{b_{Heuler} \cdot w_{Heuler} \cdot x_{Heuler} + b_{Knallf.} \cdot w_{Knallf.} \cdot x_{Knallf.}}{b_{Heuler} \cdot x_{Heuler} + b_{Knallf.} \cdot x_{Knallf.}} \right)$$

Dabei bezeichnet $x_{Produkt}$ die verdrängte Menge des jeweiligen Produkts. Diese Überlegungen führen zu folgenden äquivalenten Ansätzen:

(I) $0,50 + 40 \cdot \left(\dfrac{300 \cdot 0,005 \cdot 20 + 0,01 \cdot x \cdot 30}{20 \cdot 300 + 30 \cdot x} \right) = 0,75$

(oder

(II) $0,50 + \left(\dfrac{300 \cdot 0,005 \cdot 20 + 0,01 \cdot y \cdot 40}{150 + y} \right) = 0,75)$

mit

x = Anzahl der verdrängten Knallfrösche

(y = Anzahl der produzierten Kracher)

Das Auflösen der Gleichung (I) ergibt x = 66,67 Stück

(und der Gleichung (II) y = 50 Stück)

Da nur ganze Knallfrösche hergestellt werden können, können nach (I) 66 Knallfrösche weniger produziert werden. Damit werden 66 · 30 = 1.980 Sekunden des Engpasses frei. Weil 1.980 / 40 = 49,5 ergibt, bedeutet dies, dass 49 Kracher mehr hergestellt werden können. Die Maschine ZM wird demnach wie folgt beansprucht:

(150 + 49) · 40 = 7.960 Sekunden durch die Produktion der Kracher

(200 − 66) · 30 = 4.020 Sekunden durch die Produktion der Knallfrösche

Es verbleiben dann noch 12.000 − 7.960 − 4.020 = 20 Sekunden. Somit kann noch ein Heuler hergestellt werden.

Für den Gesamtdeckungsbeitrag ergibt sich dann:

199 · 0,25   =   49,75 GE   Deckungsbeitrag der Kracher

134 · 0,3   =   40,20 GE   Deckungsbeitrag der Knallfrösche

1 · 0,1   =   0,1 GE   Deckungsbeitrag der Heuler

Insgesamt liegt der Gesamtdeckungsbeitrag mit 90,05 GE knapp über dem ursprünglichen von 90 GE. *PyroTec* kann der Universität daher 199 Kracher verlustfrei anbieten. Am Tag der Herstellung setzt sich das Produktionsprogramm dann wie folgt zusammen: 199 Kracher, 134 Knallfrösche, 1 Heuler.

Aufgabe 35 (Lösungshinweis)

a) Sensitivitätsanalyse

a1) Ausweitung der Kapazität der Maschine M_2

Eine isolierte Ausweitung der Kapazität ist auf Basis der gegebenen Informationen ökonomisch nicht sinnvoll. Die zur Restriktion gehörende Schlupfvariable s_2 ist in der Optimallösung mit einem Wert von 1.400 Basisvariable. Demnach stehen bei Produktion des optimalen Produktionsprogramms noch 1.400 ZE auf Maschine M_2 zur Verfügung. Eine weitere (isolierte) Ausweitung bedeutet dann nichts anderes als eine Ausweitung nicht genutzter Kapazitäten.

a2) Verminderung der Kapazität der Maschine M_1

Eine Verminderung der Kapazität der Maschine M_1 führt zu einer Deckungsbeitragsverminderung in Höhe von 1,25 GE, wie aus den faktorbezogenen Opportunitätskosten des Optimaltableaus ersehen werden kann. Dies lässt sich auch über die Interpretation der Faktorkoeffizienten begründen. Durch die Verminderung der Kapazität muss die Herstellung von Produkt x_2 um eine 1/4 Einheit reduziert werden. Da mittels einer Einheit von Produkt x_2 ein Deckungsbeitrag von 5 GE erzielt wird, sinkt dieser bei einer entsprechenden Produktionsverminderung um 1/4 · 5 GE = 1,25 GE.

a3) Lockerung der Absatzrestriktion für das Produkt x_1

Eine Lockerung der Absatzrestriktion für das Produkt x_1 führt zu einer Deckungsbeitragserhöhung von 2.850 GE auf 2.850,50 GE. Einerseits wird die Ausbringung von Produkt x_2 um eine 1/2 Einheit auf 249,5 Einheiten vermindert (Deckungsbeitragseinbuße von 0,5 · 5 = 2,5 GE). Andererseits wird jedoch die Herstellungsmenge von Produkt x_1 um eine Einheit erhöht (zusätzlicher Deckungsbeitrag 1 · 3 = 3 GE). Wegen 3 – 2,5 = 0,5 steigt demnach der Gesamtdeckungsbeitrag. Auf Produkt x_3 hat eine Veränderung dieser Restriktion keinen Einfluss, da der entsprechende Faktorkoeffizient gleich Null ist.

a4) Ermittlung des Schwankungsintervalls für die Maschine M_2

Da die zur betrachteten Restriktion gehörende Schlupfvariable Basisvariable ist, kann die Lösung unmittelbar aus dem Endtableau abgelesen werden. Bei Verwirklichung des optimalen Produktionsprogramms verbleibt auf Maschine M_2 eine Restkapazität von 1.400 Stunden. Eine Ausweitung ist damit theoretisch unbegrenzt möglich, ohne dass hierdurch die Struktur der Optimallösung beeinflusst wird. Die zugehörige Schlupfvariable würde bei einer Ausweitung niemals aus der Basis treten. Eine Verringerung der Kapazität ist hingegen durch den Wert der

Schlupfvariable begrenzt (hier: 1.400). Eine stärkere Verminderung würde einen Basistausch erforderlich machen.

Es resultiert folgendes Intervall: [3.000 − 1.400; ∞] = [1.600; ∞]

b1) Lösung des linearen Programms

Formulierung des linearen Programms:

$$4 \cdot x_1 + 5 \cdot x_2 \rightarrow \max$$

unter den Nebenbedingungen

$x_1 + 2 \cdot x_2 \leq 100$ (Kapazitätsbeschränkung Maschine M_1)

$x_1 + x_2 \leq 60$ (Kapazitätsbeschränkung Maschine M_2)

$2 \cdot x_1 + x_2 \leq 80$ (Kapazitätsbeschränkung Maschine M_3)

$x_1, x_2 \geq 0$ (Nichtnegativitätsbedingung)

b2) Grafische Darstellung des Optimierungsproblems (vgl. Abbildung L-16)

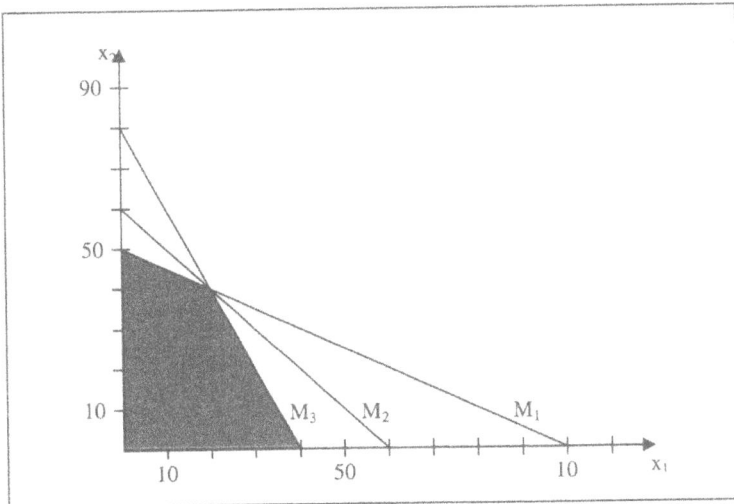

Abbildung L-16:   Grafische Darstellung des Optimierungsproblems

b3) Bestimmung des Produktionsprogramms mittels des Simplex-Algorithmus

Basis	x_1	x_2	s_1	s_2	s_3	Lösung
s_1	1	2	1	0	0	100
s_2	1	1	0	1	0	60
s_3	2	1	0	0	1	80
ZF	−4	−5	0	0	0	0

Tabelle L-42:   Ausgangstableau

Basis	x_1	x_2	s_1	s_2	s_3	Lösung
x_2	1/2	1	1/2	0	0	50
s_2	1/2	0	-1/2	1	0	10
s_3	3/2	0	-1/2	0	1	30
ZF	-3/2	0	5/2	0	0	250

Tabelle L-43:   Tableau nach der ersten Iteration (Möglichkeit 1)

Da nach der ersten Iteration entweder 0,5 oder 1,5 als Pivotelement (vgl. Tabelle L-43 und Tabelle L-45, jeweils zweite Spalte) gewählt werden können, gibt es zwei Möglichkeiten, zum Lösungstableau zu gelangen.

Basis	x_1	x_2	s_1	s_2	s_3	Lösung
x_2	0	1	1	-1	0	40
x_1	1	0	-1	2	0	20
s_3	0	0	1	-3	1	0
ZF	0	0	1	3	0	280

Tabelle L-44:   Endtableau (Möglichkeit 1)

Basis	x_1	x_2	s_1	s_2	s_3	Lösung
x_2	1/2	1	1/2	0	0	50
s_2	1/2	0	-1/2	1	0	10
s_3	3/2	0	-1/2	0	1	30
ZF	-3/2	0	5/2	0	0	250

Tabelle L-45:   Tableau nach der ersten Iteration (Möglichkeit 2)

Basis	x_1	x_2	s_1	s_2	s_3	Lösung
x_2	0	1	2/3	0	-1/3	40
s_2	0	0	1/3	1	-1/3	0
x_1	1	0	-1/3	0	2/3	20
ZF	0	0	2	0	1	280

Tabelle L-46:   Endtableau (Möglichkeit 2)

Für das optimale Produktionsprogramm folgt (vgl. Tabelle L-44 und Tabelle L-46):

Herstellung von Produkt 1:   20 Stück

Herstellung von Produkt 2:   40 Stück

Gesamtdeckungsbeitrag: $20 \cdot 4 + 40 \cdot 5 = 280$ GE

b4) Bestimmung der Preisuntergrenze für den Zusatzauftrag

Da in diesem Fall die Kapazitäten durch den Zusatzauftrag proportional beansprucht werden $\left(\dfrac{35}{100} = \dfrac{21}{60} = \dfrac{28}{80} = 0,35\right)$, ist keine Neuberechnung des Simplex-Algorithmus notwendig. Die zur Preisgrenzenberechnung notwendigen (faktorbezogenen) Opportunitätskosten können unmittelbar aus dem Endtableau abgelesen werden. Allgemein gilt:

$$PUG_z = kv_z + \sum_{k=1}^{n} b_{kz} \cdot w_k^*$$

mit

kv_z Variable Kosten des Zusatzauftrags

b_{kz} Inanspruchnahme des Engpasses k durch den Zusatzauftrag

w_k^* faktorbezogene Opportunitätskosten

In diesem Fall folgt (Lösungsalternative 1, vgl. dazu Tabelle L-44):

$$PUG_z = 0,50 + 0,35 \cdot 1 + 0,21 \cdot 3 + 0,28 \cdot 0 = 1,48 \text{ GE / Stück}$$

oder

(Lösungsalternative 2, vgl. dazu Tabelle L-46):

$$PUG_z = 0,50 + 0,35 \cdot 2 + 0,21 \cdot 0 + 0,28 \cdot 1 = 1,48 \text{ GE / Stück}$$

Da der angebotene Preis von 1,45 GE/Stück kleiner ist als die errechnete Preisuntergrenze von 1,48 GE/Stück, ist der Zusatzauftrag abzulehnen.

Aufgabe 36 (Lösungshinweis)

a) Bestimmung des optimalen Produktionsprogramms

Es stellt sich hier die Frage, ob bei Realisation des absatzmaximalen Produktionsprogramms die Kapazitätsrestriktionen der Maschinen 1 und 2 verletzt werden.

Beanspruchung der Maschine 1 bei maximaler Absatzmenge:

$$1.000 \cdot 1 + 1.500 \cdot 3 + 2.000 \cdot 5 = 15.500 \; > \; 10.000 \quad \rightarrow \text{ Engpass}$$

Beanspruchung der Maschine 2 bei maximaler Absatzmenge:

$$1.000 \cdot 3 + 1.500 \cdot 2 + 2.000 \cdot 1 = 8.000 \; > \; 6.200 \quad \rightarrow \text{ Engpass}$$

Es liegen also Engpässe vor, da die Maschinen 1 und 2 mit ihren begrenzten Kapazitäten keine Produktion der am Markt absetzbaren Produktmengen ermöglichen. Wegen des Bestehens mehrerer Engpässe, ist das Produktionsprogrammplanungsproblem mittels des Simplex-Algorithmus zu lösen. Der Ansatz lautet in diesem Fall:

Zielfunktion: $0,6 \cdot x_1 + 0,4 \cdot x_2 + 0,5 \cdot x_3 \rightarrow \max$

unter den Nebenbedingungen:

$x_1 + 3 \cdot x_2 + 5 \cdot x_3 \leq 10.000$ (Kapazitätsbeschränkung Maschine M_1)

$3 \cdot x_1 + 2 \cdot x_2 + x_3 \leq 6.200$ (Kapazitätsbeschränkung Maschine M_2)

$x_1 \leq 1.000$ (Absatzrestriktion für Produkt *Marcipano*)

$x_2 \leq 1.500$ (Absatzrestriktion für Produkt *Küsschen*)

$x_3 \leq 2.000$ (Absatzrestriktion für Produkt *Pokohippo*)

$x_1, x_2, x_3 \geq 0$ (Nichtnegativitätsbedingung)

Es bedarf nunmehr der Einführung sog. Schlupfvariablen (s), die die Ungleichungen in Gleichungen überführen. Es ergibt sich somit:

$0,6 \cdot x_1 + 0,4 \cdot x_2 + 0,5 \cdot x_3 \rightarrow max$

unter den Nebenbedingungen

$x_1 + 3 \cdot x_2 + 5 \cdot x_3 + s_1 = 10.000$

$3 \cdot x_1 + 2 \cdot x_2 + x_3 + s_2 = 6.200$

$x_1 + s_3 = 1.000$

$x_2 + s_4 = 1.500$

$x_3 + s_5 = 2.000$

Die Schlupfvariablen können als ungenutzte Kapazitäten interpretiert werden. Die einzelnen Lösungsschritte mit Hilfe des Simplex-Algorithmus geben Tabelle L-47 bis Tabelle L-50 wieder.

Basis	x_1	x_2	x_3	s_1	s_2	s_3	s_4	s_5	Lösung
s_1	1	3	5	1	0	0	0	0	10.000
s_2	3	2	1	0	1	0	0	0	6.200
s_3	1	0	0	0	0	1	0	0	1.000
s_4	0	1	0	0	0	0	1	0	1.500
s_5	0	0	1	0	0	0	0	1	2.000
ZF	−6/10	−4/10	−5/10	0	0	0	0	0	0

Tabelle L-47:   Anfangstableau

Basis	x_1	x_2	x_3	s_1	s_2	s_3	s_4	s_5	Lösung
s_1	0	3	5	1	0	−1	0	0	9.000
s_2	0	2	1	0	1	−3	0	0	3.200
x_1	1	0	0	0	0	1	0	0	1.000
s_4	0	1	0	0	0	0	1	0	1.500
s_5	0	0	1	0	0	0	0	1	2.000
ZF	0	−4/10	−5/10	0	0	6/10	0	0	600

Tabelle L-48:   Tableau nach der ersten Iteration

Basis	x_1	x_2	x_3	s_1	s_2	s_3	s_4	s_5	Lösung
x_3	0	3/5	1	1/5	0	-1/5	0	0	1.800
s_2	0	7/5	0	-1/5	1	-14/5	0	0	1.400
x_1	1	0	0	0	0	1	0	0	1.000
s_4	0	1	0	0	0	0	1	0	1.500
s_5	0	-3/5	0	-1/5	0	1/5	0	1	200
ZF	0	-1/10	0	1/10	0	5/10	0	0	1.500

Tabelle L-49:   Tableau nach der zweiten Iteration

Basis	x_1	x_2	x_3	s_1	s_2	s_3	s_4	s_5	Lösung
x_3	0	0	1	2/7	-3/7	1	0	0	1.200
x_2	0	1	0	-1/7	5/7	-2	0	0	1.000
x_1	1	0	0	0	0	1	0	0	1.000
s_4	0	0	0	1/7	-5/7	2	1	0	500
s_5	0	0	0	-2/7	3/7	-1	0	1	800
ZF	0	0	0	3/35	1/14	3/10	0	0	1.600

Tabelle L-50:   Endtableau

Da keine negativen Zielfunktionswerte mehr existieren, ist die optimale Lösung gefunden. Das optimale Produktionsprogramm lautet demnach:

$x_1 = 1.000$ Stück,

$x_2 = 1.000$ Stück,

$x_3 = 1.200$ Stück.

Mit diesen Produktionsmengen kann ein Deckungsbeitrag in Höhe von 1.600 GE erzielt werden: $1.000 \cdot 0,6 + 1.000 \cdot 0,4 + 1.200 \cdot 0,5 = 1.600$ GE.

b) Bestimmung der Preisuntergrenze für den Zusatzauftrag bei proportionaler Kapazitätsbeanspruchung

Im betrachteten Fall werden die vorhandenen Kapazitäten durch den Zusatzauftrag proportional beansprucht $\left(\dfrac{2.000}{10.000} = \dfrac{1.240}{6.200} = 0,2 \right)$. Bei proportionaler Belastung lässt sich die Preisuntergrenze mittels folgender Formel berechnen:

$$PUG_z = kv_z + \sum_{k=1}^{n} b_{kz} \cdot w_k^*$$

Demnach gilt:

$$PUG_z = 0,5 + \left(\frac{2.000}{1.000} \cdot \frac{3}{35} + \frac{1.240}{1.000} \cdot \frac{1}{14} \right) = 0,5 + 0,26 = 0,76 \text{ GE / Stück}$$

Die Preisuntergrenze des gesamten Zusatzauftrags beträgt somit:

0,76 GE/Stück · 1.000 Stück = 760 GE

Dies kann durch eine *Kontrollrechnung* bestätigt werden. Eine neuerliche Berechnung des Optimierungsproblems mit reduzierten Kapazitäten führt zu folgendem Ergebnis:

$$x_1 = 1.000 \text{ Stück} \qquad x_3 = 1.160 \text{ Stück}$$
$$x_2 = 400 \text{ Stück} \qquad DB = 1.340 \text{ GE}$$

Berechnet man die Differenz der Deckungsbeiträge (1.600 − 1.340 = 260 GE) und schlägt diese auf die variablen Kosten des Zusatzauftrags (500 GE) auf, erhält man als Preisuntergrenze ebenfalls 760 GE.

c) Bestimmung der Preisuntergrenze für den Zusatzauftrag bei nicht proportionaler Kapazitätsbeanspruchung

Die vorhandenen Engpässe werden durch den Zusatzauftrag in unterschiedlichem

Ausmaß beansprucht: $\left(\dfrac{2.200}{10.000} = 0,22 \neq \dfrac{300}{6.200} = 0,048 \right)$. Bei nicht proportionaler

Beanspruchung der Kapazitäten ändert sich die Struktur des Produktionsprogramms. Deshalb muss das ursprüngliche Optimierungsproblem mit − durch den Zusatzauftrag − reduzierten Kapazitäten neu berechnet werden. Der Zusatzauftrag muss neben seinen variablen Kosten auch den Gewinnentgang in Folge der Verdrängung einzelner Programmbestandteile decken. Unter Berücksichtigung der Kapazitätsreduktion ergeben sich neue Restriktionen:

M_1:   10.000 − 2.200 = 7.800 ZE

M_2:   6.200 − 300   = 5.900 ZE

Das modifizierte Optimierungsproblem stellt sich demnach wie folgt dar:

$$0,6 \cdot x_1 + 0,4 \cdot x_2 + 0,5 \cdot x_3 \rightarrow \max$$

unter den Nebenbedingungen

$$x_1 + 3 \cdot x_2 + 5 \cdot x_3 \leq 7.800$$
$$3 \cdot x_1 + 2 \cdot x_2 + x_3 \leq 5.900$$
$$x_1 \leq 1.000$$
$$x_2 \leq 1.500$$
$$x_3 \leq 2.000$$
$$x_1, x_2, x_3 \geq 0$$

Die Schritte zur Lösung des (modifizierten) Optimierungsproblems sind aus Tabelle L-51 bis Tabelle L-54 ersichtlich.

Basis	x_1	x_2	x_3	s_1	s_2	s_3	s_4	s_5	Lösung
s_1	1	3	5	1	0	0	0	0	7.800
s_2	3	2	1	0	1	0	0	0	5.900
s_3	1	0	0	0	0	1	0	0	1.000
s_4	0	1	0	0	0	0	1	0	1.500
s_5	0	0	1	0	0	0	0	1	2.000
ZF	-6/10	-4/10	-5/10	0	0	0	0	0	0

Tabelle L-51:   Anfangstableau

Basis	x_1	x_2	x_3	s_1	s_2	s_3	s_4	s_5	Lösung
s_1	0	3	5	1	0	-1	0	0	6.800
s_2	0	2	1	0	1	-3	0	0	2.900
x_1	1	0	0	0	0	1	0	0	1.000
s_4	0	1	0	0	0	0	1	0	1.500
s_5	0	0	1	0	0	0	0	1	2.000
ZF	0	-4/10	-5/10	0	0	6/10	0	0	600

Tabelle L-52:   Tableau nach der ersten Iteration

Basis	x_1	x_2	x_3	s_1	s_2	s_3	s_4	s_5	Lösung
x_3	0	3/5	1	1/5	0	-1/5	0	0	1.360
s_2	0	7/5	0	-1/5	1	-14/5	0	0	1.540
x_1	1	0	0	0	0	1	0	0	1.000
s_4	0	1	0	0	0	0	1	0	1.500
s_5	0	-3/5	0	-1/5	0	1/5	0	1	640
ZF	0	-1/10	0	1/10	0	5/10	0	0	1.280

Tabelle L-53:   Tableau nach der zweiten Iteration

Basis	x_1	x_2	x_3	s_1	s_2	s_3	s_4	s_5	Lösung
x_3	0	0	1	2/7	-3/7	1	0	0	700
x_2	0	1	0	-1/7	5/7	-2	0	0	1.100
x_1	1	0	0	0	0	1	0	0	1.000
s_4	0	0	0	1/7	-5/7	2	1	0	400
s_5	0	0	0	-2/7	3/7	-1	0	1	1.300
ZF	0	0	0	3/35	1/14	3/10	0	0	1.390

Tabelle L-54:   Endtableau

Da keine negativen Zielfunktionswerte mehr existieren, ist die optimale Lösung gefunden:

$x_1 = 1.000$ Stück
$x_2 = 1.100$ Stück
$x_3 = 700$ Stück

Mit der Produktion dieser Mengen kann ein Deckungsbeitrag in Höhe von 1.390 GE erzielt werden.

$$PUG_z = kv_z + \frac{\sum_{j=1}^{n} d_j \cdot \left(x_j^{alt} - x_j^{neu}\right)}{x_z}$$

mit

x_j^{alt} Produktionsmenge des Produkts j nach Optimallösung des ursprünglichen Problems

x_j^{neu} Produktionsmenge des Produkts j nach Optimallösung des modifizierten Problems

x_z Menge des Zusatzauftrags

Demnach errechnet sich die Preisuntergrenze für den Zusatzauftrag wie folgt:

$$PUG_z = 0,5 + \frac{(0,6 \cdot (1.000 - 1.000) + 0,4 \cdot (1.000 - 1.100) + 0,5 \cdot (1.200 - 700))}{1.000}$$

$$PUG_z = 0,5 + 0,21 = 0,71 \text{ GE / Stück}$$

Das Ergebnis kann mittels einer Kontrollrechnung überprüft werden. Ist die Preisuntergrenze richtig ermittelt worden, so entstehen durch die Annahme des Zusatzauftrags keine Opportunitätsverluste gegenüber der ursprünglichen Lösung.

Kontrollrechnung

Stückbezogene PUG des Zusatzauftrags		0,71
– Variable Kosten des Zusatzauftrags		–0,50
= Stückbezogener Deckungsbeitrag	=	0,21
Gesamtdeckungsbeitrag des Zusatzauftrags	=	210
Opportunitätskosten:		
– Entgangener DB x_1 $(1.000 - 1.000) \cdot 0,6$		0
+ Zusätzlicher DB x_2 $(1.100 - 1.000) \cdot 0,4$		+ 40
– Entgangener DB x_3 $(1.200 - 700) \cdot 0,5$		–250
= Opportunitätsverlust	=	0

Aufgabe 37 (Lösungshinweis)

Im Fall freier Kapazitäten in einem Einproduktunternehmen muss die Preisobergrenze für die Einsatzfaktoren so gewählt werden, dass die Erlöse des Endprodukts j ausreichen, seine gesamten variablen Kosten kv_j einschließlich der Einsatzfaktorkosten kv_j^{ROH} zu decken. Im betrachteten Unternehmen muss die stillgelegte Maschine bei Annahme des Zusatzauftrags wieder in Betrieb genommen werden. Also sind neben den variablen Kosten auch Kosten der Wiederinbetriebnahme sowie die Stilllegungskosten in die Berechnung der Preisobergrenze für das Rohmaterial einzubeziehen. Diese reduzieren die Preisobergrenze. Auf Basis vorliegender Kosteninformationen wird die Preisobergrenze für den Rohstoff wie folgt bestimmt:

$$POG_k = \frac{p_j - \left(kv_j - kv_k^{ROH}\right) - \dfrac{KF_{SW}}{x_j}}{b_{kj}}$$

$$POG_k = \frac{4 - \left(1 - 0,52\right) - \dfrac{250 + 250}{250}}{50} = \frac{1,52}{50} = 0,0304 \text{ GE / Gramm}$$

Demnach darf ein Kilogramm des Rohmaterials maximal 30,4 GE kosten (0,0304 GE/Gramm · 1.000 Gramm). Pro Glaskugel dürfen variable Rohstoffkosten in Höhe von maximal 1,52 GE entstehen. Übersteigt das Preisangebot des Rohstoffherstellers die errechnete Preisobergrenze nicht, ist der Deckungsbeitrag des Unternehmens nicht negativ und der Zusatzauftrag kann angenommen werden.

Die Richtigkeit des Ergebnisses kann mittels einer Kontrollrechnung überprüft werden. Die Differenz zwischen den Plan-Nettoverkaufserlösen und den geplanten Kosten ergibt den Betrag, um den die variablen Rohstoffkosten maximal steigen dürfen, damit kein negativer Deckungsbeitrag erwirtschaftet wird.

Plan-Nettoverkaufserlös – geplante Kosten:

$$1.000 - 250 \cdot 1 - 250 - 250 = 250 \text{ GE}$$

Die variablen Rohstoffkosten, die bei einer Produktionsmenge von 250 Kugeln anfallen, dürfen also um maximal 250 GE steigen. Als Obergrenze für diese Kosten ergibt sich:

$$250 \cdot 50 \cdot \frac{0,52}{50} + 250 = 380 \text{ GE}$$

Bei diesem Betrag können die Kosten (gerade noch) durch die Verkaufserlöse gedeckt werden:[167]

$$1.000 - 120 - 380 - 250 - 250 = 0$$

---

[167] In der nachfolgenden Berechnung entsprechen 120 GE den variablen Kosten ohne Einsatzfaktorkosten. Diese ergeben sich wie folgt: $250 - 250 \cdot 0,52 = 250 - 130 = 120$ GE.

Der Betrag von 380 GE ergibt, bezogen auf den Gesamtbedarf des Rohmaterials von 12.500 Gramm (= 250 Kugeln · 50 Gramm/Kugel), eine Preisobergrenze pro Gramm in Höhe von 0,0304 GE.

Aufgabe 38 (Lösungshinweis)

Im Fall freier Kapazitäten in einem Mehrproduktunternehmen wird die planmäßige Preisobergrenze für einen variablen Einsatzfaktor k wie folgt bestimmt:

$$POG_k = \frac{\sum_{j=1}^{n}[p_j - (kv_j - kv_j^{ROH})] \cdot x_j^p}{\sum_{j=1}^{n} x_j^p \cdot b_{kj}}$$

mit

p_j	Planabsatzpreis des j-ten Produkts
kv_j	variable Stückkosten des Produkts j (inklusive der mit dem alten Preis bewerteten Kosten des Einsatzfaktors k)
p_k^{alt}	alter Preis des Einsatzfaktors k
kv_k^{ROH}	Kosten des Einsatzfaktors bei altem Preis
x_j^p	Planabsatzmenge des j-ten Produkts
b_{kj}	Kapazitätskoeffizient des Produkts j in Bezug auf den Einsatzfaktor k

Die Ermittlung der Preisobergrenze ist Tabelle L-55 zu entnehmen.

Plandaten \ Variante	Groß	Mittel	Klein	Summe
p_j (GE/Stück)	12	9	6	
kv_j (GE/Stück)	8	6,50	4,50	
p_k^{alt} (GE/kg)		25		
b_{kj} kg/Stück)	0,17	0,14	0,11	
kv_k^{ROH} (GE/Stück)	4,25	3,50	2,75	
x_j^p (Stück)	360	250	120	
$\left[p_i - \left(kv_j - kv_k^{ROH}\right)\right] \cdot x_j^p$ (GE)	2.970	1.500	510	4.980
$x_j^p \cdot b_{kj}$ (kg)	61,20	35	13,20	109,40
POG_k (GE/kg)				45,52

Tabelle L-55:   Ermittlung der Preisobergrenze

Der Preis pro Kilogramm Kunststoffgranulat darf also auf maximal 45,52 GE steigen. Bei einem höheren Preis fiele der Deckungsbeitrag negativ aus.

3 Koordination dezentraler Einheiten

Aufgabe 39 (Lösungshinweis)

a) Budget und Budgetierung

Allgemein lässt sich ein Budget als „ein formalzielorientierter, in wertmäßigen Größen formulierter Plan kennzeichnen, der einer Entscheidungseinheit für eine bestimmte Zeitperiode mit einem bestimmten Verbindlichkeitsgrad vorgegeben wird"[168]. Ein Budget ist demnach das Ergebnis von Planungsaktivitäten.

Budgets lassen sich anhand zahlreicher Merkmale (z. B. Geltungsdauer, Verbindlichkeitsgrad, Planungshorizont etc.) differenzieren.[169]

Budgets sollten Ergebnis eines klar strukturierten (Planungs-)Prozesses sein, der sich in die Phasen Budgetaufstellung, -genehmigung, -realisation, -kontrolle sowie ggf. -anpassung zerlegen lässt.[170]

b) Aufgaben des Controllings im Zusammenhang mit der Budgetierung

Es handelt sich lediglich um eine formale, d. h. prozessuale Verantwortung. Das Controlling hat sicherzustellen, dass für jede mit einem Budget auszustattende dezentrale Einheit eine Budgetgröße mittels durchzuführender systematischer Planungsprozesse ermittelt wird. Das Controlling nimmt in diesem Sinne Aufgaben eines Budgetierungsmanagements (z. B. Terminierung von Budgetierungsaktivitäten, Sammlung und Koordination von Budgetentwürfen etc.) wahr. Die Festlegung der Höhe der Budgetwerte erfolgt indes nicht durch das Controlling, sondern ist eine Führungsaufgabe.[171]

c) Budgetierungsverfahren

Top-down-Verfahren: Bei der retrograden Budgetierung geht die Initiative von der Unternehmensführung aus. Sie legt die Rahmendaten fest, die aus der strategischen Unternehmensplanung abgeleitet wurden und gibt diese den niedrigeren Hierarchieebenen vor.

Vorteil: Unstimmigkeiten zwischen den Budgetmöglichkeiten und den Budgetwünschen treten nicht auf.

Nachteil: Geringer Partizipationsgrad hierarchisch untergeordneter bzw. dezentraler Entscheidungsträger.[172]

Bottom-up-Verfahren: Bei diesem progressiven Verfahren werden die Einzelbudgets von den kleinsten Einheiten selbst erstellt, an die nächst höhere Ebenen wei-

---

[168] *Horváth* (2003), S. 231.
[169] Vgl. *Ossadnik* (2003), S. 244 f.
[170] Vgl. *Ossadnik* (2003), S. 245 f.
[171] Vgl. *Ossadnik* (2003), S. 246.
[172] Vgl. *Ossadnik* (2003), S. 253.

tergeleitet und dort sukzessive zusammengefasst, bis die höchste Hierarchieebene erreicht wird.

Vorteil: Systematische Berücksichtigung des Detailwissens nachrangiger Hierarchieebenen.

Nachteil: Erhöhter Koordinationsbedarf, da es einer Abstimmung der einzelnen Budgets untereinander bedarf.[173]

Gegenstromverfahren: Eine Synthese der beiden o. g. Verfahren, in dem die Vorteile genutzt und die Nachteile vermieden werden sollen. Die Unternehmensführung gibt einen Grobplan (in top-down-Richtung) vor, der sukzessive von den unteren Ebenen ausgefüllt wird. Dabei erfolgt eine ständige Anpassung zwischen den verschiedenen Hierarchieebenen.[174]

Aufgabe 40 (Lösungshinweis)

a)   Begriff und Aufgaben des Verrechnungspreises

Der Verrechnungspreis ist ein Wert, der bei der internen Erfassung für den Transfer von Gütern oder Dienstleistungen bzw. die Nutzung gemeinsamer Ressourcen und Märkte zwischen wirtschaftlich selbständigen Bereichen innerhalb eines Unternehmens angesetzt wird.[175]

Hauptaufgaben von Verrechnungspreisen:[176]

— *Abrechnungs- und Planungsfunktion*

Die Abrechnungsfunktion wird im Allgemeinen als selbstverständlich angesehen. Verrechnungspreise sollen bei der Ermittlung von Inventurwerten für die handels- und steuerrechtliche Bilanzierung dienen. Auch sollen mit ihrer Hilfe die Betriebsabrechnung und die Kalkulation vereinfacht und die Ermittlung von Preisgrenzen erleichtert werden.

Im Rahmen der Planungsfunktion sollen die Verrechnungspreise eine Datengrundlage für die Kostenkalkulation der betrieblichen Leistungserstellung liefern, die Preiskalkulation von neuen marktreifen Produkten unterstützen sowie Entscheidungsgrundlagen für die Wahl zwischen Fremdbezug und Eigenfertigung bis hin zur steuerlichen Gewinnverlagerung zwischen selbständigen Unternehmensteilen unterstützen.

— *Koordinations- und Lenkungsfunktion*

Im Rahmen der Koordinationsfunktion haben Verrechnungspreise die Aufgabe, den Bereichsmanager zu motivieren, seine dezentralen Entscheidungen zum Vorteil des Gesamtunternehmens zu treffen. Verrechnungspreise sollen als Lenkpreise helfen, dass kurzfristig knappe Produktionsfaktoren, d. h. vor

---

[173] Vgl. *Ossadnik* (2003), S. 253.
[174] Vgl. *Ossadnik* (2003), S. 253 f.
[175] Vgl. *Coenenberg* (2003), S. 516.
[176] Zu den Aufgaben der Verrechnungspreise vgl. z. B. *Coenenberg* (2003), S. 516-518.

allem die vorhandenen Kapazitäten und die personelle Betriebsbereitschaft, sowie Investitionsmittel optimal genutzt werden können. Die selbständigen Unternehmensteile sollen also effizient gesteuert werden. Anders gesagt: Mittels des Verrechnungspreises soll der Mechanismus des (als effizient geltenden Markts) auf das Unternehmen übertragen werden.

— *Erfolgszuweisungsfunktion*

Mit den Verrechnungspreisen sollen einzelnen Teilbereichen eines Unternehmens (Sparten, Divisionen, Geschäftsbereichen, Profit Centers etc.) Erfolge zugewiesen werden. Der Verrechnungspreis hat hier eine dokumentarische Funktion. Die Zuordnung eines Teilgewinns auf die Divisionen soll deren Selbständigkeit fördern und zu höherer Motivation führen. Der Teilgewinn soll zeigen, in welchem Ausmaß die einzelne Division zum Gesamtgewinn des Unternehmens beigetragen hat. Nicht zuletzt dient der Teilgewinn oft auch als Basis für die Entlohnung der Divisionsleiter.

b)   Markt- und kostenorientierte Verrechnungspreise sowie Knappheitspreise

Marktorientierte Verrechnungspreise

Wenn marktorientierte Verrechnungspreise verwendet werden, soll der Marktmechanismus auf das Unternehmen übertragen werden.

Voraussetzungen:

— externer Markt mit einheitlichem Preis für ein Zwischenprodukt,
— freier Zugang zum Markt für liefernde und abnehmende Sparte,
— Modifizierung des Marktpreises um rechnerisch erfassbare Verbundvorteile,
— unbeschränkte Marktkapazitäten,
— Anpassung des Verrechnungspreises an Marktpreisschwankungen.

Vorteile:

— Der Gewinn des Gesamtunternehmens wird maximiert, da das Produkt auch am Markt verkauft werden kann.
— Die Erfolge der einzelnen Divisionen können als von diesen erwirtschaftet angesehen werden. Sie sind dadurch kontrollierbar.
— Der Marktpreis und damit die marktpreisorientierten Verrechnungspreise sind objektiv. Die Verrechnungspreise können somit kaum manipuliert werden.

Erfüllung der Lenkungs- und Erfolgszuweisungsfunktion:

Marktpreise als Verrechnungspreise sind insgesamt ein geeignetes Hilfsmittel zur Koordination und damit zur Lenkung von autonomen Unternehmensteilbereichen, wenn die genannten Bedingungen erfüllt sind. Gleiches gilt auch für die Erfolgszuweisungsfunktion. Die Anwendungsvoraussetzungen sind jedoch in der Praxis zumeist nicht erfüllt. Vielfach lassen sich die Zwischenprodukte nicht substituieren oder die Entscheidungsautonomie von Unternehmensteilbereichen ist durch Liefer- und Bezugszwänge beschränkt. Marktorientierte Verrechnungspreise können zudem nicht zur Ermittlung handels- und/oder steuerrechtlich konventionalisierter Herstellungskosten für Zwecke der externen Rechnungslegung herangezogen werden. Enthalten sie doch nicht realisierte Gewinnbestandteile. Diese dürfen nach dem Imparitätsprinzip nicht in die externe Rechnungslegung einbezogen werden. Auch ist die Eindeutigkeit von marktorientierten Verrechnungspreisen dann nicht gewährleistet, wenn:

- mehrere Güter mit unterschiedlichen Preisen und spezifischen Produkteigenschaften als Substitute für das interne Zwischenprodukt in Betracht kommen;
- aufgrund unterschiedlicher Zahlungsbedingungen nur scheinbar ein einheitlicher Marktpreis existiert (Rabatte, Boni, Skonti);
- der Marktpreis von Angebots- und Nachfrageänderungen, also auch von den Dispositionen der betroffenen Divisionen, abhängig ist.

Ein Problem kann auftreten, wenn bei internem Transfer von Zwischenprodukten Verbundvorteile entstehen. Lassen sich diese nicht genau quantifizieren, ist auch ihre Berücksichtigung über eine Korrektur des Marktpreises nicht möglich. In einem solchen Fall würde der Ansatz von Marktpreisen zu Entscheidungen für externe Geschäfte in den Unternehmensteilbereichen führen, obwohl die Verbundvorteile bei einem internen Geschäft größer wären.

Kostenorientierte Verrechnungspreise

Kostenorientierte Verrechnungspreise finden bei Gütern Anwendung, die am Markt nicht bewertet werden. Es liegt demnach kein externer Markt vor, und die Ermittlung eines „Marktpreises" wäre zu aufwendig. Auch bestehen keine Möglichkeiten zu Verhandlungen. Ausgangsbasis für die Ermittlung der Verrechnungspreise stellen die wertmäßigen Kosten dar.

Vorteile:

- Die Verrechnungspreise sind relativ leicht feststellbar (mittels der Kostenrechnung).
- Nicht realisierte Gewinne werden nicht zugerechnet.

Ein wesentlicher Nachteil der Verwendung von Ist-Kosten besteht darin, dass der Lieferdivision in jedem Fall ihre Kosten erstattet werden und ihr damit ein Anreiz für eine Kostenkontrolle fehlt.

Erfüllung der Lenkungs- und Erfolgszuweisungsfunktion

Zu unterscheiden sind:

- *voll*kostenorientierte Verrechnungspreise und
- *grenz*kostenorientierte Verrechnungspreise

Im ersteren Fall besteht das Problem der Fixkosten-Zurechnung. Aufgrund dessen ist die Lenkungs- und Erfolgszuweisungsfunktion nicht unbedingt gewährleistet. Im letzteren Fall ist die Lenkungsfunktion erfüllt, wenn das Produkt nur in geringem Maß oder gar nicht am Markt abgesetzt werden kann und keine Beschäftigungsengpässe bestehen. In diesem Fall sind auch keine Opportunitätskosten zu verrechnen. Die Erfolgszuweisungsfunktion ist aufgrund der fehlenden Verrechnung von Fixkosten nicht erfüllt.

Knappheitspreise

Unter einem Knappheitspreis versteht man einen Verrechnungspreis, der die Opportunitätskosten der Entscheidung für ein bestimmtes Produkt zum Ausdruck bringt.[177] Es ist zwischen den Knappheitspreisen i. w. S. und den Knappheitspreisen i. e. S. zu unterscheiden. Knappheitspreise i. w. S. stellen den allgemeinen Fall der Verrechnungspreisbildung dar, da Preise immer das Verhältnis von Angebot und Nachfrage widerspiegeln, d. h. Knappheit ausdrücken. Knappheitspreise i. e. S. setzen die Nicht-Existenz eines Markts sowie eine begrenzte Verfügbarkeit der zu transferierenden Zwischenprodukte voraus.

c) Ermittlung des Verrechnungspreisintervalls

Aus Sicht der Lieferdivision:

Marktpreisorientierter VP = Marktpreis – bei interner Lieferung entfallende Absatzkosten

Aus Sicht der Abnehmerdivision:

Marktpreisorientierter VP = Marktpreis – bei internem Bezug entfallende Beschaffungskosten

Berechnung der Verrechnungspreise:

$VP > MP - K_{Absatz}$ $\Rightarrow$ $VP > 3.000 - 250 = 2.750$

$VP < MP + K_{Beschaffung}$ $\Rightarrow$ $VP < 3.000 + 500 = 3.500$

Verrechnungspreisintervall:

$VP \in [2.750; 3.500]$

d) Ermittlung des Verrechnungspreisintervalls ohne Zugang zum externen Beschaffungsmarkt

Bestimmung der Verrechnungspreisobergrenze:

Für die Division 2 gilt

$$DB_2 = (p_2 - k_{v2}) \cdot x \geq 0 \Rightarrow p_2 - k_{v2} - VP \geq 0$$

$$\Leftrightarrow 20.000 - 10.000 - VP \geq 0 \Leftrightarrow 10.000 \geq VP$$

Bestimmung der Verrechnungspreisuntergrenze:

Bei Produktion der Getriebe gilt für Division 1

$$DB_1^{Get.} = (p_1 - k_{v1}) \cdot x = (3.500 - 2.000) \cdot 30.000 = 45.000.000$$

$$DB_2^{Get.} = 0$$

$$DB_{1+2}^{Get.} = 45.000.000$$

---

[177] Vgl. *Coenenberg* (2003), S. 553.

Bei Produktion von Motoren gilt für Division 1

$$DB_1^{Mot.} = (p_1 - k_{v1}) \cdot x = (3.000 - 2.000) \cdot 5.000 + (3.500 - 2.000) \cdot 20.000$$
$$= 35.000.000$$

$$DB_2^{Mot.} = (p_2 - k_{v2} - VP) \cdot x = (20.000 - 10.000 - 3.500) \cdot 20.000$$
$$= 130.000.000$$

$$DB_{1+2}^{Mot.} = 165.000.000$$

Der Gesamtdeckungsbeitrag ist bei Motorenproduktion größer, allerdings erwirtschaftet bei Getriebeproduktion die Division 1 einen höheren Deckungsbeitrag.

$$DB_1^{Mot.} \geq DB_1^{Get.}$$

$$DB_1^{Mot.} \geq 45.000.000$$

$$\Leftrightarrow (p_1 - k_{v1}) \cdot x \geq 45.000.000$$

$$\Leftrightarrow (3.000 - 2.000) \cdot 5.000 + (VP - 2.000) \cdot 20.000 \geq 45.000.000$$

$$\Leftrightarrow VP \cdot 20.000 \geq 80.000.000$$

$$\Leftrightarrow VP \geq 4.000$$

Das Verrechnungspreisintervall beträgt demnach VP $\in$ [4.000; 10.000].

Aufgabe 41 (Lösungshinweis)

Abbildung L-17 gibt die internen und externen (Liefer-)Beziehungen der betrachteten Unternehmensbereiche wieder.

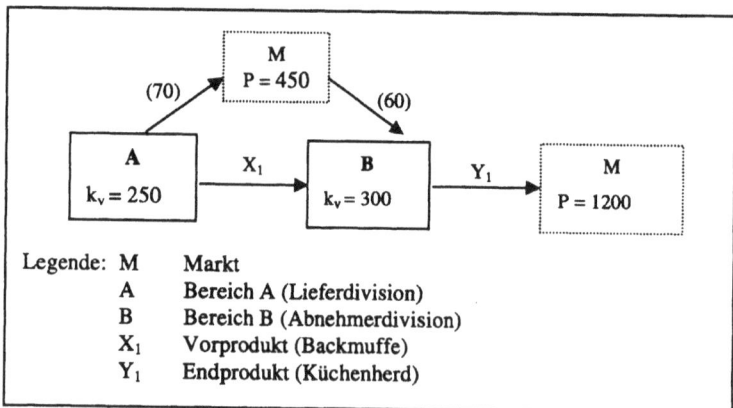

Legende: M   Markt
          A   Bereich A (Lieferdivision)
          B   Bereich B (Abnehmerdivision)
          X_1 Vorprodukt (Backmuffe)
          Y_1 Endprodukt (Küchenherd)

Abbildung L-17:   Interne und externe (Liefer-)Beziehungen der Bereiche A und B

Ermittlung des Verrechnungspreisintervalls

Aus Sicht der Lieferdivision:

Marktpreisorientierter VP = Marktpreis – bei interner Lieferung entfallende Absatzkosten

Aus Sicht der Abnehmerdivision:

Marktpreisorientierter VP = Marktpreis – bei internem Bezug entfallende Beschaffungskosten

Demnach gilt:

$VP > MP - K_{Absatz}$　　=> 　$VP > 450 - 70 = 380$

$VP < MP + K_{Beschaffung}$　=>　$VP < 450 + 60 = 510$

Es ergibt sich folgendes Intervall: $VP \in [380; 510]$.

Aufgabe 42 (Lösungshinweis)

a) Entscheidung über die Annahme/Ablehnung des Zusatzauftrags (bei Zugang zum Markt)

Zunächst betrachtet man die dezentralen Lösungen (Annahme/Ablehnung):

Entscheidungskalkül der Lieferdivision

Verrechnungspreis (als Marktpreis) des Zwischenprodukts	750 GE
– eigene variable Kosten	600 GE
= Deckungsbeitrag des Zusatzauftrags (DB_L)	150 GE

Die Lieferdivision wird dem Zusatzauftrag daher zustimmen ($DB_L > 0$).

Entscheidungskalkül der Abnehmerdivision

Verkaufspreis (Zusatzauftrag)	1.200 GE
– eigene variable Kosten	480 GE
– Verrechnungspreis (als Marktpreis) des Zwischenprodukts	750 GE
= Deckungsbeitrag des Zusatzauftrags	–30 GE

Die Abnehmerdivision wird den Zusatzauftrag (im Falle des Marktpreises als Verrechnungspreis) aufgrund des negativen Deckungsbeitrags ablehnen. Wie ist die Koordinationswirkung des Marktpreises als Verrechnungspreis zu beurteilen?

Auf den ersten Blick scheint eine Annahme des Zusatzauftrags aus Gesamtunternehmenssicht vorteilhaft zu sein:

Entscheidungskalkül aus Gesamtunternehmenssicht

Verkaufspreis (Zusatzauftrag)	1.200 GE
– variable Kosten von Division L	600 GE
– variable Kosten von Division A	480 GE
Deckungsbeitrag des Zusatzauftrags	120 GE

Bei Annahme des Zusatzauftrags würde pro Stück ein Deckungsbeitrag in Höhe von 120 GE erzielt. Dennoch ist der Auftrag nicht vorteilhaft. Bei Nichtannahme des Zusatzauftrags kann die Lieferdivision das Zwischenprodukt auf dem Markt für 750 GE pro Stück verkaufen und somit einen Deckungsbeitrag in Höhe von 150 GE pro Stück erwirtschaften. Dies entspricht dann auch dem Deckungsbeitrag des Gesamtunternehmens pro Stück, da der Division A im Falle der Ablehnung keine variablen Kosten entstehen. Die Ablehnung des Zusatzauftrags erweist sich somit als vorteilhaft für das gesamte Unternehmen. Der Marktpreis als Verrechnungspreis erfüllt in diesem Fall die Koordinationsfunktion, da er nicht vorteilhafte Transaktionen unterbindet.

b) Entscheidung über die Annahme/Ablehnung des Auftrags (bei fehlendem Zugang zum Markt)

Wenn die Lieferdivision das Zwischenprodukt nicht mehr am Markt verkaufen kann, wäre die Annahme des Zusatzauftrags aus Gesamtunternehmenssicht vorteilhaft. Allerdings wird die Transaktion nicht vollzogen werden, da die Abnehmerdivision den Zusatzauftrag aufgrund des negativen Deckungsbeitrags ablehnen wird. Wenn eine aus Sicht des Gesamtunternehmens vorteilhafte Transaktion durch den gewählten Verrechnungspreis unterbunden wird, weil der an Marktpreise als Verrechnungspreise zu stellenden Anforderung des vollkommenen Markts durch die Absatzrestriktion nicht genügt wird, ist die Koordinationsfunktion des Verrechnungspreises nicht erfüllt. Der Marktpreis als Verrechnungspreis ist unter diesen Umständen nicht in der Lage, den Unternehmensgewinn zu maximieren.

III   Strategisches Controlling

1   „Erfolgspotential" als Steuerungsgröße

Aufgabe 43 (Lösungshinweis)

Strategische Kontrolle[178] beschränkt sich nicht auf einen auf strategischer Ebene als letzte Phase eines Managementprozesses ex post durchzuführenden Soll-Ist-Vergleich. Vielmehr sind in jeder Phase des strategischen Managementprozesses, d. h. beginnend mit der Analyse des Planungsproblems bis zur Phase der Umsetzung in strategische Programme, Kontrollen planungsbegleitend notwendig. Deshalb hat „die strategische Kontrolle nicht erst nach Vorliegen von messbaren Ergebnissen einzusetzen, sondern ihre Tätigkeit mit den ersten Festlegungen im Planungsprozess aufzunehmen"[179]. Die Typen strategischer Kontrolle[180] sind in Abbildung L-18[181] prozessual dargestellt.

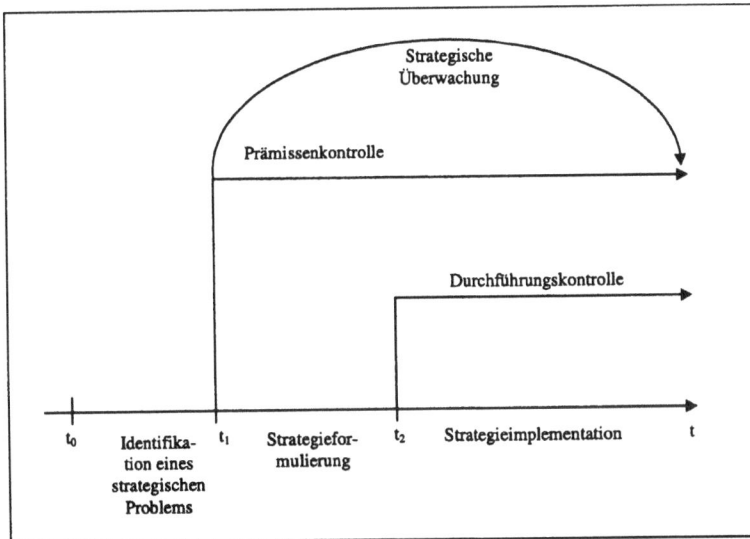

Abbildung L-18:   Strategischer Kontrollprozess

[178]   Zu einer Abgrenzung spezifischer Typen strategischer Kontrolle vgl. *Ossadnik* (2003), S. 284-286.
[179]   *Steinmann/Schreyögg* (2000), S. 159.
[180]   Vgl. zu einer entsprechenden Differenzierung der "strategic control" im Folgenden *Steinmann/Schreyögg* (2000), S. 159, S. 243-250 m. w. N.
[181]   In Anlehnung an *Steinmann/Schreyögg* (2000), S. 246.

a) Prämissenkontrolle

Im Rahmen der *Prämissenkontrolle* müssen die Schlüsselannahmen der strategischen Planung einer fortlaufenden Prüfung unterzogen werden. Werden diese Prämissen hinfällig, verlieren u. U. bestimmte Strategien (und entsprechende Durchführungskontrollen) ihren Sinn und es werden ggf. außerordentliche Neuplanungen notwendig. Einer besonders hohen Kontrollintensität bedürfen jene Prämissen, die auf schwachen Prognosen gründen, dem eigenen Einflussfeld voll entzogen sind und im strategischen Konzept einen kritischen Stellenwert haben, etwa weil bereits geringe Abweichungen weitreichende Konsequenzen nach sich ziehen. Zur Überwachung dieser sensitiven Prämissen werden als Instrumente vielfach sog. *Frühwarnsysteme*[182] eingesetzt. Sie stellen den Versuch dar, mit Hilfe von schwachen Signalen[183] möglichst frühzeitig zu erkennen, ob Prämissen der Planung hinfällig geworden sind.

b)   Durchführungskontrolle

Im Rahmen der *Durchführungskontrolle* stehen Erkenntnisse über bisherige Ergebnisse strategischer Maßnahmen im Vordergrund. Hierbei wird man häufig auf bestimmte zuvor gesetzte „Meilensteine" Bezug nehmen, wie etwa den Marktanteil eines neu eingeführten Produkts nach einem Jahr, die Ausschussquoten einer neuen Produktionstechnologie nach einer bestimmten Produktionsdauer oder die Zeitdauer bis zur Erzielung eines bestimmten Rationalisierungserfolgs aufgrund einer langfristigen Kostensenkungsstrategie. Die Durchführungskontrolle ist von ihrem Charakter her eine (feedbackorientierte) Ergebniskontrolle.

c)   Strategische Überwachung

Die *strategische Überwachung* schließlich kann als Ergänzung der beiden vorhergehenden Kontrollarten gekennzeichnet werden. Ihre Aufgabe ist es, den durch den selektiven Charakter der Prämissen- und Durchführungskontrolle bedingten Mangel in der Gesamtkontrolle und das damit verbundene Risiko aufzufangen. Charakteristisch für die strategische Überwachung ist eine (idealerweise) ungerichtete Beobachtungsaktivität zur Absicherung der gewählten Geschäftsfelder und Wettbewerbskonzeptionen. Folglich ist sie inhaltlich nicht vorregelbar. Ihr Augenmerk liegt auf der frühzeitigen Identifikation von Chancen und Risiken in gewählten Geschäftsfeldern und Wettbewerbskonzeptionen. Sie ist dabei zwangsläufig dem grundsätzlichen Problem ausgesetzt, dass Informationen in diesem Kontext in ihrer Wirkung relativ unbestimmt sind. Für die Entscheidungsträger bedeutet dies, dass sie das Risiko des Nichteingreifens mit dem einer Fehlanpassung abwägen müssen.

Die Kontrollkonzeption „strategische Überwachung" erscheint auf den ersten Blick paradox, denn nach herkömmlicher Auffassung bedarf es ja eines präzisen Kontrollmaßstabes, um Kontrollhandlungen in Gang setzen zu können. Dennoch ist es nicht unmöglich, strategische Überwachung praktisch zu handhaben. So lässt

---

[182]   Vgl. kritisch hierzu *Schneider* (1985).
[183]   Vgl. dazu *Ansoff* (1975).

sich die Komplexität des Überwachungsproblems durch Beobachtung von Krisenanzeichen reduzieren. Erst im Zeitablauf konkretisiert sich das Wissen über eine strategische Bedrohung.

Aufgabe 44 (Lösungshinweis)

Eine anlässlich der Analyse der Erfolgsposition eines Unternehmens festgestellte strategische Lücke rührt von einer Diskrepanz zwischen der bei Konstanz des strategischen Unternehmenskonzepts erreichbaren und der eigentlich strategisch angestrebten Erfolgsposition her.[184] Strategische Lücken können nur durch eine Umstrukturierung der strategischen Erfolgspotentiale, d. h. durch einen strategischen Profilwandel, geschlossen werden.

Für einen strategischen Profilwandel kommen Alternativen verschiedenster Erscheinungsformen in Frage. Aufgrund der Aufgabenstellung werden lediglich zwei dieser Alternativen betrachtet, und zwar

– Akquisition eines Unternehmens und
– Fusion mit einem Unternehmen, das über die gewünschten Erfolgspotentiale verfügt.

Unter einer *Akquisition* versteht man den Kauf eines Unternehmens, eines Unternehmensteils oder eines ganzen Konzerns.[185] Eine Alternative zur Verbindung von Unternehmen stellt die *Fusion* dar, die in unterschiedlicher Form erfolgen kann. Eine Fusion i. w. S. liegt vor, wenn eine Verbindung über Kapitalbeteiligungen oder Unternehmensverträge erfolgt. Von einer Fusion i. e. S. bzw. Verschmelzung kann gesprochen werden, wenn in der Konsequenz eine rechtliche Einheit der zusammengeschlossenen Unternehmen resultiert.[186]

Allgemein können bei der Akquisition eines bestehenden Unternehmens für den Akquisiteur folgende Vor- bzw. Nachteile entstehen:[187]

Vorteile:

– Schnelle Markterschließung (Zeitersparnis),
– leichtes Eindringen in etablierte Marktstrukturen,
– Nutzung des bestehenden Images,
– Verbesserung der strategischen Position,
– Kompetenzgewinn,
– Ausschalten von möglichen Konkurrenten.

[184] Vgl. *Ossadnik* (1998b), S. 162.
[185] Vgl. *Hagemann* (1996), S. 54.
[186] Vgl. *Ossadnik* (1995), S. 3-5 m. w. N.
[187] Vgl. *Krystek/Zur* (2002), S. 210.

Nachteile:

- Hoher finanzieller Ressourcenbedarf,
- hoher Suchaufwand bei der Wahl eines geeigneten Partners,
- Integrationsprobleme (Post-Akquisitionsphase),
- geringe strategische Flexibilität,
- schwere Reversibilität,
- geringe Risikoteilung,
- Infektionsgefahr durch Krisen des Partners,
- geringe Motivation beider Partner.

Die Akquisition eines geeigneten Unternehmens verspricht eine rasche Verfügbarkeit erwünschter Erfolgspotentiale ohne eigene Entwicklungsanstrengungen. Dem stehen indes erhebliche Schnittstellen- und Integrationsprobleme in der Post-Akquisitionsphase gegenüber. Während für eine Unternehmensakquisition ein Kaufpreis zu entrichten ist, werden bei der Fusion nur Kapitalanteile getauscht. Die erwünschten Erfolgspotentiale eines anderen Unternehmens werden bei der Fusion ohne Abfluss von Liquidität verfügbar gemacht. Indes sind – wie auch bei der Akquisition – in der Vollzugsphase Integrationsprobleme zu lösen. Zu bedenken ist ferner, dass eine Fusion eine nur mit erheblichen verfahrensrechtlichen Anstrengungen zu revidierende Handlungsalternative ist.[188]

Über die Konsequenzen solcher Handlungsalternativen zur Bewirkung eines strategischen Profilwandels sind zu erwartende Zahlungsreihen zur Begründung der Entscheidung in deren Vorphase nicht verfügbar. Versuche, die für Kapitalwertprognosen erforderlichen Inputdaten in hinreichender Skalierung zu gewinnen, scheitern oft an der Unvollkommenheit der verfügbaren Informationen[189], wenn z. B. zahlungsrelevante Informationen in einer inhaltlich vertretbaren Weise mit Hilfe risikoanalytischen Instrumentariums oder aufgrund von Zurechnungsproblemen bei multiplen Verbundbeziehungen zwischen mehreren Objekten nicht plausibel darstellbar sind. Es verbleibt dann immerhin die Möglichkeit, Aussagen über die Zielwirksamkeit der Alternativen anhand einer Verhältnisskala zu treffen, wie sie dem Analytischen Hierarchie Prozess (AHP) zugrunde liegt.

In Bezug auf die *Flexibilität der Strategie* ist die strategische Handlungsalternative Akquisition vorteilhafter als die Möglichkeit einer Fusion. Ist doch ein Verkauf des akquirierten Unternehmens zeitlich eher realisierbar als die (aus rechtlichen Gründen langwierige) Auflösung einer Fusion.

Im Hinblick auf die *Entscheidungsautonomie* würde die Akquisition dem Management des Beispielsunternehmens sämtliche Entscheidungsfreiräume belassen. Bei einer Fusion muss das Management des einen Partners hingegen damit rechnen, dass es durch Manager des anderen Partners ergänzt wird und mit diesen Ent-

---

[188]   Vgl. *Ossadnik/Maus* (1994), S. 140 f.
[189]   Vgl. dazu *Ossadnik* (1998b), S. 9.

scheidungskompetenzen zu teilen hat. Vor diesem Hintergrund ist – zumindest aus der Sicht entscheidender Manager – die Akquisition vorteilhafter als die Fusion. Werden doch bei einer Akquisition die Entscheidungsspielräume des Unternehmens nicht in dem Maße beschränkt wie bei einer Fusion.

Hinsichtlich der *Umsatzrealisierung* ist zu beachten, dass die mit den Alternativen erzielbaren Umsätze aufgrund ihrer unterschiedlichen zeitlichen Realisierung in ihrer Höhe von Umweltszenarien abhängig sind. Der Umsatzzeitpunkt wird durch die Handlungsalternativen bestimmt. Prinzipiell kann davon ausgegangen werden, dass Umsatz bei den Alternativen der Unternehmensakquisition sowie der Fusion in etwa zeitgleich realisiert wird. Das zu akquirierende Unternehmen sowie der potentielle Fusionspartner verfügen im Hinblick auf das innovative Produkt bereits über Marktanteile, die ansonsten noch erworben werden müssten. Daher sind beide Alternativen, Akquisition und Fusion, gleich zu bewerten.

Im Hinblick auf die *Economies of Scale* können die Alternativen Akquisition und Fusion als besonders zielwirksam angesehen werden.

Bzgl. der Erzielung von *Lerneffekten durch Übertragung von Know-how* ist davon auszugehen, dass es bei den Alternativen der Akquisition und der Fusion durch Know-how-Transfer und damit zu Kosteneinsparungen kommt. Bei der Akquisition und der Fusion wird das gesamte Know-how transferiert. Beide Alternativen werden daher als gleichwertig erachtet.

Im Bezug auf die *Koordinationskosten* haben Akquisition und Fusion aufgrund des Zusammentreffens unterschiedlicher Organisationstypen und Unternehmenskulturen vermehrte Bürokratie und erhöhte Reibungsverluste zur Folge.

Aus den vorangegangenen Ausführungen wird ersichtlich, dass eine generelle Aussage über die Vorteilhaftigkeit einer der Alternativen nicht getroffen werden kann, da diese von der spezifischen Entscheidungssituation abhängig ist.

2   Instrumente des strategischen Controllings

Aufgabe 45 (Lösungshinweis)

a) Begründung des Einsatzes der Investitionsrechnung im strategischen Controlling

Die Hauptaufgabe des strategischen Controllings besteht in der Unterstützung der Unternehmensführung bei der Pflege und Nutzung bestehender sowie der Schaffung neuer *Erfolgspotentiale*. Zu diesem Zweck müssen unter anderem Modelle zur Lösung strategischer Entscheidungsprobleme mitsamt dem von ihnen benötigten Informationsinput bereitgestellt werden. Theoretisch ist bei gewinnzielorientierten Unternehmen eine auf Zahlungsgrößen basierende Entscheidungsrechnung anzuwenden. Wenn es gelingt, die Konsequenzen verschiedener Handlungsalternativen in Zahlungsreihen abzubilden, kann mit Hilfe investitionstheoretischer Entscheidungsmodelle die beste Alternative bestimmt werden. Voraussetzung hierfür ist, dass für die unterschiedlichen Aktionen Zahlungen prognostiziert worden sind. In der betrieblichen Praxis sind diese Zahlungen zumeist sowohl der Höhe als auch dem Zeitpunkt des Anfallens nach unsicher. Auch gibt es Probleme bei der Zuordnung interdependenter Zahlungen auf verschiedene Aktionen. Prinzipiell ist jedoch die Investitionsrechnung[190] das geeignete Verfahren zur Fundierung strategischer Entscheidungen.

b) Typen von Investitionsentscheidungen

Wenn sich die zu vergleichenden Alternativen gegenseitig ausschließen, spricht man von Investitions*einzel*entscheidungen. Schließen sich die zu beurteilenden Investitionen dagegen nicht grundsätzlich gegenseitig aus, sind Investitions*programm*entscheidungen zu treffen. Kennzeichen von Investitionsprogrammentscheidungen ist es ferner, dass mehrere Festlegungen für den Investitionsbereich sowie ggf. auch für Nicht-Investitionsbereiche simultan getroffen werden. Bei Investitionseinzelentscheidungen lassen sich vier Problemtypen unterscheiden:

1. *Vorteilhaftigkeit* (Ja-Nein-Entscheidungen, d. h. Investition oder Unterlassensalternative)
2. *Vorziehenwürdigkeit* (Auswahl-Entscheidungen, d. h. Investitionsprojekt 1, 2, ..., T oder Unterlassensalternative)
3. *optimale Nutzungsdauer* (Investitionsdauerentscheidung, d. h. Nutzung einer Investition über 1, 2, ... oder T Jahre)
4. *Ersatzzeitpunkt* (Investitionskette, d. h. wann folgt die nächste Investition)

Die Frage, ob die Durchführung bestimmter Investitionen vorteilhaft ist, hängt auch davon ab, welche Investitionen später realisiert werden.[191] Zur Berücksichti-

---

[190] Vgl. dazu z. B. *Betge* (2000); *Kruschwitz* (2005).
[191] Vgl. zu solchen Interdependenzen und dem Problem der Investitionsketten *Kruschwitz* (2005), S. 202-211.

gung dieses Aspekts sind bei Entscheidungen über gegenwärtige Investitionsalternativen auch – natürlich vorläufige und revidierbare – Pläne über zukünftige Maßnahmen zu entwickeln und einzubeziehen. Entscheidungen unter Berücksichtigung derartiger Abfolgen von Investitionstätigkeiten nennt man *sequentielle Investitionsentscheidungen*. Solche Entscheidungen sind wegen kombinatorischer Effekte nicht immer einfach zu behandeln.

c) Dynamische Investitionsrechnungsverfahren für Einzelentscheidungen

Prämissen:

–   Separierbarkeit von Einzelentscheidungen,

–   Koordination von Einzelentscheidungen über den Zinssatz.

Während bei statischen Investitionsrechnungsverfahren die Wertbewegungen analysiert werden, ohne dass der Zeitpunkt ihres Anfallens in irgendeiner Weise berücksichtigt wird, versuchen die dynamischen Verfahren der Investitionsrechnung bei Einzelentscheidungen, dem Zeitaspekt der Ein- und Auszahlungen gerecht zu werden.[192] Dies geschieht, indem Zahlungen auf den Entscheidungszeitpunkt auf- oder abgezinst werden. Eine solche finanzmathematische Behandlung einer Zahlung gibt entweder den Wert zukünftiger Zahlungen zum gegenwärtigen Zeitpunkt, d. h. den Barwert, oder den Wert einer Zahlungsreihe am Ende eines Planungshorizontes, d. h. den Endwert, an.

c1) *Kapitalwertmethode*

Der Kapitalwert ist wie folgt definiert:

$$\text{Kapitalwert} = C_0 = -AZ_0 + \sum_{t=1}^{T} (EZ_t - AZ_t) \cdot (1+i)^{-t}$$

mit

C_0 Kapitalwert einer Investition (GE)

AZ_t Auszahlung(en) im Zeitpunkt t (GE)

EZ_t Einzahlungen im Zeitpunkt t (GE)

i   Kalkulationszinssatz

T   Nutzungsdauer, Anzahl der Jahre

Bei der Kapitalwertmethode wird der Gegenwarts- oder Barwert einer durch ein Investitionsobjekt ausgelösten Zahlungsreihe ermittelt. Der Kapitalwert einer Investition gibt dabei die Summe aller mit dem Kalkulationszins i auf den Zeitpunkt t = 0 abgezinsten Zahlungen an. Ein positiver Kapitalwert einer Investition bedeutet, dass die Investition eine höhere Verzinsung des eingesetzten Betrags erbringt als eine Kapitalanlage zum Kalkulationszinsfuß i, die eine Unterlassungsalternative (z. B. in Form einer Anlage am Kapitalmarkt) repräsentiert. Projekte mit einem

---

[192] Vgl. *Kruschwitz* (2005), S. 44–46.

positiven Kapitalwert sind daher vorteilhaft. Unter mehreren vorteilhaften Projekten wird dasjenige mit dem höchsten Kapitalwert vorgezogen. Bei der Berechnung wird implizit unterstellt, dass – entsprechend der Prämisse eines vollkommenen Kapitalmarkts – zu einem einheitlichen Zinssatz Geld angelegt und aufgenommen werden kann. Zwar gibt es am Kapitalmarkt durchaus gespaltene Zinssätze für Soll- und Habenzinsen. Dennoch kann diese Prämisse durchaus gerechtfertigt werden. Auf der Ebene des Unternehmens wird in aller Regel *ein* Zinssatz anzuwenden sein, je nachdem, ob das Unternehmen insgesamt verschuldet ist oder nicht. An dieser Gesamtsituation wird sich durch zwischenzeitliche Zahlungsüberschüsse eines Projekts wenig ändern.

c2) *Endwertmethode*

Bei der Endwertmethode werden die Zahlungen nicht – wie bei der Kapitalwertmethode – auf den Zeitpunkt t = 0 abgezinst, sondern auf den Zeitpunkt t = T aufgezinst:

$$C_T = -AZ_0 \cdot (1+i)^T + \sum_{t=1}^{T} (EZ_t - AZ_t) \cdot (1+i)^{T-t} = C_0 \cdot (1+i)^T$$

mit

C_T Endwert einer Zahlungsreihe

C_0 Kapitalwert einer Zahlungsreihe in GE

i Kalkulationszinssatz

T Nutzungsdauer, Anzahl der Jahre

Ein positiver Endwert einer Investition gibt demzufolge an, wie viel mehr die Investition bis zum Ende der Investitionslaufzeit erbringt als eine Anlage der Finanzmittel zum Kalkulationszinsfuß. Auch bei der Endwertmethode gilt, dass eine Investition vorteilhaft ist, wenn der Endwert positiv ist. Das Projekt mit dem höchsten Endwert wird vorgezogen. Bei Gültigkeit der Prämisse, dass zwischenzeitliche Zahlungssalden zum Kalkulationszinssatz angelegt werden können, lässt sich zeigen, dass die Kapitalwertmethode und die Endwertmethode stets zu gleichen Beurteilungen bzgl. der Vorteilhaftigkeit von Projekten kommen. Kapital- und Endwert sind bei der Beurteilung von Investitionen gleichwertig.

c3) *Annuitätenmethode*

Die Annuitätenmethode ist mit der Kapitalwertmethode eng verwandt:

$$\text{Annuität} = \underbrace{\text{Kapitalwert}}_{C_0} \cdot \frac{i \cdot (1+i)^T}{(1+i)^T - 1}$$

Sie gibt an, welche Annuität über die Investitionsnutzungsdauer dem Kapitalwert einer Investition entspricht. M. a. W. gibt die Annuität eines Investitionsprojekts an, welchen gleich bleibenden zusätzlichen Zahlungsüberschuss eine Investition im Vergleich zu einer Kapitalanlage zum Kalkulationszinsfuß erbringt. Dazu wird der sog. Wiedergewinnungsfaktor auf den Kapitalwert angewendet. Ein Projekt ist vorteilhaft, wenn seine Annuität positiv ist. Bei dem Vergleich verschiedener vorteilhafter Projekte mit unterschiedlicher Nutzungsdauer kann es zu Problemen kommen. Bei gleichem Kapitalwert führt eine längere Projektlaufzeit zu einer geringeren Annuität. Da bei der Berechnung der Annuität der Kapitalwert ebenfalls berechnet wird, sollte eine Beurteilung der Vorteilhaftigkeit aus Praktikabilitätsgründen direkt anhand des Kapitalwerts erfolgen.

c4) Interne-Zinsfuß-Methode

Auch die Interne-Zinsfuß-Methode ist eng mit der Kapitalwertmethode verwandt. Die Methode des internen Zinsfusses sucht den Zinssatz r, für den der Kapitalwert einer Investition gerade gleich null wird:[193]

$$- AZ_0 + \sum_{t=1}^{T} (EZ_t - AZ_t) \cdot (1 + r)^{-t} = 0$$

mit

r   interner Zinsfuß

Eine Investition ist dann vorteilhaft, wenn der interne Zinsfuß r größer ist als ein vergleichbarer Kalkulationszinsfuß i (im Sinne einer Mindestrendite). Von mehreren Projekten ist dasjenige mit dem größten internen Zinsfuß gegenüber den anderen vorzuziehen. Unterstellt wird, dass zwischenzeitliche Zahlungssalden zum internen Zinsfuß verzinst werden. Die Interne-Zinsfuß-Methode führt – anders als die Endwert- und Annuitätenmethode – nicht stets zu gleichen Entscheidungen wie die Kapitalwertmethode.

Bei Anwendung der Interne-Zinsfuß-Methode kann es zu schwerwiegenden Problemen kommen. Es gibt Investitionen, die nicht nur einen, sondern mehrere interne Zinsfüße besitzen. Die Lösung der obigen Gleichung ist in diesen Fällen nicht eindeutig. Die Bestimmungsgleichung für den internen Zinsfuß ist für t = 2 eine quadratische Funktion. Eine quadratische Funktion kann zwei Nullstellen haben. Die Nullstelle der Kapitalwertfunktion ist aber gerade der interne Zinsfuß. Für größere Werte von t nimmt die Zahl der möglichen Nullstellen zu. Es ist auch denkbar, dass eine Investition keinen internen Zinsfuß besitzt und zwar dann, wenn die Kapitalwertfunktion keine Nullstelle hat.

d)   Aufgaben des Kalkulationszinsfußes in der Investitionsrechnung

Generell handelt es sich bei dem Kalkulationszinsfuss i um die vom Investor geforderte Mindestverzinsung, welche sich nach den Kapitalkosten bzw. den alternativen Kapitalanlagemöglichkeiten richtet.[194]

---

[193] Vgl. *Kruschwitz* (2005), S. 106-113.
[194] Vgl. zu weiteren Überlegungen zur Bestimmung und zur Interpretation von i *Schneider* (1992), S. 389-395.

Aufgabe 46 (Lösungshinweis)

a) Bestimmung des Barwerts einer Zahlung

Der Barwert (C_0) einer diskontierten Zahlung in t = 0 wird wie folgt bestimmt:

$$C_0 = Z_t \cdot (1+i)^{-t}$$

mit

Z_t Zahlung zum Zeitpunkt t

i   Kalkulationszinssatz

Der Wert einer im fünften Jahr erwarteten Zahlung beträgt somit nach der Diskontierung auf den Gegenwartszeitpunkt t = 0:

$$C_0 = 10.000 \cdot 1,12^{-5} = 5.674,27 \text{ GE}$$

b) Bestimmung des Kapitalwerts des Investitionsprojekts

Die allgemeine Formel zur Bestimmung des Kapitalwerts einer Investition ist bereits in dem Lösungshinweis zum Teil c1) der Aufgabe 45 angegeben. Hiervon ausgehend lässt sich der Kapitalwert wie folgt ermitteln:

$$C_0 = -25.000 + 10.400 \cdot 1,09^{-1} + 13.400 \cdot 1,09^{-2} + 9.600 \cdot 1,09^{-3}$$
$$= 3.232,76 \text{ GE} > 0$$

Der positive Kapitalwert bedeutet, dass die tatsächliche Verzinsung des eingesetzten Kapitals während der Projektlaufzeit höher ist als bei einer Finanzanlage zum gegebenen Kalkulationszinssatz. Das Investitionsprojekt ist also vorteilhaft.

c) Bestimmung des Kapitalwerts des Investitionsprojekts nach Steuern

Gegeben sind:

Kalkulationssatz vor Steuern i = 10%

Körperschaftssteuersatz s = 25%

Steuermesszahl = 5%

Hebesatz = 400%

Nutzungsdauer n = 4 Jahre

Anschaffungsauszahlung AZ_0 = 1.500 GE

Der Kalkulationssatz nach Steuern i_{nS} wird wie folgt berechnet:[195]

$$i_{nS} = i \cdot \left(1 - s^{\text{ErtragSt}}\right)$$

$$s^{\text{ErtragSt}} = \left(s^{\text{KSt}} - s^{\text{KSt}} \cdot s^{\text{GewStE}}\right) + s^{\text{GewStE}}$$

---

[195] Vgl. *Betge* (2000), S. 128-133.

$$s^{GewStE} = \frac{Steuermesszahl \cdot Hebesatz}{1 + Steuermesszahl \cdot Hebesatz}$$

Es folgt:

$$s^{GewStE} = \frac{0,05 \cdot 4}{1 + 0,05 \cdot 4} = 0,1\bar{6}$$

$$s^{ErtragSt} = (0,25 - 0,25 \cdot 0,1\bar{6}) + 0,1\bar{6} = 0,375$$

$$i_{nS} = 0,1 \cdot (1 - 0,375) = 0,0625$$

Jährlicher Abschreibungsbetrag: $a_t = \dfrac{AZ_0}{n} = \dfrac{1.500}{4} = 375$ GE/Jahr

Der Kapitalwert des Investitionsprojekts nach Steuern kann nun wie folgt bestimmt werden:

$$C_0 = -AZ_0 \cdot \sum_{t=1}^{n} D_t \cdot (1 + i_{nS})^{-t}$$

mit

D_t Zahlungsüberschuss in Periode t

Es ergeben sich Zahlungsreihen gemäß Tabelle L-56.

Periode:	0	1	2	3	4
Zahlungsreihe vor Steuern	−1.500	+500	+600	+300	+500
Steuerlicher Erfolg (AfA)	0	+500 −375 +125	+600 −375 +225	+300 −375 −75	+500 −375 +125
Steuerzahlung auf steuerlichen Erfolg (−37,5%)	0	−46,88	−84,38	+28,13	−46,88
Zahlungsreihe nach Steuern	−1.500 −0 −1.500	+500 −46,88 +453,12	+600 −84,38 +515,62	+300 +28,13 +328,13	+500 −46,88 +453,12
Abzinsungsfaktor	1	$1,0625^{-1}$	$1,0625^{-2}$	$1,0625^{-3}$	$1,0625^{-4}$
Barwert	−1.500	+426,47	+456,74	+273,56	+355,55

Tabelle L-56:   Bestimmung des Kapitalwerts des Investitionsprojekts nach Steuern

Der Kapitalwert des Investitionsprojekts nach Steuern beträgt demnach $C_0 = 12,32$ GE und ist positiv. Das Investitionsprojekt ist somit vorteilhaft.

Aufgabe 47 (Lösungshinweis)

a) Ermittlung des Kapital- und Endwerts unter Verwendung eines Kalkulationszinsfußes von 9%

Um den Kapitalwert eines Investitionsprojekts entsprechend der im Lösungshinweis zu Teil c1) der Aufgabe 45 angegebenen Formel berechnen zu können, sind zunächst die Zahlungssalden der beiden Projekte in den einzelnen Perioden zu ermitteln (vgl. Tabelle L-57).

Periode	Projekt A (in GE)	Projekt B (in GE)
t = 0	–19.000	–19.000
t = 1	5.000	9.000
t = 2	9.000	9.000
t = 3	8.000	5.000

Tabelle L-57:   Ermittlung projektspezifischer Zahlungssalden

Diese Zahlungssalden sind für die einzelnen Perioden mit den jeweiligen Abzinsungsfaktoren zu multiplizieren. Die Summe über die Perioden ergibt dann die Kapitalwerte gemäß Tabelle L-58.

Periode	Abzinsungsfaktoren $(1+i)^{-t}$	Barwerte $D_t \cdot (1+i)^{-t}$ in GE	
		Projekt A	Projekt B
t = 0	1	–19.000	–19.000
t = 1	0,917431	4.587,16	8.256,88
t = 2	0,841680	7.575,12	7.575,12
t = 3	0,772184	6.177,47	3.860,92
Kapitalwert C_0		–660,25	692,92

Tabelle L-58:   Bestimmung projektspezifischer Kapitalwerte

Sind die Kapitalwerte bekannt, lassen sich die Endwerte C_T mittels folgender Formel berechnen:

$$C_T = C_0 \cdot (1+i)^T$$

mit

C_0 Kapitalwert einer Zahlungsreihe in GE

i Kalkulationszinssatz

T Nutzungsdauer, Anzahl der Jahre

Ausgehend von den gegebenen Daten folgt:

$C_T^A = -660,25 \cdot (1+0,09)^3 = -855,04\ GE$

$C_T^B = 692,92 \cdot (1+0,09)^3 = 897,35\ GE$

Interpretation der Ergebnisse:

- eine Investition in Projekt B ist vorteilhaft,
- statt in Projekt A investiert zu werden, sollte die Anschaffungsauszahlung besser am Kapitalmarkt zu 9% angelegt werden,
- Kapital- und Endwert führen zu einer identischen Entscheidung.

b) Ermittlung des Kapitalwerts unter Verwendung eines Kalkulationszinsfußes von 13%

Der in Aufgabenteil a) angegebene Zusammenhang zwischen Kapital- und Endwert lässt sich umformen zu:

$$C_0 = \frac{C_T}{(1+i)^T}$$

Damit kann mit Hilfe der gegebenen Informationen der Kapitalwert des Investitionsprojekts berechnet werden:

$$C_0 = \frac{22.109,22}{(1+0,13)^5} = 11.999,99883 \approx 12.000\,GE$$

c) Bestimmung des internen Zinsfußes

Der interne Zinsfuß r eines Investitionsprojekts ist der Zinsfuß, der den Kapitalwert der aus dem Investitionsprojekt resultierenden Zahlungen gleich Null werden lässt. Der Zinssatz r ist demnach entsprechend folgender Beziehung zu ermitteln:

$$C_0(r) \stackrel{!}{=} 0$$

Für die hier betrachtete Zahlungsreihe gilt daher folgender Ansatz:

$$C_0 \stackrel{!}{=} 0 \Leftrightarrow -25.000 + 15.000 \cdot (1+r)^{-1} + 22.000 \cdot (1+r)^{-2} = 0 \quad | \cdot (1+r)^2$$

Hierbei handelt es sich um eine quadratische Gleichung, die umzuformen ist:

$$-25.000 \cdot (1+r)^2 + 15.000 \cdot (1+r) + 22.000 = 0$$

$$-25.000 \cdot (1+2r+r^2) + 15.000 + 15.000 \cdot r + 22.000 = 0$$

$$-25.000 - 50.000 \cdot r - 25.000 \cdot r^2 + 15.000 + 15.000 \cdot r + 22.000 = 0$$

$$-25.000 \cdot r^2 - 35.000 \cdot r + 12.000 = 0 \quad | \div(-25.000)$$

$$r^2 + \frac{7}{5} \cdot r - \frac{12}{25} = 0$$

Das entspricht einer quadratischen Gleichung der Form

$$\chi^2 + p \cdot \chi + q = 0 \text{ mit der Lösung } \chi^* = -\frac{p}{2} \pm \sqrt{\left(\frac{p}{2}\right)^2 - q}$$

Für die Gleichung folgt dann:

$$r^* = -\frac{7}{10} \pm \sqrt{\left(\frac{7}{10}\right)^2 + \frac{12}{25}}$$

$$\Leftrightarrow$$

$$r_1^* = -\frac{7}{10} - \sqrt{\frac{49}{100} + \frac{48}{100}} = -\frac{7}{10} - \sqrt{\frac{97}{100}} = -\frac{7}{10} - 0,98489 = -1,68489$$

$$r_2^* = -\frac{7}{10} + 0,98489 = 0,28489$$

Da ein negativer Zinsfuß (−168%) ökonomisch nicht sinnvoll ist, beträgt der interne Zinsfuß ca. 28,49%.

Kontrollrechnung

Berechnung des Kapitalwerts der Zahlungsreihe mit einem Zinsfuß von 28,489%:

$$C_0(i = 0,28489) = -25.000 + 15.000 \cdot (1 + 0,28489)^{-1} + 22.000 \cdot (1 + 0,28489)^{-2}$$

$$= -25.000 + 11.674,19 + 13.325,81 = 0$$

Aufgabe 48 (Lösungshinweis)

Die Abstimmung zwischen dem Investitions- und dem Finanzierungsbereich wird in folgenden Schritten durchgeführt:[196]

1. Zunächst wird eine Liste aller in Frage kommenden Investitionsprojekte aufgestellt.

2. Die Investitionsprojekte sind nach sinkenden Rentabilitäten (r) zu ordnen. Aus der ermittelten Rangfolge der Projekte ergibt sich die Kapitalnachfrage des Unternehmens gemäß Tabelle L-59.

Projekt	Interner Zinsfuß r	Kapitalbedarf (GE)	Kumulierter Kapitalbedarf (GE)
Multimedia	22%	500.000	500.000
Musikvideos II	15%	800.000	1.300.000
Printmedien	8%	1.250.000	2.550.000
Musikvideos I	6%	900.000	3.450.000
Musikkassetten	5%	800.000	4.250.000

Tabelle L-59:   Kapitalnachfrage

---

[196] Vgl. *Betge* (2000), S. 117.

3. Es wird ferner eine Liste aller in Frage kommenden Finanzierungsmöglichkeiten aufgestellt.

4. Die Finanzierungsmöglichkeiten sind nach dem steigenden Fremdkapitalzins (i_F) zu ordnen. Aus der ermittelten Rangfolge der Finanzierungsmöglichkeiten ergibt sich das Kapitalangebot i. V. m. den Kapitalkosten i_F gemäß Tabelle L-60.

Quelle	Zins i_F	Kapitalangebot (GE)	Kumuliertes Kapitalangebot (GE)
Eigenmittel	5%	1.000.000	1.000.000
Kredit *Investa*	7%	1.750.000	2.750.000
Kredit *Rendita*	8%	750.000	3.500.000
Kredit *Credita*	9%	200.000	3.700.000

Tabelle L-60:   Kapitalangebot

5. Als nächstes ist der Schnittpunkt zwischen der Kapitalnachfrage- und der Kapitalangebotsfunktion (als *Punkt der Ablehnung*) zu ermitteln. Alle Investitionen mit einer Rentabilität unterhalb des durch den Punkt der Ablehnung markierten Zinssatzes werden zurückgewiesen. Der Punkt der Ablehnung trennt den Bereich der vorteilhaften von dem der nicht vorteilhaften Investitionen (vgl. Abbildung L-19).

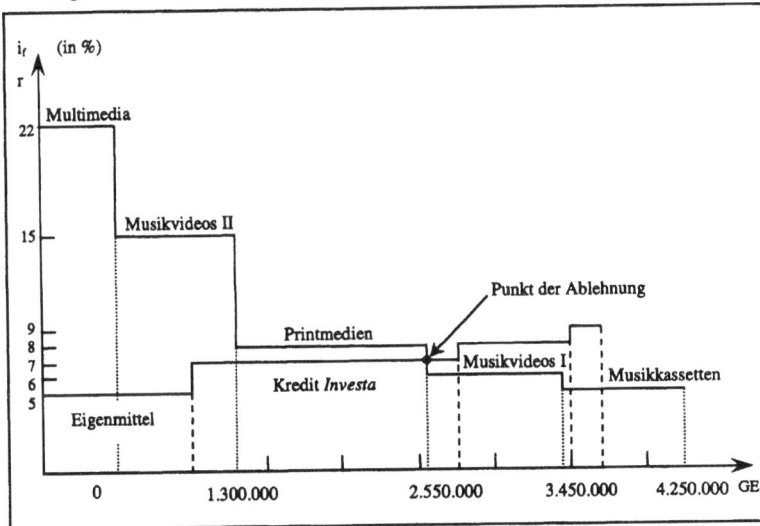

Abbildung L-19:   Kapitalangebots- und Kapitalnachfragefunktion

Als Schnittpunkt der Kapitalangebots- und der Kapitalnachfragefunktion ergibt sich ein optimales Investitions- und Finanzierungsvolumen von 2.550.000 GE. Folgende Investitionsprojekte werden realisiert:

- „Multimedia" (finanziert aus 500.000 GE an Eigenmitteln),
- „Musikvideos II" (finanziert aus 500.000 GE an Eigenmitteln und 300.000 GE aus dem Kredit der *Investa*-Bank),
- „Printmedien" (finanziert aus dem Kredit der *Investa*-Bank).

Der Kredit der *Investa*-Bank wird bis zur Höhe von 1.550.000 GE ausgenutzt.

Aufgabe 49 (Lösungshinweis)

a) Darstellung des Produktlebenszykluskonzepts

Der Begriff des Lebenszyklus weist darauf hin, dass ein Produkt bestimmte Entwicklungsstadien durchläuft. Dabei wird grundsätzlich zwischen der Phase der Produktentwicklung und -entstehung und der Phase der Produktverwertung unterschieden. Für den Zeitraum zwischen der Produktidee und -fertigstellung bzw. dem Produktabsatz wird ein idealtypischer Entstehungszyklus, für die anschließende Produktverwertung wird ein idealtypischer Marktzyklus unterstellt. Generelle Hypothese des Produktlebenszyklus ist es, dass sich der Absatz eines Produkts und damit der entsprechende Umsatz, Cashflow und Deckungsbeitrag über die gesamte Dauer der Marktpräsenz nach einem bestimmten Grundmuster entwickelt und bestimmte Entwicklungsphasen des Produktmarkts durchläuft.

Es werden generell – unabhängig von der absoluten Lebensdauer eines Produkts – folgende Phasen unterschieden:

1. Einführungsphase
2. Wachstumsphase
3. Reifephase
4. Sättigungsphase
5. Degenerationsphase

Die Länge der Zeitabschnitte der Phasen hängt von der Anpassung an sich verändernde relevante Bedingungskonstellationen innerhalb des Produkt-Markt-Rahmens ab.

Beurteilung des Produktlebenszykluskonzepts

Das Produktlebenszykluskonzept wird theoretisch durch die Diffusionsforschung gestützt. Das empirisch abgesicherte Konzept der Diffusion unterstellt für die zeitliche Entwicklung der Innovationsbereitschaft von sozialen Systemen den Verlauf einer Normalverteilungskurve. Im Rahmen des Produktlebenszykluskonzepts wird diese Erkenntnis auf die zeitliche Entwicklung kumulierter Kaufentscheidungen im Sinne eines Analogieschlusses übertragen. Dabei wird allerdings übersehen, dass im Diffusionsprozess die Anzahl der Käufer und nicht die Absatzmenge im Mittelpunkt steht.

Weiterhin ist kritisch anzumerken, dass der hohe Aggregationsgrad in Form der Zeit als einziger erklärender Variable die Verwendung des Produktlebenszykluskonzepts in Frage stellt. Soll das Konzept zur Prognose zukünftiger Absatzverläufe herangezogen werden, muss eine empirisch nachweisbare und theoretisch ableitbare Gesetzmäßigkeit in Form eines Ursache-Wirkungs-Zusammenhangs unterstellt werden können. Ergebnisse umfangreicher empirischer Untersuchungen zeigen aber de facto eine Vielzahl heterogener, offenbar vom Grad der Neuartigkeit des Produkts geprägter und von der Branche abhängiger Lebenszyklusverläufe. Sie unterstreichen damit die Existenz unterschiedlicher Faktoren, die die Länge jedes Zyklus, die Dauer seiner Phasen sowie die Steigung der Kurven beeinflussen. Diese empirischen Befunde widerlegen die Hypothese von der Allgemeingültigkeit eines S-förmigen Lebenszyklusverlaufs. Ein spezieller Produktlebenszyklus entsteht nicht aus einer höheren Gesetzmäßigkeit, sondern aus einem für jedes Produkt spezifischen Kontext. Sogar bei äußerlich ähnlichen Verlaufsformen können unterschiedliche Ursachenkonstellationen zugrunde liegen, so dass die Anwendung eines schematischen Konzepts verfehlt wäre. Die Zeit kann also keinesfalls die unterschiedlichen Ursachenkonstellationen zum Ausdruck bringen. Hinzu kommt, dass im Rahmen des Produktlebenszykluskonzepts die Unabhängigkeit des Marktzyklus vom Einsatz des absatzpolitischen Instrumentariums eines Unternehmens impliziert wird. Für eine ex ante-Anwendung des Konzepts im Sinne eines Prognose- oder Entscheidungsmodells ist aber die explizite Berücksichtigung des Absatzinstrumentariums unerlässlich. Bedenkt man ferner, dass die einzelnen Phasen nur willkürlich abgrenzbar sind und dass das Problem besteht, welche abhängige Variable als Phasenindikator heranzuziehen ist, so wird deutlich, dass die Ableitung von phasenspezifischen Grundverhaltensweisen allein aufgrund der geschätzten Position im Marktzyklus zu vereinfachend und zu risikoreich wäre. Aufgabe eines strategischen Controllers ist es dann, das Risiko einer aus dem Produktlebenszykluskonzept abgeleiteten strategischen Grundverhaltensweise transparent zu machen bzw. für das spezifische Produkt Ursache-Wirkungs-Zusammenhänge aufzustellen und diese mit geeigneten Prognosen zu verknüpfen. Dabei geht es also um die Anpassung des Konzepts an die produktspezifische Situation. Zu diesem Zweck hat der Controller im Rahmen seiner Koordinationsfunktion

– permanent die Lebenszyklusphasen der bestehenden Produkte festzuhalten, fortzuschreiben und zu kommunizieren,

– auf der Basis eines derartigen Frühwarnsystems existenzbedrohende Situationen zu antizipieren (d. h. bspw. eine mittelfristig drohende Überalterung der Produkte zu erkennen) und

– ggf. notwendige Gegensteuerungsmaßnahmen anzuregen.

b) Komponenten des Diffusionsprozesses[197]

1. *Annahme von Neuerungen* (Entscheidung für eine erste und fortwährende Verwendung des neuen Produkts)

2. *Neuigkeitsgrad eines Produkts* (ist von besonderer Bedeutung für eine Vorhersage der Entwicklung seiner Absatzmöglichkeiten, wenn man davon ausgeht, dass bei ähnlichen Produkten und bei Übereinstimmungen des Neuigkeitsgrads auch ähnliche Diffusionsprozesse zu erwarten sind)

---

[197] Vgl. *Hofstätter* (1977), S. 60-65.

3. *Dynamische Erfassung des Diffusionsprozesses* (Bestimmung der individuellen Annahmepunkte und Unterscheidung in frühe und späte Annehmer)

4. *Annahmeeinheit im Diffusionsprozess* (Individuen, Familien)

5. *Begrenzung des Diffusionsablaufs durch Sozialsysteme* (Diffusionstheorie baut explizit auf den sozialen Strukturen und Beziehungen von Sozialsystemen auf)

6. *Einfluss der Marketingaktivitäten* (Marketingaktivitäten beeinflussen Diffusionsprozess über Kommunikationskanäle)

c) Erläuterung der Gleichung

$$B'(T) = \underbrace{\iota \cdot \left[\zeta - B(T)\right]}_{(I)} + \underbrace{\frac{\rho}{\zeta} \cdot B(T) \cdot \left[\zeta - B(T)\right]}_{(II)}$$

Der Ausdruck (I) ist proportional zu der Anzahl der zum Zeitpunkt T noch verbleibenden potentiellen Käufer (also unabhängig von der Anzahl bisheriger Annehmer). Diese Käufer werden nicht von den anderen Mitgliedern des sozialen Systems beeinflusst. Es handelt sich hierbei um Innovatoren, die mit einer konstanten Rate ι (Innovationskoeffizient) zu Annehmern (realen Käufern) werden. Der Einfluss der Innovatoren ist am Beginn des Diffusionsprozesses am größten (der Klammerausdruck wird mit der Zeit kleiner).

Der Ausdruck (II) ist proportional zu dem Produkt aus der Annehmerzahl (B(T)) und der potentiellen Erstkäuferzahl (ζ – B(T)). Hier wird explizit das soziale System berücksichtigt, da die Diffusion eines Produkts von persönlichen Interaktionen zwischen Annehmern und potentiellen Käufern beeinflusst wird. Der Term vor dem Klammerausdruck lässt sich als „sozialer Druck" interpretieren, den Annehmer auf potentielle Konsumenten, also auf die Imitatoren, ausüben. Dieser Druck nimmt mit zunehmender Anzahl der Erstkäufer weiter zu, so dass im Laufe der Zeit die Anzahl der Imitatoren steigt, die der Innovatoren dagegen sinkt.

d) Ermittlung der Bass-Parameter für das Produkt N

Ermittlung der Wahrscheinlichkeiten:

$p_{A1} = 0,4 \quad \Rightarrow \quad p_{A2} + p_{A3} = 0,6 \quad$ (I)

$p_{A2} = 2\, p_{A3}$ $\quad$ (II)

Aus (I) und (II) folgt: $p_{A2} = 0,4$; $p_{A3} = 0,2$

Ermittlung der Bass-Parameter:

$\iota_N \quad = 0,4 \cdot 0,009 + 0,4 \cdot 0,001 + 0,2 \cdot 0,03 = 0,001$

$\rho_N \quad = 0,4 \cdot 0,3 + 0,4 \cdot 0,6 + 0,2 \cdot 0,7 = 0,5$

$\zeta_N = 0,4 \cdot 175.000 + 0,4 \cdot 35.000 + 0,2 \cdot 80.000 = 100.000$

Ausgehend von den ermittelten Bass-Parametern ergibt sich für das Produkt N die aus Tabelle L-61 ersichtliche Entwicklung der kumulierten Erstannehmerzahl im Zeitablauf.

	T	B'(T)
$\iota_N = 0,01$	0	0,00
	1	1.622,68
$\rho_N = 0,5$	2	2.589,97
	3	4.026,58
$\zeta_N = 100.000$	4	6.010,23
	5	8.444,50
	6	10.903,52
	7	12.631,96
	8	12.913,69
	9	11.618,01
	10	9.313,78

Tabelle L-61:   Entwicklung der Erstannehmerzahl

Aufgabe 50 (Lösungshinweis)

a) Parameterermittlung

Nach der Aufgabenstellung treffen die Werte von S_1 mit 50% Wahrscheinlichkeit zu ($p(S_1) = 0,5$). Die restliche Eintrittswahrscheinlichkeit von 0,5 wird wie folgt auf S_2 und S_3 aufgeteilt:

$p(S_2) = 0,3333$ ($0,5/3 \cdot 2$)

$p(S_3) = 0,1667$ ($0,5/3$)

Für die Bass-Parameter ι, ρ und ζ ergeben sich somit folgende Werte:

$\iota = 0,008 \cdot 0,5 + 0,001 \cdot 0,3333 + 0,001 \cdot 0,1667 = 0,0045$

$\rho = 0,35 \cdot 0,5 + 0,55 \cdot 0,3333 + 0,65 \cdot 0,1667 = 0,4667$

$\zeta = 180 \cdot 0,5 + 330 \cdot 0,3333 + 450 \cdot 0,1667 = 275$

Das Einsetzen der Werte in die in Aufgabenteil c) der Aufgabe 49 angegebene Formel liefert die aus Tabelle L-62 ersichtlichen Ergebnisse.

T	1	2	3	4	5	6	7	8
B'(T)	1,97	3,08	4,80	7,34	10,96	15,76	21,47	27,20
Gerundet	2	3	5	7	11	16	21	27

Tabelle L-62:   Zuwachs der Erstannehmer

b) Erfolgsmäßige Wirkungen einer Einführung des neuen Produkts

Der Einfluss der Einführung des neuen Modells auf den Erfolg des Unternehmens ist aus Tabelle L-63 ersichtlich.

T	Stückpreis	Variable Stückkosten	Stückde-ckungsbeitrag	B'(T)	Deckungs-beitrag	Fix-kosten
1	50.000	37.000	13.000	2	26.000	
2	50.000	37.000	13.000	3	39.000	
3	50.000	37.000	13.000	5	65.000	40.000
4	50.000	37.000	13.000	7	91.000	
5	48.000	37.000	11.000	11	121.000	
6	48.000	37.000	11.000	16	176.000	
7	48.000	37.000	11.000	21	231.000	50.000
8	48.000	37.000	11.000	27	297.000	
Σ					1.046.000	90.000

Tabelle L-63:   Erfolgsmäßige Auswirkungen einer Produkteinführung

Auf Basis der Daten aus Tabelle L-63 lässt sich ein Unternehmensgewinn in Höhe von 956.000 GE (= 1.046.000 – 90.000) ermitteln.

Aufgabe 51 (Lösungshinweis)

Setzt man die im Aufgabentext genannten Werte in die dort vorgegebene Formel sowie in Kalküle zur Bestimmung des Deckungsbeitrages und des Periodenerfolgs (als Konsequenz einer absatzsegmentspezifischen Produkteinführung) ein, resultieren die aus Tabelle L-64 ersichtlichen Ergebnisse. Diese lassen sich (stichwortartig) wie folgt beurteilen:

– Produktlebenszyklus der Pressen kann abgeschätzt werden;

– Gesamterfolg verspricht Vorteilhaftigkeit der Markteinführung;

– Starke Verluste im ersten Jahr setzen entsprechende Finanzkraft voraus;

– Nicht berücksichtigt wurden die Kosten der konstruktiven Veränderung der alten Presse, die Aufwendungen für das Marktforschungsunternehmen sowie etwaige Marketingaktivitäten.

T	B'(T)	Stückpreis	Variable Stückkosten	Deckungs-beitrag	Fixkosten	Erfolg
1	41	1.400	920	19.680	70.000	–50.320
2	66	1.400	920	31.680	70.000	–38.320
3	105	1.400	920	50.400	70.000	–19.600
4	163	1.200	850	57.050	70.000	–12.950
5	246	1.200	850	86.100	70.000	16.100
6	354	1.200	850	123.900	70.000	53.900
7	474	1.000	780	104.280	60.000	44.280
8	579	1.000	780	127.380	60.000	67.380
9	630	1.000	780	138.600	60.000	78.600
10	606	1.000	710	54.540	60.000	–5.460
11	518	800	710	46.620	60.000	–13.380
12	400	800	710	36.000	60.000	–24.000
Σ						96.230

Tabelle L-64:   Absatz-, Periodenerfolgs- und Gesamterfolgsentwicklung bei Er-schließung des Marktsegments

Aufgabe 52 (Lösungshinweis)

a)   Darstellung des Konzepts der Erfahrungskurve

Das Konzept der Erfahrungskurve ist eine wichtige Wirkungshypothese für die Beurteilung von Strategien. Dem Konzept liegt folgende Hypothese zugrunde:

"Mit jeder Verdoppelung der kumulierten Produktionsmenge gehen die gesamten direkten oder indirekten Kosten eines neuen Produkts potentiell um durchschnittlich 20 bis 30% zurück."[198]

Die Erfahrungskurve beschreibt den Zusammenhang zwischen der insgesamt produzierten Menge eines Produkts, d. h. der kumulierten Produktionsmenge, und den realen Stückkosten. An ihr ist für viele Produkte eine Regelmäßigkeit, der sog. Erfahrungskurveneffekt, zu erkennen. Diese Kostensenkung ist allerdings nur poten-

---

[198]   *Henderson* (1984), S. 19.

tieller Natur und setzt voraus, dass eine effiziente Führung des Unternehmens alle Rationalisierungsreserven und Innovationsmöglichkeiten ausschöpft.

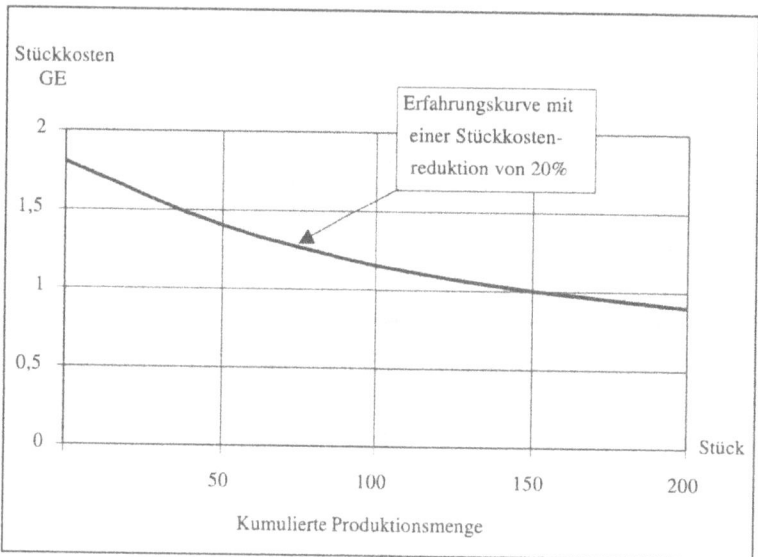

Abbildung L-20:   Kostensenkungspotential der Erfahrungskurve bei linearer Skalierung

Die Erfahrungskurve wird in einem Koordinatensystem dargestellt, auf dessen Ordinate die Stückkosten und auf dessen Abszisse die kumulierten Produktionsmengen aufgetragen sind (vgl. Abbildung L-20). Als Beziehung zwischen Stückkosten und kumulierter Produktionsmenge ergibt sich bei linearer Skalierung eine Kurve in Form einer fallenden Hyperbel in geglätteter Form. In einem doppelt logarithmisch eingeteilten Koordinatensystem wird die Erfahrungskurve zu einer Geraden. Dies bedeutet, dass eine bestimmte prozentuale Veränderung einer Variablen stets eine konstante Veränderungsrate bei der abhängigen Variablen mit sich bringt. Dies lässt sich unmittelbar aus dem doppelt logarithmisch eingeteilten Liniennetz ablesen.[199]

Der typische Verlauf der Erfahrungskurve zeigt in erster Linie das Kostensenkungspotential auf, das mit zunehmender Produktionsmenge möglich wird. Bei der Erklärung dieses Verlaufs bzw. dieses Kostensenkungspotentials werden folgende vier Hauptursachen genannt:[200]

---

[199]   Vgl. dazu z.B. *Ossadnik* (2003), S. 293.
[200]   Vgl. *Coenenberg* (2003), S. 185-187.

1. Theorie der Lernkurve
2. Größendegression
3. technischer Fortschritt
4. Rationalisierung

Ad 1) *Theorie der Lernkurve*

Die Lernkurve bringt in ihrer einfachsten Form zum Ausdruck, dass ein arbeitender Mensch während seiner Tätigkeit seine Fertigkeiten vervollkommnet und damit sog. Übungsgewinne realisiert. Steigendes Produktionsvolumen führt zu einer besseren Beherrschung von Verfahren und Methoden durch individuelles Lernen des Menschen bzw. Lernen in der Gruppe. Allerdings wirkt sich der Effekt nicht nur in der Produktion aus, sondern ist ebenso in den anderen betrieblichen Funktionsbereichen zu erwarten. Im Prinzip ist daher jede produktbezogene Erfahrungskurve eine Zusammenfassung der einzelnen Erfahrungskurven für alle an der Leistungserstellung und -verwertung beteiligten Funktionsbereiche, wobei allerdings Interdependenzen zu beachten sind.

Ad 2) *Größendegression*

Unter dem Größendegressionseffekt wird der Zusammenhang verstanden, dass sich mit zunehmender Betriebsgröße – gemessen als Produktionsmenge pro Periode – ein sinkender Stückkostenverlauf ergibt. Dies kann darauf zurückgeführt werden, dass größere Ausbringungsmengen pro Zeitabschnitt einen Übergang auf spezialisierte Produktions- und Organisationsverfahren erlauben, die im Vergleich zu den bisher eingesetzten Verfahren zu geringeren variablen Kosten je Einheit, aber i. d. R. zugleich zu höheren Fixkosten führen.

Ad 3) *Technischer Fortschritt*

Der technische Fortschritt ist in ökonomischer Sicht dadurch charakterisiert, dass Unternehmen neue und verbesserte Produkte schaffen sowie neue und produktivere Verfahren einsetzen. Diese Produkt- und Verfahrensinnovationen beeinflussen die Kostenstruktur. So lassen sich bspw. Produkte bei gleich bleibender Funktionserfüllung durch Modifikation und Standardisierung kostengünstiger herstellen. Auch führen technisch fortschrittlichere Verfahren i. d. R. zu geringeren Stückkosten.

Ad 4) *Rationalisierung*

Rationalisierungseffekte sind eng mit den bisher dargestellten Einflussgrößen verknüpft. Sie werden über verbesserte Produktions- und Distributionsmethoden, die Senkung spezifischer Rohstoff- und Energieverbrauchszahlen, verbesserte Instandhaltung usw. wirksam. Das Ziel ist dabei immer, die Wirtschaftlichkeit betrieblicher Strukturen und Prozesse zu verbessern.

Formale Darstellung des Konzepts

Die getroffenen Aussagen lassen sich innerhalb einer formalen Darstellung präzisieren:

$$k_n = k_j^e \cdot \left(x_n^{kum} \right)^{-e_K}$$

mit

x_n^{kum} kumulierte Produktionsmenge bis zum n-ten Stück

k_n Stückkosten des n-ten Stückes

k_j^e Stückkosten für das erste Stück

ε_κ Kostenelastizität, die das Verhältnis zwischen der relativen Veränderung der Stückkosten und der relativen Veränderung der kumulierten Produktionsmenge angibt

Beurteilung des Erfahrungskurvenkonzepts

Das Phänomen des Erfahrungskurveneffektes sollte der Controller nicht unkritisch in seine strategischen Überlegungen einbeziehen. Gegen eine unhinterfragte praktische Anwendung des Erfahrungskurveneffektes sind folgende Bedenken anzuführen:

- Wird die Erkenntnis der Erfahrungskurve als Maxime für richtiges strategisches Handeln von vielen Unternehmen gleichzeitig verfolgt, kommt es zu einem großen evtl. ruinösen Kapazitätsausbau und entsprechendem Marktdruck. Eine genaue Konkurrenzanalyse ist deshalb unerlässlich.

- Die einseitige Konzentration auf wenige hoch standardisierte Produkt-Markt-Kombinationen mit entsprechend hohen Umsatzvolumina führt langfristig zu gravierenden Flexibilitätsverlusten.

- Man muss im Allgemeinen große Vorleistungen in Automation oder für Preisnachlässe zum Gewinn von Marktanteilen in der Hoffnung auf zukünftige Gewinne erbringen. Dabei weiß man gleichzeitig aus ex ante-Sicht nicht genau, wie die Erfahrungskurve verlaufen wird.

- Die Erfolgsträchtigkeit hoher Marktanteile ist aus der Erfahrungskurve nicht allgemeingültig darstellbar.

- Das Konzept liefert als Indikator nur eine partielle Erklärung für eine Stückkostensenkung, da diese auch durch andere Einflussfaktoren begründbar ist wie z. B. durch eine starke Einkaufsposition.

- Der Neigungswinkel der Erfahrungskurve ändert sich von Produkt zu Produkt.

b)   Aufbau des BCG-Portfolios

Die horizontale Achse dieser Matrix (vgl. Abbildung L-21) repräsentiert den relativen Marktanteil. Dieser ist eine gegenwartsbezogene und vom Unternehmen beeinflussbare Größe, die als Ausdruck der Stärke der Wettbewerbsposition eines strategischen Geschäftsfelds in dessen jeweiligem Markt dient. Der relative Marktanteil wird ermittelt, indem man den Marktanteil des Unternehmens zu dem des stärksten Konkurrenten ins Verhältnis setzt. Die vertikale Achse repräsentiert das Marktwachstum als Indikator für die Attraktivität der jeweiligen Märkte. Das Marktwachstum ist eine zukunftsbezogene und vom Unternehmen selbst nicht beeinflussbare Größe. Es wird durch die Umsatz- oder Absatzmengenwachstumsrate bestimmt.

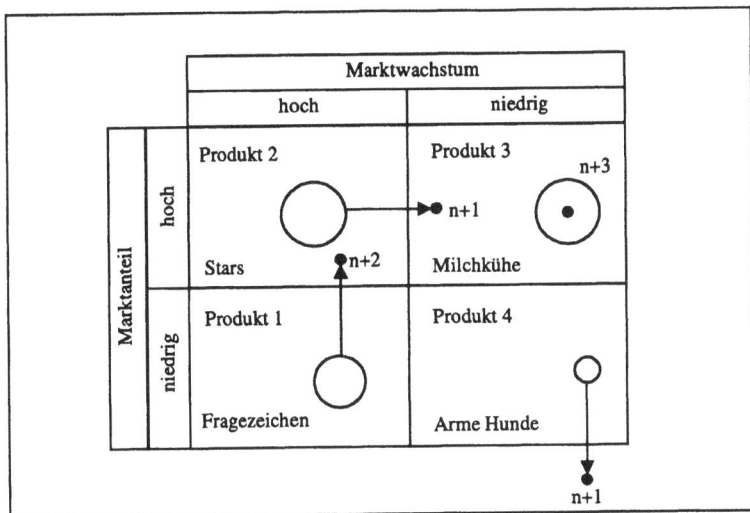

Abbildung L-21:   Marktwachstums-Marktanteils-Matrix (Soll-Portfolio)

Durch die Trennlinien der Matrix, die unbedingt nur als Näherung zu verstehen sind, entsteht eine 4-Felder-Matrix. In dieser Matrix können alle strategischen Geschäftsfelder eingeordnet werden. Entsprechend der jeweiligen Position spricht man von folgender strategischen Klassifizierung:[201]

1. Fragezeichen (question marks)
2. Sterne (stars)
3. Milchkühe (cash cows)
4. Arme Hunde (poor dogs)

Ad 1) *Fragezeichen (question marks)*

Fragezeichen sind durch ein hohes Marktwachstum und durch niedrige relative Marktanteile gekennzeichnet. Zu dieser Art von Geschäftseinheit gehören vor allem Nachwuchsprodukte, die sich in der Einführungs- und Wachstumsphase befinden. Sie erfordern ständig mehr finanzielle Mittel als sie selbst erbringen. Hier besteht ein hoher Investitionsbedarf in der Einführungsphase, der den (Umsatz-) Cashflow weit übersteigt (negativer Gesamt-Cashflow). Da diese strategischen Geschäftsfelder (SGF) an der Schwelle zu einem hohen Marktanteil stehen, ist hier eine Investitionsstrategie angebracht.

---

[201] Vgl. z. B. auch *Corsten* (2004), S. 209-218.

Ad 2) *Sterne (stars)*

Sterne sind Geschäftseinheiten mit hohem Marktwachstum und dominantem Marktanteil. Sie erzielen i. d. R. hohe Deckungsbeiträge. Man ist Marktführer auf einem schnell wachsenden Markt. Da aber zur Erhaltung der Marktposition in einem wachsenden Markt und zur Erhaltung der günstigen Kostenposition investiert werden muss (Investitionsstrategie), entsteht eher ein negativer Zahlungsmittelsaldo, d. h. auch in diesem SGF ergibt sich ein negativer Gesamt-Cashflow.

Ad 3) *Milchkühe (cash cows)*

Milchkühe sind Geschäftseinheiten mit hohem relativem Marktanteil und nachlassendem niedrigen Marktwachstum. Sie tragen maßgeblich zur mittelfristigen Sicherung der Liquidität des Unternehmens bei. Da das Marktwachstum nur noch gering ist, sind keine wesentlichen Investitionen für die Absicherung der Marktposition erforderlich, und es entstehen hohe Cashflow-Überschüsse. Aus diesen Überschüssen lassen sich zukunftsträchtige neue strategische Geschäftseinheiten finanzieren, d. h. in diesem SGF werden Mittel für neue Aktivitäten erwirtschaftet (Abschöpfungsstrategie). Die Kostenposition muss gehalten werden, damit Cashflow-Überschuss gesichert ist.

Ad 4) *Arme Hunde (poor dogs)*

Arme Hunde sind Geschäftseinheiten mit einem niedrigen relativen Marktanteil, verbunden mit einem niedrigen Marktwachstum. Die schlechte Kostenposition erlaubt nur bescheidene Deckungsbeiträge, sofern diese überhaupt möglich sind. Es müssen allerdings auch nur geringe Investitionen getätigt werden, um die Position zu halten. Der Cashflow dieser Geschäftseinheiten ist meist auf niedrigem Niveau ausgeglichen. Sofern diese Produkte nicht in ein ausreichendes Marktsegment überführt werden können, sind sie potentielle Liquidationskandidaten (Desinvestitionsstrategie).

Beurteilung des BCG-Portfolio-Konzepts

- Die extreme Komplexitätsreduktion kann Fehlentscheidungen induzieren, wenn wesentliche Informationen über erfolgsbestimmende Faktoren unberücksichtigt bleiben.
- Reaktionen der Konkurrenten werden nicht in die Analyse einbezogen.
- Die Analyse bezieht sich nur auf gegenwärtige Geschäftsbereiche.
- Zukünftige technologische Risiken werden nicht erkannt.
- Es besteht ein Trend zu konservativen Strategien.
- Es fehlen Verknüpfungen zu vorhandenen Detailinformationen des Rechnungswesens.
- Es besteht eine reine Produktorientierung, d. h. betriebliche Wertschöpfungsketten werden nicht betrachtet.
- Ein Dominoeffekt kann eintreten.

c) Zusammenhänge zwischen dem BCG-Portfolio, dem Produktlebenszyklus-konzept und dem Erfahrungskurvenkonzept

Die Einordnung von Phasen des Produktlebenszykluskonzepts in spezifische SGF kann nicht immer eindeutig erfolgen, teilweise sind die Grenzen fließend.

- SGF „Fragezeichen":

  Ein solches Geschäftsfeld ist im Rahmen des Produktlebenszyklus der Phase der Einführung zuzuordnen. Es bestehen ein hoher Investitionsbedarf und die Notwendigkeit einer Offensivstrategie zur Marktetablierung. Der Cashflow ist negativ.

- SGF „Sterne":

  Dieses SGF ist der Wachstumsphase zuzuordnen. Es sollten Investitionsan-strengungen zum Ausbau des relativen Marktanteils unternommen werden, da das Marktwachstum hoch ist. Der Cashflow ist negativ.

- SGF „Milchkühe":

  Hier besteht zum ersten Mal ein Cashflow-Überschuss. Das Investitionsvolu-men wird reduziert, da der Umsatz abnimmt. Dieses SGF entspricht den Pha-sen der Reife und Sättigung im Rahmen des Produktlebenszyklus.

- SGF „Arme Hunde":

  Der Umsatz hat seinen Höhepunkt überschritten, der Cashflow nimmt ab. Die-ses SGF entspricht zum einen der Degenerationsphase im Produktlebenszyk-lus. Angebracht ist eine Desinvestitionsstrategie. Zum anderen kann dieses SGF zusätzlich noch der Phase der Sättigung zugeordnet werden, da hier so-wohl Cashflow als auch der Umsatz ihr Maximum erreichen und sie dann wieder (mehr oder weniger stark) abfallen.

Das Marktwachstums-Marktanteils-Portfolio basiert im Wesentlichen auf den Er-kenntnissen des bereits geschilderten Erfahrungskurveneffektes, des Produktle-benszykluskonzepts und der PIMS-Studie.

Aufgabe 53 (Lösungshinweis)

a)   Charakterisierung der Geschäftsfelder

Geschäftsfeld A:

- Hoher relativer Marktanteil; hohes Marktwachstum („Stars").
- Investitionsanstrengungen sollten unternommen werden (Erweiterungsinvesti-tionen), da ein hohes Marktwachstum vorliegt.
- Negativer Gesamt-Cashflow.
- Trotz des Ressourcenverzehrs der Stars sind diese ein Indikator für Entwick-lungsperspektiven des Unternehmens (ohne Nachwuchs- und Wachstumspro-dukte muss das Unternehmen langfristig um seine Existenz fürchten).

Geschäftsfeld B:

- Niedriger relativer Marktanteil; hohes Marktwachstum ("Fragezeichen").

- Wenn der Konzern eine klare Chance auf eine erfolgreiche Marktteilnahme sieht, ist eine Offensivstrategie zur Marktetablierung zu bevorzugen. Da das Geschäftsfeld B an der Schwelle zu einem hohen Marktanteil steht, scheint hier eine Förderung angebracht.

- Hoher Investitionsbedarf in der Einführungsphase, der den Umsatz-Cashflow weit übersteigt (negativer Gesamt-Cashflow).

Geschäftsfeld C:

- Niedriger relativer Marktanteil; hohes Marktwachstum ("Fragezeichen").

- Die Aussagen für B gelten analog, jedoch ist hier eine *Desinvestitionsstrategie* zu bevorzugen, da C in einem Markt mit (im Vergleich zu B) niedrigerem Marktwachstum einen sehr niedrigen relativen Marktanteil besitzt.

Geschäftsfeld D:

- Niedriger relativer Marktanteil, niedriges Marktwachstum ("Arme Hunde").

- Hier scheint ein geordneter und möglichst liquiditätsneutraler Rückzug angebracht (Desinvestitionsstrategie).

- Ausgeglichenes Verhältnis von Investitionen und Umsatz-Cashflow.

Geschäftsfeld E:

- Hoher relativer Marktanteil, niedriges Marktwachstum ("Milchkühe").

- Milchkühe müssen Mittel für neue Aktivitäten erwirtschaften. Daher ist eine *Abschöpfungsstrategie* angebracht.

- Das Investitionsvolumen sollte drastisch reduziert werden, da das Wachstum abnimmt bzw. eine Stagnation eintritt.

- Nur noch wenige Markteintritte neuer Konkurrenten, daher nur wenige liquiditätsmindernde Verteilungskämpfe.

- Im Idealzustand ist ein Cashflow-Überschuss gegeben.

- Kostenposition muss (über relativen Marktanteil) gehalten werden, damit Cashflow-Überschuss gesichert ist.

b) Marktattraktivitäts-Wettbewerbsstärken-Portfolio

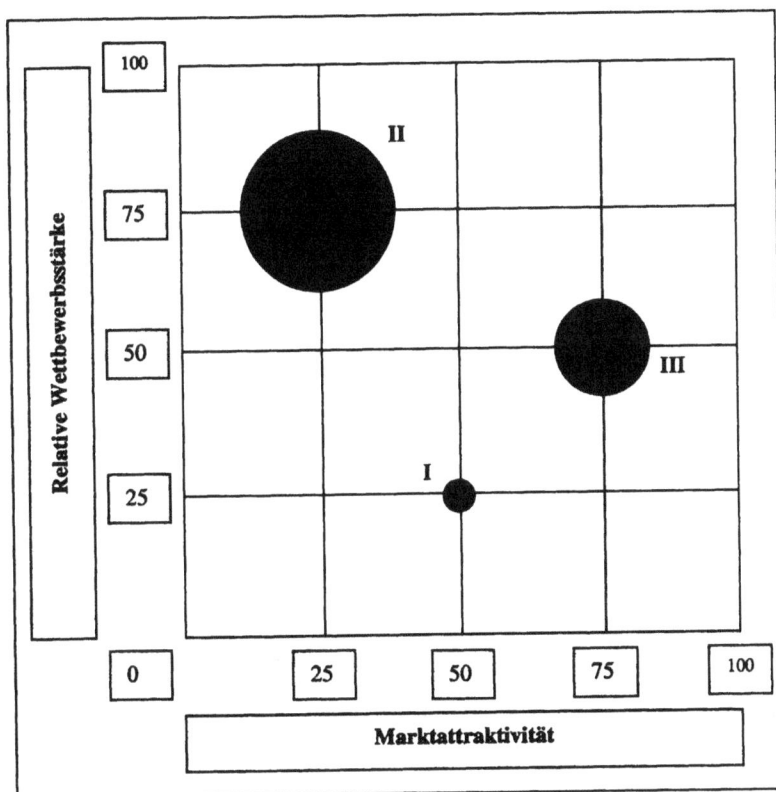

Abbildung L-22:   Portfolio der Extra-AG

Die in Abbildung L-22 dargestellte Positionierung der Geschäftsfelder I, II und III
ergibt sich aus den in Tabelle L-65 und Tabelle L-66 ermittelten Werten.

Einzelfaktor	Gewichtung	Bewertung (Skala von 0–100)		
		I	II	III
Wettbewerbsintensität	45	45	20	80
Marktgröße	35	45	20	60
Marktwachstum	20	70	45	90
Gesamt	100	50	25	75

Tabelle L-65:   Einflussfaktoren der Marktattraktivität

Einzelfaktor	Gewichtung	Bewertung (Skala von 0–100)		
		I	II	III
Relative Qualifikation des Personals	60	10	80	50
Relativer Marktanteil	20	35	95	55
Relatives F&E-Potential	20	60	40	45
Gesamt	100	25	75	50

Tabelle L-66:   Einflussfaktoren der Wettbewerbsstärke

c) Schwächen des klassischen Portfolio-Konzepts[202]

1) *Produktzentriertheit*

- Das BCG-Portfolio ist *produktzentriert*, d. h. die Abgrenzung der strategischen Geschäftseinheiten erfolgt über Produktgruppen bzw. Produkte.
- Die Unternehmensprozesse bzw. Unternehmensaktivitäten bleiben intransparent, d. h. dass nur das Ende einer langen Wertschöpfungskette betrachtet wird. Somit werden Unternehmen im Rahmen einer Portfolio-Analyse wie eine Blackbox behandelt.

Da das innerbetriebliche Leistungsspektrum nicht abgebildet wird, können wesentliche wettbewerbsrelevante Aspekte nicht strukturiert und transparent gemacht werden. In Tabelle L-67 werden externe Wettbewerbsvorteile aufgelistet, die auf intern vorhandenes Potential zurückzuführen sind.

Externe Wettbewerbsvorteile	Intern vorhandenes Potential
Exzellente Produktqualität	Perfekte Qualitätssicherungsmaßnahmen
Hervorragender Kundenservice	Perfekt koordinierte Serviceaktivitäten
Überlegene Produktplatzierung	Kreatives Marketing

Tabelle L-67:   Potentialgetriebene Wettbewerbsvorteile

Extern wahrgenommene Vorteile beruhen auf internen Aktivitäten (*"product follows activities"*). Oft entstehen Wettbewerbsvorteile nicht durch Produkteigenschaften, sondern erst durch Produktnebenleistungen (so bieten einzelne Hardwarehersteller relativ teure Produkte unterhalb der Ebene technischer Premium-Qualität an; dennoch sind einige dieser Anbieter Marktführer in Bezug auf Vertriebs- und Serviceleistungen).

Statt eines Erfolgsträgers „Produkt" muss eine dynamischere Sichtweise mit dem Betrachtungsobjekt „Problemlösung" in den Mittelpunkt rücken. Eine solche Per-

---

[202] Vgl. im Folgenden Fröhling (1992b), S. 342-346.

spektive findet im Rechnungswesen im Rahmen der Prozesskostenrechnung verstärkt Beachtung.

2) *Quantifizierungsaspekt*

– Die zentrale Zielgröße des stark liquiditätsorientierten Portfolios ist der Cashflow. Ein wesentlicher Nachteil der Verwendung dieser Größe ist ihre Vergangenheitsorientierung, d. h. Cashflow ist eine Größe, die wesentlich vom Erfolg vorgesteuert wird.

– Angebracht wäre eine Orientierung an Anforderungen, die an Controllinginformationen für strategische Entscheidungen gestellt werden. Solche Informationen müssen eine längerfristige Zukunftsausrichtung haben. Aufgrund des damit verbundenen höheren Grads an Unsicherheit besitzen sie eher spekulativen Charakter. Strategisch relevante Informationen sind führungsorientiert, d. h. sie müssen in der Lage sein, den gesamten Wertschöpfungsprozess abzubilden um damit dem Ziel zu dienen, die Effektivität aller unternehmerischen Prozesse sicherzustellen.

Eine mögliche Lösung könnte die Verwendung produktgruppenbezogener Deckungsbeiträge statt Cashflows sein. Diese können längerfristig ausgerichtet werden, sind führungsorientiert, spiegeln Wertschöpfungsprozesse wider und können Aussagen zur Produkt- und Sortimentspolitik liefern.

3) *Zeitbezug*

– Portfolios stellen eine Retrospektive des Gewesenen dar, sind also eine grafische Darstellung des *"what we reached"*, statt eines *"how we did it"*.

– Portfolios eröffnen *keine* strategische Perspektive, sind sogar eher zukunftsfeindlich. Bestehende Strukturen werden in bestimmte Bahnen gelenkt und somit verteidigt. Die Portfolio-Analyse ist demnach eher ein „Risikovermeidungs-" statt ein „Chancenaufspürungskalkül".

– U. a. wird die angestrebte finanzielle Ausgewogenheit konterkariert, indem einseitig auf gegenwärtig erfolgsträchtige Produkt-Markt-Kombinationen gesetzt wird. Dieses Verhalten kann eventuell zu einer produkt- und prozesspolitischen Stagnation führen.

4) *Handhabung des Konzepts in der Praxis*

In Führungsgremien wird häufig ein produktbezogenes „Kontrollbild" in Form eines Portfolios i. S. einer statischen Ist-Analyse präsentiert. Ablauforientierte Aspekte bzw. Entwicklungstendenzen finden daher eher weniger Berücksichtigung.

Aufgabe 54 (Lösungshinweis)

a) Gesamtbewertung der Marktattraktivität sowie der relativen Wettbewerbsstärke für die Geschäftsfelder

Die Marktattraktivität und die Wettbewerbsstärke setzen sich jeweils aus folgenden gewichteten Einzelfaktoren zusammen:

- *Marktattraktivität* (Marktwachstum, Wettbewerbsintensität, Struktur der Abnehmer, Risiko staatlicher Eingriffe),
- *Wettbewerbsstärke* (Wachstumsrate des Unternehmens, Unternehmensstandort, Qualität der Führungssysteme, relative Mitarbeiterqualifikation, Innovationspotential des Unternehmens, Marktanteil des Unternehmens).

Für die strategischen Geschäftsfelder ergeben sich auf Basis der Daten aus Tabelle A-44 folgende Gesamtbewertungen:

- SGF 1 (Zahnpasta):

  - Marktattraktivität $= 88$
    $(= 0,4 \cdot 80 + 0,35 \cdot 90 + 0,15 \cdot 100 + 0,10 \cdot 95)$
  - Wettbewerbsstärke $= 78,5$
    $(= 0,2 \cdot 75 + 0,15 \cdot 85 + 0,10 \cdot 60 + 0,10 \cdot 50 + 0,15 \cdot 95 + 0,30 \cdot 85)$

- SGF 2 (Waschmittel):

  - Marktattraktivität $= 20,75$
  - Wettbewerbsstärke $= 17,25$

- SGF 3 (Schmierseife):

  - Marktattraktivität $= 50,75$
  - Wettbewerbsstärke $= 46,25$

- SGF 4 (Badreiniger):

  - Marktattraktivität $= 20,25$
  - Wettbewerbsstärke $= 81,75$

b)   Das Portfolio der *Hankel AG* (vgl. Abbildung L-23)

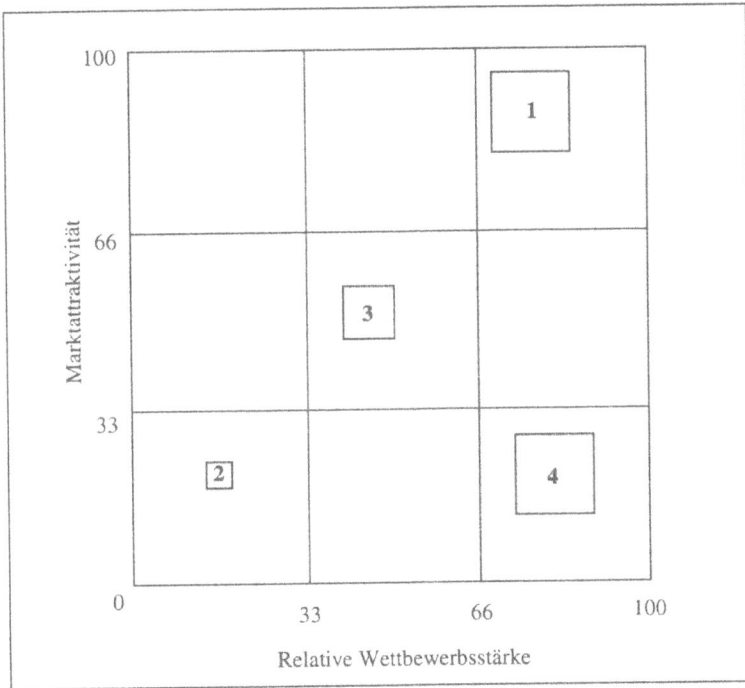

Abbildung L-23:   Portfolio der Hankel AG

c)   Strategieempfehlungen:

—   *SGF 1:* Zone der Kapitalbindung

   • Halten der Wettbewerbsvorteile durch Investitions- und Wachstumsstrategie geboten;
   • Cashflow kurzfristig negativ, mittel- bzw. langfristig positiv;
   • Bereich trägt zum künftigen Gewinn und Wachstum bei.

—   *SGF 2:* Zone der Kapitalfreisetzung

   • Abschöpfung der Gewinne sowie Desinvestition geboten;
   • Cashflow kurzfristig positiv, mittel- bzw. langfristig negativ; langfristig ist Bereich aufzugeben!

– *SGF 3:* Zone selektiver Strategien

Für diese strategischen Geschäftseinheiten ist eine *Übergangsstrategie* (Verbesserung der Wettbewerbsposition durch Rationalisierungsmaßnahmen, Abwarten der zukünftigen Marktentwicklungen) zu empfehlen.

– *SGF 4:* Zone selektiver Strategien

Unter Umständen sind gewinnstabilisierende Investitionen erforderlich, um die relativen Wettbewerbsvorteile zu erhalten und ein vorschnelles „Sterben" dieser Geschäftseinheit abzuwenden.

Beurteilung des Multifaktorenkonzepts

Während die Zusammenfassung verschiedener Einzelfaktoren zu einer Größe einen Vorteil bedeutet, stellen die wechselseitige Präferenzunabhängigkeit und existierende Manipulationsspielräume Nachteile dar.

Aufgabe 55 (Lösungshinweis)

Der Begriff der *Balanced Scorecard (BSC)* kann mit „ausgewogene Ergebnistafel" übersetzt werden.

Die BSC wurde von *Kaplan* und *Norton* als ein *Performance Measurement-System* entworfen.[203] Die Leistung eines Unternehmens wird dabei mit Kennzahlen aus vier unternehmensrelevanten Perspektiven[204] gemessen: (1) Finanzen, (2) Kunden, (3) interne Prozesse, (4) Lernen und Wachstum.

Das Prinzip der Ausgewogenheit bezieht sich nicht nur auf den Blickwinkel, sondern auch auf die Auswahl der Kennzahlen. Es soll ein ausgewogenes Verhältnis zwischen Leistungstreibern, also solchen Kennzahlen, die Erfolgspotentiale erfassen, und Erfolgsgrößen, die realisierte Erfolge messen, sichergestellt werden. Die in der BSC dargestellten Ergebnisse sollen vor- und nachgelagerte Indikatoren des Erfolgs sein.

Weiterhin ist die BSC ein integriertes System, bei dem die monetären Kennzahlen über Ursache-Wirkungs-Ketten mit den für die Geschäftsstrategie wesentlichen Aspekten der Kunden, internen Prozesse sowie der Mitarbeiter verknüpft werden.

Herkömmliche Kennzahlensysteme enthalten zumeist nur finanzielle Kennzahlen. Zwei sehr bekannte Kennzahlensystem sind das DuPont-Kennzahlensystem[205] und das ZVEI-Kennzahlensystem (ZVEI = Zentralverband der elektrotechnischen Industrie). Die Spitzenkennzahl in beiden Systemen ist eine finanzwirtschaftliche Größe, beim DuPont-System der Return on Investment (ROI).

Demgegenüber ist die BSC nicht auf eine bestimmte Spitzenkennzahl festgelegt. Der ROI ist feedback-orientiert und kann daher kaum einen Anhaltspunkt dafür

---

[203] Vgl. *Kaplan/Norton* (1996), S. 75-85.
[204] Mehr zu den vier Perspektiven der BSC in *Ossadnik* (2003), S. 310.
[205] Mehr zum DuPont-Kennzahlensystem in *Ossadnik* (2003), S. 305.

liefern, durch welche Faktoren der zukünftige Erfolg eines Unternehmens beeinflusst werden kann. Herkömmliche Kennzahlensysteme enthalten keine den Erfolg vorsteuernden Kennzahlen. In der BSC finden sich auch weiche, ordinale Kennzahlen, wie z. B. die Kundenzufriedenheit, die als Leistungstreiber für zukünftigen Erfolg angesehen werden kann.[206]

Die BSC selbst ist ebenso wie traditionelle Kennzahlensysteme nicht in der Lage, den Erfolg einer Strategie direkt zu messen; allerdings werden durch die Repräsentation von Leistungstreibern strategische Erfolgspotentiale erfasst. Der Erfolg einer Strategie kann so durch rechtzeitige Gegensteuerungsmaßnahmen sichergestellt werden. Rein vergangenheitsorientierte Kennzahlensysteme bringen einen Steuerungsbedarf erst dann zum Ausdruck, wenn unerwünschte Entwicklungen bereits eingetreten sind.

Der wesentlichste Unterschied zwischen der BSC und herkömmlichen Kennzahlensystemen ist die Auswahl der verwendeten Kennzahlen. Die herkömmlichen Systeme sind relativ starr. Die Auswahl der Kennzahlen hingegen, die Eingang in eine BSC finden, kann durch einen Zielvereinbarungsprozess erreicht werden, der vom Topmanagement initiiert und durchgeführt wird.

Es sollten nur solche Faktoren Eingang in eine BSC finden, die hochgradig wettbewerbsentscheidend sind. Durch BSCs auf allen Ebenen eines Unternehmens werden kaskadenartig durchgängige, streng visions- und strategiegeleitete sowie mehrdimensionale Zielketten geknüpft. Die BSC-Kaskaden können durch ein top-down-Vorgehen ausgestaltet werden. Es geht darum, dass nach dem Gegenstromprinzip durchgängige Zielketten über alle Unternehmensebenen geknüpft werden und alle Mitarbeiter nachvollziehen können, was sie zur Erreichung der obersten generellen Unternehmensziele beizutragen haben. Im strategischen Managementprozess kann die BSC somit als zentrales Kommunikationsinstrument dienen.

Dadurch kann die BSC den strategischen Handlungsrahmen für den Managementprozess bilden. Ausgehend von den Kennzahlen der BSC, werden vier erfolgskritische Management-Teilprozesse nach dem Regelkreisprinzip verknüpft:

— Klärung und Übersetzung von Vision und Strategie in konkrete Aktionen,
— Kommunikation und Verbindung strategischer Ziele mit Maßnahmen,
— Aufstellung, Planung, Formulierung von Vorgaben und Abstimmen der Initiativen,
— Verbesserung des Feedbacks und des Lernens.

Die BSC ist geeignet, Zielvereinbarungen zu unterstützen und kann daher als ein Bezugspunkt für Zielvereinbarungsprozesse angesehen werden.

Insgesamt stellt die BSC eine Verbesserung traditioneller Kennzahlensysteme dar. Allerdings verbirgt sich hinter dem Konzept keine wesentliche Neuerung. Alle In-

---

[206] Vgl. *Ossadnik* (2005), S. 9-10.

strumente waren auch schon vor *Kaplan* und *Norton* Bestandteil des strategischen Managements, wenn auch nicht in einem Konzept zusammengefasst.

Aufgabe 56 (Lösungshinweis)

Bei dem von *Thomas L. Saaty* entwickelten AHP handelt es sich um ein *Multi Attribute Decision Making*-Verfahren (MADM-Verfahren), bei dem ein normierter Nutzwert ermittelt und dem Entscheidungsträger dadurch die Auswahl einer Handlungsalternative ermöglicht wird.

Um ein mehrkriterielles Entscheidungsproblem mittels des AHP lösen zu können, muss dieses Problem eine hierarchische Struktur aufweisen[207]. Eine *mehrstufige Hierarchie* von *Zielen* wird aufgestellt, indem grobe *Oberziele* durch verfeinerte, operationalere *Unterziele* spezifiziert werden.[208]

In dieser Grundversion des AHP ist darauf zu achten, dass eine wechselseitige *Präferenzunabhängigkeit* zwischen den Entscheidungskriterien vorliegt.

Auf jeder Hierarchieebene werden die (Zwischen-)Ziele bzw. Alternativen gemäß allen übergeordneten, relevanten Kriterien *paarweise* verglichen. Diese Dekomposition komplexer Entscheidungsprobleme in Paarvergleichsprobleme ist ein wesentlicher Vorteil des AHP.

Die Bewertungen des AHP stützen sich auf eine von *Saaty* entwickelte *ordinale 9-Punkte-Skala. Die* Paarvergleiche für die jeweiligen Ziele werden in sog. *Paarvergleichsmatrizen* erfasst.[209]

Eine Paarvergleichsmatrix G kann entweder *konsistent* oder *inkonsistent* sein. Sie wird konsistent genannt, wenn für ihre Elemente gilt: $g_{ij} = g_{ik} \cdot g_{kj} \ \forall i, j, k \in \{1, 2, ..., n\}$. Ansonsten ist sie inkonsistent.

Sind die vergleichenden Präferenzurteile des Entscheidungsträgers *konsistent*, stellen die normierten Spaltenvektoren der Vergleichsmatrix die *Höhen- und Artenpräferenzen* dar. Sind sie inkonsistent, d. h. in inkonsistenten Vergleichsmatrizen abgebildet, überführt sie der AHP in *konsistente* Matrizen, aus deren Spaltenvektoren sich nach Normierung die Höhen- und Artenpräferenzen ableiten lassen.

Diese Transformation wird mit Hilfe des *Eigenwertverfahrens* durchgeführt. Das Verfahren berechnet für die gewonnene Paarvergleichsmatrix sowohl den betragsgrößten Eigenwert als auch einen zugehörigen Eigenvektor.

Für eine konsistente Matrix stellt der auf 1 *normierte Eigenvektor* zu ihrem größten Eigenwert den gesuchten *Gewichtevektor* dar. Die Komponenten des Eigen-

---

[207] Vgl. zu dieser und weiteren Grundvoraussetzungen einer Anwendung des AHP *Ossadnik* (1998b), S. 93-98.
[208] Zur Grundstruktur der Zielhierarchie im AHP vgl. auch *Ossadnik* (2003), S. 323.
[209] Zur ordinalen 9-Punkte-Skala und Paarvergleichsmatrizen vgl. ausführlicher *Ossadnik* (2003), S. 325.

vektors ergeben die (relativen, kardinalen) Maße für die Wichtigkeit der Alternativen und Unterziele im Hinblick auf übergeordnete Ziele.

Mit Hilfe des maximalen Eigenwerts lässt sich ein Inkonsistenzmaß (IKM) definierten, dessen Werte umso größer sind, je inkonsistenter die Präferenzurteile des Entscheidungsträgers sind. Das Inkonsistenzmaß entscheidet darüber, ob eine Matrix noch konsistent genug ist oder als inkonsistent zu verwerfen ist.[210]

Sind alle lokalen Gewichte berechnet, kann für jede Alternative die *Gesamtbewertung* durchgeführt werden. Dazu werden die Gewichte für jede in der Hierarchie aufgeführte Alternative mit den *lokalen Gewichten* der (*Ober-* und *Unter-*)*Ziele* und der *Szenarien multipliziert*. Anschließend werden diese Produkte einer Alternative *aufsummiert*.

Die Alternative mit dem *höchsten aggregierten Gewicht* kann nach den Bewertungen des Entscheiders das Oberziel am besten erfüllen.

Aufgabe 57 (Lösungshinweis)

a) Reziprozitäts- und Konsistenzbedingung

Reziprozitätsbedingung: $g_{ij} = \dfrac{1}{g_{ji}} \quad \forall i,j \in \{1,2,\ldots,n\}$

Konsistenzbedingung: $g_{ij} = g_{ik} \cdot g_{kj} \quad \forall i,j,k \in \{1,2,\ldots,n\}$

b) Vervollständigung einer konsistenten Paarvergleichsmatrix

$$G = \begin{pmatrix} 1 & \frac{1}{4} & 2 & 1 & 2 \\ 4 & 1 & 8 & 4 & 8 \\ \frac{1}{2} & \frac{1}{8} & 1 & \frac{1}{2} & 1 \\ 1 & \frac{1}{4} & 2 & 1 & 2 \\ \frac{1}{2} & \frac{1}{8} & 1 & \frac{1}{2} & 1 \end{pmatrix}$$

c) Ermittlung des Inkonsistenzindexes von *Donegan/Dodd*[211] und des Inkonsitenzmaßes der Paarvergleichsmatrix H

Berechnungsalternative: Eigenwertverfahren

1. Bestimmung der Eigenwerte

$p(\lambda) = \det(H - \lambda \cdot E) \stackrel{!}{=} 0$

$$= \det\left(\begin{pmatrix} 1 & 2 & \frac{1}{2} \\ \frac{1}{2} & 1 & 2 \\ 2 & \frac{1}{2} & 1 \end{pmatrix} - \lambda \cdot \begin{pmatrix} 1 & 0 & 0 \\ 0 & 1 & 0 \\ 0 & 0 & 1 \end{pmatrix}\right) = \begin{vmatrix} 1-\lambda & 2 & \frac{1}{2} \\ \frac{1}{2} & 1-\lambda & 2 \\ 2 & \frac{1}{2} & 1-\lambda \end{vmatrix}$$

$= (1-\lambda)^3 + 2^3 + \left(\frac{1}{2}\right)^3 - (1-\lambda) - (1-\lambda) - (1-\lambda)$

$= (1 - 2 \cdot \lambda + \lambda^2) \cdot (1-\lambda) + 8 + \frac{1}{8} - 3 \cdot (1-\lambda)$

$= 1 - 2 \cdot \lambda + \lambda^2 - \lambda + 2 \cdot \lambda^2 - \lambda^3 + \frac{65}{8} - 3 + 3 \cdot \lambda$

$= -\lambda^3 + 3 \cdot \lambda^2 + \frac{49}{8}$

Annahme: $\lambda_1 = \frac{7}{2}$

Nach der Polynomdivision folgt:

$$\left(-\lambda^3 + 3 \cdot \lambda^2 + \frac{49}{8}\right) : \left(\lambda - \frac{7}{2}\right) = -\lambda^2 - \frac{1}{2} \cdot \lambda - \frac{7}{4}$$

Die Anwendung der *p,q*-Formel ergibt:

$$\lambda_{2,3} = -\frac{p}{2} \pm \sqrt{\left(\frac{p}{2}\right)^2 - q} = -\frac{\frac{1}{2}}{2} \pm \sqrt{\left(\frac{\frac{1}{2}}{2}\right)^2 - \frac{7}{4}}$$

$$= -\frac{1}{4} \pm \sqrt{\frac{1}{16} - \frac{28}{16}} = -\frac{1}{4} \pm \sqrt{-\frac{27}{16}} = -\frac{1}{4} \pm \sqrt{\frac{27}{16}} \cdot (-i)$$

Der maximale reellwertige Eigenwert beträgt folglich $\lambda_{max} = \frac{7}{2}$

Bestimmung des Inkonsistenzindexes

$$IK = \frac{\lambda_{max} - n}{n - 1} = \frac{\frac{7}{2} - 3}{3 - 1} = \frac{\frac{1}{2}}{2} = \frac{1}{4}$$

---

[211] Zu Konsistenzindizes nach *Donegan/Dodd* (1991) vgl. ausführlicher z. B. *Ossadnik* (1998b), S. 108.

2. Bestimmung des Inkonsistenzmaßes

$$IKM = \frac{IK}{DI} = \frac{1/4}{0,4887} \approx 0,51156$$

Da das Inkonsistenzmaß $IKM \approx 0,51156 > 0,1$ beträgt, liegen hier Paarvergleichsurteile von relativ hoher Inkonsistenz vor. Der Entscheidungsträger sollte seine Paarvergleiche nochmals überdenken und revidieren.

Berechnungsalternative: Näherungsverfahren

1. Bildung der Spaltensummen

$$s_1 = \sum_i h_{i1} = 1 + \frac{1}{2} + 2 = \frac{7}{2}$$

$$s_2 = \sum_i h_{i2} = 2 + 1 + \frac{1}{2} = \frac{7}{2}$$

$$s_3 = \sum_i h_{i3} = \frac{1}{2} + 2 + 1 = \frac{7}{2}$$

2. Normierung der Paarvergleichsmatrix

$$\tilde{H} = \begin{pmatrix} h_{11}/s_1 & h_{12}/s_2 & h_{13}/s_3 \\ h_{21}/s_1 & h_{22}/s_2 & h_{23}/s_3 \\ h_{31}/s_1 & h_{32}/s_2 & h_{33}/s_3 \end{pmatrix} = \begin{pmatrix} \frac{1}{7/2} & \frac{2}{7/2} & \frac{1/2}{7/2} \\ \frac{1/2}{7/2} & \frac{1}{7/2} & \frac{2}{7/2} \\ \frac{2}{7/2} & \frac{1/2}{7/2} & \frac{1}{7/2} \end{pmatrix} = \begin{pmatrix} 2/7 & 4/7 & 1/7 \\ 1/7 & 2/7 & 4/7 \\ 4/7 & 1/7 & 2/7 \end{pmatrix}$$

3. Berechnung der Zeilensummen der normierten Paarvergleichsmatrix

$$z_1 = \sum_i \tilde{h}_{1i} = \frac{2}{7} + \frac{4}{7} + \frac{1}{7} = 1$$

$$z_2 = \sum_i \tilde{h}_{2i} = \frac{1}{7} + \frac{2}{7} + \frac{4}{7} = 1$$

$$z_3 = \sum_i \tilde{h}_{3i} = \frac{4}{7} + \frac{1}{7} + \frac{2}{7} = 1$$

4. Berechnung des normierten Eigenvektors bzw. der lokale Gewichte

$$v_{ges} = \begin{pmatrix} z_1/n \\ z_2/n \\ z_3/n \end{pmatrix} = \begin{pmatrix} 1/3 \\ 1/3 \\ 1/3 \end{pmatrix} = \begin{pmatrix} w_1 \\ w_2 \\ w_3 \end{pmatrix}$$

5. Berechnung des maximalen Eigenwerts

$$H \cdot v_{ges} = \begin{pmatrix} 1 & 2 & 1/2 \\ 1/2 & 1 & 2 \\ 2 & 1/2 & 1 \end{pmatrix} \cdot \begin{pmatrix} 1/3 \\ 1/3 \\ 1/3 \end{pmatrix} = \begin{pmatrix} 1 \cdot 1/3 + 2 \cdot 1/3 + 1/2 \cdot 1/3 \\ 1/2 \cdot 1/3 + 1 \cdot 1/3 + 2 \cdot 1/3 \\ 2 \cdot 1/3 + 1/2 \cdot 1/3 + 1 \cdot 1/3 \end{pmatrix} = \begin{pmatrix} 7/6 \\ 7/6 \\ 7/6 \end{pmatrix} = \begin{pmatrix} u_1 \\ u_2 \\ u_3 \end{pmatrix}$$

$$\lambda_{max} = \begin{pmatrix} 1 & 1 & 1 \end{pmatrix} \cdot \begin{pmatrix} u_1/w_1 \\ u_2/w_2 \\ u_3/w_3 \end{pmatrix} \cdot 1/3 = \begin{pmatrix} 1 & 1 & 1 \end{pmatrix} \cdot \begin{pmatrix} 7/6 \\ 1/3 \\ 7/6 \\ 1/3 \\ 7/6 \\ 1/3 \end{pmatrix} \cdot 1/3 = \begin{pmatrix} 1 & 1 & 1 \end{pmatrix} \cdot \begin{pmatrix} 7/2 \\ 7/2 \\ 7/2 \end{pmatrix} \cdot 1/3$$

$$= \begin{pmatrix} 7/2 + 7/2 + 7/2 \end{pmatrix} \cdot 1/3 = 7/2$$

Die Bestimmung des Inkonsistenzindexes und des Inkonsistenzmaßes erfolgt analog zum Eigenwertverfahren.

Aufgabe 58 (Lösungshinweis)

Erörterung der einzelnen Verfahrensschritte beim AHP[212]

1. Deklaration des Oberziels sowie Alternativenidentifikation
2. Strukturierung des Entscheidungsproblems in Form einer Zielhierarchie
3. Paarweiser Vergleich der Elemente innerhalb einer Hierarchiestufe im Hinblick auf alle relevanten Elemente der nächsthöheren Stufe; Aufstellung von Paarvergleichsmatrizen
4. Bestimmung der Eintrittswahrscheinlichkeiten der Szenarien, der lokalen Gewichte der Unterziele sowie der Prioritäten der Alternativen mit Hilfe des Eigenwertverfahrens (oder des Näherungsverfahrens)
5. Gesamtbewertung der Alternativen (Berechnung der globalen Gewichte)
6. Ableitung einer Rangordnung

---

[212] Vgl. zu den einzelnen Verfahrensschritten auch *Ossadnik* (2003), S. 323-328.

Aufstellung der Zielhierarchie

Oberziel: „Gelungenes Geschäftsessen"
Szenarien: „Gute Laune" und „Schlechte Laune" (Stimmung)
Unterziele: „Atmosphäre", „Essen" bzw. „Verträglichkeit des Essens" und
                „Preis"
Alternativen: „Casino", „Peking" und „Olympia"

Angabe der Paarvergleichsmatrizen (vgl. Tabelle L-68 bis Tabelle L-73)

Atmosphäre	Casino	Peking	Olympia
Casino	1	1	7
Peking	1	1	7
Olympia	1/7	1/7	1

Tabelle L-68:   Paarvergleichsmatrix zum Unterziel „Atmosphäre"

Essen	Casino	Peking	Olympia
Casino	1	1/9	1/3
Peking	9	1	3
Olympia	3	1/3	1

Tabelle L-69:   Paarvergleichsmatrix zum Unterziel „Essen"

Preis	Casino	Peking	Olympia
Casino	1	1/3	1/5
Peking	3	1	1/3
Olympia	5	3	1

Tabelle L-70:   Paarvergleichsmatrix zum Unterziel „Preis"

Gute Laune	Atmosphäre	Essen	Preis
Atmosphäre	1	1/2	1/6
Essen	2	1	1/5
Preis	6	5	1

Tabelle L-71:   Paarvergleichsmatrix zum Szenario „Gute Laune"

Schlechte Laune	Atmosphäre	Essen	Preis
Atmosphäre	1	1	9
Essen	1	1	9
Preis	1/9	1/9	1

Tabelle L-72:   Paarvergleichsmatrix zum Szenario „Schlechte Laune"

	Gute Laune	Schlechte Laune
Gute Laune	1	1/7
Schlechte Laune	7	1

Tabelle L-73:   Paarvergleichsmatrix der Szenarien

Aufgabe 59 (Lösungshinweis)

a) Definition des Begriffs „Menge"

Unscharf formulierte Probleme der Realität können mit Hilfe der Theorie unscharfer Mengen (Fuzzy-Set-Theorie) in Entscheidungsmodellen abgebildet werden. Diese leiten trotz unscharfer Parameter scharfe Ergebnisse logisch her. Die explizite Abbildung der bestehenden Unschärfe erlaubt es, wertvolle Informationen in die Problemlösung einzubeziehen.

Für das Verständnis von Fuzzy-Sets benötigen wir eine Vorstellung von einer Menge[213] im klassischen Sinne der mathematischen Mengenlehre.

Unschärfe bedeutet, dass eine Aussage nicht eindeutig als wahr oder falsch qualifiziert werden kann. Um Unschärfe abbilden zu können, muss die klassische Logik erweitert werden.

Die Elemente einer unscharfen Menge werden durch *nicht-binäre* Zugehörigkeitsgrade charakterisiert. Eine unscharfe Menge $\tilde{X}$ wird in einer klassischen Menge X, die Objekte des Denkens oder der Anschauung im klassischen („scharfen") Sinne umfasst, wie folgt definiert:[214]

$$\tilde{X} = \{(x, \mu_{\tilde{X}}(x)) : x \in X\}$$

Unschärfe wird bei einer Problembeschreibung zuerst in Form von *linguistischen Variablen*[215] ausgedrückt. Diese nehmen keine numerischen, sondern begrifflich definierte Werte an, zu denen sich linguistische Variablen formalisieren lassen. Für eine linguistische Variable wird eine korrespondierende Zugehörigkeitsfunktion definiert. Dies geschieht subjektiv durch den Problemformulierer, und zwar wie folgt: Zunächst wird für die zwei Extrema „schlechte Qualität" und „höchste Qualität" festgelegt, welches mit dem Grad 0 und welches mit dem Grad 1 zu einem Fuzzy-Set gehört. Für jede weitere Ausprägung der linguistischen Variablen „Produktqualität" wird dann ein entsprechend näher bei 0 bzw. bei 1 liegender Wert der Zugehörigkeitsfunktion angegeben.

$$\tilde{X} = \{(x_0, 0), (x_1, 0.4), (x_2, 0.6), (x_3, 0.8), (x_4, 1.0)\}$$

---

[213] Zur Definition der klassischen Menge (Cantor) vgl. auch *Zimmermann* (1996), S. 11.
[214] Zur unscharfen Menge vgl. auch *Zimmermann* (1996), S. 11-16.
[215] Zu linguistischen Variablen vgl. auch *Zimmermann* (1996), S. 131-137.

Für das Beispiel könnte dies bedeuten:

- 0 entspricht „schlechter Qualität",
- 0.4 entspricht „mäßiger Qualität",
- 0.6 entspricht „durchschnittlicher Qualität",
- 0.8 entspricht „guter Qualität" und
- 1 entspricht „höchster Qualität".

Isolierte unscharfe Aussagen reichen i. d. R. nicht aus, um unscharfe Entscheidungsmodelle aufzustellen. Deshalb ist es notwendig, unscharfe Mengen zueinander in Beziehung zu bringen, genauer: miteinander zu verknüpfen.

Die am häufigsten verwendete Möglichkeit hierfür ist die Schnittmengenbildung.[216] Dies entspricht in der klassischen Logik einer logischen UND-Verknüpfung, d. h. ein Element muss beide Aussagen, die über die Mengenzugehörigkeit entscheiden, gleichzeitig erfüllen.

b) Ermittlung der optimalen Produktionsmenge

$$\min_{x \in X} k(x) = 320 \quad \rightarrow \quad \mu_{\tilde{A}}(550) = 1$$

$$\mu_{\tilde{A}}(x) = \begin{cases} 0 & x = 500, 510 \\ 1 + \dfrac{320 - k(x)}{90} & \text{sonst} \end{cases}$$

$$\mu_{\tilde{B}}(x) = \begin{cases} 1 & x = 500, 510 \\ 1 + \dfrac{500 - x}{100} & x = 590, 600 \\ 1 + \dfrac{520 - x}{100} & \text{sonst} \end{cases}$$

$$\tilde{A} = \left\{ \begin{array}{l} (500; 0), (510; 0), (520; 0), (530; 0,\overline{6}), (540; 0,\overline{8}), (550; 1), \\ (560; 0,\overline{6}), (570; 0,\overline{4}), (580; 0,\overline{1}), (590; 0,0\overline{5}), (600; 0) \end{array} \right\}$$

$$\tilde{B} = \left\{ \begin{array}{l} (500; 1), (510; 1), (520; 1), (530; 0,9), (540; 0,8), (550; 0,7), \\ (560; 0,6), (570; 0,5), (580; 0,4), (590; 0,1), (600; 0) \end{array} \right\}$$

Die entsprechenden Zugehörigkeitsfunktionen sind Abbildung L-24 zu entnehmen.

---

[216] Vgl. Beispiele in *Ossadnik* (2003), S. 344.

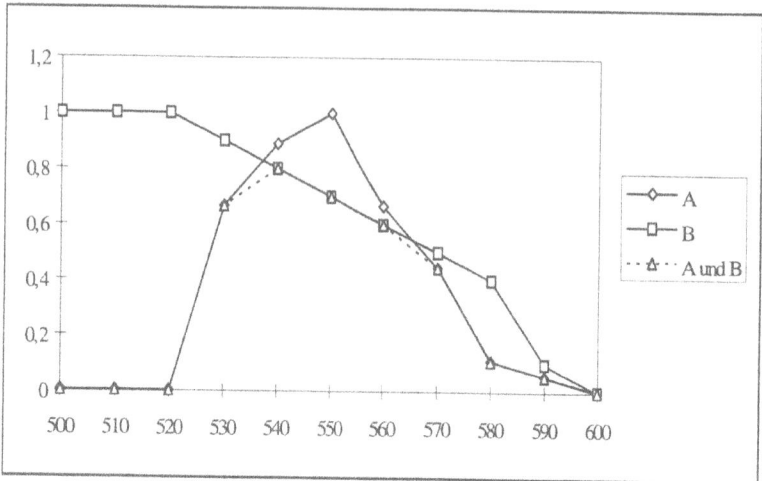

Abbildung L-24:   Zugehörigkeitsfunktionen

Zur Ermittlung der optimalen Produktionsmenge muss zunächst der Durchschnitt der unscharfen Mengen A und B gebildet werden, da beide Ziele gleichzeitig realisiert werden sollen. Der Durchschnitt der Mengen A und B wird definiert als $\mu_{\tilde{A}\cap\tilde{B}}(x) = \underset{x\in X}{Min}(\mu_{\tilde{A}}(x), \mu_{\tilde{B}}(x))$. Daraus folgt:

$$A \cap B = \left\{ \begin{array}{l} (500;\, 0),(510;\, 0),(520;\, 0),(530;\, 0,\overline{6}),(540;\, 0,8),(550,0,7), \\ (560;\, 0,6),(570;\, 0,\overline{4}),(580;\, 0,\overline{1}),(590;\, 0,0\overline{5}),(600;\, 0) \end{array} \right\}$$

Eine Menge x ist optimal, wenn deren Zugehörigkeitsfunktionswert $\mu_{\tilde{A}\cap\tilde{B}}(x)$ maximal ist. Daraus folgt, dass x = 540 die optimale Produktionsmenge ist.

c)   Voraussetzungen und Möglichkeiten einer Anwendung der Fuzzy-Set-Theorie auf das strategische Controlling

Strategisches Controlling hat Informationen über Zielwirkungen strategischer Handlungsalternativen zu beschaffen und dem strategischen Management in aufbereiteter Form zur Verfügung zu stellen. Sowohl der Zukunftsbezug als auch der hohe Aggregationsgrad und die Komplexität von Zuordnungsbeziehungen beim strategischen Controlling bedingen eine Unvollkommenheit der Informationen. Charakteristisches Merkmal von Zielwirkungen strategischer Handlungsalternativen ist daher eine gewisse Unbestimmtheit.[217]

---

[217]   Zu den beiden Formen der Unbestimmtheit vgl. ausführlicher *Ossadnik* (2003), S. 341.

Die Unbestimmtheit als Mangel an Informationen darf aber nicht mit der Unbestimmtheit aufgrund Mangels an begrifflicher Schärfe verwechselt werden. Diese Unschärfe wird auch als *Fuzziness* bezeichnet. Sie bezieht sich auf solche Ereignisse, Ziele und Restriktionen, die nur vage definierbar oder beschreibbar sind.[218]

Für das strategische Controlling stellt sich das Problem, für das Management trotz des Mangels an Informationen über die Zielwirkungen strategischer Handlungsalternativen und trotz einer Unschärfe der Beschreibungen Methoden anzubieten und Informationen zu beschaffen, die eine sinnvolle Entscheidungsfindung ermöglichen. Dies kann anhand der Entwicklung von Partialmodellen (Kapitalwertmethode) oder der Reduktion von Problemkomplexität (BCG-Matrix, BSC) geschehen. Auch erlaubt bspw. der AHP eine strategische Entscheidungsfindung aufgrund von subjektiven partiellen Präferenzurteilen.

Häufig stellt sich für das strategische Controlling das Problem, dass zu bewältigende Handlungsprobleme nur unscharf definiert sind. Dabei zu unterscheiden ist Unschärfe aufgrund nachlässiger Formulierungsbemühungen seitens des Managements oder eine Unschärfe der Problemstellung – die sich trotz intensiver Bemühungen – nicht mehr reduzieren lässt und daher unvermeidbar ist.

Konsequenz mangelhafter Problemformulierungsbemühungen von Seiten des Managements kann eine ungenügende (Ziel-)Operationalisierung sein. Damit ist nicht eindeutig erkennbar, nach welchem Kriterium die Vorteilhaftigkeit von Handlungsalternativen zu beurteilen ist. In derartigen Situationen kann eine bessere Orientierung von Handlungsträgern durch eine stärkere Operationalisierung[219] vager Zielformulierungen erreicht werden. Mit einer solchen Operationalisierung würde festgelegt, welche Konsequenzen der genannten Alternativen wert- und damit maßrelevant sind.

Dem Vorteil einer Operationalisierung, d. h. der Möglichkeit einer Verwendung exakter Methoden, stehen jedoch auch Nachteile[220] gegenüber. Der Fragenkreis unzureichender Problemformulierungsbemühungen soll hier nicht weiter vertieft werden. Stattdessen soll auf die zweite Ursache, die nicht vermeidbare Unschärfe der Problemstellung, eingegangen werden.

Unscharf formulierte Probleme der Realität können mit Hilfe der Theorie unscharfer Mengen (Fuzzy-Set-Theorie) in Entscheidungsmodellen abgebildet werden. Dabei werden trotz unscharfer Parameter scharfe Ergebnisse logisch hergeleitet. Die explizite Abbildung der vorgegebenen Unschärfe erlaubt es, wertvolle Informationen in die Problemlösung einzubeziehen.

---

[218] Vgl. zu Beispielen *Ossadnik* (2003), S. 341.
[219] Vgl. dazu *Ossadnik* (2003), S. 342.
[220] Vgl. hierzu *Ossadnik* (2003), S. 342.

IV   Controlling aus der Sicht der Neuen Institutionenökonomik

Aufgabe 60 (Lösungshinweis)

a)   Neoklassische Theorie und Realitätsangemessenheit

Die *neoklassische Theorie* geht von der Prämisse aus, dass Tauschbeziehungen ohne Kosten abgewickelt werden können, d. h. es wird die Nicht-Existenz von *Transaktionskosten* unterstellt. Es können ohne Risiko vollständige Verträge abgeschlossen werden. In der neoklassischen Theorie wird davon ausgegangen, dass die Entscheidungsträger über vollkommene Information und Voraussicht verfügen. Die Relevanz institutioneller Rahmenbedingungen für den Wirtschaftprozess wird als unbedeutend angesehen. Somit können neoklassische Ansätze den Wirtschaftsprozess nur aus einer sehr abstrakten und realitätsfernen Perspektive betrachten.[221]

b)   Annahmen der Neuen Institutionenökonomik

In Abgrenzung zur neoklassischen Theorie liegen der Neuen Institutionenökonomik die nachfolgenden zentralen Annahmen zugrunde:[222]

—   Die Akteure sind bestrebt, ihren individuellen Nutzen zu maximieren: Sie nehmen auch bewusst die Schädigung Dritter in Kauf und verhalten sich damit opportunistisch.

—   Die Entscheidungsträger haben unterschiedliche (individuelle) Präferenzen, Absichten und Ideen (methodologischer Individualismus).

—   Der unbegrenzte Erwerb von Informationen ist nicht möglich bzw. zu teuer.

—   Aufgrund der Begrenztheit individueller Rationalität werden die einem Entscheidungsträger zur Verfügung stehenden Informationen (z. B. aufgrund von kognitiven Defiziten) nicht zwangsläufig rational verarbeitet.

c)   Strömungen innerhalb der Neuen Institutionenökonomik und die Relevanz neoinstitutionellen Gedankenguts für das Controlling

Auch wenn es keine einheitliche Systematisierung verschiedener Teilgebiete innerhalb der Neuen Institutionenökonomik gibt, lassen sich u. a. die nachfolgenden drei Strömungen unterscheiden:

1.   *Transaktionskostentheorie*[223]

Im Zentrum der Transaktionskostentheorie steht die Analyse von Transaktionen und von damit verbundenen Kosten. Dabei werden als Transaktionskosten alle mit der Anbahnung, Vereinbarung, Durchführung, Kontrolle und An-

---

221   Vgl. *Ossadnik* (2003), S. 359.
222   Vgl. *Ossadnik* (2003), S. 360 f.
223   Vgl. *Ossadnik* (2003), S. 361 f.

passung von Transaktionen zusammenhängenden Kosten der Information und Kommunikation bezeichnet.[224]

2. Theorie der Verfügungsrechte (Property Rights)[225]

Diese neoinstitutionelle Strömung basiert auf der zentralen Prämisse, dass der Nutzen aus bestimmten – frei handelbaren – Rechten an Gütern (sog. Property Rights[226]) resultiert und nicht aus deren (physikalischen) Eigenschaften. Dem Besitz von Property Rights an einem Gut ist dementsprechend ein Motivationseffekt immanent.[227] Es wird zwischen vier Arten von Rechten differenziert:[228]

1. Recht zur Nutzung
2. Recht bzw. Pflicht zur Aneignung von Gewinnen bzw. Verlusten
3. Recht zur Veränderung
4. Recht zur Veräußerung

3. Agencytheorie

Die Agencytheorie betrachtet die vertraglich effiziente Delegation von Entscheidungen zwischen einem (oder mehreren) Prinzipal(en) (als Auftraggeber(n)) und einem oder mehreren Agenten (als Auftragnehmer(n)). Charakteristisch für die Analyse dieser Auftraggeber-Auftragnehmer-Beziehungen sind die Annahmen der Existenz asymmetrisch verteilter Information sowie des Vorhandenseins divergierender Interessen zwischen den zu betrachtenden Parteien.[229]

Die Relevanz der Neuen Institutionenökonomik für das Controlling lässt sich wie folgt skizzieren: Controlling ist ein Führungsteilsystem, dessen zentrale Aufgabe in der Unterstützung der Unternehmensleitung durch die Koordination des Führungsgesamtsystems liegt. Dabei sollen die aus Arbeitsteilung und Spezialisierung resultierenden Sach- und Verhaltensinterdependenzen möglichst gut bewältigt werden. Schließlich wird durch die Delegation von Aufgaben und Kompetenzen das gesamte Unternehmen in mehrere Teilentscheidungsfelder mit jeweils einem spezifischen Management zerlegt.[230] Da jeder einzelne Manager sein eigenes Entscheidungsfeld am besten kennt, herrscht gegenüber der Unternehmensleitung eine *asymmetrische Informationsverteilung*.[231] Jedoch setzen nicht alle Manager ihre Informationen im Sinne des Gesamtunternehmens ein. Es bestehen *Interessen- und Zielkonflikte* zwischen den einzelnen Entscheidungsträgern der Organisation (z. B. im Hinblick auf die Verteilung von Budgets). Vor diesem Hintergrund ist es Aufgabe des Controllings, diese Verhaltensinterdependenzen im Sinne der Gesamtor-

[224] Vgl. *Picot* (1991), S. 344.
[225] Vgl *Ossadnik* (2003), S. 362 f.
[226] Vgl. *Neus* (2001), S. 107.
[227] Vgl. *Wolff* (1995), S. 26.
[228] Vgl. z. B. *Demsetz* (1967); *Alchian/Demsetz* (1972).
[229] Vgl. *Ossadnik* (2003), S. 363 f.
[230] Vgl. *Ewert/Wagenhofer* (2003), S. 457 f.
[231] Vgl. *Ossadnik* (2003), S. 364 f.

ganisation zu lösen.[232] Da die wesentlichen Annahmen der Neuen Institutionenökonomik eine Berücksichtigung derartiger Fragen ermöglichen, ist dieses Theoriegebäude prädestiniert, Problemstellungen eines koordinationsorientierten Controllings zu analysieren und Ansätze zu ihrer Lösung hervorzubringen.

Aufgabe 61 (Lösungshinweis)

a) Grundlegende Begriffe und wesentliche Annahmen der Prinzipal-Agenten-Theorie

Die Prinzipal-Agenten-Theorie betrachtet die vertragliche Gestaltung von Auftraggeber (Prinzipal)-Auftragnehmer (Agent)-Beziehungen (vgl. dazu bereits die Lösungshinweise der vorhergehenden Aufgabe). Ziel ist es, unter den Prämissen der Existenz einer asymmetrischen Informationsverteilung und von Interessenkonflikten diese Beziehung aus Sicht des Prinzipals optimal zu gestalten.

Wesentliche *Begriffe* der Prinzipal-Agenten-Theorie:

– Prinzipal: Auftraggeber.

– Agent: Auftragnehmer.

– Informationsasymmetrie: Auftraggeber und Auftragnehmer verfügen nicht während der gesamten Beziehung über die gleichen Informationen. Zumindest zu einem Zeitpunkt besitzt eine der Parteien (im Regelfall der Agent) einen Informationsvorteil gegenüber der anderen Partei. Dieser Informationsvorteil kann zur Verfolgung eigener Interessen genutzt werden.

– Interessenkonflikte: Im Rahmen der Prinzipal-Agent-Beziehung verfolgen beide Parteien nicht zwangsläufig identische Interessen. Während bspw. der Auftraggeber einen hohen Arbeitseinsatz des Auftragnehmers wünscht, möchte dieser dagegen tendenziell weniger arbeiten. Diese und ähnliche Interessenkonflikte sind wesentliche Charakteristika einer Prinzipal-Agent-Beziehung.

– Umweltunsicherheit: Zum Zeitpunkt des Vertragsschlusses herrscht Unsicherheit über die in Zukunft eintretenden Umweltzustände. Da das Kooperationsergebnis nicht nur von den Handlungen des Agenten, sondern auch von den Entwicklungen der Umwelt abhängig ist, ist eine Prinzipal-Agent-Beziehung zwangsläufig mit Unsicherheit verbunden.

Zentrale *Annahmen* der Prinzipal-Agenten-Theorie:[233]

– Es existiert eine Entscheidungssituation mit mindestens zwei eigennützig und rational handelnden Parteien.

– Es bestehen Interessenkonflikte zwischen den Parteien.

– Die Informationen sind zwischen den Parteien asymmetrisch verteilt.

---

[232] Vgl. *Ossadnik* (2003), S. 365.
[233] Zu einer ausführlicheren Behandlung grundlegender Annahmen vgl. *Ossadnik* (2003), S. 370-377.

- Die Beziehung zwischen den Parteien wird durch einen Vertrag geregelt (Kompetenzzuweisung an den Agenten); beide Parteien erwarten einen Mindestnutzen.

- Das (Kooperations-)Ergebnis resultiert aus der Kombination der Entscheidungen des Agenten mit dem eingetretenen Umweltzustand, der ex ante ungewiss ist.

b) Beispiel für eine real existente Prinzipal-Agent-Beziehung

Das klassische Beispiel für eine real existente Prinzipal-Agent-Beziehung ist das Verhältnis zwischen den Eignern und dem Management eines Unternehmens: Die Anteilseigner bzw. Aktionäre des Unternehmens beauftragen den Vorstand mit einem renditemaximalen Kapitaleinsatz und statten ihn mit einem entsprechenden Entscheidungsspielraum aus. Unter der Voraussetzung von zumindest teilweise konfliktären Interessen zwischen den Parteien ist es nicht gewährleistet, dass der Vorstand die Ziele der Anteilseigner verfolgt. Letztere können doch aufgrund der asymmetrisch verteilten Informationen nicht immer beurteilen, ob Entscheidungen in ihrem Sinne getroffen worden sind.

c) Zeitlicher Ablauf einer Prinzipal-Agent-Beziehung

Der zeitliche Ablauf einer Prinzipal-Agent-Beziehung lässt sich wie folgt beschreiben:[234]

Ausgangspunkt einer solchen Beziehung ist im Regelfall das Vertragsangebot eines Auftraggebers über die Delegation von Aufgaben an einen potentiellen Auftragnehmer bei entsprechender (finanzieller) Kompensation. Umgekehrt ist aber auch denkbar, dass der Agent den Vertrag entwirft. Da niemand zu einem Vertragsabschluss gezwungen werden kann, wird dieser nur erfolgen, wenn beide Parteien aus der beabsichtigten Beziehung einen Mindestnutzen erwarten können. Kommt es zum Abschluss eines Vertrags, der die Entlohnung und Überwachung regelt, kann der Agent für einen gewissen Zeitraum innerhalb bestimmter (durch den Vertrag fixierter) Spielräume frei entscheiden. Anschließend wird der Agent anhand eines von beiden Parteien beobachtbaren Signals, welches aus dem Zusammenwirken der Entscheidung des Agenten und dem nicht beeinflussbaren Umweltzustand resultiert, entsprechend der vertraglichen Vereinbarung entlohnt.

d) Vergleich unterschiedlicher Formen der Informationsasymmetrie

Ein wesentliches Charakteristikum einer Prinzipal-Agent-Beziehung ist die (Annahme der) Existenz einer speziellen Struktur von Informationsasymmetrie. Hierbei kann zwischen den beiden Grundformen *hidden information* und *hidden action* unterschieden werden. Kriterium für die Kategorisierung ist dabei der Entstehungszeitpunkt der Informationsasymmetrie: In Fällen der *hidden information* besteht die Asymmetrie bereits vor der Entscheidung des Agenten, während in der Situation der *hidden action* die Information bis zum Zeitpunkt der Entscheidung des Agenten symmetrisch verteilt ist. Als Spezialfall der *hidden information* kann

---

234   Zur graphischen Darstellung einer solchen Beziehung vgl. *Ossadnik* (2003), S. 371.

zusätzlich noch die Form der *hidden characteristics* unterschieden werden. Diese Form liegt vor, wenn die Asymmetrie nicht nur vor der eigentlichen Entscheidung, sondern bereits vor Vertragsschluss besteht.

Im Fall der *hidden action* kann der Prinzipal die Entscheidungen des Agenten nicht beobachten und auch nicht vom beobachtbaren Ergebnis auf die Handlung des Agenten schließen. Die Gefahr, dass der Agent den Handlungsspielraum opportunistisch zur Verfolgung eigener Interessen nutzt, wird als *moral hazard* bezeichnet. Derartige Probleme können durch Anreiz- und Kontrollmechanismen gelöst werden.

Hidden information-Situationen entstehen immer dann, wenn der Agent nach Vertragsschluss – aber noch vor seiner Entscheidung – relevante Informationen erhält, die die Optimalität einer Entscheidung beeinflussen, aber dem Prinzipal verborgen bleiben. Auch bei derartigen Situationen ist die Gefahr des *moral hazard* gegeben.

Die Situation der *hidden characteristics* tritt immer dann auf, wenn die Information bereits vor dem Vertragsschluss asymmetrisch verteilt ist. In diesem Fall sind dem Prinzipal die Eigenschaften des Agenten oder der von ihm angebotenen Leistung unbekannt. Es besteht die Gefahr, dass es zu einer Kooperation mit einem Vertragspartner kommt, der aus Sicht des Prinzipals für die entsprechende Aufgabe nicht geeignet ist (*adverse selection*).

Zur Lösung der resultierenden Probleme bieten sich unterschiedliche Möglichkeiten an. Für die Problematik des *moral hazard* ist grundsätzlich der Einsatz von *Anreiz- und Kontrollmechanismen* geeignet, durch die der Agent zu Entscheidungen im Sinne des Prinzipals bewegt werden soll. Zur Lösung der Problematik der *adverse selection* existieren mit *screening, signalling* und *self-selection* unterschiedliche Ansätze, die darauf abzielen, das Informationsgefälle vor Vertragsabschluss zu reduzieren.[235]

e)   Optimierungsproblem des Prinzipals bei der Gestaltung des Vertrags mit einem Agenten

Das Optimierungsproblem eines Prinzipals lässt sich grundlegend wie folgt darstellen:[236]

(I) $\max\limits_{s_j \in [c,d+x], e_j} E[U_P(x_j(\cdot) - s_j(x_j(\cdot)))]$

unter den Nebenbedingungen

(II) $E[U_j(s(x_j(\cdot)), e_j)) = E[U_j(s_j(x_j(\cdot)))] - V_j(e_j) \geq U_j^{min}$

(III) $E[U_j(s_j(x_j(\cdot)))] - V_j(e_j) \geq E[U_j(s_j(x_j(\cdot)))|e_j'] - V_j(e_j') \quad \forall e_j'$

---

235   Zu einer Erörterung dieser drei Lösungsansätze vgl. *Ossadnik* (2003), S. 375.
236   Zu einer ausführlicheren Behandlung dieses Optimierungsproblems vgl. *Ossadnik* (2003), S. 377-386.

Erläuterung des Kalküls

(I)   Bezeichnet die Zielfunktion des *Prinzipals*. Dieser maximiert mit der Ziel-
      funktion den Erwartungswert seines Nutzens $(E[U_P])$, der vom Output x_j
      abzüglich der an den Agenten j zu zahlenden Entlohnung $s_j(x_j(\cdot))$ bestimmt
      wird.

(II) Diese Nebenbedingung berücksichtigt, dass der *Agent* aus der Kooperation
      einen Mindest- bzw. Reservationsnutzen U_j^{min} erwartet, um den Vertrag zu
      akzeptieren und für den Prinzipal zu arbeiten. Diese Bedingung wird auch als
      Participation Constraint bzw. als *Teilnahmebedingung* bezeichnet. Der
      Agent wird demnach nur einwilligen, wenn er mindestens den Nutzen erwar-
      ten kann, den er beim Schließen alternativer Kooperationsverträge erwarten
      darf.

(III) Stellt die sog. *Aktionswahl-Bedingung* bzw. die *Anreiz(neben)bedingung* dar.
      Diese Nebenbedingung gewährleistet (durch die Vorgabe der Entlohnungs-
      funktion), dass der Agent einen Anreiz erhält, das gewünschte Anstren-
      gungsniveau e_j aus allen möglichen Anstrengungsniveaus e_j' zu wählen.

      Dieses optimale Anstrengungsniveau e_j wird gemäß (I) durch den Prinzipal
      gewählt. Grundsätzlich kann hierbei jedes beliebige Anstrengungsniveau
      durch den Prinzipal induziert werden, sofern er die Entlohnungsfunktion ent-
      sprechend gestaltet.

f)   Begriff der agency costs

Unvollständige und ungleich verteilte Informationen führen in der Realität zu Abweichungen von der – unter vollständiger und symmetrisch verteilter Information
erzielbaren – *first best-Lösung*. Stattdessen können nur sog. *second best-Lösungen*
realisiert werden. Die Differenz zwischen der *first best-* und der *second best-*
Lösung wird als *agency costs*[237] bezeichnet. Diese Kosten können als Kriterium für
die Effizienz unterschiedlicher Prinzipal-Agent-Beziehungen herangezogen werden. Je kleiner die *agency costs*, desto besser ist die realisierte Vertragslösung.

Die *agency costs* lassen sich grundlegend in drei Komponenten zerlegen:[238]

1.   Die *Überwachungs- und Kontrollkosten des Prinzipals* umfassen alle seine
     Bemühungen, seinen Informationsnachteil gegenüber dem Agenten zu ver-
     kleinern. Hierzu zählen neben den Kosten für die Vertragsgestaltung und die
     Beobachtung des Agenten u. a. auch Kosten für Kontrollen in Form von Bud-
     getrestriktionen.

2.   Zu den *Garantie- bzw. Bündniskosten des Agenten* zählen alle Anstrengungen,
     die der Agent selber unternimmt, um die Informationsasymmetrie zwischen

---

[237] Vgl. zum Konzept der agency costs *Ossadnik* (2003), S. 372 f.
[238] Vgl. hierzu grundlegend *Jensen/Meckling* (1976), S. 308.

ihm und dem Prinzipal zu verringern. Der Agent muss quasi versichern, dass er dem Prinzipal keinen direkten Schaden zufügt.

3. Der *Residualverlust* bezeichnet den (verbleibenden) Wohlfahrtsverlust, der aus der Abweichung des Realzustands vom (idealisierten) Zustand vollkommener Information resultiert.

g)   Kritische Würdigung der Prinzipal-Agenten-Theorie

Die Prinzipal-Agenten-Theorie ist keineswegs problemfrei. So sind vor allem die restriktiven Annahmen dieser Theorie kritisch zu hinterfragen.

Aus Sicht des Prinzipals besteht das Problem einer Agency-Beziehung darin, den Agenten durch einen Vertrag zu gewissen Entscheidungen zu bewegen. Hierbei wird in der Prinzipal-Agent-Beziehung unterstellt, dass dem Prinzipal die Nutzenfunktion des Agenten bekannt ist. Diese Annahme ist nicht realistisch. Darüber hinaus scheint es unmöglich, sämtliche individuelle Charaktereigenschaften und Einstellungen eines Individuums anhand einer Nutzenfunktion zu einer Determinante der Agency-Situation zusammenzufassen. Als problematisch ist in diesem Zusammenhang auch das der Agency-Theorie immanente enge Rationalitätsverständnis der Nutzenmaximierung und die Prämisse kardinaler Messbarkeit der Nutzenfunktion zu sehen.

Ein weiterer Kritikpunkt an den formalen Modellen der Agency-Theorie besteht darin, dass i. d. R. folgender Zusammenhang unterstellt wird: Je höher der Arbeitseinsatz, desto höher ist ceteris paribus der Output. Durch diese Annahme wird z. B. von Ermüdungserscheinungen und damit evtl. verbundenen Fehlentscheidungen der Entscheidungsträger abstrahiert.

Kritisch lässt sich auch die Annahme der Arbeitsaversion bzw. des Empfindens von Arbeitsleid betrachten. So wird auf diese Weise einerseits die Existenz sog. „workaholics" verneint. Andererseits ist in der Realität davon auszugehen, dass Arbeit an sich für den Menschen einen Wert hat.

Des Weiteren stehen häufig nur finanzielle Anreize im Mittelpunkt der Modelle. Dabei sollten aber auch nicht-finanzielle Anreize (wie z. B. Macht, Prestige, Büroausstattung etc.) berücksichtigt werden.

Auch die den Prinzipal-Agent-Modellen zugrunde liegende Annahme der Nichtbeeinflussbarkeit der Umwelt muss kritisch geprüft werden. So ist es bspw. möglich, sich selbst neue Märkte zu schaffen und somit die zukünftige Entwicklung mitzubestimmen.

Weiterhin stellt sich das Problem, dass im Rahmen der Prinzipal-Agenten-Theorie überwiegend einfache und eindeutige Beziehungen zwischen *einem* Agenten und *einem* Prinzipal abgebildet werden. Zwar gibt es Ansätze, die mehrere Prinzipale und/oder mehrere Agenten betrachten, doch im Wesentlichen bleibt die Beziehungsstruktur relativ einfach.

Häufig werden zudem diese Prinzipal-Agent-Beziehungen nur als statisch betrachtet. Auch wenn es dynamische Ansätze gibt, so ist das Problem der Mehrperiodigkeit in der Prinzipal-Agenten-Theorie noch keinesfalls befriedigend gelöst.

Zusammenfassend lässt sich festhalten, dass aufgrund der restriktiven Annahmen der Prinzipal-Agenten-Theorie die Modelle (noch) kaum in der Praxis realisiert werden können. Trotz berechtigter Kritik an der Prinzipal-Agenten-Theorie muss eines deutlich sein: Theorie muss immer einen Kompromiss zwischen Anschaulichkeit, Einfachheit und Aussagefähigkeit erzielen. Die Bedeutung der Prinzipal-Agenten-Theorie liegt u. a. in dem Bemühen, Probleme der Delegation von Entscheidungskompetenzen realitätsangemessen zu modellieren.

Aufgabe 62 (Lösungshinweis)

a)   Darstellung des Optimierungsproblems in der hidden action-Situation

Das Optimierungsproblem des Prinzipals in der hidden action-Situation lässt sich durch eine Zielfunktion und zwei Nebenbedingungen beschreiben.

Zielfunktion:

$$(I) \quad \max_{e,s} E[U_P(v-s)] = \max_{e,s} E[(v-s)] = \max_{e,s}\left\{\sum_{i\in\{L,H\}}(v_i - s_i)\cdot P(v_i|e_H)\right\}$$

unter den Nebenbedingungen:

$$(II) \quad \sum_{i\in\{L,H\}}(U_A(s_i,e_H))\cdot P(v_i|e_H) = \sum_{i\in\{L,H\}}\sqrt[2]{s_i}\cdot P(v_i|e_H) - e_H \geq \overline{U}_A$$

$$(III) \quad \sum_{i\in\{L,H\}}(U_A(s_i,e_H))\cdot P(v_i|e_H) \geq \sum_{i\in\{L,H\}}(U_A(s_i,e_L))\cdot P(v_i|e_L)$$

Ökonomische Interpretation des formulierten Optimierungsproblems:

(I)   Zielfunktion des Prinzipals

Der Prinzipal maximiert mit seiner Zielfunktion den Erwartungswert seines Nutzens $(E[U_P])$, der vom Umsatz v_i abzüglich der an den Agenten zu zahlenden Entlohnung $s(v_i(\cdot)) = s_i$ bestimmt wird.

(II)   Teilnahme- bzw. Kooperationsbedingung des Agenten

Die Nebenbedingung berücksichtigt, dass der Agent aus der Kooperation einen Mindest- bzw. Reservationsnutzen $\overline{U}_A$ erwartet, um den Vertrag zu akzeptieren und für den Prinzipal zu arbeiten. Der Agent wird demnach nur einwilligen, wenn er mindestens den Nutzen erwarten kann, den er beim Schließen alternativer Kooperationsverträge erwarten darf.

(III) Aktionswahl- bzw. Anreizbedingung des Agenten

Diese Nebenbedingung stellt (durch die Vorgabe der Entlohnungsfunktion) sicher, dass der Agent einen Anreiz erhält, das gewünschte Anstrengungsniveau (hier: e_H) aus allen möglichen Anstrengungsniveaus zu wählen. Dieses optimale Anstrengungsniveau wird gemäß (I) durch den Prinzipal gewählt. Grundsätzlich kann hierbei jedes beliebige Anstrengungsniveau durch den Prinzipal induziert werden, sofern er die Entlohnungsfunktion entsprechend gestaltet.

b)   Bestimmung der Lösungsstrukturen für den first best-Fall

$$\max_{e,s} \left\{ \sum_{i \in \{L,H\}} (v_i - s_i) \cdot P(v_i | e_H) \right\} = (v_L - s_L) \cdot P(v_L | e_H) + (v_H - s_H) \cdot P(v_H | e_H)$$

$$= (100 - s_L) \cdot 0{,}5 + (500 - s_H) \cdot 0{,}5$$

$$= 300 - 0{,}5 \cdot s_L - 0{,}5 \cdot s_H$$

unter der Nebenbedingung

$$\sum_{i \in \{L,H\}} \sqrt[2]{s_i} \cdot P(v_i | e_H) - e_H \geq \overline{U}_A$$

$$\Leftrightarrow \sqrt{s_L} \cdot P(v_L | e_H) + \sqrt{s_H} \cdot P(v_H | e_H) - e_H \geq \overline{U}_A$$

$$\Leftrightarrow 0{,}5 \cdot \sqrt{s_L} + 0{,}5 \cdot \sqrt{s_H} - 4 \geq 12$$

Aufstellung der Lagrangefunktion:

$$L(s_L, s_H, \lambda) = 300 - 0{,}5 \cdot s_L - 0{,}5 \cdot s_H + \lambda \cdot \left(0{,}5 \cdot \sqrt{s_L} + 0{,}5 \cdot \sqrt{s_H} - 16 \right)$$

Bildung der partiellen Ableitungen:

$$\frac{\partial L(s_L, s_H, \lambda)}{\partial s_L} = -0{,}5 + \lambda \cdot \left(0{,}5 \cdot \frac{1}{2 \cdot \sqrt{s_L}} \right) \overset{!}{=} 0$$

$$\frac{\partial L(s_L, s_H, \lambda)}{\partial s_H} = -0{,}5 + \lambda \cdot \left(0{,}5 \cdot \frac{1}{2 \cdot \sqrt{s_H}} \right) \overset{!}{=} 0$$

$$\frac{\partial L(s_L, s_H, \lambda)}{\partial \lambda} = 0{,}5 \cdot \sqrt{s_L} + 0{,}5 \cdot \sqrt{s_H} - 16 \overset{!}{=} 0$$

Aufstellung des linearen Gleichungssystems:

(I) $-0{,}5 + \lambda \cdot \left(0{,}5 \cdot \dfrac{1}{2 \cdot \sqrt{s_L}} \right) = 0 \Leftrightarrow \lambda = 2 \cdot \sqrt{s_L}$

(II) $-0,6 + \lambda \cdot \left(0,5 \cdot \dfrac{1}{2 \cdot \sqrt{s_H}}\right) = 0 \quad \Leftrightarrow \quad \lambda = 2 \cdot \sqrt{s_H}$

$\Leftrightarrow \quad \sqrt{s_H} = \sqrt{s_L}$

(III) $0,5 \cdot \sqrt{s_L} + 0,5 \cdot \sqrt{s_H} - 16 = 0 \quad \Leftrightarrow \quad \sqrt{s_L} = 32 - \sqrt{s_H}$

$\Leftrightarrow \quad 2 \cdot \sqrt{s_L} = 32 \quad \Leftrightarrow \quad \sqrt{s_L} = 16 \quad \Leftrightarrow \quad s_L^* = s_H^* = 256$

Der Prinzipal muss dem Agenten im Falle eines niedrigen als auch hohen Umsatzes eine (erfolgs*un*abhängige) Entlohnung i. H. v. 256 GE zusichern. Zum Verhältnis der Entlohnungszahlungen ist anzumerken, dass die Lösung dem sog. forcing contract entspricht und der Agent keine erfolgsabhängigen geldwerten Vorteile erhält.

c)   Bestimmung der Lösungsstrukturen für den second best-Fall:

$$\sum_{i \in \{L,H\}} \sqrt[2]{s_i} \cdot P(v_i | e_H) - e_H \geq \sum_{i \in \{L,H\}} \sqrt[2]{s_i} \cdot P(v_i | e_L) - e_L$$

$$\Leftrightarrow \sqrt{s_L} \cdot P(v_L | e_H) + \sqrt{s_H} \cdot P(v_H | e_H) - e_H \geq \sqrt{s_L} \cdot P(v_L | e_L) + \sqrt{s_H} \cdot P(v_H | e_L) - e_L$$

$$\Leftrightarrow 0,5 \cdot \sqrt{s_L} + 0,5 \cdot \sqrt{s_H} - 4 \geq 0,7 \cdot \sqrt{s_L} + 0,3 \cdot \sqrt{s_H} - 2$$

$$\Leftrightarrow 0,2 \cdot \sqrt{s_H} - 0,2 \cdot \sqrt{s_L} - 2 \geq 0$$

Aufstellung der Lagrangefunktion:

$$L(s_L, s_H, \lambda, \mu) = 300 - 0,5 \cdot s_L - 0,5 \cdot s_H + \lambda \cdot \left(0,5 \cdot \sqrt{s_L} + 0,5 \cdot \sqrt{s_H} - 16\right)$$
$$+ \mu \cdot \left(0,2 \cdot \sqrt{s_H} - 0,2 \cdot \sqrt{s_L} - 2\right)$$

Bildung der partiellen Ableitungen:

$$\frac{\partial L(s_L, s_H, \lambda, \mu)}{\partial s_L} = -0,5 + \lambda \cdot \left(0,5 \cdot \frac{1}{2 \cdot \sqrt{s_L}}\right) + \mu \cdot \left(-0,2 \cdot \frac{1}{2 \cdot \sqrt{s_L}}\right) \overset{!}{=} 0$$

$$\frac{\partial L(s_L, s_H, \lambda, \mu)}{\partial s_H} = -0,5 + \lambda \cdot \left(0,5 \cdot \frac{1}{2 \cdot \sqrt{s_H}}\right) + \mu \cdot \left(0,2 \cdot \frac{1}{2 \cdot \sqrt{s_H}}\right) \overset{!}{=} 0$$

$$\frac{\partial L(s_L, s_H, \lambda, \mu)}{\partial \lambda} = 0,5 \cdot \sqrt{s_L} + 0,5 \cdot \sqrt{s_H} - 16 \overset{!}{=} 0$$

$$\frac{\partial L(s_L, s_H, \lambda, \mu)}{\partial \mu} = 0,2 \cdot \sqrt{s_H} - 0,2 \cdot \sqrt{s_L} - 2 \overset{!}{=} 0$$

Aufstellung des linearen Gleichungssystems:

(I) $\quad -\dfrac{4}{20} + \lambda \cdot \left(\dfrac{5}{20 \cdot \sqrt{s_L}} \right) + \mu \cdot \left(-\dfrac{2}{20 \cdot \sqrt{s_L}} \right) = 0 \Leftrightarrow \quad \lambda = \dfrac{4}{5} \cdot \sqrt{s_L} + \dfrac{1}{2} \cdot \mu$

(II) $\quad -\dfrac{4}{20} + \lambda \cdot \left(\dfrac{5}{20 \cdot \sqrt{s_H}} \right) + \mu \cdot \left(\dfrac{2}{20 \cdot \sqrt{s_H}} \right) = 0 \Leftrightarrow \quad \lambda = \dfrac{4}{5} \cdot \sqrt{s_H} - \dfrac{1}{2} \cdot \mu$

$\quad \Leftrightarrow \dfrac{4}{5} \cdot \sqrt{s_L} + \dfrac{1}{2} \cdot \mu = \dfrac{4}{5} \cdot \sqrt{s_H} - \dfrac{1}{2} \cdot \mu$

$\quad \Leftrightarrow \mu = \dfrac{4}{5} \cdot \sqrt{s_L} - \dfrac{4}{5} \cdot \sqrt{s_H}$

$\quad \Leftrightarrow \mu = \dfrac{4}{5} \cdot \sqrt{s_L} - \dfrac{4}{5} \cdot \sqrt{s_H}$

(III) $0{,}5 \cdot \sqrt{s_L} + 0{,}5 \cdot \sqrt{s_H} - 16 = 0 \Leftrightarrow \sqrt{s_L} = 32 - \sqrt{s_H}$

$\quad \Leftrightarrow \sqrt{s_L} = 32 - \left(10 + \sqrt{s_L} \right)$

$\quad \Leftrightarrow \sqrt{s_L} = 22 - \sqrt{s_L}$

$\quad \Leftrightarrow 2 \cdot \sqrt{s_L} = 22$

$\quad \Leftrightarrow \sqrt{s_L} = 11$

$\quad \Leftrightarrow s_L^* = 121$

$\quad \Leftrightarrow s_H^* = \left(10 + \sqrt{s_L^*} \right)^2 = 21^2 = 441$

(IV) $0{,}2 \cdot \sqrt{s_H} - 0{,}2 \cdot \sqrt{s_L} - 2 = 0 \Leftrightarrow \sqrt{s_H} = 10 + \sqrt{s_L}$

Zielerreichung des Agenten:

$E[U_A]^{SB} = \sum_{i \in \{L,H\}} \sqrt[2]{s_i} \cdot P(v_i | e_H) - e_H$

$\quad = 0{,}5 \cdot \sqrt{s_L} + 0{,}5 \cdot \sqrt{s_H} - 4 = 0{,}5 \cdot 11 + 0{,}5 \cdot 21 - 3 = 16 - 4 = 12 \geq \overline{U}_A$

Zielerreichung des Prinzipals:

$E[U_P]^{SB} = \sum_{i \in \{L,H\}} (v_i - s_i) \cdot P(v_i | e_H)$

$\quad = 300 - 0{,}5 \cdot s_L - 0{,}5 \cdot s_H = 300 - 0{,}5 \cdot 121 - 0{,}5 \cdot 441 = 300 - 60{,}5 - 220{,}5 = 19$

d)   Bestimmung der agency costs und der Risikoeinstellung des Agenten

Die agency costs sind die Differenz des erwarteten Nutzens des Prinzipals aus der first best- Lösung $E[U_P]^{FB}$ sowie der second best-Lösung $E[U_P]^{SB}$ und betragen damit:

$$E[U_P]^{FB} - E[U_P]^{SB} = 44 - 19 = 25$$

Zur Untersuchung der Risikoeinstellung des Agenten kann, das Krümmungsverhalten der Nutzenfunktion, das Arrow-Pratt-Maß oder der Vergleich von Erwartungswert und Sicherheitsäquivalent herangezogen werden.

Bestimmung des Krümmungsverhaltens der Nutzenfunktion:

$$\frac{\partial U_A(s_i, e_j)}{\partial s_i} > 0 \quad \text{und} \quad \frac{\partial^2 U_A(s_i, e_j)}{\partial s_i^2} < 0$$

Aufgrund des Vorliegens einer streng konkaven Nutzenfunktion äußert der Agent ein risikoaverses Entscheidungsverhalten.

Ermittlung des Arrow-Pratt-Maßes:

$$r(s) = -\frac{U_A''(s_i, e_j)}{U_A'(s_i, e_j)} > 0$$

Da das Arrow-Pratt-Maß strikt positiv ist, ist der Agent als risikoavers einzustufen.

Beurteilung der Relation zwischen Erwartungswert und Sicherheitsäquivalent:

$$SÄ(s_i) < E(s_i)$$

Da das Sicherheitsäquivalent kleiner als der Erwartungswert ist, weist der Agent ein risikoaverses Entscheidungsverhalten auf.

Aufgabe 63 (Lösungshinweis)

a)   Beurteilung der Entlohnungsschemata

Von den beiden diskutierten Entlohnungsschemata bietet nur das zweite Schema einen Anreiz zu einer wahrheitsgemäßen Berichterstattung. Eine isolierte Beteiligung am Bereichsgewinn induziert überhöhte Prognosen. In diesem Fall erhöht man die Chance, einen großen Teil der knappen Ressource zu erhalten und damit mit einer tatsächlich gegebenen Kapitalrentabilität einen möglichst hohen Divisionsgewinn zu erzielen. Durch dieses Verhalten maximiert man seine Entlohnung, da der Bericht in der Entlohnungsformel nicht berücksichtigt wird. Isolierte Versuche von Managern, die Gewinne ihrer eigenen Bereiche zu maximieren, führen nicht zu einer Maximierung des Unternehmensgewinns. Insoweit wird die mit der Divisionalisierung einhergehende Interdependenzzerschneidung nicht vermindert bzw. beseitigt. Stattdessen führt eine solche Anreizstruktur zu gemachten Interessendivergenzen.

Demnach ist das Schema einer Bereichsbeteiligung bei gleichzeitiger Bestrafung überhöhter Prognosen vorzuziehen. In diesem Fall erhalten die Manager einen Anreiz, wahrheitsgemäß zu berichten. Führt doch eine überhöhte Prognose der Kapitalrentabilität dazu, dass die variable Entlohnung null wird. Eine zu niedrige Prognose erhöht die Gefahr, dass man nur wenig von der zentral bereitgestellten knappen Ressource erhält. In diesem Fall kann man dann nur einen geringen Bereichsgewinn und eine geringe variable Entlohnung erzielen. Insoweit ist der 2. Vorschlag vorzuziehen, der wahrheitsgemäße Berichte der Bereichsmanager induziert.

b)   Berichte des Bereichsmanagers

Bei einer einfachen Entlohnung anhand des Bereichsgewinns würde man immer die Meldung 2,0 abgeben. In diesem Fall hat man die größte Chance, möglichst viel von der knappen Ressource zu erhalten und somit seinen Bereichsgewinn und seine Entlohnung (bei gegebener tatsächlicher Produktivität) zu maximieren. Im Fall der Entlohnung aufgrund des Bereichsgewinns bei gleichzeitiger Bestrafungsgefahr wird man immer die tatsächlich erwartete Kapitalrentabilität, d. h. wahrheitsgemäß, berichten. In diesem Fall würde man also eine Meldung von 1,3 abgeben. Eine überhöhte Meldung von z. B. 1,5 würde dazu führen, dass man keinen variablen Entlohnungsanteil erhält, da in diesem Fall die gemeldeten Kapitalrentabilitäten nicht erreicht würden. Eine zu geringe Meldung (z. B. von 1,1) könnte dazu führen, dass bei gegebener wahrheitsgemäßer Meldung des anderen Managers (bspw. 1,2) die zentrale Ressource zu großen Teilen dem anderen Manager zugewiesen wird. In diesem Fall würde die eigene Entlohnung bei gegebener Kapitalrentabilität nicht maximiert.

Aufgabe 64 (Lösungshinweis)

a)   Bestandteile eines monetären Anreizsystems

Ein monetäres Anreizsystem sollte aus zwei Teilmengen bestehen, die durch *Kriteriums-Anreiz-Relationen* zu einem System zusammengeführt werden:[239]

— Die *Menge der Anreize* umfasst alle Belohnungen und Bestrafungen, die innerhalb des spezifischen Anreizsystems festgelegt sind.

— Die *Menge der Bezugsobjekte* beinhaltet die Bemessungsgrundlage, auf deren Basis die Entlohnungen oder Bestrafungen berechnet werden.

b)   Anforderungen an Anreizsysteme zur Lösung vertikaler Koordinationsprobleme

An Anreizsysteme zur Lösung vertikaler Koordinationsprobleme sind allgemein die nachfolgenden Anforderungen zu stellen:[240]

1)   Nachvollziehbarkeit/Verständlichkeit

---

[239]   Vgl. hierzu *Ossadnik* (2003), S. 388 f. m. w. N.
[240]   Vgl. zu einer ausführlichen Erörterung der Anforderungskriterien *Ossadnik* (2003), S. 389-391.

2) Kongruenz zwischen Unternehmens- und Individualziel bzw. Kongruenz zwischen dem Ziel des Prinzipals und dem des Agenten
3) Fähigkeit zur Induzierung wahrheitsgemäßer Berichterstattung
4) Motivationswirkung
5) Absicherung gegen Kollusionsgefahr
6) Gerechtigkeit
7) mehrperiodige Anreizwirkung
8) wirtschaftliche Realisierbarkeit

c) Grundstruktur und Wirkungsweise des *Weitzman*-Schemas und des Anreizschemas nach *Osband* und *Reichelstein*

Weitzman-Schema

Mit Hilfe des *Weitzman*-Schemas[241] sollen Manager dazu angereizt werden, wahrheitsgemäße Berichte über eine Zielgröße an die Zentrale zu melden sowie eine optimale Realisierung dieser Zielgröße zu verfolgen. Die Funktionsweise dieses Anreizschemas kann anhand eines Phasenschemas erklärt werden:[242]

In der *ersten* Phase ("preliminary phase") setzt die Zentrale für jede der n Divisionen j eine spezifische Gewinnvorgabe $\bar{\pi}_j$ und ein zugehöriges Grundfixum $\bar{F}_j$. Des Weiteren legt die Zentrale die Höhe der drei entlohnungsrelevanten Bonuskoeffizienten $\alpha_j, \beta_j, \gamma_j$ für jede einzelne Division fest. Dabei muss, damit eine Anreizwirkung entfaltet werden kann, die Bedingung $0 < \alpha_j < \beta_j < \gamma_j$ erfüllt sein. In der *zweiten* Phase ("planning phase") melden die Manager unter Ausrichtung an der Vorgabe $\bar{\pi}_j$ ihre eigene Gewinnprognose $\hat{\pi}_j$ an die Zentrale. Auf Basis dieser Zielgröße berechnet die Zentrale ein angepasstes Grundfixum $\tilde{F}_j$ gemäß der Formel $\tilde{F}_j = \bar{F}_j + \beta_j \cdot (\hat{\pi}_j - \bar{\pi}_j)$. In der *dritten* Phase ("implementation phase") erfolgt die Realisierung der tatsächlichen Divisionsgewinne. Hat eine Division das Ergebnis π_j realisiert, ist die Entlohnung des Bereichsmanagers s_j unter Berücksichtigung der Formel für das angepasste Grundfixum $\tilde{F}_j$ wie folgt zu bestimmen:

$$s_j(\pi_j, \hat{\pi}_j) = \begin{cases} \bar{F}_j + \beta_j \cdot (\hat{\pi}_j - \bar{\pi}_j) + \alpha_j \cdot (\pi_j - \hat{\pi}_j) & \text{für } \pi_j \geq \hat{\pi}_j \\ \bar{F}_j + \beta_j \cdot (\hat{\pi}_j - \bar{\pi}_j) - \gamma_j \cdot (\hat{\pi}_j - \pi_j) & \text{für } \pi_j < \hat{\pi}_j \end{cases}$$

Da $\underline{F}_j = \bar{F}_j - \beta_j \cdot \bar{\pi}_j$ durch die Zentrale vorgegeben ist, werden nur die Höhe der Gewinnprognose und der tatsächlich erzielte Gewinn die Entlohnung des Managers beeinflussen. Diese bestimmt sich damit wie folgt:

[241] Vgl. *Weitzman* (1976).
[242] Vgl. zu einer ausführlicheren Darstellung dieses Anreizschemas *Ossadnik* (2003), S. 392 f.

$$s_j(\pi_j, \hat{\pi}_j) = \begin{cases} \underline{F}_j + \beta_j \cdot \hat{\pi}_j + \alpha_j \cdot (\pi_j - \hat{\pi}_j) & \text{für } \pi_j \geq \hat{\pi}_j \\ \underline{F}_j + \beta_j \cdot \hat{\pi}_j - \gamma_j \cdot (\hat{\pi}_j - \pi_j) & \text{für } \pi_j < \hat{\pi}_j \end{cases}$$

Die Entlohnung eines Bereichsmanagers ergibt sich somit aus der Summe eines leistungs- und meldungsunabhängigen Fixums und zweier variabler Bonuskomponenten.

Eine Analyse dieses Grundmodells führt zu der Erkenntnis, dass das *Weitzman*-Schema im Sicherheitsfall – sofern auf Basis der Prognosen keine Investitionsbudgetierung vorgenommen wird – eine wahrheitsgemäße Berichterstattung seitens der Manager induziert und ferner eine gewisse Motivationswirkung entfaltet. Schließlich resultiert in diesem Fall eine maximale Entlohnung eines Managers immer dann, wenn dessen Prognose mit dem tatsächlichen Gewinn übereinstimmt. Zudem nimmt mit steigendem tatsächlichen Gewinn die Entlohnung ceteris paribus zu.

Anreizschema nach Osband/Reichelstein

Das von *Osband* und *Reichelstein* stammende Anreizschema[243] soll ursprünglich im Rahmen der Vergabe öffentlicher Aufträge Unternehmen belohnen, die die tatsächlich auftretenden Kosten wahrheitsgemäß berichten und dabei versuchen, diese Kosten möglichst gering zu halten. In allgemeiner Form reizt dieses Schema Divisionsmanager in Unternehmen unter bestimmten Bedingungen zu zielkonformen Verhaltensweisen an. Auch diesem Anreizsystem liegt ein Phasenschema zugrunde:[244]

In einer ersten Phase meldet jeder Manager j der n Divisionen eine Prognose $\hat{\pi}_j$ über den zu erwartenden Gewinn seiner Division. Während der zweiten Phase werden die Gewinne π_j realisiert. Die Manager werden dann anhand einer Funktion entlohnt, die aus der folgenden Klasse[245] von Funktionen stammt:[246]

$$s_j(\pi_j, \hat{\pi}_j) = \underline{F}_j + l(\hat{\pi}_j) + l'(\hat{\pi}_j) \cdot (\pi_j - \hat{\pi}_j)$$

Dabei steht $\underline{F}_j$ für ein ergebnisunabhängiges Fixum und $l(\hat{\pi}_j)$ für eine streng monoton steigende, strikt konvexe Funktion.[247]

Eine Analyse des Grundmodells zeigt, dass unter den getroffenen Annahmen auch das Anreizschema nach *Osband* und *Reichelstein* eine motivierende und wahrheitsinduzierende Wirkung für dezentrale Bereichsmanager entfaltet, solange auf Basis der Berichterstattung keine Zuteilung knapper Ressourcen von Seiten der Zentrale erfolgt.

---

[243]   Vgl. *Osband/Reichelstein* (1985).
[244]   Vgl. zu einer ausführlichen Darstellung dieses Anreizschemas *Ossadnik* (2003), S. 400-403.
[245]   Die Funktionen sind nicht in ihrer konkreten Form definiert, sondern lediglich bzgl. ihrer Struktur charakterisiert; vgl. *Trauzettel* (1999), S. 186.
[246]   Vgl. *Ossadnik/Morlock* (1997).
[247]   Als Beispiel für eine Funktion aus dieser Klasse kann die quadratische Funktion dienen.

d)   Erfüllung der Anforderungskriterien durch die diskutierten Anreizsysteme

Eine kurze (vergleichende) Bewertung der diskutierten Anreizschemata hinsichtlich der Erfüllung der in Aufgabenteil b) erörterten Anforderungskriterien ist in Tabelle L-74[248] dargestellt.

Kriterium \ Anreizsystem	Weitzman	Osband/ Reichelstein
Nachvollziehbarkeit	+	+/–
Kongruenz zwischen Unternehmens- und Individualziel		
– ohne Ressourcenzuteilung		
• bei Sicherheit	+	+
• bei Unsicherheit	+/–	+
– mit Ressourcenzuteilung		
• bei Sicherheit	–	–
• bei Unsicherheit	–	–
Fähigkeit zur Induzierung wahrheitsgemäßer Berichterstattung		
– ohne Ressourcenzuteilung		
• bei Sicherheit	+	+
• bei Unsicherheit	+/–	+
– mit Ressourcenzuteilung		
• bei Sicherheit	–	–
• bei Unsicherheit	–	–
Motivationswirkung	+	+
Absicherung gegen Kollusionsgefahr	–	–
Gerechtigkeit	+	+
Mehrperiodige Anreizwirkung	–	+/–
Wirtschaftliche Realisierbarkeit		
– ohne Ressourcenzuteilung	+	+
– mit Ressourcenzuteilung	–	–
Legende: + erfüllt – nicht erfüllt +/– keine eindeutige Aussage möglich bzw. Forschungsbedarf		

Tabelle L-74:   Erfüllung von Anforderungskriterien durch alternative Anreizsysteme

e)   Eignung der diskutierten Anreizsysteme für die Investitionsbudgetierung

Die Nicht-Eignung der beiden diskutierten Anreizsysteme für die Investitionsbudgetierung resultiert aus der Tatsache, dass die Entlohnung eines Managers bei die-

---

[248]   In Anlehnung an *Ossadnik* (2003) S. 415.

sen Systemen ausschließlich anhand der Prognosen und Ergebnisse des jeweils eigenen Bereichs bemessen wird. Interdependenzen zwischen verschiedenen Bereichen finden somit keine Berücksichtigung. Dies führt dazu, dass die Bereichsmanager primär Individual- bzw. Bereichsinteressen und nicht zwangsläufig Unternehmensinteressen verfolgen. Der Gewinn eines Bereichs ist i. d. R. in nicht unerheblichem Maße von der – mittels der Investitionsbudgetierung vorgenommenen – Ressourcenallokation abhängig. Bei einer Entlohnung gemäß eines dieser beiden Anreizschemata besteht somit für den Manager ein Anreiz zu verzerrtem Berichtsverhalten, sofern eine Investitionsbudgetierung auf Basis der Berichte vorgenommen wird. Eine Kongruenz zwischen Unternehmens- und Individualziel ist in einem solchen Fall nicht gegeben. Zur Investitionsbudgetierung sollten stattdessen das Profit Sharing oder der Groves-Mechanismus herangezogen werden.

Aufgabe 65 (Lösungshinweis)

a)   Praxisrelevante Entlohnungsformen für Verkaufsaußendienstmitarbeiter

Traditionelle Entlohnungsformen für Verkaufsaußendienstmitarbeiter (VADM) sind:

1)   *Fixum*

Nachteile:

— Es besteht kein Anreiz, durch zusätzliche Anstrengungen einen Mehrverkauf zu erreichen.

— Das gesamte Risiko liegt beim Unternehmen.

— Die Entlohnung ist ungerecht, weil nicht leistungsadäquat

Vorteile:

— Hohe soziale Sicherheit, da der VADM kein Marktrisiko zu tragen hat.

— Bei tariflicher Einstufung werden die Bezüge automatisch erhöht.

— Es handelt sich um eine sehr einfache Form der Entlohnungsbemessung.

2)   *Umsatzprovision*

Vorteile:

— Es besteht ein Leistungsanreiz, da die Entlohnung des VADM vom Umsatz abhängig ist.

— Erzielt ein VADM keinen Umsatz, entstehen dem Unternehmen keine Kosten für die Entlohnung.

— Das System wird auch von Seiten der VADM vermutlich als gerechter empfunden als die Zahlung eines Fixums.

Nachteile:

— Bei ungünstigen Umweltzuständen bzw. im Krankheitsfall gibt es keine (soziale) Sicherheit für den VADM

- Die Bezahlung der VADM auf Basis ihrer erbrachten Umsätze kann dazu führen, dass diese auf Serviceleistungen ihrerseits keinen besonders großen Wert legen; dies kann mittel- bis langfristig zu existenziellen Problemen für das Unternehmen führen.

- Im Regelfall kommt es zu einer ineffizienten Risikoteilung, da der VADM einen Großteil des Risikos trägt.

3) *Kombinierte Entlohnungsform*

Vorteile:

- Durch das Fixum als finanziellem Mindestlohn ist ein gewisses Ausmaß an Sicherheit für den VADM gegeben.
- Anreize zur Leistung sind vorhanden.
- Ein VADM ist nicht ausschließlich von seinem kurzfristigen Umsatz abhängig, so dass Serviceleistungen vermutlich nicht so stark vernachlässigt werden wie bei einer Entlohnung ausschließlich nach Umsatz.

Nachteile:

- Ein optimales Verhältnis zwischen Festgehalt und Provision bzw. zwischen Sicherheit und Anreiz/Risiko muss gefunden werden.
- Wenn verschiedene Verkaufsbezirke stark unterschiedliche Käuferpotentiale aufweisen, ist das System nicht gerecht.

b)   Begriff und grundlegende Funktionsweise des *OFA-Systems*

Der Bonus bzw. die variable Entlohnung eines Außendienstmitarbeiters resultiert beim OFA-System aus einer Kombination von drei Maßgrößen:

1)   Aus der Vorgabe der Unternehmensleitung ($O = Objective$)
2)   Aus der Vorhersage bzw. Prognose des VADM ($F = Forecast$)
3)   Aus dem vom VADM tatsächlich erzielten Umsatz bzw. Ergebnis ($A = Actual$)

Der Ablauf ist hierbei wie folgt: Der VADM erhält von der Unternehmensführung eine Vorgabe O. Auf Basis dieser Vorgabe gibt der VADM eine Prognose darüber ab, wie viele Einheiten eines Produkts er verkaufen kann. Am Ende der Periode erhält der VADM einen (variablen) Bonus, der von einem Grundbonus B_0 und einem OFA-Wert abhängig ist. Der OFA-Wert wird auf Basis des folgenden Schemas berechnet:

$$OFA = \begin{cases} 120 \cdot \dfrac{F}{O} & \text{für } F = A \\[2ex] 60 \cdot \left(\dfrac{A+F}{O}\right) & \text{für } F < A \\[2ex] 60 \cdot \left(\dfrac{3 \cdot A - F}{O}\right) & \text{für } F > A \end{cases}$$

Resultiert aufgrund dieses Schemas z. B. ein Wert von 360, so bedeutet dies, dass der VADM 360% bzw. das 3,6fache seines Grundbonus B_0 als (variable) Entlohnung erhält:

$$s(B_0, O, F, A) = B_0 \cdot \frac{OFA}{100}$$

Wie hoch der Grundbonus B_0 des einzelnen VADM ist, kann sich dabei z. B. nach seiner Erfahrung, seiner Zugehörigkeit zum Unternehmen und seinen Verdiensten für das Unternehmen richten. Insoweit lassen sich bei der Anreizsetzung individuelle Charakteristika der VADM berücksichtigen.

c)   Bestimmung fehlender OFA-Werte und Vervollständigung der Tabelle A-47

OFA-System	F				
O = 5	10	15	20	25	30
A 10	240	180	120	60	0
15	300	360	300	240	180
20	360	420	480	420	360
25	420	480	540	600	540
30	480	540	60	660	720

Tabelle L-75:   Mit OFA-Werten vervollständigte Tabelle

Anhand der Tabelle L-75 lässt sich auch die prinzipielle Wirkungsweise des Systems erläutern. So wird anhand der grau schattierten Felder deutlich, dass der OFA-Wert (und damit bei gegebenem Grundbonus B_0 implizit die Entlohnung eines VADM) für eine feste Vorgabe O der Zentrale dann maximal wird, wenn das tatsächlich erzielte Ergebnis eines VADM seiner Prognose entspricht und dementsprechend A = F gilt. Zwar erhöht sich für eine gegebene Prognose F der OFA-Wert mit steigendem tatsächlich erzielten Ergebnis A (dies entspricht einer Bewegung innerhalb einer Tabellenspalte nach unten), doch für ein konstantes A liegt der maximale OFA-Wert immer auf der Diagonalen. Insoweit ist es zwar ex post, d. h. nach Abgabe der Prognose, sinnvoll, die eigene Prognosevorgabe zu übertreffen, doch wäre es dann besser gewesen, ex ante, d. h. vor Realisierung des Ergebnisses, eine höhere Prognose abzugeben, die dem tatsächlich erzielten Ergebnis A entspricht.

d)   Zusammenhang zwischen dem OFA-System und dem *Weitzman*-Schema

Beim OFA-System handelt es sich um ein leicht modifiziertes Anreizsystem des *Weitzman*-Typs. Der variable Bonus beträgt beim OFA-System

$$s(B_0, O, F, A) = \frac{B_0}{100} \cdot \begin{cases} 120 \cdot \dfrac{F}{O} & \text{für } F = A \\[2mm] 60 \cdot \left(\dfrac{A+F}{O} \right) & \text{für } F < A \\[2mm] 60 \cdot \left(\dfrac{3 \cdot A - F}{O} \right) & \text{für } F > A \end{cases}$$

Da für A = F die Beziehungen

$$60 \cdot \left(\frac{A+F}{O} \right) = 60 \cdot \frac{2 \cdot F}{O} = 120 \cdot \frac{F}{O} \text{ bzw. } 60 \cdot \left(\frac{3 \cdot A + F}{O} \right) = 60 \cdot \frac{2 \cdot F}{O} = 120 \cdot \frac{F}{O}$$

gelten, lässt sich das System auch wie folgt darstellen:

$$s(B_0, O, F, A) = \frac{B_0}{100} \cdot \begin{cases} 60 \cdot \left(\dfrac{A+F}{O} \right) & \text{für } F \leq A \\[2mm] 60 \cdot \left(\dfrac{3 \cdot A - F}{O} \right) & \text{für } F > A \end{cases}$$

$$\Leftrightarrow \quad s(B_0, O, F, A) = \frac{B_0}{100} \cdot \begin{cases} \dfrac{120}{O} \cdot F + \dfrac{60}{O} \cdot (A - F) & \text{für } F \leq A \\[2mm] \dfrac{120}{O} \cdot F + \dfrac{180}{O} \cdot (A - F) & \text{für } F > A \end{cases}$$

$$\Leftrightarrow \quad s(B_0, O, F, A) = \begin{cases} \dfrac{B_0}{O} \cdot (1,2 \cdot F + 0,6 \cdot (A - F)) & \text{für } F \leq A \\[2mm] \dfrac{B_0}{O} \cdot (1,2 \cdot F + 1,8 \cdot (A - F)) & \text{für } F > A \end{cases}$$

Setzt man $\alpha \equiv 0,6 \cdot \dfrac{B_0}{O}$, $\beta \equiv 1,2 \cdot \dfrac{B_0}{O}$ und $\gamma \equiv 1,8 \cdot \dfrac{B_0}{O}$, so folgt:

$$s(B_0, O, F, A) = \begin{cases} \beta \cdot F + \alpha \cdot (A - F) & \text{für } F \leq A \\ \beta \cdot F + \gamma \cdot (A - F) & \text{für } F > A \end{cases}$$

Wegen $B_0 > 0$ und $O > 0$ gilt: $\alpha = \dfrac{B_0}{O} \cdot 0,6 < \beta = \dfrac{B_0}{O} \cdot 1,2 < \gamma = \dfrac{B_0}{O} \cdot 1,8$

Beim *Weitzman*-Schema ergibt sich die Entlohnung aus der Summe eines leistungs- und meldungsunabhängigen Fixums sowie zweier variabler Bonuskomponenten:[249]

$$s(\pi, \hat{\pi}) = \begin{cases} \underline{F} + \beta \cdot \hat{\pi} + \alpha \cdot (\pi - \hat{\pi}) & \text{für } \hat{\pi} \leq \pi \\ \underline{F} + \beta \cdot \hat{\pi} + \gamma \cdot (\pi - \hat{\pi}) & \text{für } \hat{\pi} > \pi \end{cases}$$

Aufgabe 66 (Lösungshinweis)

Zur Lösung der vorhandenen Probleme ist grundsätzlich ein modifiziertes *Weitzman*-Schema in Betracht zu ziehen. In der Grundform des *Weitzman*-Schemas erhöht sich die Entlohnung mit steigendem Output:

$$s(\pi, \hat{\pi}) = \begin{cases} \overline{F} + \beta \cdot (\hat{\pi} - \overline{\pi}) + \alpha \cdot (\pi - \hat{\pi}) & \text{für } \pi \geq \hat{\pi} \\ \overline{F} + \beta \cdot (\hat{\pi} - \overline{\pi}) - \gamma \cdot (\hat{\pi} - \pi) & \text{für } \pi < \hat{\pi} \end{cases}$$

Nach der gegebenen Aufgabenstellung sollte indes die Entlohnung mit steigendem Verbrauch sinken. Dementsprechend soll diese Entlohnungsformel im Folgenden in Analogie zum Phasenablauf des *Weitzman*-Schemas modifiziert werden:

Zunächst erfolgt – zusätzlich zur Setzung der Parameter α, β und γ – eine Verbrauchsvorgabe $\overline{r}$ durch die Unternehmenszentrale. Hierzu kann der aus der Vergangenheit bekannte maximale Verbrauch r_{max} herangezogen werden, der nicht überschritten werden soll. Unter Ausrichtung an diesem Vorgabewert nehmen die Verantwortlichen der Galvanikabteilung eine Verbrauchsprognose $\hat{r}$ vor. Auf Basis dieser ihr mitgeteilten Zielgröße berechnet die Unternehmensleitung dann in linearer Abhängigkeit von ihrer eigenen Vorgabe ein angepasstes Grundfixum $\widetilde{F}$ gemäß:

$$\widetilde{F} = \overline{F} + \beta \cdot (r_{max} - \hat{r})$$

Dementsprechend werden prognostizierte Unterschreitungen der Vorgabe r_{max} honoriert, da zusätzlich zum Grundfixum $\overline{F}$ eine β-fache Beteiligung an der Unterschreitungsdifferenz $(r_{max} - \hat{r})$ erfolgt.

Nach Realisierung des tatsächlichen Verbrauchs r errechnet sich die Entlohnung entsprechend der Formel:

$$s(r, \hat{r}) = \begin{cases} \widetilde{F} + \alpha \cdot (\hat{r} - r) & \text{für } r < \hat{r} \\ \widetilde{F} - \gamma \cdot (r - \hat{r}) & \text{für } r \geq \hat{r} \end{cases}$$

---

[249] Vgl. dazu z. B. *Ossadnik* (2003), S. 392 f.

$$s(r,\hat{r}) = \begin{cases} \overline{F} + \beta \cdot (r_{max} - \hat{r}) + \alpha \cdot (\hat{r} - r) & \text{für} \quad r < \hat{r} \\ \overline{F} + \beta \cdot (r_{max} - \hat{r}) - \gamma \cdot (r - \hat{r}) & \text{für} \quad r \geq \hat{r} \end{cases}$$

Wenn der prognostizierte Verbrauch unterschritten wird, ergibt sich ein zusätzlicher Bonus in Höhe von $\alpha \cdot (\hat{r} - r)$. Wird die Verbrauchsprognose überschritten, verringert sich die Entlohnung hingegen um $\gamma \cdot (r - \hat{r})$. Es besteht daher ein Anreiz, eine gegebene Prognose zu unterschreiten, den Verbrauch also gering zu halten. Die Entlohnung wird maximal, wenn der realisierte Verbrauch exakt prognostiziert wurde. Dies soll ein Zahlenbeispiel verdeutlichen, das von folgenden Annahmen ausgeht:

$$\alpha = 0{,}07 \; ; \; \beta = 0{,}1 \; ; \; \gamma = 0{,}13 \; ; \; r_{max} = 120 \; \text{und} \; \overline{F} = 5$$

Dementsprechend bemisst sich das angepasste Grundfixum gemäß

$$\tilde{F} = \overline{F} + \beta \cdot (r_{max} - \hat{r}) = 5 + 0{,}1 \cdot (120 - \hat{r}) = 17 - 0{,}1 \cdot \hat{r}$$

Hieraus folgt für die Entlohnung:

$$s(r,\hat{r}) = \begin{cases} 17 - 0{,}1 \cdot \hat{r} + 0{,}07 \cdot (\hat{r} - r) & \text{für} \quad r < \hat{r} \\ 17 - 0{,}1 \cdot \hat{r} - 0{,}13 \cdot (r - \hat{r}) & \text{für} \quad r \geq \hat{r} \end{cases}$$

Die Entlohnungskonsequenzen $s(r,\hat{r})$ alternativer Kombinationen der Ausprägungen der Werte für r und $\hat{r}$ sind in Tabelle L-76 angegeben.

$\hat{r}$	r				
	100	110	120	130	140
100	7,00	5,70	4,40	3,10	1,80
110	6,70	6,00	4,70	3,40	2,10
120	6,40	5,70	5,00	3,70	2,40
130	6,10	5,40	4,70	4,00	2,70
140	5,80	5,10	4,40	3,70	3,00

Tabelle L-76:   Prognose- und verbrauchsunabhängige Entlohnung

Anhand des Zahlenbeispiels ist zu erkennen, dass der Bonus bei gegebener Verbrauchsprognose steigt, wenn die realisierte Verbrauchsmenge sinkt. Dementsprechend existiert ein Anreiz zu einem möglichst sparsamen Rohstoffeinsatz. Je kleiner eine Verbrauchsprognose ausfällt, desto höher ist zudem die maximal erreichbare Entlohnung. Für eine realisierte Verbrauchsmenge gilt, dass der Bonus am höchsten ist, wenn exakt diese Menge prognostiziert worden ist. Insoweit induziert dieses Schema wahrheitsgemäße Berichte über die erwarteten Rohstoffverbrauchsmengen. Damit wird deutlich, dass ein geeignet modifiziertes *Weitzman*-Schema zur Lösung der Probleme in der geschilderten Situation beitragen kann.

Aufgabe 67 (Lösungshinweis)

a) Investitionsbudgetierung

Bei der Investitionsbudgetierung werden für die einzelnen Bereiche (Sparten, Geschäftsbereiche, Divisionen) eines Unternehmens die jeweils maximal verfügbaren Mittel für Investitionszwecke bestimmt. Im Regelfall werden diese von den Bereichen voll ausgeschöpft, so dass die Investitionsbudgetierung faktisch mit der Bestimmung optimaler Investitionsprogramme korrespondiert. Die dezentralen Einheiten sollen aus zentraler Sicht (d. h. aus Sicht der Unternehmensleitung) auf die Ziele des Gesamtunternehmens ausgerichtet werden. Die Bereichsmanager sollen eine zentrale Ressource bzw. zentral zugewiesenes Kapital erhalten und damit motiviert werden, ihren Bereichsgewinn im Sinne des Gesamtgewinns des Unternehmens zu maximieren. Allerdings sind bei der Verteilung des zur Verfügung stehenden Kapitals einige Probleme zu beachten. So sind i. d. R. eine Informationsasymmetrie und die Existenz von Interessengegensätzen zwischen der Zentrale und den Managern anzunehmen. Der Manager möchte seinen eigenen Gewinn mit möglichst geringem Arbeitsaufwand maximieren. Die Zentrale, die das Kapital zur Verfügung stellt, erwartet demgegenüber eine Arbeitsleistung des Managers, die sich nach den Zielen des Unternehmens richtet, d. h. im Regelfall dessen Gewinn maximiert. Daher bedarf es geeigneter Anreizmechanismen, um die Manager zu einer wahrheitsgemäßen Berichterstattung zu motivieren.

b)   Grundmodell und Wirkungsweise des Profit Sharing und des Groves-Mechanismus

Grundmodell des Profit Sharing[250]

Beim Grundmodell des Profit Sharing bzw. der Gewinnbeteiligung wird jeder Manager einer Division j mit einem spezifischen Anteilsparameter ω_j am Unternehmensgewinn Π beteiligt. Der Unternehmensgewinn resultiert aus der Summe der tatsächlich realisierten Gewinne der n Divisionen:

$$\Pi = \sum_{i=1}^{n} \pi_i$$

Die Entlohnung s_j eines Managers errechnet sich dann wie folgt:

$$s_j = \underline{F}_j + \omega_j \cdot \left(\sum_{i=1}^{n} \pi_i(\Lambda_i^*) \right)$$

Dabei hängt der Gewinn einer Division j von dem ihr tatsächlich zugewiesenen Kapital Λ_j^* ab.

---

[250] Vgl. zu einer ausführlichen Darstellung und Analyse dieses Systems *Ossadnik* (2003), S. 403-409.

Die Manager geben für jede Periode eine Prognosefunktion $\hat{\pi}_i(\Lambda_i)$ an, die beschreibt, mit welchem Kapital die Division welchen Gewinn erzielen kann. Die Zentrale teilt die zur Verfügung stehende knappe Ressource (Kapital) aufgrund der ihr berichteten Prognosefunktionen den einzelnen Bereichen zu. Ziel ist es dabei, den Unternehmensgesamtgewinn durch die Verteilung des zur Verfügung stehenden Kapitals zu maximieren.

Wirkungsweise des Profit-Sharing

Da die Entlohnung eines Divisionsmanagers vom Gesamtgewinn des Unternehmens abhängt, hat er ein Interesse daran, dass der Gesamtgewinn maximiert wird. Dabei hat der Divisionsmanager zwei Möglichkeiten, hierauf Einfluss zu nehmen: Zum einen über den bei gegebenem Kapital realisierten Gewinn seiner Division. Wenn der Manager einen höheren Gewinn in seiner Division erzielt, steigt der Unternehmensgewinn und somit auch seine Entlohnung. Zum anderen hat er die Möglichkeit, über seine abzugebende Prognose die Verteilung des Kapitals zu beeinflussen. Die Zentrale verteilt das zur Verfügung stehende Kapital auf Basis der Prognosen so, dass sie einen maximalen Gewinn erwarten kann. Übertreibt ein Manager seine Prognose, um mehr Kapital für seine Division zu erhalten, so müssen andere Bereiche auf Kapitalteile verzichten, obwohl sie mit diesen produktiver arbeiten könnten. Dies führt zu einem niedrigeren Gesamtgewinn und somit zu einem kleineren Bonus für den Manager. Bei einer zu niedrig abgegebenen Prognose schadet der Manager dem Gesamtunternehmen ebenfalls, da rentable Projekte in seiner Division möglicherweise nicht durchgeführt werden können.

Somit ist beim Profit Sharing jeder Manager motiviert, seinen Divisionsgewinn wahrheitsgemäß zu prognostizieren,[251] vorausgesetzt, dass die anderen Manager wahrheitsgemäße Meldungen abgeben.

Grundmodell des Groves-Mechanismus[252]

Der Groves-Mechanismus ist eine Modifikation des Profit-Sharing. Dieser Mechanismus lässt sich anhand eines Phasenschemas erläutern:

In der 1. Phase legt die Zentrale ein Grundfixum $\underline{F}_j$ und den spezifischen Parameter ω_j für jeden Divisionsmanager fest. Jeder Bereich meldet danach eine Prognosefunktion $\hat{\pi}_j(\Lambda_j)$ an die Zentrale, die den Zusammenhang zwischen zugewiesenem Kapital und erwartetem Bereichsgewinn darstellt.

Die Zentrale verteilt daraufhin in der 2. Phase das knappe Kapital $\overline{\Lambda} = \Lambda_1^* + ... + \Lambda_j^* + ... + \Lambda_n^*$ so auf die einzelnen Divisionen, dass der prognostizierte Unternehmensgewinn maximiert wird.

---

[251] Im Fall der Unsicherheit wird ein risikoneutraler Manager den Erwartungswert des Gewinns melden.

[252] Vgl. zu einer ausführlichen Darstellung und Analyse dieses Systems *Ossadnik* (2003), S. 409-414.

In der 3. Phase realisiert jeder Bereich j durch den Einsatz des ihm zur Verfügung stehenden Kapitals Λ_j^* einen tatsächlichen Output $\pi_j(\Lambda_j^*)$. Daraufhin erhält jeder Manager j eine Entlohnung, die sich wie folgt berechnet:

$$s_j = \underline{F}_j + \omega_j \cdot \left(\pi_j\left(\Lambda_j^*\right) + \sum_{\substack{i=1 \\ i \neq j}}^{n} \hat{\pi}_i\left(\Lambda_i^*\right) \right)$$

Die Entlohnung eines Managers resultiert somit aus einem Fixum und einer Beteiligung an einer variablen Ergebnisgröße, die sich aus dem eigenen Bereichsgewinn $\pi_j(\Lambda_j^*)$ und der Summe der prognostizierten Gewinne der übrigen Divisionen $\sum_{\substack{i=1 \\ i \neq j}}^{n} \hat{\pi}_i\left(\Lambda_i^*\right)$ zusammensetzt.

Wirkungsweise des Groves-Mechanismus

Der Groves-Mechanismus reizt den Manager – ähnlich wie beim Profit Sharing – an, das zur Verfügung stehende Kapital der Zentrale effizient einzusetzen. Charakteristisch für das Schema ist allerdings, dass die Beeinflussung seiner eigenen Entlohnung nur indirekt möglich ist. Für einen einzelnen Manager ist deshalb die wahrheitsgemäße Berichterstattung die dominante Strategie.[253] Für den Sicherheitsfall bedeutet dies, dass es – unabhängig von den Meldungen der übrigen Manager – für jeden Manager individuell rational ist, wahrheitsgemäße Prognosen abzugeben.

c)   Vergleich der diskutierten Anreizsysteme im Hinblick auf die Erfüllung der Anforderungen an ein Anreizsystem

Eine kurze (vergleichende) Bewertung der beiden diskutierten Anreizschemata hinsichtlich der Erfüllung der allgemein an Anreizsysteme zu stellenden Anforderungskriterien ist in Tabelle L-77[254] dargestellt.

---

[253]   Vgl. dazu *Cohen/Loeb* (1984), S. 21-23.
[254]   In Anlehnung an *Ossadnik* (2003), S. 415.

Kriterium \ Anreizsystem	Profit Sharing	Groves-Mechanismus
Nachvollziehbarkeit	+	+/–
Kongruenz zwischen Unternehmens- und Individualziel		
– ohne Ressourcenzuteilung		
• bei Sicherheit	+	+
• bei Unsicherheit	+	+
– mit Ressourcenzuteilung		
• bei Sicherheit	+	+
• bei Unsicherheit	+	+
Fähigkeit zur Induzierung wahrheitsgemäßer Berichterstattung		
– ohne Ressourcenzuteilung		
• bei Sicherheit	+	+
• bei Unsicherheit	+	+
– mit Ressourcenzuteilung		
• bei Sicherheit	+	+
• bei Unsicherheit	+	+
Motivationswirkung	+	+
Absicherung gegen Kollusionsgefahr	+	+/–
– falls Absprachen nicht möglich	+	+
– falls Absprachen stabil (juristisch durchsetzbar)	+	–
– falls Absprachen instabil	+	+
Gerechtigkeit	–	–
Mehrperiodige Anreizwirkung	+/–	+/–
Wirtschaftliche Realisierbarkeit		
– ohne Ressourcenzuteilung	+	+
– mit Ressourcenzuteilung	+	+/–
• falls Absprachen nicht möglich	+	+
• falls Absprachen stabil (juristisch durchsetzbar)	+	–
• falls Absprachen instabil	+	+
Legende: + erfüllt		
– nicht erfüllt		
+/– keine eindeutige Aussage möglich bzw. Forschungsbedarf		

Tabelle L-77:   Kriterienspezifischer Vergleich des Profit Sharing und des Groves-Mechanismus

Aufgabe 68 (Lösungshinweis)

a) Verteilung des Kapitals auf die Profit Center

Das Maximierungsproblem lässt sich mit Hilfe einer Lagrange-Funktion lösen. Da sich der (prognostizierte) Unternehmensgewinn aus der Summe der (wahrheitsgemäß berichteten) Gewinne der beiden Profit-Center zusammensetzt, lautet die Lagrange-Funktion:

$$L(\Lambda_1, \Lambda_2, \lambda) = \hat{\phi} \cdot \sqrt{\Lambda_1} + \hat{\psi} \cdot \sqrt{\Lambda_2} + \lambda \cdot \left(\overline{\Lambda} - \Lambda_1 - \Lambda_2 \right)$$

Durch die Nullsetzung der partiellen Ableitungen dieser Funktion resultieren die notwendigen Bedingungen für ein Maximum:

$$\frac{\partial L}{\partial \Lambda_1} \overset{!}{=} 0 \quad \Leftrightarrow \quad \frac{\hat{\phi}}{2} \cdot \frac{1}{\sqrt{\Lambda_1}} - \lambda = 0 \quad \Leftrightarrow \quad \lambda = \frac{\hat{\phi}}{2} \cdot \frac{1}{\sqrt{\Lambda_1}} \qquad \text{(I)}$$

$$\frac{\partial L}{\partial \Lambda_2} \overset{!}{=} 0 \quad \Leftrightarrow \quad \frac{\hat{\psi}}{2} \cdot \frac{1}{\sqrt{\Lambda_2}} - \lambda = 0 \quad \Leftrightarrow \quad \lambda = \frac{\hat{\psi}}{2} \cdot \frac{1}{\sqrt{\Lambda_2}} \qquad \text{(II)}$$

$$\frac{\partial L}{\partial \lambda} \overset{!}{=} 0 \quad \Leftrightarrow \quad \overline{\Lambda} - \Lambda_1 - \Lambda_2 = 0 \quad \Leftrightarrow \quad \overline{\Lambda} = \Lambda_1 + \Lambda_2 \qquad \text{(III)}$$

Aus der Gleichsetzung von (I) und (II) folgt:

$$\frac{\hat{\phi}}{2} \cdot \frac{1}{\sqrt{\Lambda_1}} = \frac{\hat{\psi}}{2} \cdot \frac{1}{\sqrt{\Lambda_2}} \quad \Leftrightarrow \quad \frac{\hat{\phi}}{2} = \frac{\hat{\psi}}{2} \cdot \frac{\sqrt{\Lambda_1}}{\sqrt{\Lambda_2}} \quad \Leftrightarrow \quad \frac{\hat{\phi}^2}{\hat{\psi}^2} = \frac{\Lambda_1}{\Lambda_2}$$

Hieraus resultiert:

$$\Lambda_1 = \frac{\hat{\phi}^2}{\hat{\psi}^2} \cdot \Lambda_2 \quad \text{bzw.} \quad \Lambda_2 = \frac{\hat{\psi}^2}{\hat{\phi}^2} \cdot \Lambda_1$$

Einsetzen in (III) und Auflösen nach Λ_1 und Λ_2 führt zur optimalen Kapitalzuweisung:

$$\Lambda_1^* = \frac{\hat{\phi}^2}{\hat{\phi}^2 + \hat{\psi}^2} \cdot \overline{\Lambda} \quad \text{und} \quad \Lambda_2^* = \frac{\hat{\psi}^2}{\hat{\phi}^2 + \hat{\psi}^2} \cdot \overline{\Lambda}$$

Aufgrund der Unterstellung wahrheitsgemäßer Berichte $(\hat{\phi} = \phi \text{ und } \hat{\psi} = \psi)$ lässt sich auch schreiben:

$$\Lambda_1^* = \frac{\phi^2}{\phi^2 + \psi^2} \cdot \overline{\Lambda} \quad \text{und} \quad \Lambda_2^* = \frac{\psi^2}{\phi^2 + \psi^2} \cdot \overline{\Lambda}$$

b)   Allgemeiner Ansatz

Beim Profit Sharing bestimmt sich die Entlohnung s_j eines Managers nach der
Formel:

$$s_j = \underline{F}_j + \omega_j \cdot \left(\sum_{i=1}^{n} \pi_i \left(\Lambda_i^* \right) \right)$$

Ein risikoneutraler Manager orientiert sich lediglich am Erwartungswert der Entlohnung. Da er nach dem Profit Sharing entlohnt wird, resultiert sein Nutzen aus
dem Fixum und aus der Beteiligung am Unternehmensgesamtgewinn, der von der
Zuteilung des knappen Kapitals abhängig ist. Der Ansatz für den Manager von P_1
lautet daher:

$$\max_{\hat{\phi}} \left\{ u \left(\underline{F}_1 + \omega_1 \cdot \left| \pi_1 \left(\Lambda_1^* \right) + \pi_2 \left(\Lambda_2^* \right) + \theta_1 + \theta_2 \right| \right) \right\}$$

Da laut Aufgabenstellung $u(x) = x$ sowie $\theta_{1,2} = 0$ gelten und der Manager auf
das Fixum $\underline{F}_1$ sowie den Parameter ω_1 keinen Einfluss hat, muss er durch seine
Meldung die folgende Bonusgrundlage maximieren:

$$\max_{\hat{\phi}} \left\{ \pi_1 \left(\Lambda_1^* \right) + \pi_2 \left(\Lambda_2^* \right) \right\} \quad \Leftrightarrow \quad \max_{\hat{\phi}} \left\{ \phi \cdot \sqrt{\Lambda_1^*} + \psi \cdot \sqrt{\Lambda_2^*} \right\}$$

b1) Herleitung der optimalen Meldung des Managers von P_1 bei wahrheitsgemäßer Berichterstattung des Managers von P_2

In diesem Fall ist nach dem optimalen Bericht des Managers von P_1 gefragt, wenn
von einer wahrheitsgemäßen Berichterstattung $\hat{\psi} = \psi$ des Managers von P_2 auszugehen ist und die Zentrale das knappe Kapital gemäß der Lösung des Aufgabenteils a) verteilt. In diesem Fall lautet der Ansatz wie folgt:

$$\max_{\hat{\phi}} \left\{ \phi \cdot \sqrt{\Lambda_1^*} + \psi \cdot \sqrt{\Lambda_2^*} \right\} \quad \Leftrightarrow \quad \max_{\hat{\phi}} \left\{ \phi \cdot \sqrt{\frac{\hat{\phi}^2}{\hat{\phi}^2 + \psi^2} \cdot \overline{\Lambda}} + \psi \cdot \sqrt{\frac{\psi^2}{\hat{\phi}^2 + \psi^2} \cdot \overline{\Lambda}} \right\}$$

Dies lässt sich auch schreiben als:

$$\max_{\hat{\phi}} \left\{ \frac{\left(\phi \cdot \hat{\phi} + \psi^2 \right)}{\sqrt{\hat{\phi}^2 + \psi^2}} \cdot \sqrt{\overline{\Lambda}} \right\}$$

Wird die partielle Ableitung dieser Funktion nach $\hat{\phi}$ gleich Null gesetzt, folgt als
notwendige Bedingung für ein Maximum:

$$\left(\frac{\phi \cdot \sqrt{\hat{\phi}^2 + \psi^2} - \left(\phi \cdot \hat{\phi} + \psi^2 \right) \cdot \dfrac{\hat{\phi}}{\sqrt{\hat{\phi}^2 + \psi^2}}}{\hat{\phi}^2 + \psi^2} \right) \cdot \sqrt{\overline{\Lambda}} \stackrel{!}{=} 0$$

Dies lässt sich umformen zu:

$$\varphi \cdot \sqrt{\hat{\varphi}^2 + \psi^2} - \left(\varphi \cdot \hat{\varphi} + \psi^2\right) \cdot \frac{\hat{\varphi}}{\sqrt{\hat{\varphi}^2 + \psi^2}} = 0$$

$$\Leftrightarrow \quad \varphi \cdot \left(\hat{\varphi}^2 + \psi^2\right) - \left(\varphi \cdot \hat{\varphi} + \psi^2\right) \cdot \hat{\varphi} = 0$$

$$\Leftrightarrow \quad \varphi \cdot \hat{\varphi}^2 + \varphi \cdot \psi^2 = \varphi \cdot \hat{\varphi}^2 + \hat{\varphi} \cdot \psi^2$$

$$\Leftrightarrow \quad \varphi \cdot \psi^2 = \hat{\varphi} \cdot \psi^2$$

$$\Leftrightarrow \quad \hat{\varphi} = \varphi$$

Als optimale Meldung $\hat{\varphi}^*$ des Managers von P_1 auf die wahrheitsgemäße Meldung $\hat{\psi} = \psi$ des Managers von P_2 hin ergibt sich $\hat{\varphi}^* = \varphi$. Demnach ist es aus der Perspektive des Managers von P_1 nutzenmaximierend, ebenfalls die Wahrheit zu berichten.

b2) Herleitung der optimalen Meldung des Managers von P_1 bei nicht wahrheitsgemäßer Berichtserstattung des Managers von P_2

In diesem Fall ist nach dem optimalen Bericht des Managers 1 gefragt, wenn von einer nicht wahrheitsgemäßen Berichterstattung $\hat{\psi} = 2 \cdot \psi$ des Managers von P_2 auszugehen ist und die Zentrale das knappe Kapital gemäß der Lösung des Aufgabenteils a) verteilt. In diesem Fall lautet der Ansatz wie folgt:

$$\max_{\hat{\varphi}} \left\{ \varphi \cdot \sqrt{\Lambda_1^*} + \psi \cdot \sqrt{\Lambda_2^*} \right\} \Leftrightarrow \max_{\hat{\varphi}} \left\{ \varphi \cdot \sqrt{\frac{\hat{\varphi}^2}{\hat{\varphi}^2 + (2 \cdot \psi)^2} \cdot \overline{\Lambda}} + \psi \cdot \sqrt{\frac{(2 \cdot \psi)^2}{\hat{\varphi}^2 + (2 \cdot \psi)^2} \cdot \overline{\Lambda}} \right\}$$

Dies lässt sich auch schreiben als:

$$\max_{\hat{\varphi}} \left\{ \frac{\left(\varphi \cdot \hat{\varphi} + 2 \cdot \psi^2\right)}{\sqrt{\hat{\varphi}^2 + 4 \cdot \psi^2}} \cdot \sqrt{\overline{\Lambda}} \right\}$$

Wird die partielle Ableitung dieser Funktion nach $\hat{\varphi}$ gleich Null gesetzt, folgt als notwendige Bedingung für ein Maximum:

$$\left(\frac{\varphi \cdot \sqrt{\hat{\varphi}^2 + 4 \cdot \psi^2} - \left(\varphi \cdot \hat{\varphi} + 2 \cdot \psi^2\right) \cdot \dfrac{\hat{\varphi}}{\sqrt{\hat{\varphi}^2 + 4 \cdot \psi^2}}}{\hat{\varphi}^2 + 4 \cdot \psi^2} \right) \cdot \sqrt{\overline{\Lambda}} \overset{!}{=} 0$$

Hiervon ausgehend gelangt man wie folgt zu einer Lösung:

$$\varphi \cdot \sqrt{\hat{\varphi}^2 + 4 \cdot \psi^2} - \left(\varphi \cdot \hat{\varphi} + 2 \cdot \psi^2\right) \cdot \frac{\hat{\varphi}}{\sqrt{\hat{\varphi}^2 + 4 \cdot \psi^2}} = 0$$

$$\Leftrightarrow \quad \varphi \cdot \left(\hat{\varphi}^2 + 4 \cdot \psi^2\right) = \left(\varphi \cdot \hat{\varphi} + 2 \cdot \psi^2\right) \cdot \hat{\varphi}$$

$$\Leftrightarrow \quad \varphi \cdot \hat{\varphi}^2 + 4 \cdot \varphi \cdot \psi^2 = \varphi \cdot \hat{\varphi}^2 + 2 \cdot \hat{\varphi} \cdot \psi^2$$

$$\Leftrightarrow \quad \hat{\varphi} = 2 \cdot \varphi$$

Als optimale Meldung $\hat{\phi}^*$ des Managers von P_1 bei gleichzeitig nicht wahrheitsgemäßer Meldung $\hat{\psi} = 2 \cdot \psi$ des Managers von P_2 ergibt sich $\hat{\phi}^* = 2 \cdot \phi$. Demnach
ist es aus der Perspektive des Managers von P_1 optimal, ebenfalls nicht die Wahr-
heit zu berichten, sondern seine Meldung so zu verzerren, dass es zu einer optimalen Kapitalzuweisung von Seiten der Zentrale kommt.

c)   Allgemeiner Ansatz

Beim Groves-Mechanismus wird die Entlohnung s_j eines Managers nach folgender Formel bestimmt:

$$s_j = \underline{F}_j + \omega_j \cdot \left(\pi_j\left(\Lambda_j^*\right) + \sum_{\substack{i=1 \\ i \neq j}}^{n} \hat{\pi}_i\left(\Lambda_i^*\right) \right)$$

Ein risikoneutraler Manager orientiert sich lediglich am Erwartungswert der Entlohnung. Da er nach dem Groves-Mechanismus entlohnt wird, resultiert sein Nutzen aus dem Fixum und aus der Beteiligung an der Summe des eigenen Bereichsgewinns und der prognostizierten Bereichsgewinne aller übrigen Bereiche (auf Basis der tatsächlichen Kapitalzuweisung). Der Ansatz für den Manager des Profit
Centers P_2 lautet daher:

$$\max_{\hat{\psi}}\left\{u\left(\underline{F}_2 + \omega_2 \cdot \left[\hat{\pi}_1\left(\Lambda_1^*\right) + \pi_2\left(\Lambda_2^*\right) + \theta_1 + \theta_2\right]\right)\right\}$$

Da laut Aufgabenstellung $u(x) = x$ sowie $\theta_{1,2} = 0$ gelten und der Manager auf
das Fixum $\underline{F}_2$ sowie den Parameter ω_2 keinen Einfluss hat, muss er durch seine
Meldung die folgende Bonusgrundlage maximieren:

$$\max_{\hat{\psi}}\left\{\hat{\pi}_1\left(\Lambda_1^*\right) + \pi_2\left(\Lambda_2^*\right)\right\} \quad \Leftrightarrow \quad \max_{\hat{\phi}}\left\{\hat{\phi} \cdot \sqrt{\Lambda_1^*} + \psi \cdot \sqrt{\Lambda_2^*}\right\}$$

c1)   Herleitung der optimalen Meldung des Managers von P_2 bei wahrheitsgemä-
ßer Berichterstattung des Managers von P_1

In diesem Fall ist nach dem optimalen Bericht des Managers von P_2 gefragt, wenn
von einer wahrheitsgemäßen Berichterstattung $\hat{\phi} = \phi$ des Managers von P_1 auszugehen ist und die Zentrale das knappe Kapital gemäß der Lösung des Aufgabenteils a) verteilt. In diesem Fall lautet der Ansatz wie folgt:

$$\max_{\hat{\psi}}\left\{\hat{\phi} \cdot \sqrt{\Lambda_1^*} + \psi \cdot \sqrt{\Lambda_2^*}\right\} \quad \Leftrightarrow \quad \max_{\hat{\psi}}\left\{\phi \cdot \sqrt{\frac{\phi^2}{\phi^2 + \hat{\psi}^2} \cdot \overline{\Lambda}} + \psi \cdot \sqrt{\frac{\hat{\psi}^2}{\phi^2 + \hat{\psi}^2} \cdot \overline{\Lambda}}\right\}$$

Dies lässt sich auch schreiben als:

$$\max_{\hat{\phi}}\left\{\frac{\left(\phi^2 + \psi \cdot \hat{\psi}\right)}{\sqrt{\phi^2 + \hat{\psi}^2}} \cdot \sqrt{\overline{\Lambda}}\right\}$$

Wird die partielle Ableitung dieser Funktion nach $\hat{\psi}$ gleich Null gesetzt, so folgt als notwendige Bedingung für ein Maximum:

$$\left(\frac{\psi \cdot \sqrt{\varphi^2 + \hat{\psi}^2} - \left(\varphi^2 + \psi \cdot \hat{\psi}\right) \cdot \dfrac{\hat{\psi}}{\sqrt{\varphi^2 + \hat{\psi}^2}}}{\varphi^2 + \hat{\psi}^2} \right) \cdot \sqrt{\Lambda} \overset{!}{=} 0$$

Hieraus lässt sich als Lösung ableiten:

$$\psi \cdot \sqrt{\varphi^2 + \hat{\psi}^2} - \left(\varphi^2 + \psi \cdot \hat{\psi}\right) \cdot \frac{\hat{\psi}}{\sqrt{\varphi^2 + \hat{\psi}^2}} = 0$$

$$\Leftrightarrow \quad \psi \cdot \left(\varphi^2 + \hat{\psi}^2\right) = \left(\varphi^2 + \psi \cdot \hat{\psi}\right) \cdot \hat{\psi}$$

$$\Leftrightarrow \quad \psi \cdot \varphi^2 + \psi \cdot \hat{\psi}^2 = \varphi^2 \cdot \hat{\psi} + \psi \cdot \hat{\psi}^2$$

$$\Leftrightarrow \quad \psi \cdot \varphi^2 = \varphi^2 \cdot \hat{\psi}$$

$$\Leftrightarrow \quad \hat{\psi} = \psi$$

Als optimale Meldung $\hat{\psi}^*$ des Managers von P_2 auf die wahrheitsgemäße Meldung $\hat{\varphi} = \varphi$ des Managers von P_1 ergibt sich $\hat{\psi}^* = \psi$. Demnach ist es aus der Perspektive des Managers von P_2 nutzenmaximierend, ebenfalls die Wahrheit zu berichten.

c2) Herleitung der optimalen Meldung des Managers von P_2 bei nicht wahrheitsgemäßer Berichterstattung des Managers von P_1

In diesem Fall ist nach dem optimalen Bericht des Managers 2 gefragt, wenn von einer nicht wahrheitsgemäßen Berichterstattung $\hat{\varphi} = 2 \cdot \varphi$ des Managers von P_1 auszugehen ist und die Zentrale das knappe Kapital gemäß der Lösung des Aufgabenteils a) verteilt. In diesem Fall lautet der Ansatz wie folgt:

$$\max_{\hat{\psi}}\left\{ \hat{\varphi} \cdot \sqrt{\Lambda_1^*} + \psi \cdot \sqrt{\Lambda_2^*} \right\} \Leftrightarrow \max_{\hat{\psi}}\left\{ 2 \cdot \varphi \cdot \sqrt{\frac{(2 \cdot \varphi)^2}{(2 \cdot \varphi)^2 + \hat{\psi}^2} \cdot \overline{\Lambda}} + \psi \cdot \sqrt{\frac{\hat{\psi}^2}{(2 \cdot \varphi)^2 + \hat{\psi}^2} \cdot \overline{\Lambda}} \right\}$$

Dies lässt sich auch schreiben als:

$$\max_{\hat{\varphi}}\left\{ \frac{\left(4 \cdot \varphi^2 + \psi \cdot \hat{\psi}\right)}{\sqrt{4 \cdot \varphi^2 + \hat{\psi}^2}} \cdot \sqrt{\overline{\Lambda}} \right\}$$

Wird die partielle Ableitung dieser Funktion nach $\hat{\psi}$ gleich Null gesetzt, folgt als notwendige Bedingung für ein Maximum:

$$\left(\frac{\psi \cdot \sqrt{4 \cdot \varphi^2 + \hat{\psi}^2} - \left(4 \cdot \varphi^2 + \psi \cdot \hat{\psi}\right) \cdot \dfrac{\hat{\psi}}{\sqrt{4 \cdot \varphi^2 + \hat{\psi}^2}}}{4 \cdot \varphi^2 + \hat{\psi}^2} \right) \cdot \sqrt{\Lambda} \stackrel{!}{=} 0$$

Hieraus folgt:

$$\psi \cdot \sqrt{4 \cdot \varphi^2 + \hat{\psi}^2} - \left(4 \cdot \varphi^2 + \psi \cdot \hat{\psi}\right) \cdot \frac{\hat{\psi}}{\sqrt{4 \cdot \varphi^2 + \hat{\psi}^2}} = 0$$

$$\Leftrightarrow \quad \psi \cdot \left(4 \cdot \varphi^2 + \hat{\psi}^2\right) = \left(4 \cdot \varphi^2 + \psi \cdot \hat{\psi}\right) \cdot \hat{\psi}$$

$$\Leftrightarrow \quad 4 \cdot \varphi^2 \cdot \psi + \psi \cdot \hat{\psi}^2 = 4 \cdot \varphi^2 \cdot \hat{\psi} + \psi \cdot \hat{\psi}^2$$

$$\Leftrightarrow \quad 4 \cdot \varphi^2 \cdot \psi = 4 \cdot \varphi^2 \cdot \hat{\psi}$$

$$\Leftrightarrow \quad \hat{\psi} = \psi$$

Als optimale Meldung $\hat{\psi}^*$ des Managers von P_2 bei nicht wahrheitsgemäßer Meldung $\hat{\varphi} = 2 \cdot \varphi$ des Managers von P_1 ergibt sich $\hat{\psi}^* = \psi$. Demnach ist aus der Perspektive des Managers von P_2 auch in diesem Fall eine wahrheitsgemäße Berichterstattung nutzenmaximierend.

d)   Interpretation der Ergebnisse der Teilaufgaben b) und c)

Die Lösungen der Aufgabenteile b) und c) deuten auf eine Überlegenheit des Groves-Mechanismus gegenüber dem Profit Sharing im Hinblick auf die Induzierung einer wahrheitsgemäßen Berichterstattung hin. Während es beim Profit Sharing aus der Sicht des Managers von P_1 nutzenmaximal ist, bei nicht wahrheitsgemäßer Berichterstattung des Managers von P_2 ebenfalls nicht wahrheitsgemäß zu berichten (Aufgabenteil b2)), ist es bei Anwendung des Groves-Mechanismus im analogen Fall (Aufgabenteil c2)) für den Manager von P_2 nutzenmaximal, die nicht wahrheitsgemäße Berichterstattung des Managers von P_1 mit einer wahrheitsgemäßen Berichterstattung zu beantworten. Beim Groves-Mechanismus stellt die wahrheitsgemäße Berichterstattung eine dominante Strategie dar.[255]

Aufgabe 69 (Lösungshinweis)

a)   Gründe für eine agencytheoretische Analyse der Verrechnungspreisproblematik

Im Falle einer Analyse der Verrechnungspreisproblematik aus neoklassischer Perspektive wäre vor allem die Annahme eines vollkommenen Informationsstands der Unternehmensleitung zu kritisieren. In einem solchen Fall würde letztlich gar kein Koordinationsproblem existieren.[256] Wäre die Zentrale nämlich im Besitz sämtli-

---

255   Vgl. hierzu ausführlich *Ossadnik* (2003), S. 410-414.
256   Vgl. hierzu z. B. *Ewert/Wagenhofer* (2003), S. 599.

cher Informationen (über die Interdependenzen zwischen den Bereichen), könnte sie die optimalen Entscheidungen in den dezentralen Bereichen problemlos festlegen, und eine Steuerung über Verrechnungspreise wäre obsolet. Da durch die Delegation von Entscheidungskompetenzen an dezentrale Einheiten aber gerade das Expertenwissen der Bereichsmanager genutzt werden soll, ist eine *asymmetrische Informationsverteilung* anzunehmen und bei der Bestimmung von Verrechnungspreisen zu berücksichtigen. Aus diesem Grunde sind agencytheoretische Modelle, die diese Verhaltensinterdependenzen *explizit* erfassen können, für eine realistische Analyse der Verrechnungspreisproblematik prädestiniert.[257]

b) Koordinationseffizienz von Verrechnungspreisen

b1) Effizienzstufen

In dem agencytheoretischen Verrechnungspreismodell von *Wagenhofer*[258] können die Erfolgskomponenten zu vier verschiedenen Erfolgssituationen kombiniert werden. Aufgrund nachfolgender Relation kann es drei Gewinnfälle und einen Verlustfall geben:

$$k_N < d_N < k_H < d_H$$
$$560 < 640 < 700 < 800$$

Gewinnfälle

$$\Pi(k_N, d_N) = P(k_N) \cdot P(d_N) \cdot (d_N - k_N) = 0{,}6 \cdot 0{,}6 \cdot (640 - 560) = 28{,}8$$

$$\Pi(k_N, d_H) = P(k_N) \cdot P(d_H) \cdot (d_H - k_N) = 0{,}6 \cdot 0{,}4 \cdot (800 - 560) = 57{,}6$$

$$\Pi(k_H, d_H) = P(k_H) \cdot P(d_H) \cdot (d_H - k_H) = 0{,}4 \cdot 0{,}4 \cdot (800 - 700) = 16{,}0$$

Verlustfall

$$\Pi(k_H, d_N) = P(k_H) \cdot P(d_N) \cdot (d_N - k_H) = 0{,}4 \cdot 0{,}6 \cdot (640 - 700) = -14{,}4$$

Es lassen sich dann verschiedene Effizienzstufen unterscheiden, die durch ein Verrechnungspreissystem erreicht werden können. Die aus Sicht der Zentrale höchste Effizienzstufe wird mit E^I bezeichnet. Sie ist erreichbar, wenn über die Vorgaben eines Verrechnungspreissystems der Verlustfall $\Pi(k_H, d_N)$ ausgeschlossen werden kann:

$$E^I = \Pi(k_N, d_N) + \Pi(k_N, d_H) + \Pi(k_H, d_H) = 28{,}8 + 57{,}6 + 16{,}0 = 102{,}4$$

Bei Erreichen der zweithöchsten Effizienzstufe E^{II} kann mit der Vorgabe eines Verrechnungspreissystems entweder der Verlustfall $\Pi(k_H, d_N)$ nicht ausgeschlossen werden – wie bei der zugrunde liegenden Datenkonstellation gegeben – oder

---

257 Vgl. zu einer ausführlicheren agencytheoretischen Rekonstruktion der Verrechnungspreisproblematik *Ossadnik* (2003), S. 416–445.
258 Vgl. *Wagenhofer* (1994).

mit dem Ausschluss des Verlustfalls wird gleichzeitig der kleinste Gewinnfall ausgeschlossen:

$$E^{II} = E^I - Min\{|\Pi(k_x, d_z)|\} = 102,4 - 14,4 = 88,0$$

Die dritthöchste Effizienzstufe E^{III} wird erreicht, wenn durch die Vorgabe des Verrechnungspreissystems sowohl der Verlustfall als auch der kleinste Gewinnfall ausgeschlossen werden:

$$E^{III} = E^I - Min\{\Pi(k_N, d_N), \Pi(k_N, d_H), \Pi(k_H, d_H)\} = 102,4 - 16 = 86,4$$

b2) Bedingungen für ein Erreichen der höchsten Effizienzstufe

Es ist zu erläutern, welchen Bedingungen ein von der Zentrale vorgegebenes Verrechnungspreissystem genügen muss, damit für die Tochtergesellschaften ein Anreiz besteht, vorteilhafte Aktionen auszuführen, d. h. mögliche Gewinnfälle auch tatsächlich zu realisieren.

Zu diesem Zweck muss ein solches Verrechnungspreissystem zunächst folgenden Bedingungen genügen:

$$k_N \le v(k_N, d_N) \le d_N \Leftrightarrow 560 \le v(k_N, d_N) \le 640$$

$$k_N \le v(k_N, d_H) \le d_H \Leftrightarrow 560 \le v(k_N, d_H) \le 800$$

$$k_H \le v(k_H, d_H) \le d_H \Leftrightarrow 700 \le v(k_H, d_H) \le 800$$

Durch ein solches System sind im Hinblick auf die unterstellte Rangordnung der Konzernergebniskomponenten Anreize für die Tochtergesellschaften zur Produktion bzw. Abnahme des Zwischenprodukts in den Gewinnfällen gegeben.

Unter der Annahme, dass die Kommunikation im Unternehmen keine Kosten verursacht, können die Divisionen die Unternehmensleitung *kostenlos* über ihre Kosten- und Erlössituation informieren. Darauf aufbauend kann die Konzernleitung dann den endgültigen Verrechnungspreis bestimmen. Die höchste Effizienzstufe E^I ist indes nur zu erreichen, wenn die Tochtergesellschaften wahrheitsgemäß berichten und der Zentrale somit einen Informationsstand wie bei symmetrischer Informationsverteilung ermöglichen. Die Manager der Tochtergesellschaften werden allerdings nicht zwangsläufig wahrheitsgemäß berichten: Verfolgen Sie doch das Ziel, ihren Divisionserfolg zu maximieren. Daher hat die liefernde Tochtergesellschaft S_1 ein Interesse, die Kosten möglichst hoch anzugeben, um auf diese Weise zu versuchen, einen höheren Verrechnungspreis zu erzielen. Die andere Tochtergesellschaft S_2 wird umgekehrt versuchen, ihren Deckungsbeitrag möglichst niedrig anzugeben, um den Verrechnungspreis niedrig zu halten. Deshalb muss die Zentrale die Verrechnungspreise so festlegen, dass der erwartete Gewinn jeder Division im Fall der wahrheitsgemäßen Berichterstattung höher ist als im Fall nicht wahrheitsgemäßer Berichterstattung. Dies kann durch Berücksichtigung folgender Wahrheitsrestriktionen erreicht werden:

(I) Die Grenzkostenausprägung der Tochtergesellschaft S_1 ist k_N:

$$P(d_N) \cdot v(k_N, d_N) + P(d_H) \cdot v(k_N, d_H) - k_N \ge P(d_H) \cdot v(k_H, d_H) - P(d_H) \cdot k_N$$

(II) Die Grenzkostenausprägung der Tochtergesellschaft S_1 ist k_H:

$$P(d_H) \cdot v(k_H, d_H) - P(d_H) \cdot k_H \geq P(d_N) \cdot v(k_N, d_N) + P(d_H) \cdot v(k_N, d_H) - k_H$$

(III) Die Ausprägung des Deckungsbeitrags der Tochtergesellschaft S_2 ist d_N:

$$P(k_N) \cdot d_N - P(k_N) \cdot v(k_N, d_N) \geq d_N - P(k_H) \cdot v(k_H, d_H) - P(k_N) \cdot v(k_N, d_H)$$

(IV) Die Ausprägung des Deckungsbeitrags der Tochtergesellschaft S_2 ist d_H:

$$d_H - P(k_N) \cdot v(k_N, d_H) - P(k_H) \cdot v(k_H, d_H) \geq P(k_N) \cdot d_H - P(k_N) \cdot v(k_N, d_N)$$

Die linke Seite der Ungleichungen stellt den erwarteten Gewinn der jeweiligen Tochtergesellschaft bei *wahrheitsgemäßer* Berichterstattung dar. Dieser muss mindestens so groß sein wie der erwartete Gewinn bei *nicht wahrheitsgemäßer* Berichterstattung, der jeweils durch die rechte Seite der Ungleichungen repräsentiert wird.

Überträgt man diese Wahrheitsrestriktionen auf die Datenkonstellation der Aufgabenstellung, so resultieren die folgenden Bedingungen:

(I) $0,6 \cdot v(k_N, d_N) + 0,4 \cdot v(k_N, d_H) - 560 \geq 0,4 \cdot v(k_H, d_H) - 0,4 \cdot 560$

(II) $0,4 \cdot v(k_H, d_H) - 0,4 \cdot 700 \geq 0,6 \cdot v(k_N, d_N) + 0,4 \cdot v(k_N, d_H) - 700$

(III) $0,6 \cdot 640 - 0,6 \cdot v(k_N, d_N) \geq 640 - 0,4 \cdot v(k_H, d_H) - 0,6 \cdot v(k_N, d_H)$

(IV) $800 - 0,6 \cdot v(k_N, d_H) - 0,4 \cdot v(k_H, d_H) \geq 0,6 \cdot 800 - 0,6 \cdot v(k_N, d_N)$

Aufgabe 70 (Lösungshinweis)

§ 4 Prüfungsfristen:

Die Begrenzung der Studienzeit auf maximal 16 Semester gibt den Studierenden einen Anreiz, ihr Studium relativ zügig zu beenden. Auch kann diese Regelung einer Überbelastung der Dozenten vorbeugen, da höhere Semester die Kapazitäten nicht mehr beanspruchen können. Für berufstätige Teilzeitstudierende kann sich die Begrenzung indes als wesentliches Hindernis erweisen.

§ 9 Aufbau der Prüfungen, Arten der Prüfungsleistungen

Die Regelungen ermöglichen den Studierenden, ihre Prüfungsleistung durch unterschiedliche Prüfungsarten zu erbringen. Somit kann jeder Studierende seine Prüfungen (bei gegebenem Lehr- und Prüfungsangebot) nach individuellen Präferenzen wählen. Darüber hinaus bietet dieser Paragraph auch den Dozenten die Möglichkeit, Lehre und Prüfungen relativ frei zu gestalten.

Die §§ 13, 14, 26, 32, 33 und 44 lassen sich nicht isoliert betrachten. Vielmehr geben sie — jeweils in unterschiedlichen Verbindungen — zu verschiedenen Schlußfolgerungen im Hinblick auf ihre Anreizwirkung Anlaß. Daher soll auf einige dieser Verbindungen kurz eingegangen werden.

Durch die Verbindung der §§ 13, 14 und 26 werden den Studierenden unterschiedliche Anreize gegeben. So ist es möglich, sich durch zwei sehr gute oder zwei bzw. drei gute Prüfungsleistungen und die damit erworbenen Bonuspunkte weitere Prüfungen zu ersparen (§ 26 (2)). Es besteht somit ein Anreiz zu guten bzw. sehr guten Leistungen und gleichzeitig zu einer kurzen Studiendauer. Der Leistungsanreiz wird durch § 26 (3) Nr. 2 noch verstärkt. Denn wenn ein Studierender in einem Fach die erforderliche Anzahl von Bonuspunkten nur durch ausreichende Leistungen erreicht hat, wäre für ihn gemäß § 26 (3) i. V. m. §§ 13 und 26 (2) die Diplomprüfung beendet und er könnte keine bessere Note mehr erzielen. Obwohl gemäß § 26 (3) Nr. 1 die Beschränkung gilt, dass mindestens 8 Bonuspunkte durch Seminarleistungen erworben werden müssen und somit für die Studierenden Anreize bestünden, gute Seminarleistungen zu erbringen, müssen diese Anreize dennoch kritisch beurteilt werden. Widerspricht doch die Möglichkeit, Fachprüfungen mit wenigen sehr guten bzw. guten Prüfungsleistungen zu bestehen, der Anforderung einer breiten und fundierten akademischen Ausbildung, die an einer Universität vermittelt werden sollte. Mit der Absolvierung nur weniger, sehr gut bestandener Prüfungen wäre nicht gewährleistet, dass der betreffende Studierende ein breites und fundiertes Wissen besitzt. Die sehr guten Noten in einzelnen Fachprüfungen signalisieren lediglich spezialisierte Kenntnisse zu einzelnen Veranstaltungen, nicht aber über das gesamte Fach.

Durch die Kombination der §§ 13, 14 und 33 wird die Anzahl der maximalen „Fehlversuche" festgelegt. Für jede nicht bestandene – d. h. gemäß § 13 (3) nicht mindestens mit „ausreichend" bewertete – Prüfungsleistung wird das Konto eines Studierenden mit einem Maluspunkt belastet (§ 14 (2)). Bei 10 Maluspunkten gilt die Diplomprüfung als endgültig nicht bestanden (§ 33 (1)). Allerdings kann sich ein Studierender gemäß § 44 (5) auch auf andere Weise Maluspunkte zuziehen, so dass 9 Fehlversuche als Höchstgrenze bei ansonsten regelkonformem Studium anzusehen sind. § 33 (2) ermöglicht darüber hinaus nur eine einmalige Wiederholung der Diplomarbeit. Durch die Kombination dieser Paragraphen werden den Studierenden Anreize im Hinblick auf die Erreichung besserer Noten und die Verkürzung ihrer Studiendauer gegeben.

Aus der Verbindung von § 44 und § 26 ergibt sich für die Studierenden durch ein „regelkonformes" Studium (= Einhaltung des Studienplans) die Möglichkeit, weitere Bonuspunkte zu erwerben, um das Studium schneller zu beenden. Andererseits wird es durch diese zusätzlichen Bonuspunkte auch möglich, das Studium mit geringem Arbeitsaufwand und schlechten Noten zu beenden. Weiterhin wird durch § 44 (5) ein potentieller Fehlanreiz gesetzt. So könnte die Aussicht auf zusätzliche Bonuspunkte dazu führen, dass die angebotenen Betreuungsstunden in geringerem Maße wahrgenommen werden. Die Aussicht, somit leichter die durch § 26 (2) vorgegebene Anzahl von Mindestpunkten erreichen zu können, könnte sich für schwächere Studierende als verhängnisvoll erweisen. Dies würde insgesamt dann zu schlechteren Studienergebnissen führen. Allerdings wird der Missbrauch dieser zusätzlichen Bonuspunkte dadurch beschränkt, dass gemäß § 32 (1) alle Prüfungen mit mindestens ausreichend bewertet worden sein müssen. Der Ausgleich einer mangelhaften Leistung wird somit durch die Bonuspunkte nicht ermöglicht.

§ 44 ist zum Zweck der Koordination bzw. der optimalen Mittelallokation in die Prüfungsordnung eingefügt worden. In Bezug auf seine Anreizwirkung gegenüber den Studierenden muss er kritisch betrachtet werden. Zunächst soll jedoch seine Koordinations- bzw. Allokationswirkung verdeutlicht werden. Auf Basis des von jedem einzelnen Studierenden vor dem Studium vorgelegten Absichtsplans (§ 44 (2)) wird für jeden Studierenden ein individueller Studienplan aufgestellt. Dieser legt genau fest, wann der Studierende bei welchem Dozenten wie viele Betreuungsstunden in Anspruch nehmen soll (§ 44 (3)). Durch die Regelungen des § 44 (4), (5) soll gewährleistet werden, dass keinesfalls mehr, sondern eher weniger Betreuungsstunden durch die Studierenden bei den zuvor ausgewählten Dozenten in Anspruch genommen werden. Durch die Zuweisung finanzieller Mittel gemäß den in den Absichtsplänen beabsichtigten Betreuungsstunden soll so eine *optimale Koordination* und *Allokation* erreicht werden. Bei diesem – grundsätzlich sinnvollen – Konzept können nur dann Probleme auftreten, wenn die Studierenden – auch angesichts einer möglichen Bestrafung durch Maluspunkte – von ihren Studienplänen abweichen. Problematisch ist dieser Paragraph auch im Hinblick auf die Anreizkompatibilität für die Studierenden. Die Regelung in diesem Paragraphen ähnelt ein wenig dem *Weitzman-Schema*. Vor Studienbeginn müssen die Studierenden eine Prognose über die von ihnen gewünschten Betreuungsstunden abgeben. Weichen sie von diesen Vorhersagen ab, hat dies Folgen. Werden mehr Betreuungsstunden pro Semester als prognostiziert in Anspruch genommen, erhalten die Studierenden einen Maluspunkt, der die Anzahl ihrer zulässigen Fehlversuche einschränkt. Werden weniger Stunden benötigt, werden den Studierenden Bonuspunkte gutgeschrieben. Diese Regelung birgt aber auch *Probleme* und *Gefahren* in sich. So ist es zunächst inakzeptabel, dass die Studierenden bereits zu Beginn des Studiums diese Pläne festlegen müssen. Häufig entdeckt man seine studienspezifischen Präferenzen erst während des Studiums. Durch das Malussystem können Studierende davon abgeschreckt werden, diejenigen Fächer zu wählen, die sie auch wirklich präferieren, anstatt Fächer zu studieren, die sie im Absichtsplan angegeben haben. Dies kann u. U. zu schlechteren Ergebnissen und längeren Studienzeiten führen.

Weiterhin wird durch das Bonussystem der Anreiz gegeben, Betreuungsstunden gar nicht erst wahrzunehmen. Dieses Verhalten kann sich ebenfalls negativ auf Studienleistung und Studiendauer auswirken. Letzlich wäre damit eine effiziente Allokation der Finanzmittel nicht gewährleistet: Obwohl kaum Betreuungsstunden stattfinden, würden die Mittel für die Tutoren weiter an die Professoren verteilt.

Abschließend bleibt festzuhalten, dass die hier vorliegende Prüfungsordnung einen Teil der Probleme an der *Alma Mater* Universität lösen könnte. Allerdings ist diese Prüfungsordnung noch keinesfalls ausgereift. Vor allem im Spannungsfeld von Anreiz und Koordination sind noch wesentliche Verbesserungen möglich und notwendig.

Literaturverzeichnis

Agthe, K. (1959): Stufenweise Fixkostendeckung im System des Direct Costing, in: ZfB, 39, S. 615-632.

Agthe, K. (1963): Kostenplanung und Kostenkontrolle im Industriebetrieb, Baden-Baden.

Ahn, H. (1999): Ansehen und Verständnis des Controllings in der Betriebswirtschaftslehre – Grundlegende Ergebnisse einer empirischen Studie unter deutschen Hochschullehrern, in: Controlling, 11, S. 109-114.

Albers, S. (1989a): Ein System zur IST-SOLL-Abweichungs-Ursachenanalyse von Erlösen, in: ZfB, 59, S. 637-654.

Albers, S. (1989b): Der Wert einer Absatzreaktionsfunktion für das Erlös-Controlling, in: ZfB, 59, S. 1235-1242.

Albers, S. (1992): Ursachenanalyse von marketingbedingten IST-SOLL-Deckungsbeitragsabweichungen, in: ZfB, 62, S. 199-223.

Alchian, A.A./Demsetz, H. (1972): Production, Information Costs and Economic Organization, in: AER, 62, S. 777-795.

Ansoff, H. (1975): Managing Strategic Surprise by Respond to Weak Signals, in: CMR, 18, S. 21-33.

Betge, P. (2000): Investitionsplanung, 4. Aufl., München.

Braun, S. (1996): Die Prozesskostenrechnung – Ein fortschrittliches Kostenrechnungssystem?, 2. Aufl., Berlin.

Coenenberg, A.G. (2003): Kostenrechnung und Kostenanalyse, 5. Aufl., Stuttgart.

Cohen, S.I./Loeb, M. (1984): The Groves Scheme, Profit Sharing, and Moral Hazard, in: MS, 30, S. 20-24.

Corsten, H. (2004): Produktionswirtschaft – Einführung in das industrielle Produktionsmanagement, 10. Aufl., München/Wien.

Dellmann, K./Franz, K.P. (1994): Von der Kostenrechnung zum Kostenmanagement, in: Dellmann, K./Franz, K.P. (Hrsg.): Neuere Entwicklungen im Kostenmanagement, Bern/Stuttgart/Wien.

Demsetz, H. (1967): Towards a Theory of Property Rights, in: AER, Papers and Proceedings, 57, S. 347-359.

Dierkes, S. (2001): Erlöscontrolling – Ein Kontrollansatz auf Basis monopolistischer Preis-Absatz-Funktionen, in: ZfB-Ergänzungsheft 2/2001, S. 1-17.

Donegan, H.A./Dodd, F.J. (1991): A Note on Saaty's Random Indexes, in: MCM, 15, S. 135-137.

Domschke, W./Drexl, A. (2002): Einführung in Operations Research, 5. Aufl., Berlin/Heidelberg/New York u. a.

Duden (2003): Das große Fremdwörterbuch – Herkunft und Bedeutung der Fremdwörter, 3. Aufl., Mannheim.

Ellinger, T./Beuermann, G./Leisten, R. (2003): Operations Research: Eine Einführung, 6. Aufl., Berlin/ Heidelberg/ New York u. a.

Ewert, R./Wagenhofer A. (2003): Interne Unternehmensrechnung, 5. Aufl., Berlin.

Fandel, G./Heuft, B./Pfaff, A./Pitz, T. (1999): Kostenrechnung, Berlin.

Fickert, R. (1988): Analyse von Erfolgsabweichungen, in: DU, 42, S. 41-61.

Franz, K.-P. (1993): Prozesskostenmanagement: Skeptische Zurückhaltung, in: technologie & management, 42, Heft 2, S. 75-78.

Freidank, C.-C. (2001): Kostenrechnung, 7. Aufl., München/Wien.

Friedl, B. (2003): Controlling, Stuttgart.

Fröhling, O. (1992a): Thesen zur Prozesskostenrechnung, in: ZfB, 62, S. 723-741.

Fröhling, O. (1992b): Prozessorientiertes Portfolio-Management, in: DBW, 52, S. 341-358.

Glaser, H. (1992): Prozesskostenrechung – Darstellung und Kritik, in: ZfbF, 44, S. 275-288.

Götze, U. (1997): Einsatzmöglichkeiten und Grenzen der Prozesskostenrechnung, in: Freidank, C.-C./Götze, U./Huch, B. et al. (Hrsg.): Kostenmanagement – Neuere Konzepte und Anwendungen, Berlin.

Hagemann, S. (1996): Strategische Unternehmensentwicklung durch Mergers & Acquisitions: Konzeption und Leitlinien für einen strategisch orientierten Mergers & Acquisitions-Prozess, Frankfurt am Main/Berlin/Bern u. a.

Hardt, R. (1995): Logistik-Controlling für industrielle Produktionsbereiche auf der Basis der Prozesskostenrechnung am Beispiel des Werkes Hamburg der Mercedes-Benz AG, in: krp, 39, S. 199-206.

Hardt, R. (1998): Kostenmanagement: Methoden und Instrumente, München.

Hax, H./Laux, H. (1972): Flexible Planung – Verfahrensregeln und Entscheidungsmodelle für die Planung bei Ungewissheit, in ZfbF, 24, S. 318-340.

Henderson, B.D. (1984): Die Erfahrungskurve in der Unternehmensstrategie, 2. Aufl., Frankfurt am Main/New York.

Hirsch, B. (2003): Zur Lehre im Fach Controlling – Eine empirische Bestandsaufnahme an deutschsprachigen Universitäten, in: Weber, J./Hirsch, B. (Hrsg.): Zur Zukunft der Controllingforschung – Empirie, Schnittstellen und Umsetzung in der Lehre, Wiesbaden, S. 249-266.

Hirsch, B./Wall, F./Attorps, J. (2001): Controlling-Schwerpunkte prozessorientierter Unternehmen, in: krp, 45, S. 73-79.

Hofstätter, H. (1977): Die Erfassung der langfristigen Absatzmöglichkeiten mit Hilfe des Lebenszyklus eines Produkts, Würzburg.

Hoitsch, H.-J. (1995): Kosten- und Erlösrechnung: eine controllingorientierte Einführung, Berlin.

Horváth, P. (2002): Der koordinationsorientierte Ansatz, in: Weber, J./Hirsch, B. (Hrsg.): Controlling als akademische Disziplin – Eine Bestandsaufnahme, Wiesbaden, S. 49-65.

Horváth, P. (2003): Controlling, 9. Aufl., München.

Horváth, P./Mayer, R. (1995): Konzeption und Entwicklung der Prozesskostenrechnung, in: Männel, W. (Hrsg.): Prozesskostenrechnung, Wiesbaden, S. 59-86.

Hummel, S./Männel, W. (1995): Kostenrechnung, 4. Aufl., Wiesbaden.

Irrek, W. (2002): Controlling als Rationalitätssicherung der Unternehmensführung?, in: krp, 46, S. 46-51.

Jensen, M.C./Meckling, W.H. (1976): Theory of the Firm: Managerial Behaviour, Agency Costs and Ownership Structure, in: JoFE, 3, S. 305-360.

Kaplan, R.S./Norton, D.P. (1996): Using the Balanced Scorecard as Strategic Management System, in: HBR, 74, S. 75-85.

Kilger, W. (2002): Flexible Plankostenrechnung und Deckungsbeitragsrechnung, 11. Aufl., Wiesbaden.

Kistner, K.-P. (2003): Optimierungsmethoden – Einführung in die Unternehmensforschung für Wirtschaftswissenschaftler, 3. Aufl., Heidelberg.

Kloock, J. (1990): Kostenkontrolle auf der Basis kombinierter und lernorientierter Feedback-Feedforward-Prozesse, in: Diskussionsbeiträge zum Rechnungswesen, Wirtschafts- und Sozialwissenschaftliche Fakultät, Universität zu Köln, Beitrag Nr. 1, Köln.

Kloock, J. (1992): Prozesskostenrechnung als Rückschritt und Fortschritt der Kostenrechnung (Teil 1 und 2), in: krp, 36, S. 183-193 und S. 237-245.

Kloock, J./Sieben, G./Schildbach, T. (1999): Kosten- und Leistungsrechnung, 8. Aufl., Düsseldorf.

Koch, G. (1980): Controlling – Information und Koordination im Unternehmen, Göttingen.

Kruschwitz, L. (2005): Investitionsrechnung, 10. Aufl., München/Wien.

Krystek, U./Zur, E. (2002): Strategische Allianzen als Alternative zu Akquisitionen?, in: Krystek, U./Zur, E. (Hrsg.): Handbuch Internationalisierung – Eine Herausforderung für die Unternehmensführung, Berlin, S. 203-221.

Küpper, H.-U. (1985): Investitionstheoretische Fundierung der Kostenrechnung, in: ZfbF, 37, S. 26-46.

Küpper, H.-U. (2001): Controlling: Konzepte, Aufgaben und Instrumente, 3. Aufl., Stuttgart.

Küpper, H.-U./Weber, J./Zünd, A. (1990): Zum Verständnis und Selbstverständnis des Controlling, in: ZfB, 60, S. 281-293.

Küting, K./Lorson, P. (1995): Stand, Entwicklung und Grenzen der Prozesskostenrechnung, in: Männel, W. (Hrsg.): Prozesskostenrechnung, Wiesbaden, S. 87-101.

Laux, H./Lierman, F. (1997): Grundlagen der Organisation: Die Steuerung von Entscheidungen als Grundproblem der Betriebswirtschaftslehre, 4. Aufl., Berlin/Heidelberg/New York u. a.

Mayer, R. (1996): Prozeßkostenrechnung und Prozeß(kosten)optimierung als integrierter Ansatz – Methodik und Anwendungsempfehlungen, in: Berkau, C./Hirschmann, P. (Hrsg.): Kostenorientiertes Geschäftsprozessmanagement: Methoden, Werkzeuge, Erfahrungen, München, S. 43-67.

Mayer, R. (2001): Konzeption und Anwendungsgebiete der Prozesskostenrechnung, in: krp, Sonderheft 3, 45, S. 29-31.

Müller, W. (1974): Die Koordination von Informationsbedarf und Informationsbeschaffung als zentrale Aufgabe des Controlling, in: ZfbF, 26, S. 683-693.

Neus, W. (2001): Einführung in die Betriebwirtschaftlehre aus institutionenökonomischer Sicht, 2. Aufl., Tübingen.

Olshagen, C. (1991): Prozesskostenrechnung: Aufbau und Einsatz, Wiesbaden.

Osband, K./Reichelstein, S. (1985): Information-Eliciting Compensation Schemes, in: JoPE, 93, S. 107-115.

Ossadnik, W. (1995): Die Aufteilung von Synergieeffekten bei Fusionen, Stuttgart.

Ossadnik, W. (1998a): Considering interrelationships in strategic decisions, in: EAR, 7, S. 315-321.

Ossadnik, W. (1998b): Mehrzielorientiertes strategisches Controlling, Heidelberg.

Ossadnik, W. (2003): Controlling, 3. Aufl., München/Wien.

Ossadnik, W. (2005): Balanced Scorecard als Instrument zur Strategischen Unternehmenssteuerung?, Nr. 2005/05 der Beiträge des Fachbereichs Wirtschaftswissenschaften der Universität Osnabrück, Osnabrück.

Ossadnik, W./Carstens, S./Lange, O. (1997): Strategisches Controlling mittels Prozesskostenrechnung?, in: ZP, 8, S. 263-276.

Ossadnik, W./Lange, O./Görtz, S. (1999): Kostenabweichungsanalysen – Methodik, Evaluation und Anwendung, Nr. 1999/07 der Beiträge des Fachbereichs Wirtschaftswissenschaften der Universität Osnabrück, Osnabrück.

Ossadnik, W./Leistert, O. (2002): Kostenträger, Kostenträgerrechnung, in: Küpper, H.-U./Wagenhofer, A. (Hrsg.): HWU, 4. Aufl., Stuttgart, Sp. 1158-1170.

Ossadnik, W./Maus, S. (1994): Strategisches Controlling mittels Analytischen Hierarchie Prozesses, in: krp, 38, S. 135-143.

Ossadnik, W./Maus, S. (1995): Strategische Kostenrechnung?, in: DU, 49, S. 143-158.

Ossadnik, W./Morlock, J. (1997): Anreizsysteme für dezentralisierte Unternehmen, Nr. 9704 der Beiträge des Fachbereichs Wirtschaftswissenschaften der Universität Osnabrück, Osnabrück.

Pfohl, H.-C./Stölzle, W. (1997): Planung und Kontrolle, 2. Aufl., München.

Pfohl, H.-C./Zettelmeyer, B. (1987): Strategisches Controlling?, in: ZfB, 57, S. 145-175.

Picot, A. (1991): Ein Ansatz zur Gestaltung der Leistungstiefe, in: Zfbf, 43, S. 178-184.

Pietsch, G./Scherm, E. (1999): Controlling auf der Suche nach Identität – Ein Standpunkt, Nr. 272 der Diskussionsbeiträge Fachbereich Wirtschaftswissenschaften, FernUniversität in Hagen, Hagen.

Pietsch, G./Scherm, E. (2000): Die Präzisierung des Controlling als Führungs- und Führungsunterstützungsfunktion, in: DU, 54, S. 395-412.

Pietsch, G./Scherm, E. (2001a): Neue Controlling-Konzeptionen, in: WISU, 30, S. 206-213.

Pietsch, G./Scherm, E. (2001b): Controlling – Rationalitätssicherung versus Führungs- und Führungsunterstützungsfunktion – Replik zu den Anmerkungen von Jürgen Weber und Utz Schaeffer zum Beitrag „Die Präzisierung des Controlling als Führungs- und Führungsunterstützungsfunktion" von Gotthard Pietsch und Ewald Scherm, DU, 54, S. 395-412, in: DU, 55, S. 81-84.

Pietsch, G./Scherm, E. (2004): Reflexionsorientiertes Controlling, in: Scherm, E./Pietsch, G. (Hrsg.): Controlling – Theorien und Konzeptionen, München, S. 529-553.

Powelz, H.J.H. (1989): Ein System zur Ist-Soll-Abweichungs-Ursachenanalyse von Erlösen, in: ZfB, 59, S. 1229-1234.

Reckenfelderbäumer, M. (1994): Entwicklungsstand und Perspektiven der Prozesskostenrechnung, Wiesbaden.

Remer, D. (1997): Einführen der Prozesskostenrechnung: Grundlagen, Methodik, Einführung und Anwendung der verursachungsgerechten Gemeinkostenzurechnung, Stuttgart.

Riebel, P. (1993): Grundrechnung, in Wittmann, W./Kern, W./Köhler, R. et al. (Hrsg.): HWB, Teilband 1, 5. Aufl., Stuttgart, Sp. 1518-1541.

Riebel, P. (1994): Einzelkosten- und Deckungsbeitrag, 7. Aufl., Wiesbaden.

Riebel, P./Sinzig, W. (1981): Zur Realisierung der Einzelkosten- und Deckungsbeitragsrechnung mit Hilfe einer relationalen Datenbank, in: ZfbF, 33, S. 457-489.

Riebel, P./Sinzig, W. (1982): Einsatzmöglichkeiten relationaler Datenbanken zur Unterstützung einer entscheidungsorientierten Kosten-, Erlös- und Deckungsbeitragsrechnung, in: Stahlknecht, P. (Hrsg.): EDV-Systeme im Finanz- und Rechnungswesen, Berlin/Heidelberg/New York u. a., S. 93-125.

Schäffer, U./Weber, J. (2002): Thesen zum Controlling, in: Weber, J./Hirsch, B. (Hrsg.): Controlling als akademische Disziplin – Eine Bestandsaufnahme, Wiesbaden, S. 91-97.

Scherm, E./Pietsch, G. (Hrsg.) (2004): Controlling – Theorien und Konzeptionen, München.

Schiller, U./Lengsfeld, S. (1999): Strategische und operative Planung mit Prozeßkostenrechnung, in: ZfB, 69, S. 525-546.

Schmidt, H.-J./Gleich, R. (2000): Prozesskostenorientiertes Performance Measurement – Umsetzungserfahrungen im Babcock-Konzern, in: Controlling, 6, S. 305-311.

Schneider, D. (1985): Eine Warnung vor Frühwarnsystemen: statistische Jahresabschlussanalysen als Prognosen zur finanziellen Gefährdung einer Unternehmung?, in: Der Betrieb, 29, S. 1489-1494.

Schneider, D. (1992): Investition, Finanzierung und Besteuerung, 7. Aufl., Wiesbaden.

Schneider, D. (1997): Betriebswirtschaftslehre, Bd. 2: Rechnungswesen, 2. Aufl., München/Wien.

Schneider, D. (2005): Controlling als postmodernes Potpourri, in: Controlling, 17, S. 65-69.

Schweitzer, M./Küpper, H.-U. (2003): Systeme der Kosten- und Erlösrechnung, 8. Aufl., München.

Steinmann, H./Schreyögg, G. (2000): Management: Grundlagen der Unternehmensführung, 5. Aufl., Wiesbaden.

Trauzettel, V. (1999): Dynamische Koordinationsmechanismen für das Controlling, Berlin.

Troßmann, E. (1999): Internes Rechnungswesen, in: Corsten, H./Reiss, M. (Hrsg.): Betriebswirtschaftslehre, 3. Aufl., München/Wien, S. 305-420.

Wagenhofer, A. (1994): Transfer pricing under asymmetric information – An evalution of alternative methods, in: EAR, 1, S. 71-104.

Weber, J. (1995): Einführung in das Controlling, 6. Aufl., Stuttgart.

Weber, J. (2002): Einführung in das Controlling, 9. Aufl., Stuttgart.

Weber, J./Kosmider, A. (1991): Controlling-Entwicklung in der Bundesrepublik Deutschland im Spiegel von Stellenanzeigen, in: ZfB-Ergänzungsheft 3/91, S. 17-35.

Weber, J./Schäffer, U. (1998a): Sicherstellung der Rationalität von Führung als Controlleraufgabe?, WHU-Forschungspapier Nr. 49, Vallendar.

Weber, J./Schäffer, U. (1998b): Controlling-Entwicklung im Spiegel von Stellenanzeigen 1990-1994, in: krp, 42, S. 227-233.

Weber, J./Schäffer, U. (1999): Sicherung der Rationalität von Führung als Controlling?, in: DBW, 59, S. 731-747.

Weber, J./Schäffer, U. (2001): Controlling als Rationalitätssicherung der Führung – Stellungnahme zum Beitrag „Die Präzisierung des Controlling als Führungs- und Führungsunterstützungsfunktion" von Gotthard Pietsch und Ewald Scherm, DU, 54, S. 395-412, in: DU, 55, S. 75-79.

Weitzman, M.L. (1976): The New Soviet Incentive Model, in: BJoE, 7, S. 251-257.

Wilms, S. (1988): Abweichungsanalysemethoden der Kostenkontrolle, Bergisch-Gladbach/Köln.

Witt, F.-J. (1990): Praxisakzeptanz des Erlöscontrolling: System- versus Ursachenanalyse, in: ZfB, 60, S. 443-450.

Witt, F.-J. (1992): Deckungsbeitragsflussrechnung und Erlösabweichungsanalyse, in: krp, 36, S. 277-284.

Wolff, B. (1995): Organisation durch Verträge: Koordination und Motivation in Unternehmen, Wiesbaden.

Zenz, A. (1998): Controlling – Bestandsaufnahme und konstruktive Kritik theoretischer Ansätze, in: Dyckhoff, H./Ahn, H. (Hrsg.): Produktentstehung, Controlling und Umweltschutz: Grundlagen eines ökologieorientierten F&E-Controlling, Heidelberg, S. 27-60.

Zimmermann, H.-J. (1996): Fuzzy Set Theory and its Application, 3rd ed., Boston/Dordrecht/London.